普通高等教育“十一五”国家级规划教材

普通农林教育“十三五”规划教材
全国高等学校动物医学类专业系列教材

动物组织学与胚胎学

Animal Histology and Embryology

（中英文对照数字化教材）

第2版

动物医学、动物科学及水产养殖专业用

杨　倩　主编

中国农业大学出版社
·北京·

内 容 简 介

本书共 20 章，内容主要包括三大部分：第一部分是细胞学概论，主要阐述细胞的超微结构和功能。第二部分是动物组织学（基本组织学和器官组织学），包括上皮组织、固有结缔组织、软骨与骨、血液、肌肉组织、神经组织、神经系统、循环系统、免疫系统、内分泌系统、消化管、消化腺、呼吸系统、泌尿系统、雄性生殖系统、雌性生殖系统、被皮系统和感觉系统，主要叙述动物组织和器官微细结构及其功能。第三部分是动物胚胎学，主要论述动物胚胎的早期发生和发育，包括生殖细胞、受精、早期胚胎发育、胎膜和胎盘等。本书为中英文对照教材，每个章节都有相应的英文内容，英文内容以二维码的形式呈现。

本书可作为农林院校动物医学（兽医）、动物科学（畜牧）、水产养殖专业的本科生教材使用，亦可供综合性大学动物专业和有关专业的研究生、教师及研究人员参考。

图书在版编目（CIP）数据

动物组织学与胚胎学：汉英对照 / 杨倩主编. —2 版. —北京：中国农业大学出版社，2018.1（2024.4 重印）

ISBN 978-7-5655-1959-8

Ⅰ. ① 动… Ⅱ. ①杨… Ⅲ. ①动物组织学 - 高等学校 - 教材 - 汉、英 ②动物胚胎学 - 高等学校 - 教材 - 汉、英 Ⅳ. ① Q95

中国版本图书馆 CIP 数据核字（2017）第 309905 号

书　　名 动物组织学与胚胎学（中英文对照数字化教材） 第 2 版
Dongwu Zuzhixue yu Peitaixue

作　　者 杨　倩　主编

策划编辑 张　程　潘晓丽　　**责任编辑** 王艳欣
封面设计 郑　川　李尘工作室
出版发行 中国农业大学出版社
社　　址 北京市海淀区圆明园西路 2 号　　**邮政编码** 100193
电　　话 发行部 010-62818525，8625　　读者服务部 010-62732336
编辑部 010-62732617，2618　　出　版　部 010-62733440
网　　址 http://www.caupress.cn　　**E-mail** cbsszs@cau.edu.cn
经　　销 新华书店
印　　刷 北京锦鸿盛世印刷科技有限公司
版　　次 2018 年 6 月第 2 版　　2024 年 4 月第 3 次印刷
规　　格 185 mm × 260 mm　　16 开本　　21.25 印张　　500 千字
定　　价 59.00 元

第 2 版编写委员会

主　编　杨　倩

副主编　李玉谷　王水莲　石　娇

编　者（按姓氏拼音排列）

曹　静（中国农业大学）

崔亚利（河北农业大学）

范瑞文（山西农业大学）

方　静（四川农业大学）

房慧伶（广西大学）

胡　满（河北农业大学）

黄丽波（山东农业大学）

李升和（安徽科技学院）

李玉谷（华南农业大学）

林　健（南京农业大学）

刘进辉（湖南农业大学）

刘忠虎（河南农业大学）

毛卫华（南京农业大学）

石　娇（沈阳农业大学）

孙　敬（扬州大学）

王　珏（安徽科技学院）

王树迎（山东农业大学）

王水莲（湖南农业大学）

王政富（佛山科技学院）
徐向明（扬州大学）
杨　倩（南京农业大学）
殷　俊（扬州大学）
庾庆华（南京农业大学）
岳顺利（东北农业大学）
张登荣（河北工程大学）
赵善廷（西北农林科技大学）
周佳勃（东北农业大学）
周金星（安徽科技学院）

第1版编写委员会

主　编　杨　倩

副主编　李玉谷

编　者（按姓氏笔画排列）

毛卫华（南京农业大学）

王　珏（安徽科技学院）

王树迎（山东农业大学）

王政富（佛山科技学院）

石　娇（沈阳农业大学）

李玉谷（华南农业大学）

杨　倩（南京农业大学）

张登荣（河北工程大学）

房慧伶（广西大学）

胡　满（河北农业大学）

徐向明（扬州大学）

殷　俊（扬州大学）

崔亚利（河北农业大学）

黄丽波（山东农业大学）

审　稿　秦鹏春（东北农业大学）

第 2 版前言

党的二十大报告指出，实施科教兴国战略，强化现代化建设人才支撑。随着我国留学生数量的不断增加，我国高等院校的教材融入国际化教学的改革势在必行。《动物组织学与胚胎学（双语试用教材）》出版十多年来，获得广泛好评，2011 年被评为江苏省高等学校精品教材，2012 年荣获中国大学出版社优秀教材一等奖，但其中英文内容偏少，已远远不能满足目前教学的需要，开展教材的修订工作已刻不容缓。目前随着校园无线网络的覆盖和移动互联网的发展，二维码技术的出现为本教材的修订带来新的契机和模式。

本次修订除了对少量陈旧的内容进行修改外，主要将数字化技术应用到教材中，将教材的部分内容以二维码的形式展现给广大读者。修订后的教材对英文部分内容进行全面扩充，每个章节都有相应的英文内容，新增加的英文内容以二维码的形式呈现。

组织胚胎学是一门以形态学为主的学科，各种组织照片对学习组织学非常重要。本次修订，除了保留第 1 版教材中的原有图片，还以二维码的形式增加了大量清晰的彩色组织学照片，使教材内容更加丰富。修订教材中数字化技术的应用，不仅为国外留学生的学习提供方便，有利于吸引更多的国外留学生生源，同时还方便了国内学生的学习，为他们出国深造打下良好的专业基础。这样的设计有助于扩大国际科技交流合作，加强国际化科研环境建设，形成具有全球竞争力的开放创新生态。

对教材英文部分进行修订和扩充的编者，大都是有留学经历且具有博士学位的年轻教师。本教材英文部分的编写者及分工如下：湖南农业大学刘进辉（绪论、第一章），安徽科技学院李升和和周金星（第二章），沈阳农业大学石娇（第三章、第六章），东北农业大学周佳勃（第四章），河南农业大学刘忠虎（第五章），西北农林科技大学赵善廷（第七章），中国农业大学曹静（第八章、第十九章），南京农业大学林健（第九章），南京农业大学杨倩（第十章），安徽科技学院周金星（第十一章），四川农业大学方静（第十二章），山东农业大学黄丽波（第十三章），东北农业大学岳顺利（第十四章），南京农业大学庾庆华（第十五章），湖南农业大学王水莲（第十六章、第十七章），山西农业大学范瑞文（第十八章），扬州大学孙敬（第二十章）。以上编委还对第 1 版教材中文部分进行了适当的修改和补充。

本教材中文部分的编写者及分工如下：广西大学房慧伶（绪论、第一章），安徽科技学院王珏（第二章、第十一章、第十八章），沈阳农业大学石娇（第三章、第六章），南京农业大学杨倩（第四章、第十章），河北农业大学崔亚利（第五章、第十九章），河北农业大学胡满（第七章），华南农业大学李玉谷（第八章、第九章），山东农业大学王树迎（第十二章），山东农业大学黄丽波（第十三章），河北工程大学张登荣（第十四章），南京农业大学毛卫华（第十五章），佛山科技学院王政富（第十六章、第十七章），扬州大学殷俊和徐向明（第二十章）。此外，杨倩还完成了第一章、第二章、第四章、第五章、第十一章、第十八章的中英文内容概要，以及第十六章、第十七章淡水鱼部分的编写工作。

特别感谢：本教材英文内容主要参考以下国外教材：*Basic Histology*（7th edition），*Histology Cytology Embryology*，*Veterinary Embryology*，*Veterinary Histology*；二维码中彩色照片主要选自：*William Veterinary Histology*。本教材英文内容的校正得到美国著名大学相关教授的帮助，在此一并表示衷心感谢！

主　编

2024 年 3 月

第1版前言

在中国农业大学出版社和各方的大力支持下,《动物组织学与胚胎学》作为普通高等教育"十一五"国家级规划教材付梓发行了。这部教材的编写着眼于农业高校教育教学改革的新要求，为更好地推进动物医学、动物科学及水产养殖等学科专业的教学和发展，力求强化学生创新意识和创新能力的培养，进行了较为大胆的改革创新尝试，主要体现在教学内容的扩展和适应双语教学要求等方面。

淡水鱼类的组织胚胎学教材缺乏一直是困扰农业院校部分专业开展相关教学工作的难题之一。鉴于此，本教材首次将鱼类组织学的主要内容纳入其中，使教材内容涵盖了哺乳动物、家禽和淡水鱼类等。较为全面的内容不但能满足高等农业院校动物医学、动物科学、淡水养殖及生命科学等专业的教学需要,还适合作为本学科的科研人员和研究生的基础参考资料。

双语教学作为新时期高等教育教学改革的发展方向之一，其关键的环节是编写合适的教材。为尽快实现双语教学并达到预期效果，目前许多学校采取了直接引进国外原版教材的做法，或者自主编写中英文对照教材。本教材则首次采用以增加英文小结的方法作为逐渐与国外教学接轨的过渡形式。一方面有利于学生在教学过程中有所参照，逐步适应；另一方面可使教材的篇幅不至于过长。在章节内容的布局上，先安排内容摘要以便于总揽要点和课后复习，每章最后则有与摘要相对应的英文小结。

教材选图考究，精选并引用了国内外一些新出版的教材和图谱中的图片和真实照片，并手工绘制一部分线条图，图片和照片典型、准确、清晰，有利于帮助广大同学更好更快地学习、理解和掌握教学内容。

本书的编写分工如下：房慧伶，绪论、第1章；王珏，第2章、第11章、第18章；石娇，第3章、第6章；杨倩，第4章、第10章；崔亚利，第5章、第19章；胡满，第7章；李玉谷，第8章、第9章；王树迎，第12章；黄丽波，第13章；张登荣，第14章；毛卫华，第15章；王政富，第16章、第17章；徐向明和殷俊，第20章。此外,杨倩还完成了第1章、第2章、第4章、第5章、第11章、第18章的中英文摘要,以及第16章、第17章淡水鱼部分的编写工作。

本教材的编写工作凝聚了全体编写老师的心血和汗水。除文字编写工作外，南京农业大学毛卫华和陈晓娟老师完成了大部分线条图的绘制工作；南京农业大学外国语学院侯广旭教授对英文摘要部分进行了审阅；副主编华南农业大学李玉谷教授对教材的格式、内容和文字精心做了统一规范；东北农业大学秦鹏春教授承担了最后的审稿工作。在此表示衷心感谢。

本教材全体编委于2007年10月18—20日在中国农业大学出版社召开了定稿会议。在此感谢中国农业大学出版社的鼎力支持和帮助。

主　编

2007年11月

目 录

绪 论
Introduction

一、动物组织学与胚胎学的研究内容及意义

动物组织学与胚胎学包括动物组织学和动物胚胎学两门学科。这两门学科密切相关，因此，习惯上将它们合为一门专业基础课。

动物组织学（animal histology）是研究动物机体细微结构及其相关功能的科学，内容包括细胞、基本组织及器官系统。**细胞（cell）**是生物体的结构和功能单位。动物体内的细胞数量众多，结构和功能各异。以细胞为对象的研究，不断地深入发展并成为一门独立的学科——**细胞学（cytology）**。**组织（tissue）**由形态和功能相同或相似的细胞群以及细胞间质构成。按其形态结构和功能的不同，一般将组织分为四种基本类型，即上皮组织、结缔组织、肌肉组织和神经组织。但现代组织学的研究发现，一种组织内的细胞结构、功能和来源往往是多种多样的，而且一种组织内的细胞可转移至另一种组织内。因此，应该认识到这种传统的分类仅仅是一种相对的归纳性的概念，实际上组织的结构和功能是复杂多变的。几种组织按一定的方式有机地组合构成**器官（organ）**，各种器官都具有一定的大小和形态结构，并执行特定的功能。由一些结构上连续或功能上相关的器官组成**系统（system）**，完成复杂的生理活动，如循环系统、消化系统、内分泌系统、生殖系统等。

动物胚胎学（animal embryology）是研究动物个体发生及发育规律的科学。个体的发生发育为一个连续发展过程，包括三个阶段：胚前发育，即两性生殖细胞的发生和成熟过程；胚胎发育，从受精到胎儿娩出或幼体孵出的过程；胚后发育，从幼体出生后的生长发育直至性成熟的过程。

动物组织学与胚胎学是一门以研究形态结构为主的学科，随着现代科学技术的发展，其内容得到了不断充实、更新和发展。现代组织学与胚胎学的研究，已从显微结构深入到了超微结构乃至分子水平；从单学科的研究发展到与生物化学、免疫学、病理学、生殖医学等相关学科交叉渗透；从单纯的形态学描述发展到涉及细胞识别与细胞通信，细胞增殖、分化和衰老的调控，细胞与免疫，神经调节与体液调节等现代生物学和现代医学中一些重大问题的研究。随着现代生物技术及医学的发展，研究方法与技术的不断进步，研究内容的深入和深刻变化，动物组织学与胚胎学与其他学科的关系更加密切，它在专业课程学习中的重要性也日益凸现出来。

动物组织学与胚胎学的研究对象主要是常见的家畜、家禽和鱼类，此外，还包括少量经济动物等。动物组织学与胚胎学以动物学、解剖学为基础，并与生理学、生物化学、免

疫学等学科密切相关，只有学习掌握动物正常的细微结构、生理功能等基础知识，才能为进一步学习病理学、药理学、临床诊断、内科学、产科学、繁殖学等专业课程奠定基础。

二、动物组织学与胚胎学的研究方法

动物组织学与胚胎学的研究方法和技术种类繁多，并随着现代科学技术的发展而不断更新发展。熟悉了解动物组织学与胚胎学的研究工具和方法，是理解和掌握这门课程的前提。

（一）一般光学显微镜技术

光学显微镜（light microscope）简称光镜，目前应用先进的光学显微镜，可将标本放大到 4 000 多倍。但由于受到光波波长的限制，分辨率只能达到 0.2 μm。使用光学显微镜观察组织切片是组织学研究最基本的方法，大多数动物的组织器官必须做成切片标本，才能在显微镜下观察其细微结构。除了有些液体（如血液）和半固体组织（如骨髓）可制成涂片，骨组织可制成磨片，肠系膜和小的鸡胚可制成整体装片外，大多数组织可制成石蜡切片和冰冻切片。其中石蜡切片是最常用的组织制片方法，其基本原理和过程简单介绍如下。

1. 取材与固定　捕杀健康动物后，应立刻取材以防止细胞自溶变性。所取的材料一般在 0.3 cm × 0.2 cm × 0.5 cm 大小，立即投入固定液内固定，使细胞内的组分不再发生变化，以尽量保持组织细胞在生活状态时的形态结构。常用的固定剂有甲醛、乙醇、苦味酸、四氧化锇等，一般使用几种固定剂混合的固定液，以抵消或减弱单一固定剂造成的组织收缩或膨胀。固定时间一般在 24 h 以上，固定后的组织块稍硬，便于进一步的修整和处理。

2. 脱水与透明　固定后组织块内的固定液和水分要彻底脱去，以便石蜡浸入。常用的脱水剂是从低浓度到高浓度的乙醇。但乙醇与包埋用的石蜡不相溶，故在浸蜡之前，使用同时能与乙醇和石蜡相溶的二甲苯、氯仿等透明剂置换出组织中的乙醇。由于这类溶剂能使组织块呈半透明状态，故这一过程又称透明。

3. 浸蜡与包埋　透明后的组织块置于温度刚过熔点的石蜡中浸蜡，使石蜡逐渐渗入组织并完全置换出透明剂。浸蜡完成后，迅速将组织块移到盛有熔化石蜡的包埋模具中，待冷却后把模具剥掉，组织块就包埋在石蜡块中，具有一定硬度的蜡块较容易切成薄片。

4. 切片与贴片　切片之前必须将蜡块修整，然后将蜡块粘贴在小木块上，夹在切片机的固定器上进行切片。切片的厚度以 5～8 μm 为宜。将石蜡切片放在温水（40℃左右）表面，使切片时形成的皱褶舒展开来，这一步骤称为展片，然后将切片捞贴在洁净的载玻片上（图 1），放入温箱内逐渐烘干。

5. 染色与封片　染色的目的是使组织细胞不同的细微结构呈现不同的颜色，便于在显微镜下观察。组织学中常用的染色方法是**苏木精 - 伊红染色法（hematoxylin-eosin staining method）**，简称为 **HE 染色法**。苏木精为碱性染料，可使细胞核呈现蓝色；伊红为酸性染料，可使细胞质呈现浅红粉色。组织和细胞中的酸性物质与碱性染料如苏木精等的亲和力强，易被染成蓝色的特性，称为**嗜碱性（basophilia）**；组织和细胞中含有的碱性物质与酸性染料如伊红等有较强的亲和力，易被染成深浅不同的红色的特性，称为**嗜酸性**

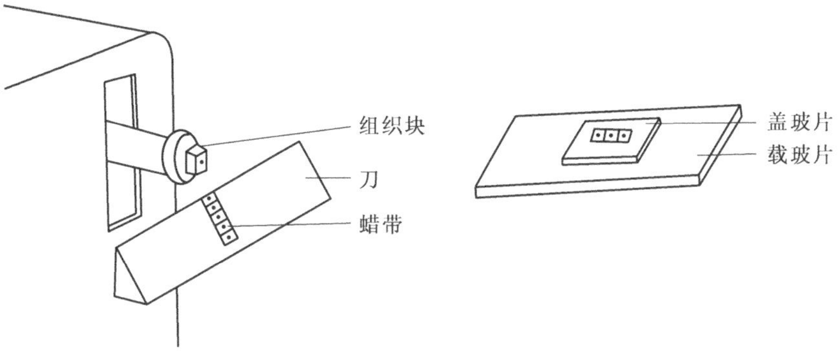

图 1 石蜡切片方法

(acidophilia)。另外，有些组织或细胞的结构，染色时会呈现出与染料完全不同的颜色，这种颜色上的异常现象，就称为**异染性 (metachromasia)**。如甲苯胺蓝染肥大细胞时，其胞质颗粒不呈现染料的蓝色而呈现紫红色。银染法是用硝酸银、氯化金等重金属盐显示细胞和组织的某些结构，是使金属微粒附着在这些结构表面而呈棕黑色或棕黄色。银染法中有些组织结构可直接使硝酸银还原而显色，称此为**亲银性 (argentaffin)**；有些结构无直接还原硝酸银的作用，需加入还原剂方能显色，则称为**嗜银性 (argyrophilia)**。

切片染色后，还要经过一系列的脱水、透明，再加适量的中性树胶封片，这样可延长保存时间，还可增加标本的折射率，获得更加清晰的效果。

（二）几种特殊显微镜技术

1. 荧光显微镜 荧光显微镜 (fluorescence microscope) 由光源、滤片系统和显微镜三部分构成，主要用于观察组织细胞中的荧光物质。荧光显微镜技术常以紫外光为光源，激发标本中的荧光物质产生荧光，通过观察荧光的分布与强弱，来测定被检物质。荧光分自发性荧光和继发性荧光。标本不经荧光素染色就可呈现荧光是自发性荧光，如维生素 A 可呈绿色荧光，神经细胞内的脂褐素呈黄色荧光；继发性荧光是使用不同的荧光素染色，使标本的不同结构成分产生不同的荧光，若用吖啶橙染色可使细胞内 DNA（脱氧核糖核酸）呈黄绿色荧光，RNA（核糖核酸）呈橘红色荧光。目前广泛应用的免疫荧光染色法，是使用荧光素标记抗体，以检测抗原的存在和分布。

2. 相差显微镜 相差显微镜 (phase contrast microscope) 主要用于观察体内分离和体外培养的活细胞的形态结构。相差显微镜是通过特殊的镜头，将细胞内各种结构对光产生的不同的折射转换成为光密度差异（明暗差），使观察的细胞结构反差明显，形象清楚，并具有立体感。

3. 暗视野显微镜 暗视野显微镜 (dark-field microscope) 主要用于观察溶质中粒子的布朗运动、反差小的微小颗粒。此种显微镜有一个暗视野聚光器，使光线不能直接进入物镜而呈暗视野，而让标本内的小颗粒产生的衍射光或折射光进入物镜，颗粒在暗视野中呈明亮的小点，如同在暗室中射入的一束光线内可见到微小的尘埃一样。暗视野显微镜分辨率较高，可达到 4 nm，适用于观察原虫，鞭毛及纤毛的摆动等状况。

4. 偏光显微镜　偏光显微镜（polarizing microscope）是根据某些组织细胞由于其细微结构的不同，当光线通过标本时，光速和折射率会发生不同程度改变的特性来制作的。主要用于检测细胞内一些具有双折光性的物质，如纺锤体、纤维丝、染色体等。偏光显微镜和普通显微镜不同的是增加了两片偏光镜，在光源和被检物之间装有偏振片（起偏器），使进入显微镜的光线为偏振光。在镜筒中装有检偏器（偏振方向与起偏器垂直），且这种显微镜的载物台是可以旋转的。当载物台上放入单折光的物质时，无论如何旋转载物台，由于两个偏振片是垂直的，显微镜里看不到光线；而放入双折光性物质时，由于光线通过这类物质时发生偏转，因此旋转载物台便能检测到这种物质。如肌原纤维上的明暗带，明带属于双折光性，视野明亮，而暗带属单折光性，视野变暗，不用染色就能把肌节的明、暗带区分开来。

5. 倒置显微镜　倒置显微镜（inverted microscope）的组成和普通显微镜一样，只不过将物镜与聚光器和光源的位置颠倒过来，物镜在载物台之下，聚光器和光源在载物台之上，配有相差物镜，用于观察培养的活细胞。随着细胞工程技术的不断发展，还可将显微操纵仪组装到倒置显微镜上，进行细胞注入、去核、胚胎切割等方面的试验。

（三）电子显微镜技术

电子显微镜（electron microscope）简称电镜，是德国科学家Ruska和Knoll于1932年发明的。电子显微镜以电子束穿透样品，经聚合放大后，显像于荧光屏上进行观察和摄影。分辨率高达0.2 nm，可将结构放大几万倍至几十万倍，使人们对微观世界的认识，从显微结构深入到亚微结构，并进入分子和原子水平。

电镜下所见的结构，称为亚微结构或**超微结构（ultrastructure）**。在光镜和电镜下进行观察，常用的长度计量单位为毫米（mm）、微米（μm）、纳米（nm）和皮米（pm），这些单位间的关系如下：

1 mm=1 000 μm　显微结构　光镜观察组织与细胞
1 μm=1 000 nm　亚微结构　电镜观察细胞与细胞器
1 nm=1 000 pm　超微结构　超高压电镜观察分子结构

电镜又可分为透射电镜和扫描电镜两种。

1. 透射电镜　透射电镜（transmission electron microscope）以电子束穿透标本，投射到荧光屏上，出现黑白反差的结构影像。由于电子束穿透力弱，故样品的制备更为严格。样品经戊二醛、四氧化锇等固定，用树脂包埋，以超薄切片机切成厚度为50～80 nm的超薄切片，再经醋酸铀和柠檬酸铅等染色，电镜下观察，呈现深色的结构电子密度高，呈浅色的结构则电子密度低。

2. 扫描电镜　扫描电镜（scanning electron microscope）用于观察细胞、组织、器官表面的立体结构。样品经固定、脱水、干燥后，在其表面喷镀一层碳膜和合金膜即可观察。此种电镜的特点是视场大，景深长，样品制作比较简单，在荧光屏上扫描成像，呈现富有立体感的表面图像，能显示三维的超微结构（图2）。常用于观察细胞表面的突起、微绒毛、纤毛及细胞的分泌与吞噬行为等。

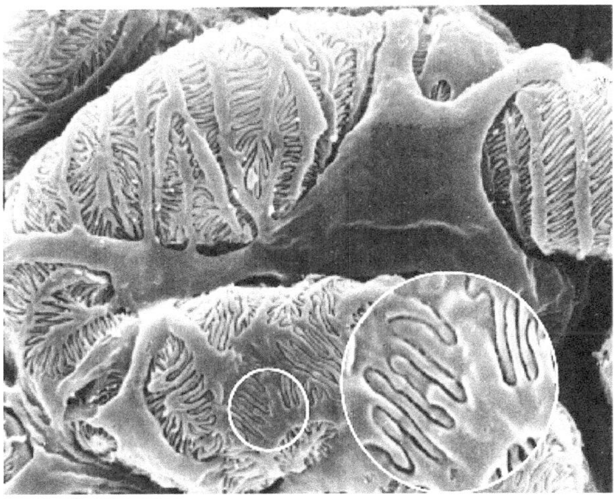

图 2　肾小球足细胞（扫描电镜）

摘自 Ross M H，Reith E J，Romrell L J 主编《组织学：教材和图谱》第 2 版

3. 冷冻蚀刻术　冷冻蚀刻术也叫**冷冻蚀刻复型术（freeze etch replica）**，是在透射电镜下观察组织或细胞断裂面的金属复制膜，显示细胞细微结构的立体影像。组织块先经甘油生理盐水处理（防止形成冰晶）后投入液氮内快速冷冻，在低温下用钢刀将样品劈开，在 -100℃真空下使断裂面的冰晶升华，暴露不平整表面；在断裂面上先后喷镀一层合金膜和碳膜，用次氯酸等再将组织溶去即得到金属复制膜。此项技术尤其适用于研究生物膜的内部结构，它可显示细胞膜上蛋白质的颗粒分布等，是研究细胞结构的重要手段。

（四）组织化学技术

组织化学（histochemistry）和**细胞化学（cytochemistry）**技术是利用化学、物理、生物化学、免疫学反应的原理，与组织学技术相结合而产生的技术，能在组织切片中定性、定位、定量地显示某种物质的存在以及分布状态，还可进一步用显微分光光度计或图像分析仪，测定切片中该物质反应的强度，获得定量的信息。

1. 一般组织化学　基本原理是在切片上加上某种试剂，使化学试剂与组织细胞细微结构中的化学成分及酶发生直接或间接反应，其最终产物形成有色沉淀物，可以用光镜观察；或形成重金属沉淀，可以用电镜观察。

（1）糖类　常用**过碘酸希夫反应（periodic acid Schiff reaction，PAS 反应）**显示多糖和糖蛋白的糖链。糖被强氧化剂过碘酸氧化后，形成多醛；后者再与无色的品红硫酸复合物（即希夫试剂）结合，形成紫红色反应产物。故多糖和糖蛋白呈 PAS 阳性反应。

（2）脂类　标本用甲醛固定，冷冻切片，用油红 O、尼罗蓝或苏丹类脂溶性染料染色，使脂类（脂肪、类脂）呈现相应颜色。亦可用锇酸固定兼染色，脂类呈黑色。

（3）核酸　显示 DNA 的传统方法为**福尔根反应（Feulgen reaction）**。标本先经稀盐酸处理，使 DNA 分子中脱氧核糖和嘌呤碱之间的连接键打开，释放出醛基与希夫试剂作用，形成紫红色反应产物。如要同时显示 DNA 和 RNA，则用甲基绿 - 派若宁染色，甲基绿与细胞核 DNA 结合呈蓝绿色，派若宁与核仁及胞质内的 RNA 结合呈红色。

（4）酶类　细胞内有多种酶类，目前已有 100 多种酶组织化学染色法。酶组织化学染色，主要是通过显示酶的催化活性来表明酶的存在。一般是将切片置于含有特异性底物的溶液中孵育，底物经酶的作用，形成初级反应产物，它再和某种捕捉剂结合，形成显微镜下可见的沉淀物，即最终反应物。例如，显示酸性磷酸酶，先将切片放入含有酸性磷酸酶底物（常用 β- 甘油磷酸钠）的溶液中孵育，底物经酶水解，释放磷酸，用捕捉剂硝酸铅与磷酸反应，形成细微的磷酸铅，沉淀于酶存在的部位，此时可在电镜下观察（经超薄切片后）；如再用硫化铵处理，磷酸铅被置换形成粗颗粒状的黑色硫化铅沉淀物，便可用光镜观察。可见酶组织化学染色不是酶本身直接显色，而是酶作用于底物后产生的反应产物显色。由于酶大都是蛋白质，故近年来更多采用免疫组织化学方法显示。

2. 免疫组织化学　**免疫组织化学（immunohistochemistry）**或**免疫细胞化学（immunocytochemistry）**，是应用特异性的抗原抗体结合的免疫学原理，检测组织或细胞内及细胞膜表面所含抗原和受体的分布。凡具有抗原性的物质，如多肽、激素、酶等，即使含量极微，也可用此方法检出。由于组织和细胞内抗原抗体的反应是不可见的，所以需要事先将某种标记物结合在抗体上，才能在光镜或电镜下观察到是否发生了特异性反应，以及反应所在的部位。根据标记物的种类，一般分为**免疫荧光技术（immunofluorescence technique）**、**免疫酶技术（immunoenzyme technique）**、**亲和组织化学技术（affinity histochemistry）**、**免疫金银技术（immnogold-silver technique）**等。这些方法特异性强、敏感度高、应用广泛，而且发展迅速，是非常重要的研究手段。目前，免疫组织化学技术正向定量和分子水平发展。标记抗体与被检抗原的结合方式有两种：

（1）直接法　用标记抗体与样品中的抗原直接结合，在显微镜下可见抗原存在部位呈现特异性标记。这种方法操作简便，但敏感度不及间接法。

（2）间接法　是将分离的抗体（第一抗体，简称一抗）再作为抗原免疫另一种动物，制备该抗体（抗原）的抗体（第二抗体，简称二抗），再以标记物标记二抗。先后以一抗和标记二抗处理样品，最终形成抗原 - 一抗 - 标记二抗复合物。在间接法的基础上又发展了**过氧化物酶 - 抗过氧化物酶复合物法（peroxidase-antiperoxidase complex method，PAP 法）**。该法除需一抗和二抗外，还需制备**辣根过氧化物酶（horseradish peroxidase，HRP）**标记的抗酶抗体，即以 HRP 作为抗原免疫动物，制成抗 HRP 抗体，再以 HRP 标记该抗体制成由 3 个酶分子与 2 个抗酶抗体组成的相当稳定的环形 PAP 复合物。标本先后以一抗、二抗和 PAP 复合物处理后，再以 DAB（二氨基联苯胺）显色，即可检测抗原的分布。此法由于细胞内的抗原通过抗体的层层放大而与多个酶分子结合，因此敏感性很强。

免疫组织化学技术近年来又有新的发展，如亲和免疫组织化学技术的出现，应用生物素 - 抗生物素（亲和素）等新颖试剂，为检测微量抗原、受体、抗体开辟了新途径。其原理是利用两种物质之间的高度亲和力，将免疫细胞化学与亲和细胞化学结合，提高了灵敏度，减少了非特异性反应。生物素 - 抗生物素的应用大致有 3 种方法：①**标记抗生物素 - 生物素法（labelled avidin-biotin method，LAB 法）**：将生物素标记的抗体作为二抗，再加上酶标记的抗生物素后，经显色反应显示抗原。经过多层放大可提高检测抗原的敏感性。②**桥连抗生物素 - 生物素法（bridged avidin-biotin method，BAB 法）**：用生物素分别标记抗体和酶，再以抗生物素把两者连接起来，也达到多层放大效果。③**抗生物素 - 生物素 - 过氧化物酶复合物法（avidin-biotin-peroxidase complex method，ABC 法）**：此法是前两种方法的改进，即先按一定比例将抗生物素与酶标生物素结合在一起，形成抗生物素 - 生物素 - 过氧化物酶复合物（ABC 复合物），标本中的抗原先后与一抗、生物素标记的二抗、ABC 复合物结合，最终形成晶格样结构的复合体，其中网罗了大量的酶分子，从而大大提高了检测抗原的灵敏度（图 3）。ABC 法是近年来广泛应用的一种方法。

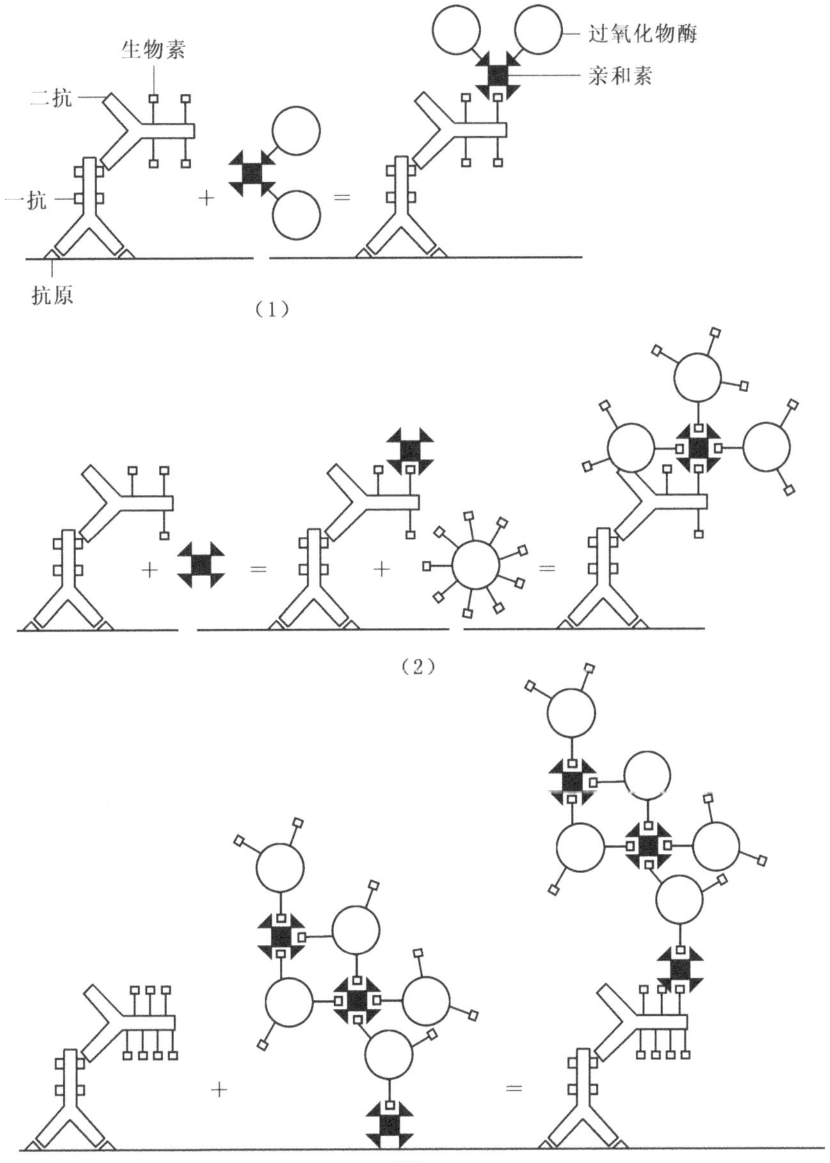

图 3　生物素 - 亲和素免疫细胞化学示意图

摘自成令忠主编《组织学与胚胎学》

（1）标记亲和素 - 生物素法 （2）桥连亲和素 - 生物素法 （3）亲和素 - 生物素 - 过氧化物酶复合物法（ABC 法）

（五）放射自显影技术和同位素示踪技术

放射自显影（autoradiography）亦称同位素示踪。应用某种具有放射性的同位素标记物，注入动物体内或加入细胞培养的培养基内，该物质被细胞摄取后，将组织或细胞制成切片或涂片，并在切片（或涂片）表面涂上一感光乳胶，放进暗匣中，细胞内放射性同位素产生的射线就会慢慢使乳胶感光，再经显影和定影处理，即得到放射性同位素分布和强度的影像，也就是被同位素标记的物质的分布和含量。如用 ^{3}H- 胸腺嘧啶核苷研究细胞 DNA 合成及细胞增殖动态，用 ^{35}S- 蛋氨酸研究某些腺细胞分泌物的合成与排泄，用 ^{131}I- 碘化钠研究甲状腺素的合成等。此技术一般分为宏观放射自显影技术、显微放射自显影技术和电镜放射自显影技术，可从不同结构层次来观察研究示踪物的定位和定量。

（六）组织培养技术

组织培养（tissue culture）或称**体外实验（*in vitro*）**是取活组织或活细胞在体外适宜的环境中培养成活，进行实验研究。组织培养是研究活细胞最理想的方法。组织培养可用于研究各种理化因子（温度、激素、药物、毒物等）对活细胞的直接影响，并能利用摄影、录像观察记录下来。组织培养与其他方法结合应用，可研究某种因素对细胞增殖、分化、代谢、运动、吞噬、分泌等生理功能的影响和调节的动态过程，以及细胞病变、癌变和逆转等机理，获得在体内实验难以达到的研究目的。

组织培养的方法甚多，常用容器有凹玻片、培养皿、培养瓶、培养板、流动小室等。取组织块贴于瓶底进行培养，可观察从组织块生长迁移出的细胞。在培养皿内分离出单个的细胞进行培养后可获得由单细胞繁殖的纯细胞株，称为**克隆（clone）**。取胚胎某器官原基或器官的一部分进行培养，称为**器官培养（organ culture）**。将分离和纯化组织中的某种细胞，贴附在瓶底生长形成单层细胞，称为**细胞培养（cell culture）**（图 4）。用取得的

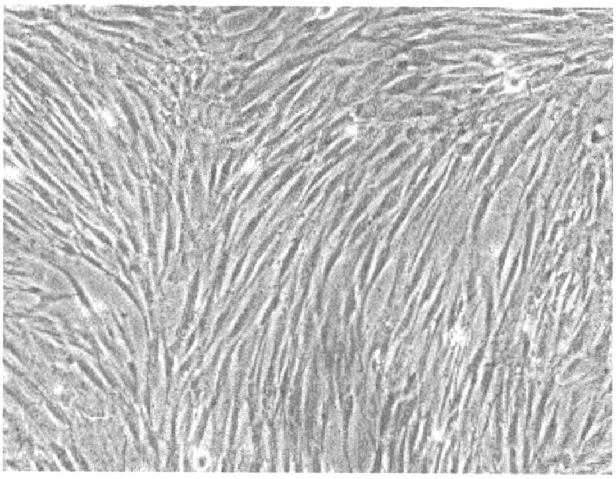

图 4　培养的成纤维细胞

Cui-Ping Zhao 提供

组织首次培养细胞，称为**原代培养**（primary culture）；当细胞增殖到一定密度后再进行培养，称为**传代培养**（subculture）。经传代后长期培养而成的细胞群体，称为**细胞系**（cell line）；用**细胞克隆**（cell clone）或单细胞培养而建成的某种纯细胞群体，称为**细胞株**（cell strain）。它们均可在液氮内长期冻存，供随时应用。

（七）原位杂交技术

原位杂交（*in situ* hybridization）即核酸分子杂交组织化学技术。其基本原理是根据两条单链核苷酸互补碱基序列专一配对的特点，应用已知碱基序列并带有标记物的核酸探针（即已标记的 RNA 或 DNA 片段），与组织切片或细胞内待测核酸进行杂交，通过组织化学或免疫组织化学法显示和定位核酸在细胞内的分布。此项技术需首先制备核酸探针，核酸探针主要有三种：①利用大肠杆菌重组带有目的基因的质粒 DNA，制成互补 DNA 探针（cDNA）；②应用限制性核酸内切酶消化制成线性 DNA 模板，在体外转录获得反义 RNA 探针（cRNA）；③依照待测核酸的核苷酸序列，应用 DNA 合成仪合成寡聚核苷酸探针。cRNA 和 cDNA 的常用标记物有 ^{35}S、^{32}P、^{3}H 等放射性核素和非放射性物质荧光素、生物素、地高辛等。组织学应用的原位杂交技术，主要是染色体原位杂交和细胞原位杂交。前者研究遗传基因、抗原基因、受体基因、癌基因等在染色体上的定位与表达；后者研究细胞某种蛋白质的基因转录物 mRNA（信使 RNA）在胞质内的定位与表达。

（八）形态计量技术

形态计量技术（morphometry）又称图像分析技术，是应用数学和统计学原理对组织切片提供的平面图像进行分析，从而获得立体的组织和细胞内各种有形成分的数量、体积、表面积等参数，如肺泡的数量和表面积、肾小体的数量和体积、胰岛的数量及其各类细胞的百分比等，这些数值从量的角度显示了结构与功能的关系。传统的方法是把规则的测试系统（点、线、方格等）投影或覆盖在切片或照片上，将平面的测量数据按数学公式推算出立体结构数值。目前广泛应用的图像分析仪，可快速准确地测量组织切片和电镜照片中的细微结构，通过软件程序获得各项数据；也可以测量组织化学染色切片，根据染色深浅而提供该物质含量的相对数值。另外，将连续的组织切片应用计算机进行三维重建，可获得供研究的细微结构的立体模型，这种研究方式称为**体视学**（stereology）。

（九）共聚焦激光扫描显微镜技术

共聚焦激光扫描显微镜（confocal laser scanning microscope，CLSM）是近十多年研制成的高光敏度、高分辨率的新型仪器。它以激光为光源，由共聚焦成像扫描系统、电子光学系统和微机图像分析系统组成。光束经聚焦后落在样品（组织厚片或细胞）不同深度的微小一点，并作移动扫描，通过电信号彩色显像，可使样品内任何一点的反射光形成的图像，都被准确地接收下来并产生信号，传递到彩色显示器上，再连接微机图像分析系统进行分析处理。

CLSM 可进行细胞三维结构图像分析，细胞内各种荧光标记物的微量分析，细胞内 Ca^{2+}、pH 等的动态分析测定，细胞的受体移动、膜电位变化、酶活性和物质转运的测定，并可以激光作为“光子手术刀”对细胞及其染色体进行切割、分离、筛选。CLSM 作为一种高新技术产品，在对细胞的多种生物学功能的研究和应用上还有待进一步开发。

（十）胚胎移植技术

胚胎移植（embryo transplantation）是近年来发展起来的一项新型繁殖技术，是将良种母畜配种后的早期胚胎取出，或者将在体外受精发育的早期胚胎，移植到另一同种、生理状态相同的母畜子宫内，并在子宫内着床、生长发育成为新个体。胚胎移植可以充分发挥优良母畜的繁殖潜力，提高繁殖效率。例如，应用该技术一年内每头优良母牛可繁殖几头甚至十几头良种犊牛。还可以直接获得纯血统的优良种畜，节省多代改良所需的数年饲养时间和费用。结合胚胎保存技术，还可以实现胚胎的远距离运输，有利于品种改良规划的实施。这项技术对我国目前现有奶牛、肉牛、山羊和绵羊生产性能低下品种的改良，有特别重要的意义。

胚胎移植的主要技术环节有：供体和受体母畜的选择，超数排卵，供体母畜的配种或体外受精，胚胎的收集和鉴定，胚胎的保存，胚胎移植，受体移植后观察。

胚胎移植技术分为冻胚移植和鲜胚移植两种。冻胚移植就是将收集的胚胎冷冻起来，在其他时间实行异地或本地移植。鲜胚移植是指胚胎的生产与移植在同一时间同一地点进行。相比之下，鲜胚移植比冻胚移植的怀孕成功率高 10%～40%。如波尔山羊的鲜胚移植怀孕成功率在 60% 以上，而冻胚移植的怀孕成功率仅为 30% 左右；绵羊、奶牛、肉牛的鲜胚移植怀孕成功率可达 60%，冻胚移植怀孕成功率在 50% 左右。

（十一）双光子荧光显微镜技术

双光子荧光显微镜（two-photon fluorescence microscopy，TPM）是将双光子激发技术与共聚焦激光扫描显微镜结合的先进技术。TPM 利用红外光红外波段的超快激光作为光源，可对活体动物样品进行活体观察，并能进行长时间动态活体监测。双光子荧光成像具有穿透性强、成像深度大、分辨率高、光漂白性小、光毒性小等优点。因此 TPM 在干细胞研究、肿瘤免疫、基因治疗、药物筛选与评价等领域具有广泛应用。

三、学习动物组织学与胚胎学的方法及应注意的一些问题

动物组织学与胚胎学涉及的内容，大多是组织细胞的细微结构，需要记忆的基本概念、形态描述较多，这就给学生的学习带来了一定的难度。那么，怎样才能学好动物组织学与胚胎学呢？根据多年的教学总结，在学习中应注意以下几个问题。

（一）显微镜使用与切片观察

显微镜是动物组织学与胚胎学研究和学习不可缺少的基本工具，要求每一个初学者必须学会使用、熟练掌握，提高观察细微结构的能力。当观察一张切片时，除了了解该组织

属于什么器官外，还要知道此张切片是从器官的哪个部位切下来的，是横切面，还是纵切面。对一些管状或不规则的器官来说，切的方向不同，其形状、大小甚至结构都不相同。通过观察切片，了解器官、组织、细胞的基本结构。

（二）学习动物组织学与胚胎学的几种思维方式和方法

1. 理论联系实际 动物组织学与胚胎学是一门以形态结构为主的学科，许多结构不要死记硬背，而是在实验课中通过观察、分析、比较，在理解的基础上再加深记忆。这样既不会感到枯燥而又能加深印象，所以学习时要重视实验课这个重要环节。对于理论课介绍的内容，可运用各种学习的手段，如观察切片、多媒体课件、图片、电镜照片等，自己动手制作切片和绘图，加深对理论知识的理解和记忆。有些知识还要与专业和后续课程融会贯通，才能提高学习兴趣，并达到理解、记忆和巩固知识的目的。

2. 平面与立体的关系 切片和照片显示的是细胞、组织和器官的平面结构，同一结构由于切面不同而呈现一定形态差异。通过细胞、组织、器官平面结构的观察，还应建立对它们立体的整体结构的认识，建立整体结构的概念，培养和训练自己的想象能力和思维能力。

3. 结构与功能相联系 动物体是一个结构和功能的统一体，每种细胞、组织和器官都有一定的形态结构特点，这些特点往往与它们行使的功能相适应。例如分泌蛋白质的腺细胞，富含粗面内质网和发达的高尔基复合体；巨噬细胞则有较多的溶酶体；构成肌肉组织的肌细胞，形态细长，含有大量肌原纤维，是细胞收缩的结构基础；上皮组织则细胞排列紧密，具有与吸收和保护功能相关的特化结构（连接复合体、微绒毛、纤毛等）。又如消化管是连续的管道，但食管、胃、小肠和大肠的黏膜又各有特点，这些特点与各段的相应功能有关。因此，联系功能来学习形态结构既可增加学习的兴趣，又可加深理解和记忆。

4. 从静态结构了解动态变化 活的细胞和组织始终处于动态变化之中，在细胞分化、代谢和功能活动过程中，其细微结构也有相应变化，细胞还不断增殖、运动、更新和死亡。即使是非细胞的间质成分，包括坚硬的牙和骨的间质，在生长时也不断地被吸收和重建。胚胎时期的生长发育变化则更为显著。但在切片中所见的结构都是某一时刻的静态形象，所以要善于从组织的静态时相理解其动态变化。在动物实验中，可在不同实验时期取材观察，分析其动态变化过程。

5. 纵横联系，扩大知识面 现代科学的研究进展迅速，使各学科的内容相互渗透和交叉，联系日益密切。动物组织学与胚胎学中研究方法的应用和许多基本理论的验证，都不可避免地要涉及其他学科的新技术和新成就，如细胞生物学、分子生物学、免疫学、生物化学和生物物理学等学科。因此，学习中在掌握基本形态结构与功能的基础上，还要善于自学钻研，扩充知识，纵横联系，奠定坚实宽厚的基础，方能适应科学研究发展的要求。

6. 勤奋加技巧，提高学习效果 学习也是一种艰苦的劳动，有付出才有收获。学习中既要勤奋钻研，也要摸索出适合自己的学习技巧，切忌死记硬背。注意前后联系，归纳总结，找出共性，牢记个性；还可采用对比法、列表法、图解法。这样才能学得主动、扎实，取得良好的学习效果。

第一章 细胞学
Chapter 1 Cytology

内容概要

细胞是生物体结构和功能的基本单位。各种真核细胞的基本结构相同，均由细胞膜、细胞质和细胞核组成。

细胞膜即包围在细胞表面的质膜，主要成分是脂类和蛋白质，此外，还有少量糖类等。细胞膜的分子结构是在流动的脂质双层中，镶嵌有球形蛋白质（液态镶嵌模型）。细胞膜除了与细胞外环境进行物质交换，还与信息传递、细胞识别、细胞免疫、细胞分化、细胞运动、细胞分裂、细胞衰老、肿瘤发生等密切相关。细胞膜还参与形成一些特殊结构，如微绒毛、纤毛、鞭毛、细胞连接、内褶等，以执行各种特殊的生理功能。

细胞质包括基质、细胞器和内含物。基质是无固定形态的胶体，构成细胞的内环境。细胞器是细胞质内具有一定形态结构和特定生理功能的有形成分，包括线粒体、核糖体、内质网、高尔基复合体、溶酶体、过氧化物酶体、中心体、微管、微丝、中间丝等。细胞的生理功能主要由细胞器完成。线粒体是细胞内氧化代谢的场所，能将细胞代谢的化学能转变为ATP（三磷酸腺苷），供细胞利用。核糖体在蛋白质合成中发挥重要的作用。粗面内质网的主要功能是合成分泌性蛋白质。滑面内质网的功能在不同细胞中表现为多样化：在合成类固醇激素的细胞中，通过相关酶参与其合成；在肝细胞中，通过氧化、还原、转化等作用，降低或消除毒物和药物的毒性；在肌细胞中，通过摄取和释放钙离子，调节肌纤维的收缩。高尔基复合体负责蛋白质翻译后的修饰和包装，以及糖脂、糖蛋白的合成和溶酶体的生成。溶酶体是细胞内的“消化器官”，能够消化和清除外源性异物及内源性残余物。过氧化物酶体的主要功能是分解代谢产物，并将在此过程中产生的有害的H_2O_2还原成H_2O。微管、微丝和中间丝一起构成细胞内一个复杂的网络结构，称为细胞骨架，对维持细胞一定的形态、细胞器的运动和细胞中各种液泡的运动等，发挥重要的作用。内含物是细胞质内具有一定形态的营养物质或代谢产物，如糖原、脂肪滴、蛋白颗粒、色素颗粒等。

细胞核由核膜、核仁、染色质、核基质和核骨架组成。细胞核内贮存了全套遗传信息，是细胞遗传和代谢活动的控制中心，通过调节基因的表达等方式，指挥和控制细胞的生理活动。

自 Robert Hooke（1665）发现**细胞（cell）**以及 Schleiden（1838）和 Schwann（1839）

提出“细胞学说”以来，随着科学研究不断发展，人们从显微、亚微和分子三个结构层次来研究细胞的结构与功能，以及细胞间的相互关系，以阐明生命活动的结构基础和基本规律，如动物体的形态结构、增殖和生长、发育和分化、遗传和变异、兴奋传导和运动、细胞识别和免疫、衰老和死亡、起源和进化等。

细胞可分为原核细胞和真核细胞两大类。**原核细胞（prokaryotic cell）**没有典型的细胞核，也就是没有核膜将其遗传物质与细胞质分隔开；其遗传信息量小，仅有一个环状DNA；胞质内没有膜性细胞器和细胞骨架。**真核细胞（eukaryotic cell）**有核膜将细胞质和细胞核分隔成两部分，核内的遗传信息量大；胞质内有以膜系统为基础形成的各种结构精细、功能复杂的细胞器；并有骨架系统，对维持细胞的形态结构和生理功能起着重要作用。

细胞有多种形态，除了与进化有关，还与它所执行的功能和所处的环境密切相关。例如，具有感受和传导功能的神经细胞是多突起形，而具收缩功能的肌细胞则是细长纤维状；处于机体内、外表面的上皮细胞多呈多边形，而处于游离状态的血细胞多呈球形。

哺乳动物细胞的直径一般为10～20 μm，但哺乳动物最小的细胞如小淋巴细胞和小脑皮质的颗粒细胞直径仅有4～5 μm，而最大的细胞是鸟类的卵细胞，直径可达数厘米。细胞的大小与生物体的大小并没有相关性，高大的动物体，器官体积的增大，并非细胞体积的增大，而是细胞数量的增多。

一、细胞的结构与功能

尽管各种细胞的形态、大小有差别，但其基本结构是相同的。光镜下，真核细胞可分为细胞膜、细胞质和细胞核三部分。电镜下，细胞内部构建成各种复杂而具专门功能的细胞器（图1-1），在亚微结构水平，可根据其功能大致划分为三大基本结构体系：①内膜系统，是以生物膜为基础形成的，在发生和功能上有密切联系的一些细胞器，如线粒体、内质网、高尔基复合体、溶酶体、过氧化物酶体，都是由生物膜包围形成的结构，其膜的功能具有一定的共性，即物质的选择性交换与跨膜运输，信息与能量的传递和化学反应。②遗传信息表达结构系统，是以颗粒状和纤维状为基础结构的细胞器，如核仁、核糖体、染色质，由DNA-蛋白质与RNA-蛋白质复合体形成的遗传信息载体与表达系统，具有遗传信息储存与复制、核酸转录与蛋白质翻译的功能。③细胞骨架系统，包括细胞质骨架和核骨架，是由一系列特异的结构蛋白装配而成的网络状结构，对维持细胞的形态结构起着支架作用，并与细胞运动、细胞内大分子物质的运输、信息传递、基因表达、蛋白质合成、细胞分裂与分化等有着密切关系。以上三个基本结构体系在结构和功能上既彼此独立，又相互协调，保证了细胞内的生命活动具有高度的程序性与自控性。

（一）细胞膜

1. 细胞膜的亚微结构　**细胞膜（cell membrane）**又称**质膜（plasma membrane）**，是指包在细胞最外层的界膜。真核细胞内部还有细胞内膜，它

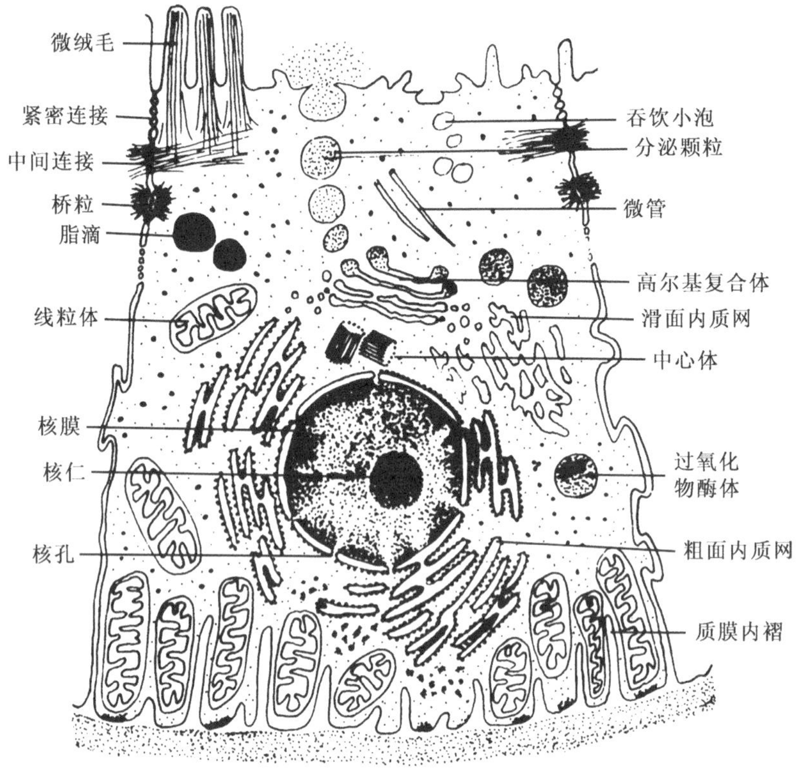

图 1-1　细胞电镜结构模式图

们构成各种膜性细胞器。细胞膜和细胞内膜统称为**生物膜（biomembrane）**。在电镜下，生物膜显示出暗—亮—暗三条带，内外两条暗带电子密度高，厚度为 2.0～2.5 nm，中间亮带电子密度低，厚度为 2.5～3.5 nm，具有这样三层结构的膜又称**单位膜（unit membrane）**。已证明“单位膜”只是由于锇酸固定后而形成的电镜图像。

2. 细胞膜的化学组成　细胞膜的主要成分是脂类和蛋白质，此外还有糖类、水、无机盐和金属离子。

（1）膜脂　包括磷脂、糖脂和胆固醇，以磷脂为主。膜脂的分子一端为亲水基团，另一端是疏水基团，两层膜脂分子平行排列，亲水基团分别朝向膜的内外表面，疏水基团伸向膜的中央，构成双层排列的膜性结构。

（2）膜蛋白　种类很多，与膜的功能相关联。按其功能，分为载体蛋白、受体蛋白、抗原、酶等。若按其分布位置，则分为表在蛋白和嵌入蛋白。**表在蛋白（extrinsic protein）**又称**外周蛋白（peripheral protein）**，多附着于膜的胞质面；**嵌入蛋白（mosaic protein）**又称**内在蛋白（intrinsic protein）**，嵌入膜内或跨越膜层，大部分膜蛋白为嵌入蛋白。

（3）膜糖　主要是由葡萄糖、半乳糖、甘露糖、岩藻糖、氨基糖、唾液酸等组成的低聚寡糖链，与膜蛋白结合成糖蛋白，或者与膜脂结合成糖脂，其糖链分布在细胞膜外表面形成**细胞衣（cell coat）**。不同细胞的表面糖链的分支多少及其单糖的数量、类型、排列顺序、结合方式各有不同，细胞表面的结构及功能都与糖链的特异性有一定关系。

3. 液态镶嵌模型　针对细胞膜的分子结构，多年来提出多种模型，其中 Singer 和 Nicholson（1972）提出的**液态镶嵌模型（fluid mosaic model）**已被大多数学者接受。这个模型认为，细胞膜是以脂质双层作为膜的构架，球形蛋白质则镶嵌在脂类分子的表面，有的部分或全部嵌入其内，有的横跨整个脂质双层（图 1-2）。该模型强调了膜的流动性和不对称性，认为脂类分子具有液晶态的特性，蛋白质分子在脂质双层内可横向移动或者旋转，可呈不对称性分布。

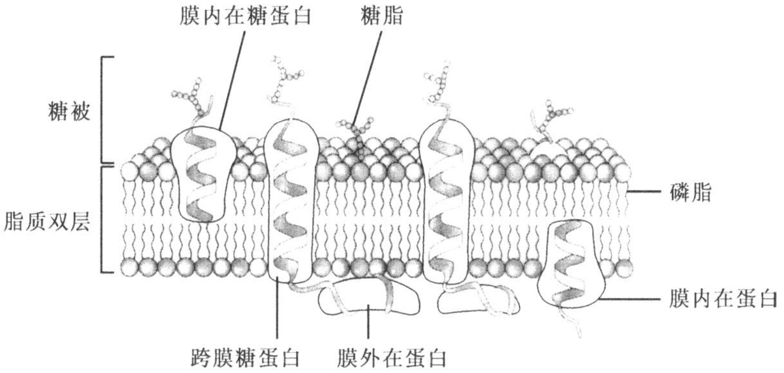

图 1-2　细胞膜液态镶嵌模型

摘自 *Dellman's Textbook of Veterinary Histology*

4. 细胞膜的功能　细胞膜作为细胞内外环境之间的界膜，除了具有维持细胞稳定的内环境及保护细胞的作用外，还在物质转运、信息传递、细胞识别、免疫作用等重要功能中起着关键作用。

（1）物质转运功能　细胞在新陈代谢过程中，需要不断地从周围环境摄取必要的营养物质，并不断排出代谢产物，这些物质的转运都要经过细胞膜。细胞膜的物质运输方式有被动运输、主动运输、胞吞作用和胞吐作用等。

被动运输（passive transport）是指顺浓度梯度的穿膜运输，这种运输作用不需要消耗能量，运送溶质分子的动力是浓度差。脂溶性分子和不带电荷的双极性小分子物质，如水、二氧化碳、氧气、醇等，可以直接顺着浓度差穿过细胞膜；但一些非脂溶性物质如葡萄糖、氨基酸、核苷酸等，需借助膜上的载体蛋白的协助，才能顺浓度梯度穿膜转运。

主动运输（active transport）是指逆浓度梯度的物质转运，即将膜一侧低浓度物质转运到高浓度一侧，此过程需要消耗能量，并且需要膜蛋白的协助。例如，在正常生理条件下，哺乳动物的红细胞内 Na^+ 浓度低于血浆的 Na^+ 浓度，但 Na^+ 仍可从红细胞内排出到血浆；相反，红细胞内 K^+ 浓度则高于血浆的 K^+ 浓度，但 K^+ 仍可从血浆进入到红细胞内。对于这种逆浓度梯度反向转运现象，学者们认为是某些膜蛋白起着“泵”的作用，进一步的实验证实了这些“泵”实际上是 ATP 酶，能够水解 ATP，通过其构象变化，而实现对特异性物质的逆浓度转运。

胞吞作用（endocytosis）是指细胞将细胞外大分子物质、颗粒状物质吞噬进入细胞的过程。当细胞摄取大分子或颗粒物质时，细胞膜先内陷形成小凹，将这些物质包围形成小泡，而后小泡与细胞膜脱离形成内吞小泡进入细胞质内。胞吞作用还可分为内吞固体物质的**吞噬作用**（**phagocytosis**）、内吞液体物质的**吞饮作用**（**pinocytosis**）和内吞过程须依赖膜上特异性受体蛋白进行的**受体介导内吞作用**（**receptor mediated endocytosis**）。

胞吐作用（**exocytosis**）是与胞吞作用正好相反的过程，细胞内合成的酶、激素、未消化的残余物等形成膜性小泡，小泡逐渐向细胞膜迁移，最后与细胞膜融合，将内容物释放到细胞外。

（2）信息传递功能　细胞膜上具有特异性识别细胞外信号并与之相结合的**受体**（**receptor**），当激素、药物、神经递质等细胞外信号与相应的受体结合后，可通过受体引起细胞内部产生一系列的生物学效应。膜受体一般为糖蛋白，伸展于细胞膜外表面的糖链的多样性，使受体能选择性地识别不同的细胞外信号。

（3）细胞识别功能　**细胞识别**（**cell recognition**）是指细胞通过膜受体的作用，对同种和异种细胞、自我和异体物质进行选择性辨别的功能。识别的结果可引起细胞的不同反应，如细胞的吞噬作用，免疫细胞间的相互作用，同种精子和卵的受精，胚胎发育中出现的细胞迁移和聚集等。

（4）免疫作用　细胞膜上的部分糖蛋白可以充当**膜抗原**（**membrane antigen**）引起特异性免疫反应，同时也是每个细胞表示其属性的标志，如血型抗原、组织相容性抗原等。当某一个体的细胞、组织或器官进入另一个体时，除非是单卵孪生者，否则均会产生排斥反应。因此，输血时要求血型一致，进行组织器官移植时，要选择组织相容性抗原接近的供体。

（二）细胞质

细胞质（**cytoplasm**）由基质、细胞器和内含物组成。

1. 基质　基质（**matrix**）是细胞质中除去细胞器以外的均质半透明的胶状物质，主要成分有水、无机盐、离子、脂类、糖类、氨基酸、核苷酸，以及大分子的蛋白质、脂蛋白、多糖、RNA 和大量的酶类。近年来发现，基质中还存在着网络状的细胞骨架。生活状态下的细胞质基质有一定弹性和黏滞性，可从溶胶状态到凝胶状态相互转化。基质为维持各种细胞器的正常结构及功能提供适宜的环境，并在细胞的物质代谢中起着重要作用。

2. 细胞器　细胞器（**organelle**）是细胞质内具有一定形态结构和某种特殊功能的有形成分，包括线粒体、核糖体、内质网、高尔基复合体、溶酶体、过氧化物酶体、中心粒、微管、微丝、中等纤维等。

（1）线粒体　**线粒体**（**mitochondrion**）通常是圆形或卵圆形的，也有呈哑铃状、帽状或杆状的。直径为 0.1～0.5 μm，长 1～2 μm。电镜下，线粒体由两层单位膜包围而成，外膜表面平滑，内膜向线粒体腔内突起皱褶形成**嵴**（**cristae**）和内室。嵴是线粒体的特殊结构，多为隔板状或管状（图 1-3）。内膜和嵴上分布有许多带柄的球状颗粒，称为**基粒**（**elementary particle**），是合成 ATP 的部位。在外膜和内膜之间有一较小的腔隙为**膜间隙**（**intermembrane space**），内有一些可溶性酶类及辅助因子。在内膜包围的嵴外空间充满基质，内含蛋白质和脂类，还有与三羧酸循环、丙酮酸和脂肪酸氧化有关的许多酶类。

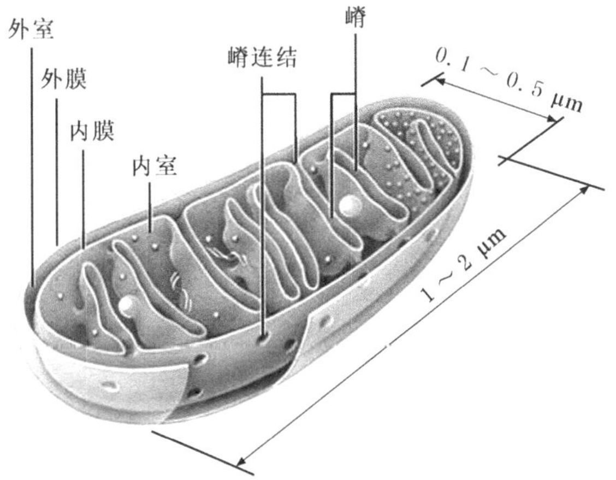

图 1-3 线粒体结构模式图

摘自 Harvey Lodish et al. 主编 *Molecular Cell Biology*

线粒体的主要功能是进行氧化磷酸化，合成 ATP，为细胞的生命活动提供能量。糖类、脂肪等营养物质在细胞质中经分解产生丙酮酸和脂肪酸，这些物质进入线粒体基质中，经过一系列酶的催化形成乙酰辅酶 A，进一步参加三羧酸循环，脱落的氢经呼吸链最后传递给氧生成水。在这个过程中释放的能量通过 ADP（二磷酸腺苷）的磷酸化生成 ATP，因此氧化磷酸化是细胞获得能量的主要途径。

线粒体是半自主性细胞器，在基质中有环状 DNA、RNA、DNA 聚合酶、RNA 聚合酶以及蛋白质合成所需的酶类，可合成少量的蛋白质。但构成线粒体的大多数蛋白质是由细胞核 DNA 编码并在细胞质中合成的。

（2）核糖体 **核糖体（ribosome）**又称核蛋白体或核糖核蛋白体，是一种没有单位膜包裹的颗粒状结构，大小约为 14 nm × 25 nm。电镜下可见核糖体由大小两个亚基构成（图 1-4）。主要成分是 rRNA（核糖体 RNA）和蛋白质。分布于细胞质基质中的核糖体，称为**游离核糖体（free ribosome）**；附着于内质网和核膜外表面的核糖体，称为**附着核糖体（attached ribosome）**。当多个核糖体由一个 mRNA 分子串联起来时，形成念珠状的**多核糖体（poly ribosome）**。

核糖体的功能是合成蛋白质。它可接受 mRNA 的指令，将氨基酸合成肽链，通过大亚基中央管，释放入内质网腔。游离核糖体主要合成结构性蛋白，如膜蛋白、血红蛋白、肌动蛋白等，使细胞各种结构得以自我更新。附着核糖体则主要合成分泌性蛋白，如酶原、蛋白激素、抗体等。

（3）内质网 **内质网（endoplasmic reticulum，ER）**是由单位膜包围形成的扁束状、管状和泡状结构，彼此相互连通，形成连续的网状，有的甚至与外核膜相连，腔内有许多酶。根据内质网膜表面有无核糖体附着，将其分为粗面内质网和滑面内质网两种。

粗面内质网（rough endoplasmic reticulum，RER）的外表面附着有核糖体，多呈扁平束状（图 1-5），主要合成分泌性蛋白、部分膜蛋白、溶酶体蛋白等。因此在合成和分泌蛋白质的细胞，特别是处于功能活跃状态时，RER 数量较多。如胰腺细胞和浆细胞的 RER 发达，常呈板层状排列；而分泌功能很弱的软骨细胞等，仅有少量的 RER。

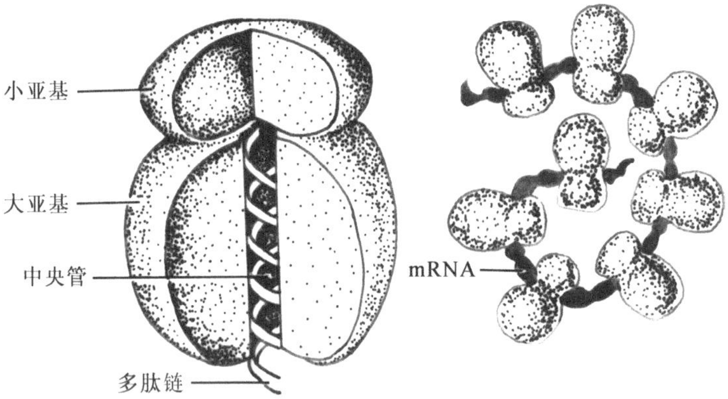

图 1-4　核糖体模式图

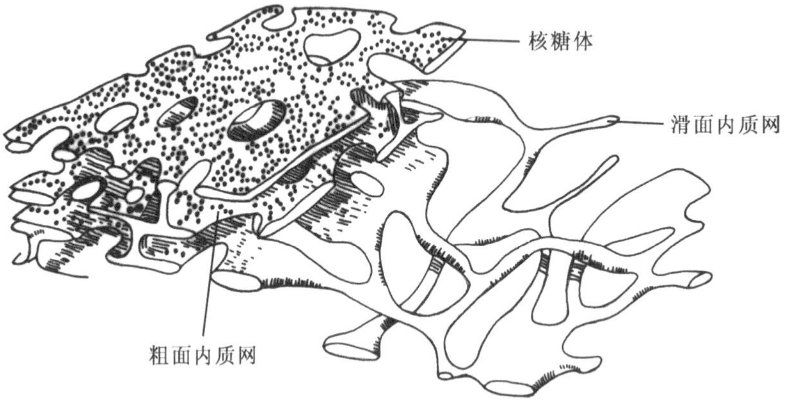

图 1-5　粗面内质网和滑面内质网模式图

滑面内质网（smooth endoplasmic reticulum，SER）的表面无核糖体附着，呈分支小管或小泡状，有些细胞内 SER 也呈束状或扁平板层状（图 1-5）。含 SER 丰富的细胞胞质的嗜酸性较强，如胃底腺壁细胞、睾丸间质细胞等。

SER 含有多种酶系，但不同细胞内 SER 所含的酶类差异较大，细胞的功能也不同。SER 最主要的功能与固醇类激素和脂类的合成有关，肾上腺皮质细胞、睾丸间质细胞和卵巢黄体细胞等 SER 发达，含有合成类固醇的全套酶系，故与类固醇激素合成有关。SER 的另一个重要功能与细胞的解毒作用和药物代谢有关，如肝细胞内的 SER 含有丰富的氧化还原酶系，可将经消化道吸收的外源性毒物或药物以及机体在代谢过程中产生的内源性毒物经转化后，使其毒性降低或成为易溶于水的物质而利于排出。在肌细胞内的 SER 则特化成肌质网，有贮存和释放 Ca^{2+} 的功能，与肌细胞的收缩有关。此外，SER 还与糖原代谢、脂肪合成、胆汁的生成等有关。

（4）高尔基复合体　**高尔基复合体（Golgi complex）**在光镜下观察呈扁平囊状或网状，分布于细胞核附近。电镜下可见高尔基复合体由三种基本结构组成（图 1-6）：①**扁**

平囊泡（saccule），由单位膜围成，囊腔宽约 15 nm，通常 3～10 个扁平囊泡平行排列，囊泡之间的间隙宽 15～30 nm。囊泡之间可互相连通，构成高尔基复合体的主体。典型的高尔基复合体呈弓形或半球形，凸面称为未成熟面或形成面，凹面称为成熟面或分泌面。②**小泡（vesicle）**，直径 40～80 nm，散布于扁平囊泡周围，在形成面较多。通常认为小泡是由 RER 出芽而来，内含在 RER 合成的蛋白质，并将其运送到扁平囊泡，故又称转运小泡。③**大泡（vacuole）**，直径 100～500 nm，多见于扁平囊泡的膨大末端或分泌面，由扁平囊泡的两端或分泌面局部膨大脱落而成，其内含有在扁平囊泡加工、浓缩的分泌物，故又称浓缩泡。

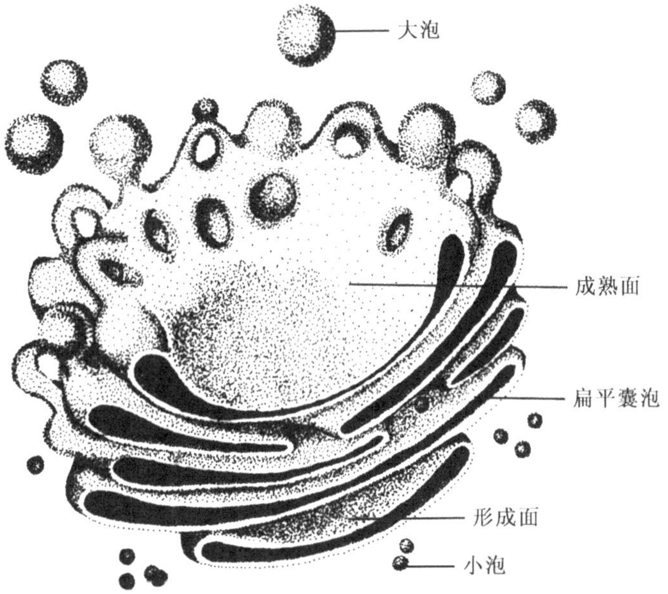

图 1-6　高尔基复合体模式图

高尔基复合体的主要功能是，参与细胞的分泌活动，进行细胞分泌物的加工、浓缩、包装和运输等过程，故分泌功能旺盛的细胞高尔基复合体发达。细胞分泌物中的蛋白质在 RER 合成后，以出芽方式形成转运小泡，运送到扁平囊泡内加工、浓缩、包装形成分泌颗粒，最后经细胞膜排出细胞外。另外，高尔基复合体还可进行糖脂、多糖的合成以及形成溶酶体。

（5）溶酶体　**溶酶体（lysosome）**是由单位膜包围的圆球形小泡，大小差异较大，直径从 25 nm 到几微米不等，内含 60 多种水解酶，几乎可以水解细胞内所有的生物大分子物质，酸性磷酸酶是其标志酶。根据溶酶体内是否含有作用底物，将其分为初级溶酶体和次级溶酶体两类。

初级溶酶体（primary lysosome）是新形成的溶酶体，小泡状，直径为 25～50 nm，电镜观察小泡的内容物呈均质状。初级溶酶体中仅含水解酶而无作用底物。

次级溶酶体（secondary lysosome）由初级溶酶体和吞噬的底物融合而成。体积较大，直径可达 800 nm，内容物为非均质状。根据底物的来源，可分为 3 种：①**自噬溶酶体**

（**autolysosome**），其作用底物是内源性的，即来自细胞内衰老或损伤的细胞器。②**异噬溶酶体**（**heterolysosome**），其作用底物是外源性的，即细胞吞噬或吞饮的细胞外异物。③**混合性溶酶体**（**ambilysosome**），其作用底物既有内源性的又有外源性的。当溶酶体的消化作用已完成时，酶的活性也随之消失，部分不能消化的底物残渣则存留在溶酶体内，此种溶酶体称为**残余体**（**residual body**）。有的残余体可以排出细胞外，有的则长期留在细胞内，如常见的**脂褐素**（**lipofuscin**）就是一种长期积累在细胞内的残余体（图 1-7）。

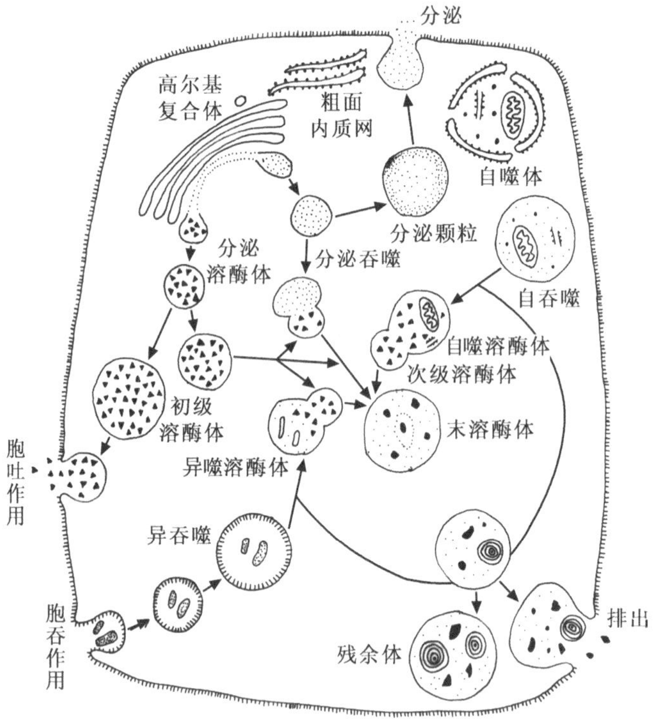

图 1-7　溶酶体的形成与转化

溶酶体的主要功能是清除进入细胞的外源性异物及内源性残余物，以维持细胞的正常结构和生理功能。溶酶体对外源性底物的降解作用与机体的防御功能密切相关，如巨噬细胞的溶酶体很发达，可消化、分解细胞吞噬的抗原物。溶酶体对内源性底物的降解，是细胞自我清除和细胞结构自我更新的过程。细胞内受损、老化、退变的细胞器和大分子，经溶酶体消化后，其中一些物质可重新被利用。此外，有些细胞还可通过胞吐作用将溶酶体酶释放到细胞外，分解细胞外的物质。如受精过程中精子释放顶体溶酶体酶，溶解卵母细胞外周的放射冠和透明带。在某些特定情况下会引起溶酶体破裂，使细胞自行溶解，称为自溶作用。如蝌蚪变态时，尾巴的消失与溶酶体的作用分不开。

（6）过氧化物酶体　**过氧化物酶体**（**peroxisome**）又称**微体**（**microbody**），是由单层膜包围形成的圆形小泡，直径 0.1～1.0 μm，含有 40 多种酶，其标志酶是过氧化氢酶。某些动物细胞的过氧化物酶体内有结晶结构的核心，称**核样体**（**nucleoid**）或**类晶体**（**crystalloid**），主要成分是尿酸氧化酶。哺乳动物的肝细胞、肾小管上皮细胞、小肠吸收细胞等含有较多的过氧化物酶体。过氧化物酶体的主要功能是分解代谢产物，并将在此过程中产生的 H_2O_2 还原为 H_2O，防止过量的 H_2O_2 对细胞产生毒害作用。此外，过氧化物酶体还参与脂肪和糖原的代谢。

（7）微管　**微管（microtubule）**是构成细胞骨架的成分之一，由**微管蛋白（tubulin）**装配而成，为中空管状结构，直径约 25 nm，长度变化较大，常延伸到长的细胞突起中（如纤毛、鞭毛、神经元的轴突等）。微管蛋白有 α、β 两种，两个微管蛋白分子结合在一起形成二聚体，并彼此首尾相连形成原丝，13 条原丝围成一条微管。通过二聚体的装配和去装配可使微管的长度发生改变。细胞质内存在着促进微管蛋白装配成微管的结构，称为**微管组织中心（microtubule organizing centers）**，如中心体、基粒、着丝粒等。

细胞内微管存在的形式有 3 种：①单微管，为单条微管，如纺锤体微管、神经元内神经原纤维中的微管。②二联微管，由两条微管构成，存在于纤毛和鞭毛的中部。③三联微管，由 3 条微管组成，存在于中心粒以及纤毛、鞭毛基部的基粒中（图 1-8）。

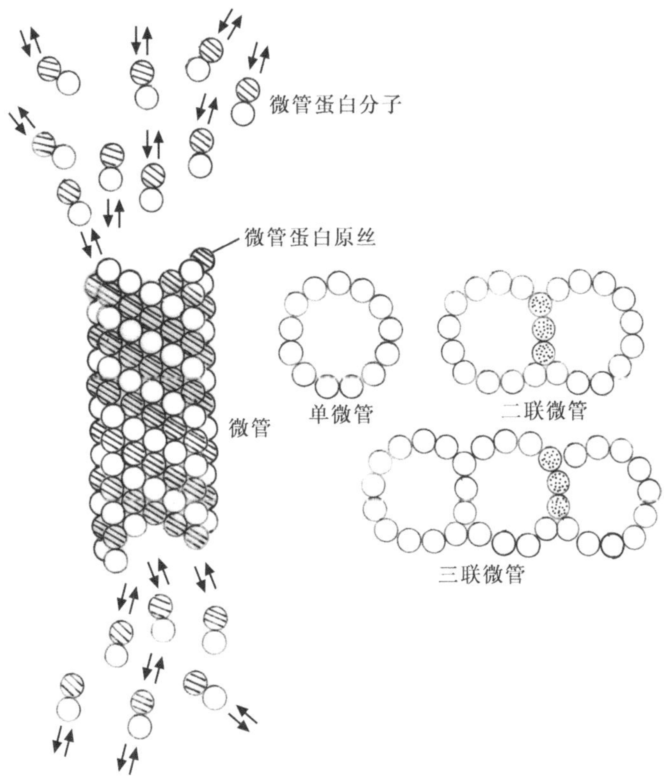

图 1-8　微管结构模式图

微管的功能如下：①维持细胞形态，是细胞骨架的结构成分之一。②参与细胞的运动，如构成纤毛和鞭毛的结构。③与染色体的位移有关，在细胞有丝分裂时，形成纺锤体并使染色体移动。④细胞内运输，神经元内的微管可作为某些大分子物质的“运输轨道”。

（8）微丝　**微丝（microfilament）**是由肌动蛋白组成的直径约 7 nm 的纤维。在肌细胞中微丝非常发达，形成肌丝。肌丝分为细肌丝和粗肌丝两种：细肌丝直径约 5～7 nm，主要成分是肌动蛋白；粗肌丝直径约 10 nm，主要成分是肌球蛋白。在非肌细胞中，微丝的形态会随细胞的生理状态而发生变化。

微丝除参与构成细胞骨架，维持细胞的形态结构外，还与细胞的吞噬、分泌，微绒毛和肌肉的收缩，胞质分裂等有关。

（9）中等纤维　**中等纤维（intermediate filament）**又称中间丝，是直径为 8～10 nm 的蛋白质纤维，在不同的细胞中其化学组成有明显的差别，由于其直径介于粗丝和细丝之间，故称中等纤维。

目前已知的 5 种中等纤维是：①角蛋白纤维，又称张力丝，主要由角蛋白构成，存在于上皮细胞中；②波形纤维，由波形纤维蛋白构成，存在于间质细胞和来源于中胚层的细胞，如成纤维细胞、软骨细胞、血管平滑肌细胞等；③结蛋白纤维，由结蛋白构成，存在于肌细胞中；④神经原纤维，由神经原纤维蛋白构成，存在于神经元中；⑤神经胶质纤维，由胶质原纤维酸性蛋白构成，存在于神经胶质细胞中。

中等纤维也是构成细胞骨架的成分之一，而且与细胞器的定位有关。其他方面的功能还不完全清楚，可能在核内 DNA 复制的启动、mRNA 的运输、细胞器的空间定位、细胞内物质运输方面起作用。

（10）中心粒　**中心粒（centriole）**常位于细胞核附近，每个细胞有两个中心粒，相互垂直排列，与周围的致密基质一起构成**中心体（centrosome）**。电镜下，中心粒是中空的短圆筒状，长 0.3～0.5 μm，直径为 0.15 μm。

中心粒与细胞有丝分裂过程中纺锤体的形成有关，在细胞分裂开始前，中心粒可自我复制；在细胞分裂时，两组中心粒分开，各自移行到细胞的两极，成为纺锤体微管聚合的微管组织中心。

3. 内含物　**内含物（inclusion）**是指储存于细胞质内具有一定形态的营养物或代谢产物，如糖原、脂肪滴、蛋白质颗粒、色素颗粒等。内含物的含量和形态结构，会因细胞的类型及其所处的生理状态而有较大变化。如饱食后肝细胞内糖原增多，饥饿时则减少；肝细胞内的糖原是花簇状颗粒群，而肌细胞内的糖原是分散分布的。在电镜下观察已证实一些内含物是某些细胞器的不同发育阶段，如脂褐素和含铁血黄素其实是次级溶酶体的残余体。存在于表皮黑素细胞中的黑色素颗粒是**黑素小体（melanosome）**，而不是所谓的“代谢产物”。

4. 内膜系统　由于线粒体、内质网、高尔基复合体、溶酶体、过氧化物酶体及核膜等都是细胞内膜形成的结构，在结构、功能和发生上关系密切，因此把它们称为**内膜系统（endomembrane system）**（图 1-9）。内膜系统中内质网和高尔基复合体是蛋白质合成、加工的重要场所。在核糖体合成的肽链进入粗面内质网加工修饰后，以囊泡的形式转运至高尔基复合体，高尔基复合体将来自内质网的产物进一步加工修饰，对分泌的糖蛋白和其他的糖蛋白进行分类包装和转运。一般认为溶酶体是由高尔基复合体形成的，溶酶体内的酶在粗面内质网合成，经高尔基复合体加工后出芽形成的囊泡，形成初级溶酶体。溶酶体的形成可能还有不同的途径。过氧化物酶体的发生，过去认为与溶酶体相似，但现在有实验证明，新的过氧化物酶体是从已有的过氧化物酶体分裂形成的。还有研究表明内质网也参与过氧化物酶体的发生。

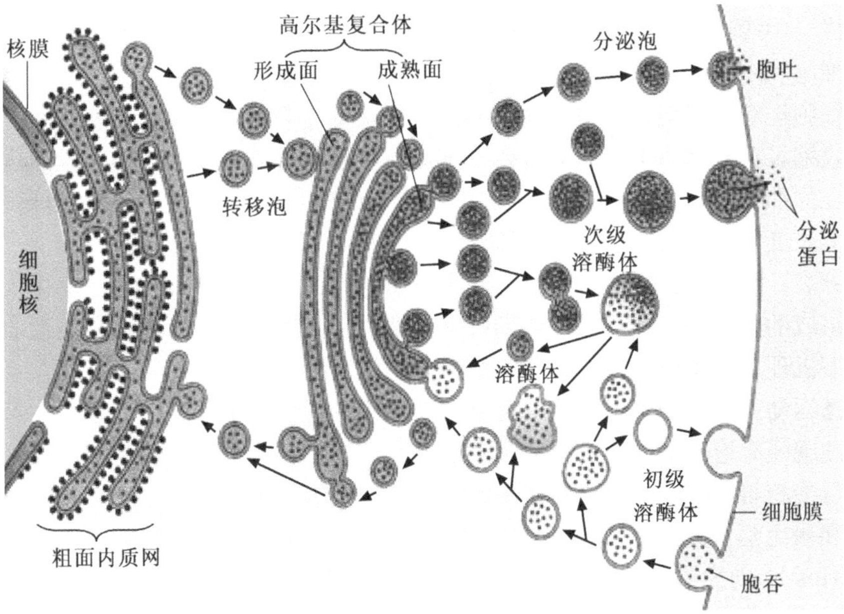

图 1-9 内膜系统示意图

摘自 Harvey Lodish et al. 主编 *Molecular Cell Biology*

5. **细胞骨架 细胞骨架（cytoskeleton）**是指真核细胞内由微管、微丝和中等纤维构成的蛋白质纤维网架结构（图 1-10）。广义的细胞骨架还包括细胞核骨架和细胞膜骨架。当前，对细胞骨架的研究，已从形态观察推进到分子水平的功能和调节的研究，这些研究使人们对细胞的结构和功能有了进一步的认识。细胞骨架在形态结构上与其他细胞器明显不同，呈散在性和动态性分布，具有可塑性等特点，这也是它的功能所要求的。细胞骨架各成分的功能都不是独立的，大多数功能的行使都有不同成分的参与和协调，从而表现为细胞骨架系统的整体功能。细胞骨架不仅在维持细胞形态、保持细胞内部结构的有序性方面起着重要作用，还与细胞运动、物质运输、细胞分化、能量转换、信息传递、细胞分裂、基因表达等生命活动密切相关。下面简单介绍细胞骨架几种主要的功能。

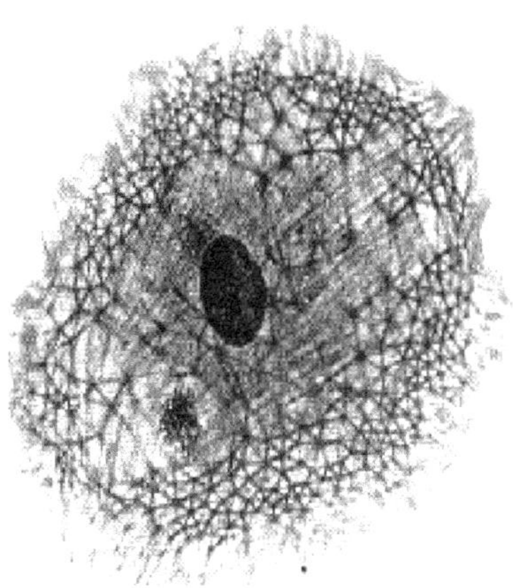

图 1-10 细胞骨架照片

摘自 Harvey Lodish et al. 主编 *Molecular Cell Biology*

（1）细胞形态的维持 细胞骨架最主要的功能是维持细胞的形状，并支持细胞的突起部分，如微绒毛、纤毛、鞭毛、轴突等。微绒毛是细胞表面的指状突起，主要的功能是扩大细胞吸收表面积，每根微绒毛内大约有 40 根肌动蛋白纤维组成一束，与微绒毛的纵轴相平行。其基部的肌动蛋白纤维还连接到胞质中的**终末网（terminal web）**上。纤毛、鞭毛、轴突的形成也依赖于细胞骨架，其中微管不仅提供支持作用，还与**动力蛋白（dynein）**一起提供了纤毛、鞭毛运动的分子基础。肌动蛋白纤维和微管共同参与了轴突的形成。中等纤维在提供细胞质的机械强度方面显示了重要的作用，它们大量存在于轴突、肌细胞和皮肤上皮细胞中，使细胞能承受较大的张力和剪切力。

（2）细胞运动　细胞的许多运动与细胞骨架有直接关系。已知有下列几种：

肌肉收缩：在骨骼肌中，肌动蛋白丝和肌球蛋白丝排列成肌节，肌节是肌肉收缩的基本结构，在原肌球蛋白和肌钙蛋白、Ca^{2+}、ATP 的辅助下，肌动蛋白丝和肌球蛋白丝相对滑动使肌节长度发生改变，导致肌肉的收缩。

胞质分裂：在有丝分裂的末期，在两个即将分开的子细胞之间产生一个由大量平行排列的微丝组成的收缩环。随着收缩环的收缩，两个子细胞被分开，胞质分裂后收缩环即消失，其收缩机理也是肌动蛋白丝和肌球蛋白丝的相对滑动。

阿米巴运动：许多细胞膜下有一层富含肌动蛋白丝的区域，这些肌动蛋白纤维平行排列，并与细胞膜有连接，可以增强细胞膜的强度和韧性，维持细胞的形状。该区域的肌动蛋白可进行溶胶与凝胶状态的相互转化，这就是典型的阿米巴运动。

纤毛和鞭毛运动：纤毛和鞭毛主要由二联微管组成，二联微管上结合有**动力蛋白臂（dynein arms）**，动力蛋白臂头部与相邻的二联微管结合，促进动力蛋白上结合的 ATP 水解产物的释放，同时造成动力蛋白臂头部角度的改变，导致相邻二联微管之间的相互滑动而形成纤毛、鞭毛的摆动。

染色体运动：有丝分裂开始时，间期细胞质内的微管解聚，重新装配成纺锤体，介导染色体的运动。纺锤体微管可分为：动粒微管，连接染色体着丝粒与纺锤体的两极；极微管，从两极发出，在纺锤体中部互相交错重叠；星体微管，组成星体。有关染色体运动的机制有两种学说：动力平衡学说，认为染色体的运动与微管的装配 - 去装配有关；滑行学说，认为染色体的运动是纺锤体微管间的相互滑动引起的，并且有肌动蛋白和肌球蛋白的参与。

（3）胞内物质转运　微管在细胞内物质转运中起重要作用，神经元轴突运输和色素细胞中色素颗粒的运输就是两个最典型的例子。神经元轴突中的蛋白质及膜结构都是在胞体合成后再转运到轴突。一方面，微管可作为某些细胞器和颗粒成分快速转运的轨道；另一方面，细胞骨架本身作为慢速转运的成分经轴索向远端运动。某些两栖类的皮肤色素细胞中，色素颗粒可在数秒钟内迅速分布到细胞各处或返回细胞中心，使皮肤颜色快速变化而适应环境，色素颗粒也是沿着微管而转运的。

（4）中等纤维与细胞分化　中等纤维蛋白的表达具有组织特异性，与细胞分化的关系密切。在小鼠胚胎发育过程中，最初在神经外胚层细胞中表达角蛋白，第 11 天左右，角蛋白的表达停止，波形纤维蛋白的表达出现，一些将要发育成神经元的细胞在波形纤维蛋白的表达后短时间内又开始神经原纤维蛋白的表达，而一些将要发育成星形细胞的胚胎细胞在第 18 天则同时表达波形纤维蛋白和胶质原纤维酸性蛋白，可见胚胎细胞能根据某发育方向调整中等纤维蛋白基因的表达。

（三）细胞核

细胞核（nucleus）是遗传信息的贮存场所，是细胞遗传和代谢活动的控制中心。通常一个细胞只有一个细胞核，但在高等动物某些高度分化的细胞中有多个核或无核。如骨骼肌细胞有多个核，哺乳动物成熟的红细胞则无核。细胞核的形状往往与细胞的形状相关，如立方形、球形细胞的核为球形；柱状、梭形细胞的核多为椭圆形；扁平细胞的核呈扁圆形。细胞核的体积占细胞体积的 1/4～1/3。细胞核的位置一般位于细胞的中央，也有的细胞核偏向一侧或位于细胞膜下。细胞核由核膜、核仁、染色质及包含核骨架成分的核基质组成。

1. 核膜 **核膜（nuclear membrane）**由两层单位膜组成，面向胞质的一层为外核膜，其表面附有大量核糖体，有些部位与粗面内质网相连。面向核质的内核膜表面光滑。在内外核膜之间有宽 20～40 nm 的腔隙，称为**核周隙（perinuclear space）**。核周隙与内质网腔相通。

核膜上排列有许多**核孔（nuclear pore）**，是内、外核膜局部融合形成的环状开口，直径为 80～120 nm（图 1-11）。核孔是具有精细结构的**核孔复合体（nuclear pore complex）**（图 1-12），近年来提出了新的结构模型，认为核孔复合体主要有下列结构组分：①**胞质环（cytoplasmic ring）**，位于核孔边缘靠胞质一侧，环上有 8 条纤维伸向胞质。②**核质环（nuclear ring）**，位于核孔边缘靠核质一侧，环上也有 8 条纤维伸向核质，在纤维的末端形成一个小环。整个环就像一个**"捕鱼笼"（fish trap）**的形状，称为**核篮（nuclear basket）**。③**辐（spoke）**，由核孔边缘伸向核孔中央，呈辐射状八重对称。辐连接核质环和胞质环起支撑作用，并且形成核质间物质交换通道。④**中心栓（central plug）**，位于核孔中央，呈颗粒状或棒状，在核质间物质交换中起着一定作用，故又称为**转运器（transporter）**。

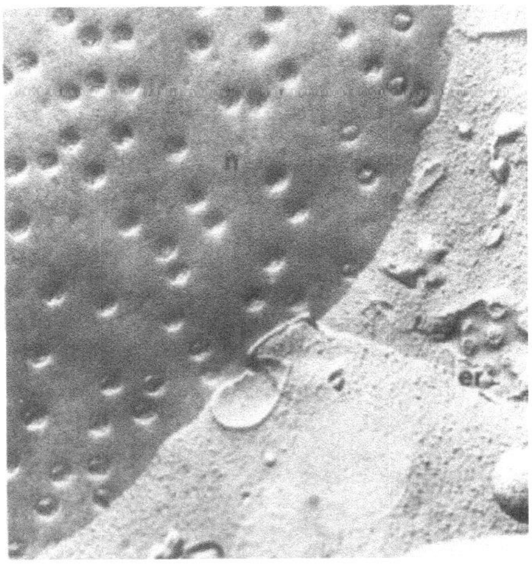

图 1-11 细胞核和核孔（扫描电镜）

摘自 Harvey Lodish et al. 主编 *Molecular Cell Biology*

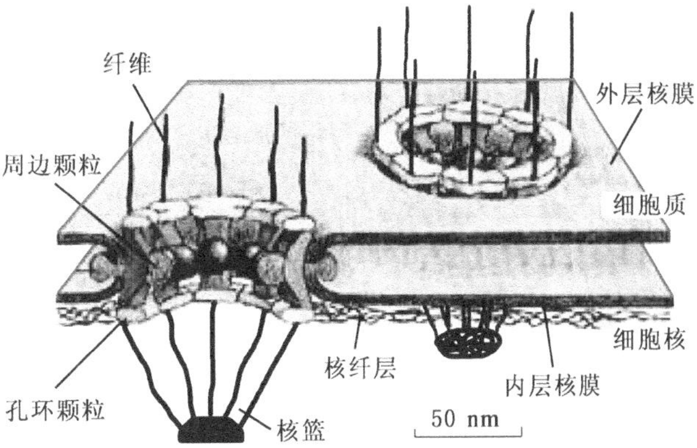

图 1-12 核孔复合体结构示意图

摘自 Harvey Lodish et al. 主编 *Molecular Cell Biology*

核孔是核质间分子及颗粒双向交换的主要通道，在功能上可认为核孔复合体是一种特殊的跨膜运输蛋白复合物。

在内核膜的内表面，有一层纤维蛋白构成的网络状的**核纤层（nuclear lamina）**，厚度10～100 nm。核纤层在结构上与核膜、染色质和核孔复合体有密切关系，参与核骨架的构成，并在核膜重建中起重要作用。

2. 核仁　**核仁（nucleolus）**存在于某些间期细胞核中，是无膜包围的致密的球形结构（图 1-13）。核仁的数量和大小随细胞种类及功能状态而变化，一般为1～2个，也有多个的。蛋白质合成活跃的细胞，核仁大而多，如卵母细胞、胰腺细胞、肝细胞等；反之，核仁则小或无，如精子细胞、肌细胞等。核仁的化学成分主要是 RNA、蛋白质和少量 DNA。核仁的功能是合成 rRNA 和组装核糖体大亚基、小亚基的前体。

电镜下，核仁可分为4部分：①纤维中心，存在有 RNA、rDNA、RNA 聚合酶，是合成 rRNA 的区域。②颗粒组分，由电子密度较高的直径为15～20 nm 的颗粒组成，是核糖体亚基前体的加工区域。③核仁染色质，核仁周围包围着一些染色质，并有一部分伸入到核仁内，称为核仁内染色质，即 rDNA。④核仁基质，是无固定形态的基质成分。

3. 染色质　**染色质（chromatin）**是遗传信息的载体，在细胞周期的不同时期，呈现不同的形态。在间期的细胞核内，染色质为极细纤维状。在分裂期染色质高度凝集形成具有特殊形态的染色体（图 1-14）。每个物种的细胞都有一定数目的染色体，一些常见动物染色体的数目为：马64，水牛48，黄牛60，山羊60，绵羊54，猪38，狗78，兔44，猫38，鸡78，鸭80，鸽80，小鼠40，大鼠42，豚鼠64。

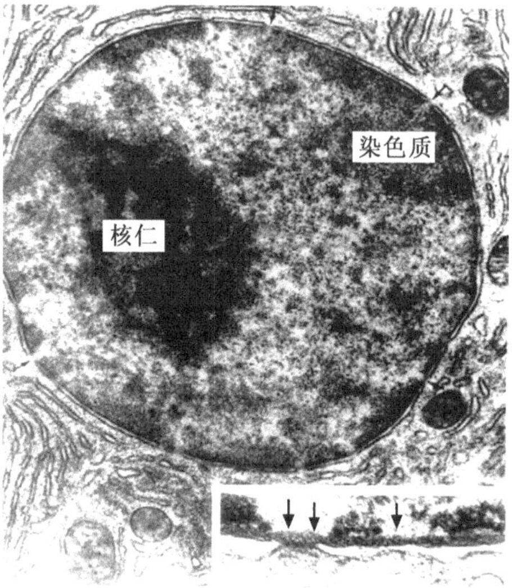

图 1-13　细胞核（透射电镜）

箭头：核孔

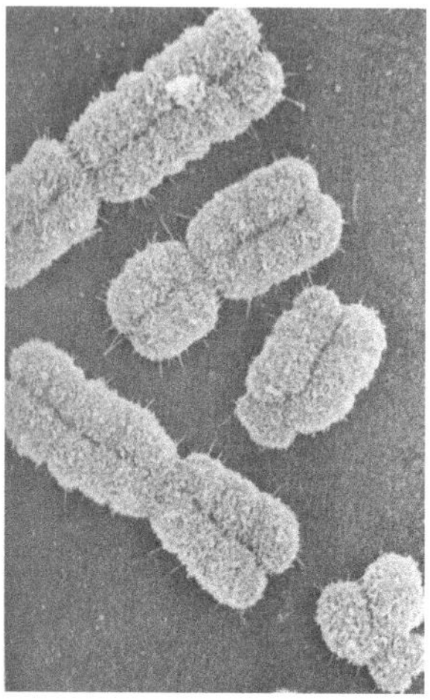

图 1-14　染色体（扫描电镜）

摘自 Harvey Lodish et al. 主编 *Molecular Cell Biology*

（1）染色质的组成　染色质的主要成分是 DNA、组蛋白、非组蛋白及少量的 RNA。DNA 与组蛋白含量之比接近1∶1（1.3∶1.1），RNA 与 DNA 之比为0.1∶1，非组蛋白、

RNA 的含量与细胞代谢活性相关，也随细胞周期而变化。

（2）常染色质和异染色质　**常染色质（euchromatin）**在间期核中处于松散伸展状态，具转录活性。**异染色质（heterochromatin）**在间期核中处于螺旋化凝集状态，转录不活跃或不转录。异染色质又分结构异染色质和功能异染色质。结构异染色质主要由一系列相对简单而高度重复排列的 DNA 构成，这些高度重复序列的 DNA 也称**卫星 DNA（satellite DNA）**，定位于染色体上的着丝粒区、端粒、次缢痕及染色体臂的某些区段，具有保护着丝粒、控制同源染色体配对以及调节作用等。功能异染色质只在一定的细胞类型中或在某个发育阶段凝集。例如哺乳类雌性的一对 X 染色体，其中一条是常染色质，而另一条是功能异染色质，在间期凝集成染色深的巴氏小体，在受精后至胚胎发育的第 16～18 天期间则转变为常染色质。

（3）核小体　**核小体（nucleosome）**是染色质的基本结构单位。1974 年 Kornberg 等对染色质进行酶切和电镜观察，发现了核小体是染色质的基本结构单位。电镜下，伸展的染色质由一系列核小体连接成串珠样，每个核小体由包含了 4 种组蛋白构成的八聚体和 200 bp 的 DNA 构成，其中 146 bp 的 DNA 在八聚体上缠绕 1.75 圈，为核心 DNA，其余的 DNA 链将核小体连接起来，称为连接 DNA，上面还附着一个组蛋白。

（4）染色体结构模型　在细胞间期核内的染色质纤维是直径为 30 nm 的螺线管，一般认为螺线管是染色体的二级结构。但是，在细胞有丝分裂期，染色质纤维又是如何形成染色体的高级结构的呢？近 30 年来曾提出过不少模型，其中较重要的有多级螺旋模型和袢环模型。

多级螺旋模型（multiple coiling model）也称染色体的四级结构模型，认为核小体是染色体的一级结构，然后每 6 个核小体盘绕一圈形成直径 30 nm 的二级结构螺线管，螺线管再螺旋形成三级结构的超螺线管，超螺线管再进一步螺旋折叠形成染色单体，是染色质包装的四级结构。一个 DNA 分子长链经包装成染色体共压缩了 8 000～10 000 倍。

袢环模型（loop model）认为由非组蛋白构成染色体骨架，染色质纤维形成螺线管后再折叠成约 0.6 μm 长的袢环，袢环固着于染色体骨架上向周围辐射伸展，每 18 个袢环放射状排列在平面上构成**微带（miniband）**，大约 106 个微带沿着染色体骨架的轴心缠绕形成染色单体（图 1-15）。

（5）染色体形态结构和类型　在有丝分裂中期，染色体具典型的形态结构，每条染色体由 2 条染色单体组成（图 1-14），单体通过**着丝点（kinetochore）**相连，着丝点所在区域染色体变窄，称**主缢痕（primary constriction）**。着丝点将染色单体分为长臂和短臂。有的染色体臂上有狭窄的区域，称**次缢痕（secondary constriction）**，次缢痕的远端连着一个**随体（satellite）**。

根据着丝点的位置，可将染色体分为 4 种类型：①中央着丝点染色体，两臂基本等长；②亚中央着丝点染色体，长臂和短臂的长度有较明显差别；③近端着丝点染色体，短臂特别短，与长臂的长度相差悬殊；④端部着丝点染色体，无短臂，只有一个长臂。

（6）染色体组型和基因组　将细胞分裂中期的染色体，按染色体的长度、着丝粒的位置、随体和次缢痕的数目等特征分组排列，称为该细胞的染色体组型或**核型（karyotype）**，

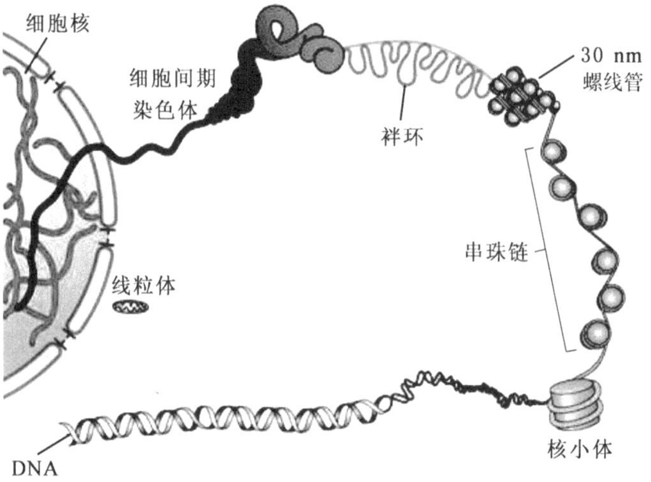

图 1-15　染色质和基因结构模式图

摘自 Harvey Lodish et al. 主编 *Molecular Cell Biology*

每个物种都有其特定的染色体组型。随后出现的染色体显带技术为深入研究染色体异常的基因定位提供了基础，可根据染色体上某一区带的变化，了解和研究物种的分类和进化、遗传和变异，检测染色体畸变。

基因是染色体的基本功能单位，是能够决定某一种蛋白质或一种 RNA 的 DNA 片段。在真核细胞内单倍染色体组中的全部基因称为**基因组（genome）**。

4. 核基质和核骨架　核基质（nuclear matrix）原来是指细胞核内除染色质和核仁以外的无定形液体成分，后来通过实验发现真核细胞核内除核膜、染色质、核仁外，还存在一个主要由非组蛋白纤维组成的网络结构，与细胞质骨架相似，将其命名为**核骨架（nuclear skeleton）**。从广义上来说，核骨架应包括核纤层、核孔复合体和染色体骨架。核骨架的成分除非组蛋白外，还包括少量 RNA，对维持核骨架的结构是必需的。

已知核骨架的功能有以下几方面：①与 DNA 复制有关。近年来的研究表明，核骨架可能是 DNA 复制的基本位点，DNA 以袢环形式锚定在核骨架上，与 DNA 复制有关的酶和因子也锚定在核骨架上，形成 DNA 复制体进行复制和合成。②是 DNA 转录位点。具转录活性的基因结合在核骨架上，RNA 聚合酶的结合位点也在核骨架上，只有与核骨架结合的基因才能被转录。③参与染色体构建过程。Pienta 等（1984）提出了 DNA 袢环与核骨架共同构建染色体的模型（详见上述染色体结构模型）。在间期核中，核骨架也可能对 DNA 的空间构型起着维持和支持的作用。④与病毒复制有关。已发现单纯疱疹病毒的核壳在核骨架上装配，外源基因的病毒 DNA，其基因表达过程与真核细胞的基因表达相似，须依赖于核骨架。

二、细胞增殖

细胞增殖（cell proliferation）是细胞生命活动的重要特征，细胞依靠增殖来维持其总体的生存，繁衍后代。细胞增殖是通过细胞周期来实现的。细胞增殖的方式有：有丝分裂、无丝分裂和减数分裂。**有丝分裂（mitosis）**是高等生物中最主要的分裂方式。**无丝分裂（amitosis）**是低等生物的主要增殖方式，也发生在某些创伤修复的组织细胞和体外培养的细胞中。**减数分裂（meiosis）**是有性生殖中形成生殖细胞的分裂方式。

细胞周期（cell cycle）是指连续分裂的细胞从一次有丝分裂结束到下一次有丝分裂完成所经历的过程，也称为**细胞增殖周期（cell reproductive cycle）**。不同细胞的细胞周期时间有差异，如小鼠十二指肠上皮细胞的细胞周期时间是 15 h，而小鼠皮肤上皮细胞则是 101 h。主要差别在于 G_1 期的长短。有些细胞可以在 G_1 期退出细胞周期不再进行增殖，但在适当刺激下又可重新进入细胞周期，这些细胞称为 G_0 期细胞，如某些淋巴细胞、肝细胞和肾细胞。有些细胞高度分化，不可逆地脱离细胞周期，丧失分裂能力，称为**终端分化细胞（terminal differential cell）**，如成熟红细胞、某些神经细胞。有些细胞在细胞周期中连续运转，可持续进行分裂，称为周期性细胞，如表皮基底层细胞，小肠绒毛上皮隐窝细胞，骨髓细胞等。

细胞周期一般分为 4 个时期：G_1 期（M 期结束到 S 期之间的间隙）、S 期（DNA 合成期）、G_2 期（S 期结束到 M 期之间的间隙）和 M 期（分裂期）。G_1 期、S 期、G_2 期也叫分裂间期，是细胞增殖的物质准备和积累阶段。G_1 期主要合成大量 RNA 结构蛋白、酶、核苷酸等，为细胞进入 S 期做必要的准备。S 期主要是 DNA 复制，组蛋白和非组蛋白等染色体蛋白质的合成期。G_2 期主要为细胞进入 M 期做准备，染色质进行性地凝聚成螺旋状，合成一定的 RNA 和蛋白质，这是细胞顺利进入 M 期所必需的。

有丝分裂期就是细胞周期中的 M 期，这个时期细胞形态发生明显的变化。有丝分裂期是一个复杂的连续变化过程，为了便于描述，根据细胞的形态变化，人为地将有丝分裂过程分为前期、中期、后期、末期（图 1-16）。前期的主要特征是染色质凝集成染色体，核膜崩解，核仁消失，中心粒复制成两对分别移向细胞两极，纺锤体开始形成。中期时纺锤体形成，染色体高度浓缩，呈现典型的染色体形态特点，在纺锤体微管的作用下，染色体排列在细胞赤道板上。后期的主要标志是所有染色体在着丝点处分离开，成为一对染色单体，在纺锤体微管的牵引下分别移向细胞两极；与此同时，在细胞中央形成由微丝组成的收缩环，细胞膜凹陷出现分裂沟。末期是从染色体到达两极后，直至形成两个子细胞的时期，这时纺锤体消失，每组染色单体周围重新形成核膜；染色体去螺旋化，核仁重新出现；胞质在收缩环的收缩作用下，分裂沟逐渐加深，最后分开形成两个子细胞。

减数分裂是一种特殊的有丝分裂，仅发生在有性生殖细胞形成过程中。减数分裂的主要特点是，细胞的 DNA 仅复制一次，随后进行两次分裂。两次分裂分别称为减数分裂期Ⅰ和减数分裂期Ⅱ，在两次分裂之间有一个短暂的分裂间期。两性生殖细胞经减数分裂，各自的染色体数目减少一半。受精后形成合子，染色体数目又恢复为体细胞的染色体数目。减数分裂既稳定了遗传性，又增加了变异性。

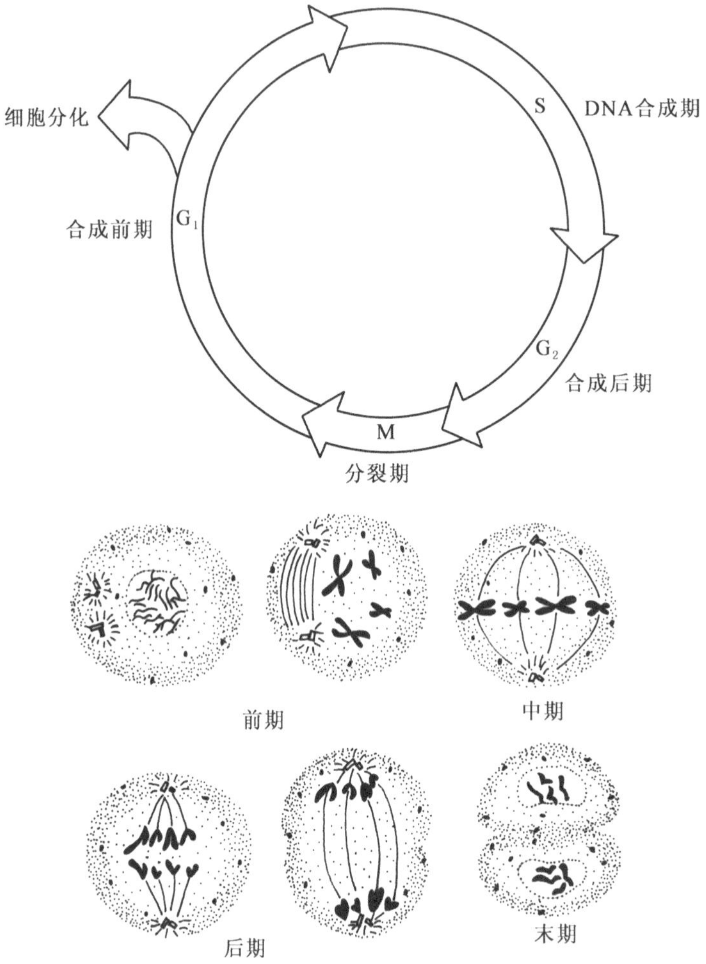

图 1-16　细胞周期和有丝分裂示意图

三、细胞分化

细胞分化（cell differentiation）是指在个体发育过程中，由一种相同类型的细胞经细胞分裂后，在形态、结构和功能上形成相对稳定差异的过程。细胞分化存在于生物体的整个生命过程中，在胚胎发育中表现得最为明显，在成体中仍然存在有细胞分化，如造血干细胞、皮肤基底层细胞的分化。细胞分化实质上是某些特异性蛋白质的优先合成，也就是基因选择性转录、表达的结果。

（一）细胞的分化潜能

细胞的全能性（cell totipotency）是指单个细胞在一定条件下，可分化发育为完整个体的能力，具有这种能力的细胞称为全能性细胞。利用细胞的全能性，可进行无性繁殖，如某些植物的单个体细胞，经过体外培养后，可生成一个完整的植株。一个全能性的细胞，应具有表达其基因组中任何一个基因的能力，但往往体细胞表达基因的能力比生殖细胞低得多。两性生殖细胞结合后产生的受精卵，则表现出最高的全能性。一般情况下，受精卵卵裂至囊胚形成前（一般认为是 16 细胞期之前）细胞分化方向未确定，是全能性细胞。到原肠胚出现三胚层后，各胚层的分化潜能开始出现一定的局限性，如外胚层发育成表皮、神经系统等；中胚层发育成肌肉、骨骼等；内胚层发育成消化道、呼吸道上皮等。这时的细胞称**多能性细胞（pluripotential cell）**。成体后，各种组织、细胞最终出现形态、功能的专一化，仅有一些细胞可分化形成某一类具有特殊能力的细胞，如表皮基底层细胞等，称为**单能性干细胞（monopotential cell）**。由此可见，胚胎发育过程中，细胞分化可被看作是分化潜能逐渐被限制的过程。虽然目前还无法使已分化的动物体细胞直接再生成完整的个体，但有研究表明，高等动物的体细胞仍保持着全套基因组，并在一定特殊条件下，可表现出其细胞核全能性。早期利用非洲爪蟾的囊胚期细胞或已经分化为肠上皮的细胞核，植入去核的爪蟾卵细胞可发育成蝌蚪。1997 年将绵羊的乳腺细胞核植入去核的羊卵细胞中，成功地克隆出了“多莉”绵羊。这些实验证明了细胞核的全能性，而且也说明了卵细胞的细胞质对细胞分化起着重要作用。

（二）细胞分化的调控

细胞分化的调控可以在不同的层次上进行：转录水平、翻译水平和蛋白质形成后的活性调节水平等。其中最主要的是转录水平的调控。

细胞分化主要是某些特定基因有选择地表达的结果，基因表达调节主要发生在转录水平，即是否出现某种性状，决定于是否存在有关的 mRNA。与各种分化细胞的特殊性状直接有关的基因，只在特定的分化细胞中表达并受时间的限制，如红细胞中的血红蛋白基因，表皮细胞中的角质蛋白基因。基因的活性随细胞类型不同、发育阶段不同而变化。如在人体发育过程中，不同类型的珠蛋白，在发育的不同时期依次出现和消失，就是基因顺序表达的结果。另外，特异的非组蛋白、DNA 的甲基化程度也会影响基因的转录活性。

（三）影响细胞分化的因素

影响细胞分化的因素有细胞内及细胞外的因素。

1. 细胞内因素 细胞核起着重要作用，因为核内基因组有选择性地表达是分化的基础。在细胞分化过程中，细胞核的遗传能力往往受所在的细胞质环境调节。但是在细胞质中是什么因子对核基因的表达起调控作用？调节机制如何？至今尚未完全清楚。

2. 细胞外因素 包括环境因素，如温度、辐射、药物、病毒等因素；细胞间的相互作用，如胚胎诱导作用、接触抑制等。

此外，激素对机体的个体发育和细胞分化的控制起着十分重要的作用。在脊椎动物中，脂溶性的甾类激素（如性激素）可直接穿过细胞膜进入细胞质内，在与特异性受体结合后进入细胞核内，与染色质的某些位点结合，从而激活特定的基因转录 mRNA。水溶性的多肽类激素作为第一信使与细胞膜表面受体结合，通过 cAMP（环磷酸腺苷）信号传导通路，激活细胞内的蛋白激酶系统，作用于核内基因的转录，导致特异性蛋白质的合成。

四、细胞衰老与死亡

衰老和死亡是生命的基本现象，也是机体发育的必然规律，衰老过程可以在整体水平、器官水平、细胞水平和分子水平等不同层次发生，并首先在细胞以不同形式表现出来。

（一）细胞衰老

细胞衰老（cell senescence or cellular aging）主要表现为对环境变化适应和维持细胞内环境恒定的能力降低，不仅发生形态结构的改变，也发生大分子的组成改变。

细胞衰老时，主要形态变化表现为细胞体积缩小，失去正常形态；细胞核固缩，结构不清，染色质染色加深，核质比减小；内质网、线粒体等细胞器减少，色素、脂褐素等沉积在细胞内。其次，细胞内各种大分子的组成也发生变化，如蛋白质合成功能下降，酶的含量和活性降低，大部分 DNA 的复制与转录受抑制，mRNA 和 tRNA（转运 RNA）含量减少，膜的流动性降低等。

关于细胞衰老的分子机制，近年来的研究表明，可能与单基因的突变及染色体端粒和端粒酶有关。

（二）细胞死亡

细胞死亡（cell death）可分为细胞坏死、细胞凋亡和细胞焦亡三种方式。**细胞坏死（necrosis）**是由于外界的物理、化学因素或严重的病理性刺激引起的细胞损伤和死亡，是一种被动的病理性死亡。**细胞凋亡（apoptosis）**是由基因控制引起的死亡，也称**细胞程序性死亡（programmed cell death）**，是一种主动的生理性死亡。**细胞焦亡（pyroptosis）**又称为细胞炎性坏死，其本质是一种程序性的细胞坏死，是近年来被发现并证实的一种新的程序性细胞死亡方式。

1. 细胞凋亡的特征　细胞凋亡的形态变化是一个多阶段的过程。凋亡起始阶段，细胞体积缩小，染色质凝集排列到核膜下方，也可形成典型的半月状或花瓣状等形态。胞质内可见线粒体、核糖体等细胞器聚集现象，但细胞器的结构基本正常，细胞膜仍保持完整。凋亡进程进一步发展，核染色质断裂成大小不等的微核块，细胞膜出芽并脱落，形成由膜包裹的**凋亡小体（apoptotic body）**，凋亡小体内有细胞质、完整的细胞器和断裂的微核块。最后凋亡小体可逐渐被周围的具吞噬能力的细胞如巨噬细胞、上皮细胞等吞噬、降解。整个凋亡过程中，细胞膜始终保持完整，细胞的内容物不释放，因此不会引起周围组织的炎症反应。

细胞凋亡的另一个特征是染色质 DNA 的可控性降解。在细胞凋亡过程中，普遍存在染色质 DNA 的降解，降解的片段为 180～200 bp 的整倍数，将提取的凋亡细胞的 DNA 进行琼脂糖凝胶电泳，降解 DNA 呈现特征性的梯状条带。这表明 DNA 降解发生在核小体之间的连接位点。DNA 电泳可作为检测细胞凋亡的可靠方法之一。

细胞凋亡是由基因决定的自动死亡过程，与细胞坏死在形态和生物化学变化上有着明显差别。细胞坏死时，细胞膨胀，细胞器膨大，细胞膜破裂，溶酶体也破裂，水解酶释放导致细胞崩解；DNA 随机裂解成不规则的碎片；细胞内容物的释放可引起周围组织的炎症。

2. 细胞凋亡的机制 诱导细胞凋亡的机制包括两方面：一方面由内在因素所致，如激素、细胞生长因子、肿瘤坏死因子、应激产生的超氧自由基、H_2O_2 等。另一方面由外在因素所致，如与细胞表面死亡受体结合的细胞外配体，后者与死亡受体结合后形成死亡诱导信号复合体。

3. 细胞凋亡的生物学意义 细胞凋亡是一种生理性死亡方式，是机体生存和发育的基础，存在于生命活动过程中。

在胚胎发育中，器官的形成、组织的分化、肢体的发育等，都有细胞凋亡的发生，以清除多余的细胞。如蝌蚪尾巴的自然消失，动物指（趾）的形成。胚胎发育实际上是细胞按器官形成的预定程序增殖、分化、凋亡，相互协调，严密控制和精细调节的结果。

细胞凋亡也使机体清除衰老和受损伤的细胞、已发生突变的细胞、受病毒感染的细胞，以防御外界的干扰，维持体内稳定的内环境，参与机体的防御机制。

细胞凋亡异常又是某些疾病发生的原因，如艾滋病的发生与 CD_4^+T 细胞的凋亡有重要关系。老年性痴呆、帕金森氏症、癫痫等疾病均与细胞凋亡有关。因此，研究细胞凋亡及其发生机制，对深入了解生命活动基本规律和疾病的防治有重要意义。

4. 细胞焦亡的特征 细胞焦亡又称为细胞炎性坏死，是近年来发现并证实的一种新的程序性细胞死亡方式，其生物学特征是依赖于半胱氨酸的**天冬氨酸蛋白水解酶（caspase）**，包括 caspase-1 和 caspase-4/5/11，并伴有大量促炎症因子的释放。细胞焦亡的形态学特征、发生及调控机制等均不同于细胞凋亡和细胞坏死等其他细胞死亡方式。细胞焦亡广泛参与感染性疾病、神经系统相关疾病和动脉粥样硬化性疾病等的发生发展，并发挥重要作用。

第二章　上皮组织
Chapter 2　Epithelial Tissue

内容概要

上皮组织由大量排列紧密的上皮细胞和少量细胞间质组成，具有保护、吸收、分泌、排泄和感觉等功能。上皮组织中大都无血管分布，所需营养由结缔组织中的血管透过基膜供应，感觉神经末梢丰富。根据分布和功能的不同，上皮组织分为被覆上皮、腺上皮、感觉上皮、生殖上皮和肌上皮。

被覆上皮分布于体表或体内有腔器官的腔面。根据上皮的层次和形态，被覆上皮又可分为单层上皮、假复层上皮和复层上皮。单层上皮包括单层扁平上皮、单层立方上皮、单层柱状上皮；假复层上皮包括假复层纤毛柱状上皮和变移上皮；复层上皮包括复层扁平上皮、复层立方上皮和复层柱状上皮。

为更好地适应各种功能活动，在上皮细胞游离面、基底面和侧面分化形成一些特殊结构，如游离面有扩大吸收面积的微绒毛和可进行运动的纤毛；侧面有增加相邻细胞之间机械连接和通信的紧密连接、中间连接、桥粒、缝隙连接和镶嵌连接；基底面有基膜、半桥粒和质膜内褶。

具有分泌功能的上皮称为腺上皮。以腺上皮为主构成的器官称为腺。腺可分为外分泌腺和内分泌腺。外分泌腺有导管，腺的分泌物经导管排出；内分泌腺无导管，分泌物（激素）直接进入血液循环。外分泌腺由分泌部和导管组成，根据腺体分泌部的形态和导管分支与否可分为单管状腺、单泡状腺、复管状腺、复泡状腺和复管泡状腺等。

上皮组织（epithelial tissue）简称**上皮（epithelium）**，由大量排列紧密的上皮细胞和少量的细胞间质组成。根据分布和功能的不同，上皮组织分为被覆上皮、腺上皮、感觉上皮、生殖上皮和肌上皮。**被覆上皮（covering epithelium）**广泛分布于体表或衬于有腔器官的腔面，具有保护、吸收、分泌、排泄等功能。**腺上皮（glandular epithelium）**是构成各种腺的主要成分，以分泌功能为主。**感觉上皮（sensory epithelium）**分布于感觉器官，如味蕾、嗅上皮、内耳的毛细胞及视网膜的感光细胞等，感受各种刺激。**生殖上皮（germinal epithelium）**见于睾丸的生精上皮和卵巢的表面上皮。**肌上皮（myoepithelium）**位于腺泡基部，具有收缩功能。上皮细胞有明显的**极性（polarity）**，朝向体表或器官腔面的称游离面；与其相对的一面为基底面，借助于基膜与结缔组织相连；细胞之间的连接面为侧面。上皮组织中大都无血管分布，所需营养依靠结缔组织中的血管透过基膜供应。上皮组织中有丰富的感觉神经末梢。

一、被覆上皮

（一）被覆上皮的类型和结构

被覆上皮在体内分布广泛，根据细胞的层数和形态分类命名，仅由一层细胞组成的称**单层上皮**（**simple epithelium**），由两层以上细胞组成的为**复层上皮**（**stratified epithelium**），切面看似复层实为单层则称为假复层上皮。被覆上皮的类型和主要分布如表 2-1 所示。

表 2-1　被覆上皮的类型和主要分布

- 被覆上皮
  - 单层
    - 单层扁平上皮
      - 内皮：心脏、血管、淋巴管腔面
      - 间皮：胸膜、腹膜、心包膜等表面
      - 其他：肺泡壁、肾小囊壁层、肾小管细段
    - 单层立方上皮：肾小管、甲状腺滤泡、小叶间胆管
    - 单层柱状上皮：胃、肠、胆囊、子宫等腔面
  - 假复层
    - 假复层纤毛柱状上皮：呼吸道、附睾管等腔面
    - 变移上皮：输尿管、膀胱的腔面
  - 复层
    - 复层扁平上皮
      - 角化型：皮肤的表皮
      - 非角化型：口腔、食管、阴道等腔面
    - 复层立方上皮：汗腺导管等
    - 复层柱状上皮：睑结膜、尿道等

1. 单层扁平上皮　**单层扁平上皮**（**simple squamous epithelium**）又称**单层鳞状上皮**（**simple scaled epithelium**），由一层扁平细胞构成。细胞表面呈不规则的多边形，边缘呈锯齿状，相邻细胞之间借少量黏合质紧密嵌合。细胞核呈扁圆形，位于细胞中央（图 2-1）。细胞侧面呈扁平形，胞质内细胞器不发达。衬于心脏、血管和淋巴管内表面的称**内皮**（**endothelium**），游离面薄而光滑，有利于血液和淋巴流动及物质交换。被覆于胸膜、腹膜和心包膜表面的称**间皮**（**mesothelium**），可分泌少量浆液，表面湿润光滑，便于内脏器官的运动，且有保护功能。单层扁平上皮还分布于肺泡壁、肾小管细段和肾小囊壁层等处，参与气体交换及水分吸收等功能活动。

猫肝脏间皮

2. 单层立方上皮　**单层立方上皮**（**simple cuboidal epithelium**）由一层近似立方形的细胞组成。细胞表面呈多角形，侧面呈方形，胞核大而圆，

位于细胞中央（图 2-2），有的细胞游离面有微绒毛。单层立方上皮分布于肾小管、甲状腺滤泡、肝的小叶间胆管和外分泌腺的导管等处，具有吸收、分泌和排泄等功能。

猪肾脏

3. 单层柱状上皮　单层柱状上皮（simple columnar epithelium）由一层棱柱状细胞构成。细胞表面呈六角形或多边形，侧面呈柱状。胞核位于细胞近基部，长椭圆形，与细胞的长轴平行（图 2-3）。高尔基复合体多位于核上方。柱状细胞极性明显，有的游离面有密集的微绒毛，构成光镜下可见的**纹状缘（striated border）**。单层柱状上皮主要分布于胃、肠、胆囊、子宫等器官的黏膜表面，具有吸收、分泌等功能。在肠道的柱状细胞之间散在分布的**杯状细胞（goblet cell）**形似高脚酒杯（图 2-3），胞核呈三角形或扁圆形，胞质内充满**黏原颗粒（mucinogen granule）**。杯状细胞可分泌黏液，润滑、保护上皮。在子宫和输卵管等腔面的柱状细胞游离面有纤毛，称为**单层纤毛柱状上皮（simple ciliated columnar epithelium）**。

猪胆囊

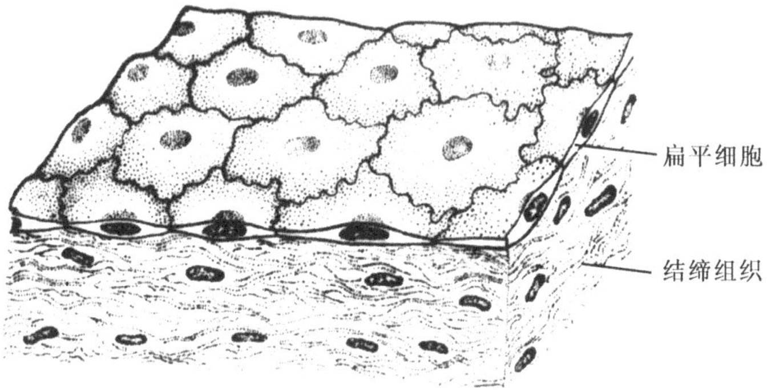

图 2-1　单层扁平上皮

摘自成令忠主编《组织学与胚胎学》

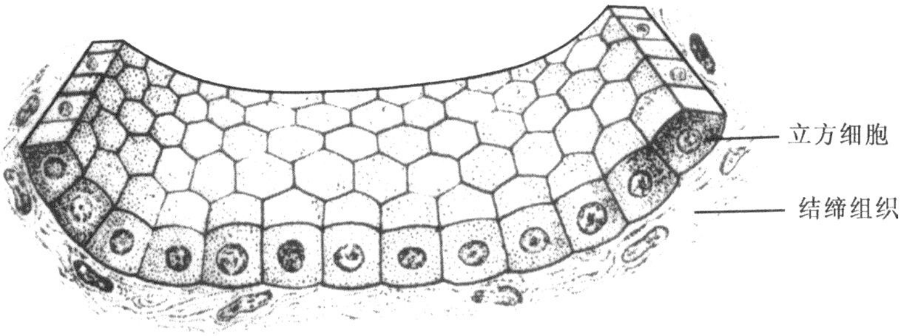

图 2-2　单层立方上皮

摘自成令忠主编《组织学与胚胎学》

4. 假复层纤毛柱状上皮　假复层纤毛柱状上皮（pseudostratified ciliated columnar epithelium）由一层形态不同，高矮不等的柱状细胞、杯状细胞、梭形细胞和锥体形细胞组成（图 2-4），各种细胞的胞核排列参差不齐，由侧面观察似复层，但所有细胞的基部均位于基膜上，实为单层上

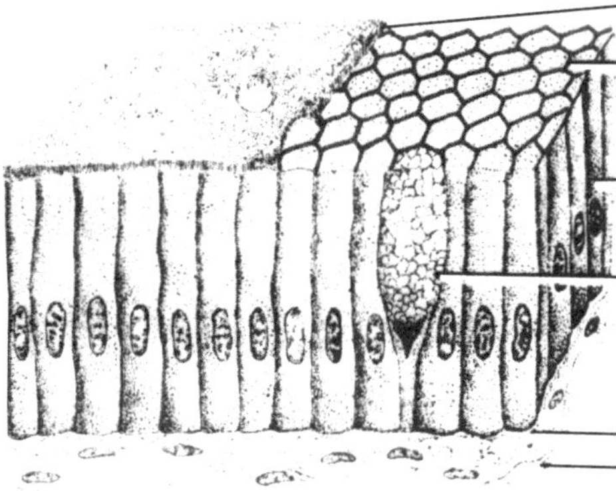

图 2-3　单层柱状上皮

摘自成令忠主编《组织学与胚胎学》

牛气管

皮。柱状细胞和杯状细胞的顶部可达上皮表面，柱状细胞游离面有纤毛，可做定向节律性摆动。电镜下，柱状细胞的胞质内线粒体丰富，高尔基复合体发达，粗面内质网和溶酶体较少。梭形细胞两端尖细，夹于柱状细胞和锥体形细胞之间，顶端不达上皮表面。锥体形细胞位于上皮基部，又称**基底细胞（basal cell）**，可分化为柱状细胞和杯状细胞。假复层纤毛柱状上皮主要分布于呼吸道、附睾管及某些动物的输卵管黏膜，具有保护和分泌等功能。

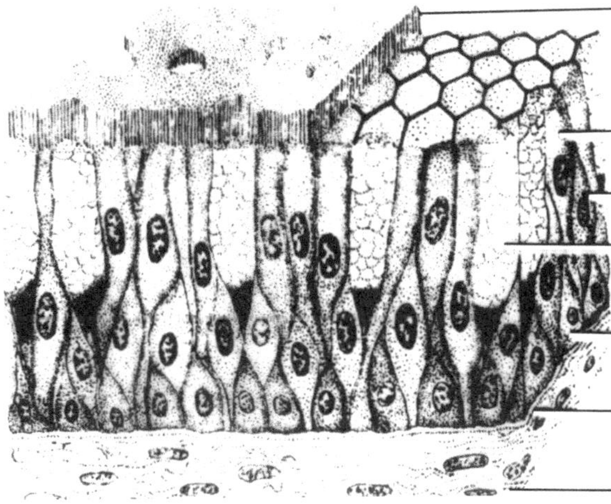

图 2-4　假复层纤毛柱状上皮

摘自成令忠主编《组织学与胚胎学》

5. **变移上皮**　**变移上皮（transitional epithelium）**又称移行上皮，分布于肾盂、肾盏、输尿管和膀胱的腔面。细胞形态和层数可随器官的功能状态而改变，当膀胱空虚时，细胞形态变高，层数增多，上皮变厚；当膀胱充盈时，细胞拉扁，层数减少，上皮变薄。表层细胞侧面呈伞形，体积较大，游离面隆起，有的含双核，称为**盖细胞（facet cell）**。盖细胞的胞质浓密，嗜酸性较强，形成深染的壳层。一个盖细胞可覆盖几个中间层细胞，有防止尿液侵蚀和渗入的作用。中间层细胞呈多边形，基底细胞呈矮柱状或立方形。电镜观察发现表层和中间层细胞下方都有突起附着于基膜（图 2-5），故亦为假复层上皮。

猫膀胱

6. 复层扁平上皮　复层扁平上皮（stratified squamous epithelium）表层细胞呈鳞片状，又称**复层鳞状上皮（stratified scaled epithelium）**，是上皮中最厚的一种，细胞多达十几层至数十层。紧贴基膜的一层细胞呈立方形或矮柱状，是较幼稚的基底层细胞，胞质内游离核糖体丰富，具有旺盛的分裂增殖能力；新生的细胞不断向上层推移，体积增大，呈多边形，表面有棘突，细胞间桥粒丰富，形成由多层细胞构成的棘细胞层；棘细胞再向上层推移形成梭形细胞；浅层为数层扁平细胞，不断衰亡脱落，由深层新生的细胞补充（图 2-6）。分布于皮肤表皮的复层扁平上皮浅层细胞的胞核消失，胞质内充满角蛋白，形成角质层，称**角化的复层扁平上皮（keratinized stratified squamous epithelium）**；衬于口腔、食管和阴道等腔面的上皮浅层细胞有核，角蛋白含量较少，不形成角质层，称**非角化的复层扁平上皮（nonkeratinized stratified squamous epithelium）**。在鱼类的表皮中，除了普通的上皮细胞，还可见到腺细胞、感觉细胞和由结缔组织迁移来的淋巴细胞。上皮基底面借基膜与结缔组织相连，连接处凹凸不平，可扩大接触面积。复层扁平上皮具有保护和抗摩擦作用，受损伤后有很强的再生修复能力。

猫食管

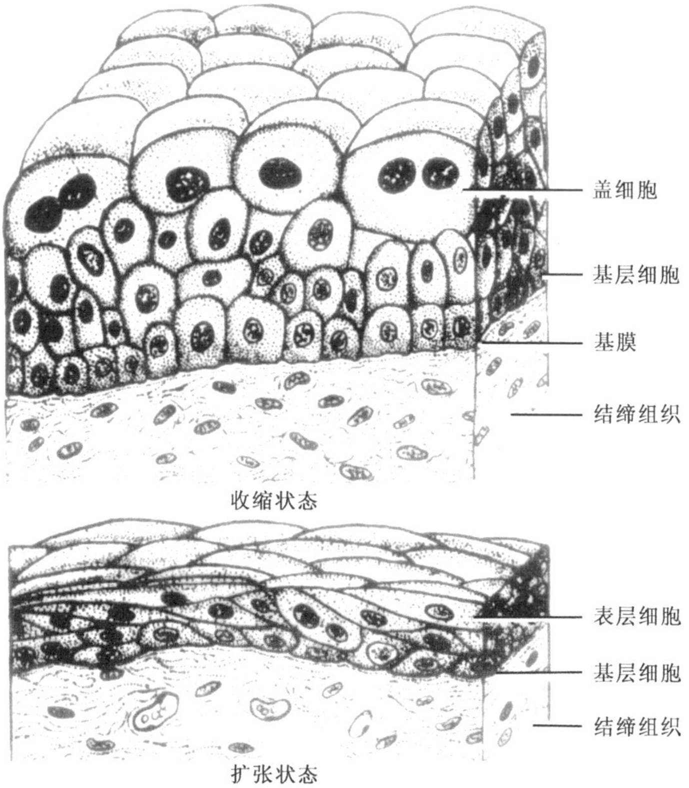

图 2-5　变移上皮

摘自成令忠主编《组织学与胚胎学》

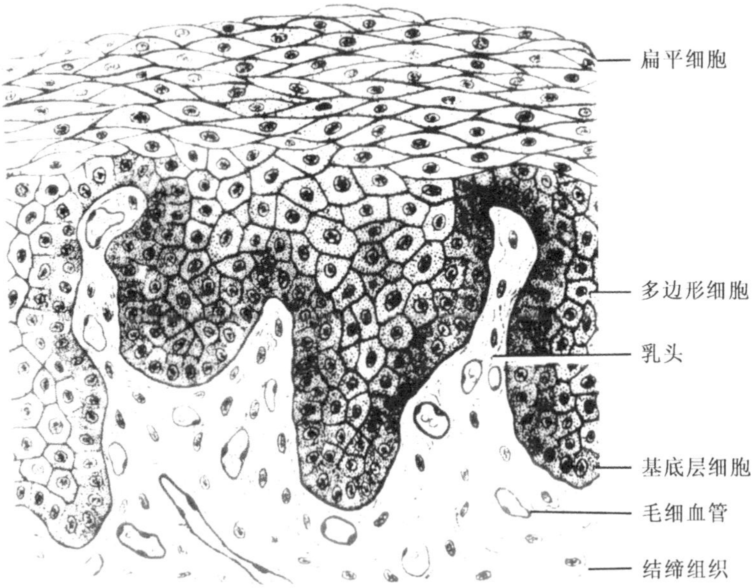

图 2-6　复层扁平上皮

摘自成令忠主编《组织学与胚胎学》

7. 复层立方上皮　**复层立方上皮（stratified cuboidal epithelium）**表层细胞呈立方形，其他层细胞和复层柱状上皮相似。此种上皮较为少见，汗腺的导管是较典型的复层立方上皮。

8. 复层柱状上皮　**复层柱状上皮（stratified columnar epithelium）**表面是一层排列整齐的柱状细胞或矮柱状细胞，中间层细胞呈横行的梭形，基底层细胞为立方形或多边形。此种上皮更少见，主要分布于一些动物的睑结膜、鼻前庭、尿道和腺体的大导管，起保护和排泄作用。

（二）上皮组织的特殊结构及功能

上皮组织为了适应各种功能活动，在上皮细胞的游离面、基底面和侧面常分化形成一些特殊结构，有的由胞膜和胞质形成，有的由胞膜、胞质和细胞间质共同构成。上皮组织的这些特殊结构也见于结缔组织、肌肉组织和神经组织。

兔鼻前庭

1. 上皮细胞游离面的特殊结构　有细胞衣、微绒毛、纤毛和鞭毛等。

（1）细胞衣　**细胞衣（cell coat）**为一薄层绒毛状结构，是构成细胞膜的糖蛋白和糖脂向细胞表面伸出的糖链部分。上皮细胞游离面的细胞衣较基底面和侧面明显，具有黏着、支持、保护、识别及物质交换等功能。

（2）微绒毛　**微绒毛（microvillus）**是由上皮细胞游离面的胞膜和胞质共同形成的细小指状突起，直径约 0.1 μm，长度和数量因细胞种类或功能状态不同而有很大差异。电镜下，微绒毛的细胞质中有许多纵行微丝，微丝一端附着于微绒毛顶部，另一端附着于中间连接的**终末网（terminal web）**，起固定微绒毛的作用

（图 2-7）。微丝的主要成分是肌动蛋白，其收缩可使微绒毛伸长或缩短。在吸收功能旺盛的细胞表面，微绒毛长且多，如小肠柱状上皮细胞和肾近曲小管上皮细胞的微绒毛密集，排列整齐，形成光镜下可见的纹状缘和**刷状缘（brush border）**。微绒毛可扩大细胞表面积，增强细胞的吸收功能。除了上皮细胞，在白细胞、肝细胞和巨噬细胞表面也有微绒毛分布。

（3）纤毛　**纤毛（cilia）**是上皮细胞游离面能够摆动的突起，较微绒毛粗且长，一般长 5～10 μm，直径 0.2～0.5 μm。电镜下，纤毛中央有两根微管，周围有 9 组**二联微管（microtubule doublet）**（图 2-8）。纤毛根部有一致密颗粒，称**基体（basal body）**，其结构与中心粒基本相同，可控制纤毛的活动。二联微管含一种**动力蛋白（dynein）**，具有 ATP 酶活性，纤毛的运动可能是动力蛋白分解 ATP 使微管间产生滑动所致。许多纤毛的协调摆动像风吹麦浪一样，形成有节律性的定向运动，将黏附在细胞表面的分泌物及颗粒等排出体外，以清除吸入的细菌和尘埃，如分布于呼吸道的假复层纤毛柱状上皮。

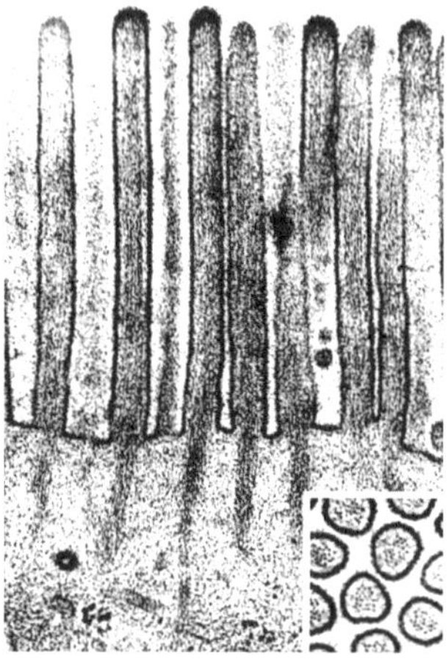

图 2-7　微绒毛（透射电镜）

南京医科大学提供

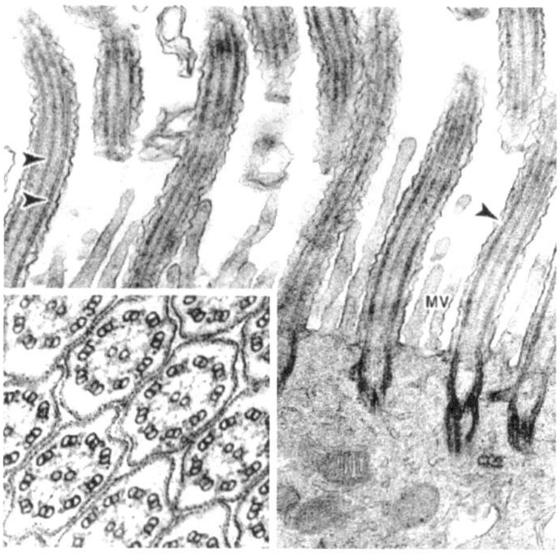

图 2-8　纤毛（透射电镜）

摘自 Luiz Carlos Junqueira 主编 *Basic Histology Text & Atlas*

MV：微绒毛　箭头：纤毛

有些细胞游离面的细长突起类似纤毛，但其结构与微绒毛相同，内含微丝，无微管，不能运动，称为**静纤毛（stereocilium）**，主要分布于附睾管的上皮、内耳的毛细胞及视网膜的视细胞等部位。

（4）鞭毛　**鞭毛（flagellum）**的结构与纤毛基本相同，特点是较纤毛长，一般长 15～30 μm，有的可达 150 μm。哺乳动物精子的尾部是典型的鞭毛，长达 50～200 μm。鞭毛的运动是由根部向末端的曲波状无定向摆动。

2. 上皮细胞侧面的特殊结构　上皮组织的细胞排列紧密，相邻细胞间以少量的**钙粘连蛋白（cadherin）**相结合，在细胞侧面还分化形成一些特殊的**细胞连接（cell junction）**。细胞连接在上皮组织中普遍存在，有的封闭相邻细胞顶部构成屏障；有的加强细胞间的机械联系，维持组织结构的完整性；有的是细胞间的离子通道，传递信息，协调细胞的功能活动。根据其结构和功能特点，可分为紧密连接、中间连接、桥粒、缝隙连接和镶嵌连接等（图 2-9）。

（1）紧密连接　**紧密连接（tight junction）**又称**闭锁小带（zonula occludens）**，位于上皮细胞侧面的顶端，相邻细胞的胞膜形成点状、斑状或带状融合，呈领带状环绕细胞顶部。细胞融合处间隙消失，未融合处有 10～15 nm 的间隙。电镜下，融合处细胞的膜蛋白颗粒各形成一些网格状的嵴，相邻细胞的嵴彼此对应，紧密相贴，形成**封闭索（sealing strand）**，封闭相邻细胞顶部的间隙，可防止大分子物质进入深部组织以及组织液外溢，具有屏障和连接作用。

（2）中间连接　**中间连接（intermediate junction）**又称**黏合小带（zonula adherens）**，常位于紧密连接下方，呈带状环绕上皮细胞。电镜下可见相邻细胞间有 15～20 nm 的间隙，其中有细丝状物质连接相邻细胞的膜，在胞膜内面附着有薄层致密物质和横行微丝，有的微丝伸向胞质构成终末网。中间连接有黏着、保持细胞形态、传递细胞收缩力及调节微绒毛活动等作用。这种连接存在于心肌细胞间的闰盘。

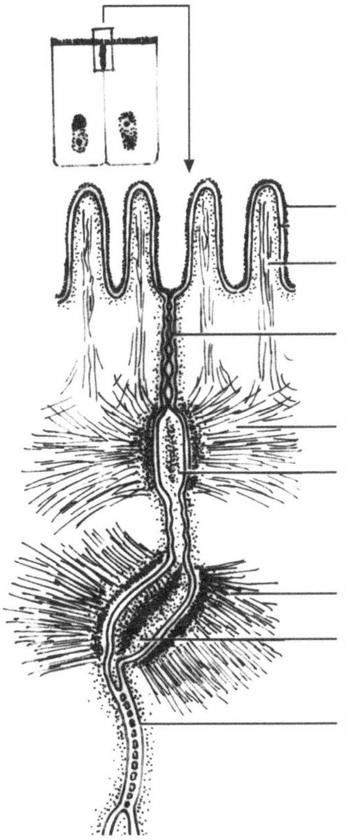

图 2-9　连接复合体模式图

（3）桥粒　**桥粒（desmosome）**又称**黏合斑（macula adherens）**，为散在分布于中间连接深部的斑点状结构。电镜下，相邻细胞间有 20～30 nm 的间隙，间隙内含有酸性糖胺多糖、蛋白质以及电子密度较低的丝状物，丝状物交织成与胞膜平行的致密中间线。在胞膜内面有致密物质构成的**附着板（attachment plaque）**，胞质中有许多直径约 10 nm 的张力丝，附着于板上又折回胞质中。此外，还有一些跨膜细丝，由附着板深入细胞间隙与中间线相连，以上结构起着牢固的连接作用。桥粒多存在于易受摩擦部位，如表皮、食管等处的复层扁平上皮，此种连接也见于心肌闰盘。在某些皮肤疾病或上皮癌变时，细胞间桥粒明显减少甚至消失。

（4）缝隙连接　**缝隙连接（gap junction）**又称缝管连接或**融合膜（nexus）**。电镜下相邻细胞膜之间分布有许多间隔大致相等的连接点（图 2-10）。冷冻蚀刻法显示，连接点处胞膜上有规律地分布着许多柱形颗粒，颗粒直径为 7～9 nm，由 6 个蛋白质亚单位（**连接素，connexin**）分子围成，中央有长约 2 nm 的小管（**中央小管，central canaliculus**）。相邻细胞通过中央小管相互连通，成为细胞间直接通信的管道。在钙离子和其他因素作用下，管道可以开放或闭合，进行细胞之间水、离子及小分子物质交换，传递化学信息及电冲动，使细胞在营养代谢、增殖分化等方面成为一个功能整体。缝隙连接在胚胎时期就已经出现，对胚胎的生长，细胞迁移、分化等起重要作用。缝隙连接分布广泛，除了上皮细胞，还见于心肌细胞、平滑肌细胞、骨细胞、神经细胞和胚胎细胞之间。

在以上几种细胞连接中，有两种或两种以上同时存在者称**连接复合体（junctional**

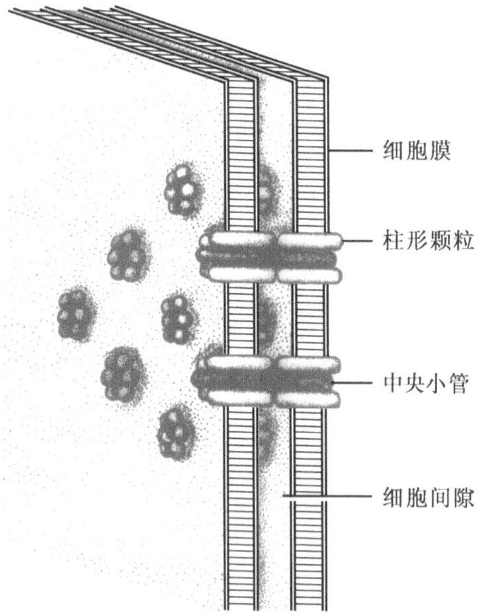

图 2-10　缝管连接超微结构模式图

摘自王树迎，王政富主编《动物组织学与胚胎学》

complex）。细胞连接的存在和数量可随器官发育阶段、功能状态及病理变化而改变，如睾丸支持细胞间的紧密连接可以随着精原细胞的分化而开放和重建。

（5）镶嵌连接　**镶嵌连接**（**interdigitation**）为相邻细胞间胞膜凹凸不平，相互呈齿状嵌合形成的。镶嵌连接可加强细胞间的牢固结合，同时扩大细胞间接触面积。

3. 上皮细胞基底面的特殊结构　包括基膜、半桥粒、质膜内褶等。

（1）基膜　**基膜**（**basement membrane**）位于上皮细胞基底面与深部结缔组织之间，是一层连续均质状薄膜。光镜下一般染色不易分辨，银染和 PAS 染色时分别呈黑色和紫红色。电镜下，基膜由**基板**（**basal lamina**）和**网板**（**reticular lamina**）构成（图 2-11）。分布于毛细血管内皮的基膜仅由基板构成。基板由上皮细胞分泌产生，厚 50～100 nm，分为两层：紧贴上皮细胞基底面的称**透明层**（**lamina lucida**），电子密度较低，厚 20～40 nm，其下方是电子密度较高的**致密层**（**lamina densa**），厚 30～60 nm，由直径 3～4 nm 的细丝和基质组成。基板的主要成分有**层粘连蛋白**（**laminin**）、Ⅳ型胶原蛋白和硫酸肝素蛋白多糖等。网板贴于结缔组织，由成纤维细胞合成分泌，主要含纤细的网状纤维和无定形基质，有时还含有少许胶原纤维。基膜主要起支持、连接和固着作用；它也是一种半透膜，具有选择性的通透作用，对上皮细胞和结缔组织之间的物质交换发挥重要作用；基膜还能引导上皮细胞移动，影响细胞增殖和分化；肾血管球的基膜还具有滤过作用。

（2）半桥粒　**半桥粒**（**hemidesmosome**）位于上皮细胞基底面的细胞膜内侧，结构为桥粒的一半，在和基膜接触处，张力丝附着于胞膜内附着板上，折成袢状返回胞质，形成致密斑，加固上皮与基膜的连接。

（3）质膜内褶　**质膜内褶**（**plasma membrane infolding**）是上皮细胞基底面胞膜折向胞质内所形成的质膜褶，质膜褶之间的胞质内常含有许多纵行排列的线粒体，形成光镜可见的**基底纵纹**（**basal striation**）（图 2-11），如肾近曲小管的基底纹和唾液腺

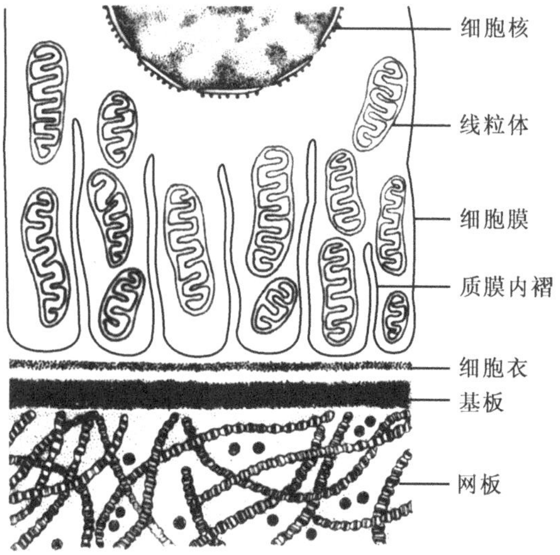

图 2-11　质膜内褶和基膜微细结构模式图

摘自王树迎，王政富主编《动物组织学与胚胎学》

的纹管。质膜内褶可扩大细胞基底部面积，有利于水和离子快速转运。

二、腺上皮与腺

以分泌功能为主的上皮组织称**腺上皮（glandular epithelium）**。以腺上皮为主要成分构成的器官称腺或**腺体（gland）**。

（一）腺的发生

胚胎时期的原始上皮分裂增殖形成细胞索，伸入深层结缔组织中，逐渐分化为具有分泌功能的腺上皮构成腺（图 2-12）。在演变过程中，若细胞索发育成导管与表面上皮相连，腺细胞产生的分泌物经导管排出，称为**外分泌腺（exocrine gland）**，如汗腺、乳腺和消化腺等；若导管消失，腺细胞与表面上皮脱离，排列成团状、索状或滤泡状，其分泌物称为激素，直接进入周围毛细血管和淋巴管，通过循环系统作用于特定的组织器官，称为**内分泌腺（endocrine gland）**，如甲状腺、肾上腺、脑垂体等（见第十一章内分泌系统）。

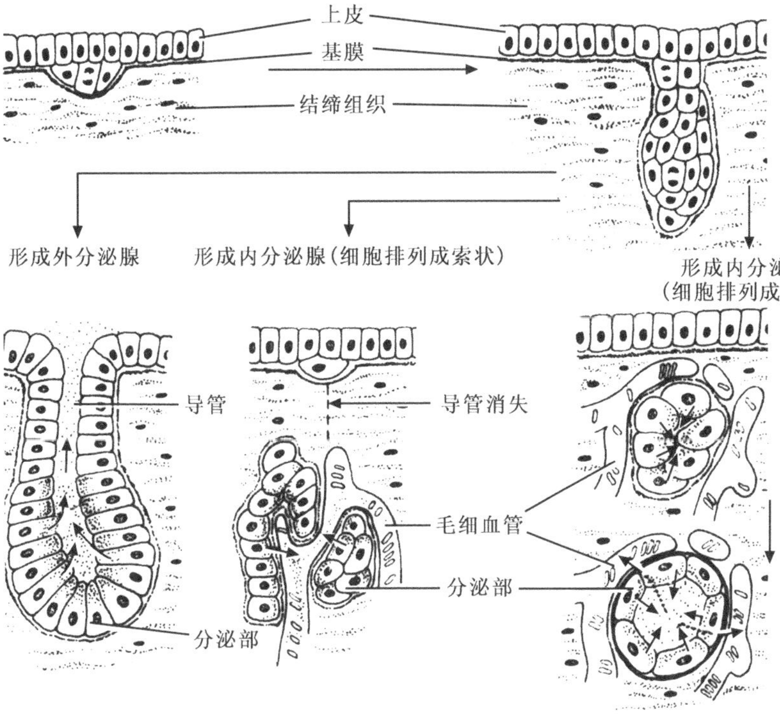

图 2-12　腺发生模式图

摘自成令忠主编《组织学与胚胎学》

（二）外分泌腺的结构与分类

1. 外分泌腺的一般结构　外分泌腺分为**单细胞腺（unicellular gland）**和**多细胞腺（multicellular gland）**。杯状细胞属单细胞腺，动物体内绝大多数外分泌腺属多细胞腺。多细胞腺一般由分泌部和导管组成。

（1）分泌部　**分泌部（secretory portion）**由大量呈泡状或管状的**腺泡（alveoli）**组成。腺泡由单层立方或锥体形腺细胞围成，腺泡的中央为腺腔。腺细胞与基膜之间有肌上皮细胞分布，肌上皮细胞的收缩有助于分泌物排入导管。

（2）导管　**导管（duct）**为分泌物排出的通道，由单层或复层上皮围成，一端与分泌部通连，另一端开口于体表或有腔器官的腔面。有些导管还兼有分泌或吸收功能。

2. 外分泌腺的分类　外分泌腺种类繁多，根据腺体分泌部的形态和导管是否分支，可分为**单管状腺（simple tubular gland）**、**单泡状腺（simple acinar gland）**、**复管状腺（compound tubular gland）**、**复泡状腺（compound acinar gland）**和**复管泡状腺（compound tubuloacinar gland）**等（图 2-13）。

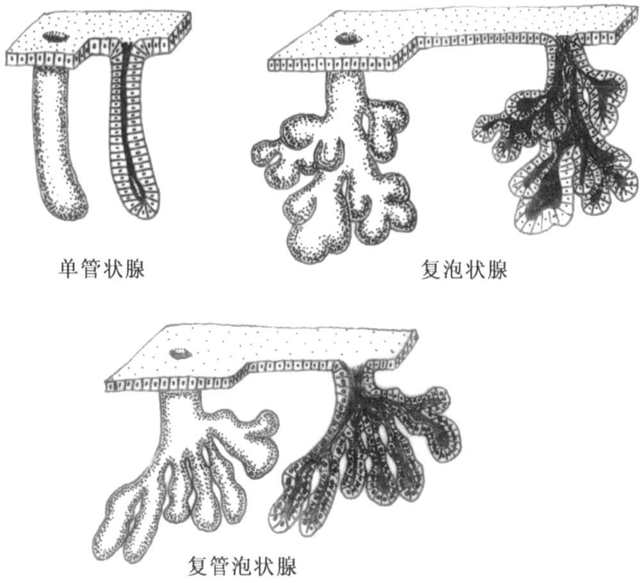

图 2-13　外分泌腺的形态及分类

根据腺细胞分泌物的性质，可将某些外分泌腺分为**浆液腺（serous gland）**、**黏液腺（mucous gland）**和**混合腺（mixed gland）**。浆液腺由浆液细胞构成腺泡，腺细胞具有蛋白质分泌细胞的特点，分泌物较为稀薄，内含各种消化酶和少量黏液，如胰腺和腮腺等。黏液腺由黏液细胞构成腺泡，腺细胞具有糖蛋白分泌细胞的特点，分泌物较为黏稠，如舌下腺、十二指肠腺等。混合腺含有以上两种腺泡，或由两种腺细胞共同构成**混合性腺泡（mixed acinus）**，常见在黏液性腺泡末端有几个浆液腺细胞，呈半月形排列，称**浆半月（serous demilune）**，黏液腺细胞局部间隙扩大，形成分泌小管，浆半月的分泌物经分泌小管排入腺泡腔，如颌下腺。

（三）腺细胞的类型

1. 蛋白质分泌细胞　**蛋白质分泌细胞（protein secretory cell）**多呈锥体形或低柱状，胞核圆形，位于细胞中央或靠近基部；胞质顶部有许多嗜酸性**酶原颗粒（zymogen**

granule)，基部胞质呈强嗜碱性。电镜下，基部胞质内有排列紧密的粗面内质网和线粒体，核上区有发达的高尔基复合体和大量分泌颗粒。细胞分泌物的主要成分为蛋白质，如胰腺的腺泡细胞。

2. **糖蛋白分泌细胞**　**糖蛋白分泌细胞(glycoprotein secretory cell)**亦呈锥体形或柱状，胞核扁圆形，位于细胞基部；胞质内充满黏原颗粒，在HE染色的切片中，因颗粒被溶解而呈泡沫状或空泡状，核周胞质弱嗜碱性。电镜下，胞质内富含粗面内质网和游离核糖体，核上方有发达的高尔基复合体和很多黏原颗粒。其分泌物的主要成分是糖蛋白，糖蛋白释放后与水结合成黏液，覆盖在上皮游离面，起润滑和保护作用，如杯状细胞。

3. **脂类分泌细胞**　**脂类分泌细胞(lipid secretory cell)**的结构特点随合成脂类的过程而异。如构成皮脂腺的细胞，基底部细胞内富含核糖体、粗面内质网、滑面内质网、线粒体和高尔基复合体等；浅层细胞滑面内质网增多，逐渐形成脂肪小滴；继而，细胞内溶酶体随细胞脂化而增多，在近腺体中心部的细胞中，酸性磷酸酶和芳基硫酸酯酶的活性最强，并出现在溶酶体之外；最后腺细胞自溶、崩解。腺细胞分泌脂肪酸、类固醇等物质。

4. **类固醇分泌细胞**　**类固醇分泌细胞(steroid secretory cell)**呈圆形或多边形，胞核圆形，位于细胞中央；胞质内含大量小的脂滴，HE染色时因脂滴被溶解胞质呈泡沫状。电镜下胞质内滑面内质网丰富，含有合成类固醇激素的各种酶，仅含有少量粗面内质网和核糖体，发达的高尔基复合体位于核旁，并见有许多管状嵴的线粒体。此类细胞为内分泌细胞，以胆固醇为原料，在滑面内质网和线粒体酶的共同作用下合成类固醇激素，如肾上腺皮质细胞。

5. **肽分泌细胞**　**肽分泌细胞(peptide secretory cell)**多呈圆形、锥形或烧瓶形，胞核圆形，位于细胞中央，胞质着色浅。肽分泌细胞最显著的特点是基部胞质内含大量分泌颗粒，故又称**基底颗粒细胞(basal granular cell)**，HE染色颗粒不易分辨，但可被银盐或铬盐着色。电镜下，胞质内含有少量粗面内质网和高尔基复合体，滑面内质网和游离核糖体较丰富。此类细胞能产生胺，合成肽，属APUD细胞(见第十一章内分泌系统)，如消化管的内分泌细胞。

(四)腺细胞的分泌方式

1. **透出分泌**　**透出分泌(diacrine)**的分泌物以分子形式由胞膜渗出，如胃底腺的壁细胞和肾上腺皮质细胞的分泌方式。透出分泌不仅存在于腺上皮细胞，成纤维细胞、浆细胞及神经细胞等也以此种方式分泌。

2. **局质(浆)分泌**　**局质分泌(merocrine)**又称胞吐分泌，分泌物在细胞内形成膜包分泌颗粒，颗粒逐渐移向细胞顶部，颗粒膜与胞膜融合，以胞吐的方式将分泌物排出，如胰腺、腮腺及垂体前叶细胞的分泌。

3. **顶质(浆)分泌**　**顶质分泌(apocrine)**的分泌颗粒集聚于细胞顶部，呈泡状突向表面，然后连同胞膜和少量胞质一起与细胞脱离而排出，如乳腺、汗腺的分泌。

4. **全质(浆)分泌**　成熟的腺细胞内充满分泌物，核固缩，细胞器消失，整个细胞崩解，连同分泌物一起排出，这个过程称**全质分泌(holocrine)**。此种分泌方式多见于脂类分泌细胞，如皮脂腺和禽类尾脂腺细胞。

三、上皮组织的更新与再生

上皮组织再生能力较强，在正常状态下，上皮细胞不断衰老、死亡、脱落，由组织中的干细胞增殖分化，产生新生的细胞而补充更新，如胃、肠黏膜上皮分别由胃腺和肠腺的未分化细胞增殖补充，复层扁平上皮由基底细胞分裂增殖补充，此为生理性再生。各种上皮更新速率不同，如小肠的柱状上皮细胞2～4天更新一次，皮肤的复层扁平上皮1个月左右更新一次，胰腺细胞更新约需50天。上皮的更新率还受季节、温度、营养、激素等诸多因素的影响。

上皮组织还有较强的修复能力，当发生炎症或遭受创伤时，周围未受损的细胞迅速分裂增殖，新生细胞移向损伤部位修复创面，这是病理性再生。如呼吸道的假复层纤毛柱状上皮受损后，由附近的基细胞分裂增殖，迁移修复，约在第4天可见假复层上皮，2～3周出现纤毛和杯状细胞。若上皮损伤严重，面积较大，会因深部结缔组织参与填充修复而形成瘢痕。

本章内容临床拓展

在一些非生理条件下，一种类型的上皮组织有可能转变成另外一种上皮组织，这种可逆的过程被称为“化生”。如支气管的假复层纤毛柱状上皮可以转变成复层扁平上皮。在患有慢性维生素A缺乏症的个体中，支气管和膀胱的上皮组织类型逐渐被复层扁平上皮组织取代。

第三章 固有结缔组织
Chapter 3 Connective Tissue Proper

内容概要

固有结缔组织包括疏松结缔组织、致密结缔组织、网状组织和脂肪组织。固有结缔组织由细胞、基质和纤维构成。

疏松结缔组织中的细胞种类较多，细胞和纤维埋藏于基质中。细胞包括成纤维细胞、巨噬细胞、肥大细胞、浆细胞、脂肪细胞、未分化的间充质细胞和白细胞等。纤维包括胶原纤维、弹性纤维和网状纤维，它们有机地组合在一起，主要起支持作用。基质是一种由蛋白多糖组成的复合物，其亲水性高、黏胶性强。致密结缔组织中的纤维特别多，而且排列紧密，细胞和基质很少，纤维包括胶原纤维和弹性纤维。脂肪组织是一种特殊的结缔组织，主要由大量脂肪细胞聚集而成。网状组织由网状细胞和网状纤维组成，主要分布在淋巴器官和造血器官中，构成这些器官的细微支架，为淋巴细胞和血细胞发育提供一个良好的微环境。

结缔组织根据形态结构不同，可分为**固有结缔组织**（**connective tissue proper**）、**软骨组织**（**cartilage**）、**骨组织**（**bonc**）和**血液**（**blood**）。软骨组织、骨组织和血液是特殊形式的结缔组织，将分别在以后的章节中描述。固有结缔组织为其他组织和器官提供了一个“支架”，也为机体组织中细胞和血液进行营养和代谢产物的交换提供了空间。

固有结缔组织的结构特点是，细胞数量较少，细胞间质较多，细胞分散在大量的细胞间质内。细胞间质由细胞合成和分泌的细胞外基质组成，对结缔组织的构造和功能有重要意义。

固有结缔组织广泛分布于有机体的各个部分，具有连接、填充、支持、营养、保护、修复和防御等功能，但在某种结缔组织内常以某种功能为主。

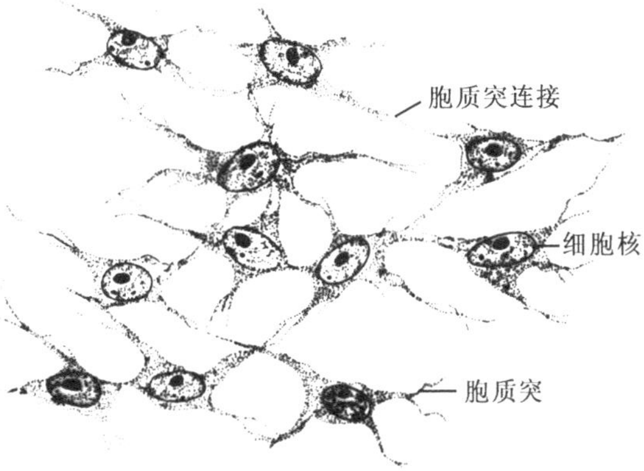

图 3-1 间充质

摘自王树迎，王政富主编《动物组织学与胚胎学》

固有结缔组织是由胚胎时期的间充质组织发生的，间充质组织由间充质细胞和基质构成（图 3-1）。间充质细胞呈多突起的星形，相邻的细胞以突起相连，细胞核大，呈椭圆形，染色质少，核仁明显。细胞包埋于含少量纤维的胶样基质内。间充质细胞除分化形成各种结缔组织细胞外，还形成内皮细胞和平滑肌细胞等。

一、疏松结缔组织

疏松结缔组织（**loose connective tissue**）广泛存在于有机体的组织和器官之间，并进入器官内，构成器官的组成成分，起着连接、支持、营养、防御、保护和创伤修复等作用。疏松结缔组织也是由细胞和细胞间质组成的，其特点是，细胞数目少但种类较多；间质中的基质含量多，纤维含量少且排列疏松，呈蜂窝状，故又称**蜂窝组织**（**areolar tissue**）。其组成如下。

（一）细胞成分

疏松结缔组织中的细胞种类较多，包括成纤维细胞、巨噬细胞、浆细胞、肥大细胞、脂肪细胞、未分化的间充质细胞和白细胞等。其分布和数量常因功能状态不同而有变化。

1. 成纤维细胞　成纤维细胞（**fibroblast**）是疏松结缔组织中数目最多的细胞，常附着在胶原纤维上（图 3-2）。其形态和构造可随其功能状态而改变，一般认为成纤维细胞是功能活跃状态的细胞，能合成纤维和基质，因而得名；相对静止或功能不活跃的细胞称为**纤维细胞**（**fibrocyte**）。在结缔组织铺片或组织培养中，成纤维细胞呈扁平梭形并带有许多尖细的突起；在切片内呈有突起的多角形或梭形，胞体较大，有一个较大的核，扁椭圆形，染色质颗粒细小、稀疏，核仁清楚。胞质弱嗜碱性，HE 染色标本上细胞轮廓不清。电镜下，细胞表面有少量微绒毛和短粗的突起，胞质内有丰富的粗面内质网、较多的游离核糖体和发达的高尔基复合体。这些结构反映了成纤维细胞具有合成蛋白质的功能。在细胞核附近可见到中心粒。线粒体少，呈细长形，散在于胞质内。

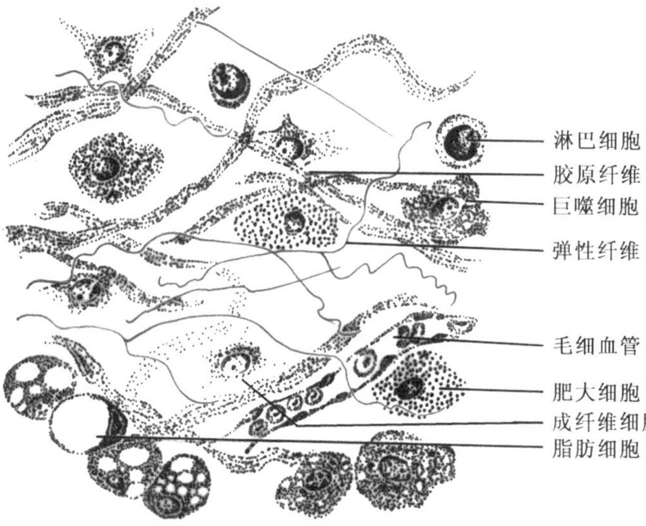

图 3-2　疏松结缔组织铺片模式图

成纤维细胞可以合成和分泌胶原纤维、弹性纤维和网状纤维，并参与基质的蛋白多糖和糖蛋白的产生。在间质的更新和创伤修复过程中，具有十分重要的作用。成纤维细胞还有分裂增殖能力，尤其当结缔组织损伤时表现明显。

纤维细胞比成纤维细胞小，突起少，呈细长梭形。胞质弱嗜酸性，胞核较小，扁卵圆形，染色较深，核仁不清楚。电镜下，胞质内的粗面内质网少，高尔基复合体亦不发达，其他细胞器发育也较差。在一定条件下，如创伤修复，结缔组织再生时，纤维细胞可转化为成纤维细胞，又能积极合成和分泌蛋白质，形成纤维和基质。

2. 巨噬细胞　巨噬细胞（**macrophage**）也称**组织细胞**（**histocyte**），数量较多，分布广泛。存在于疏松结缔组织内的巨噬细胞，胞体形态多样，呈圆形、椭圆形或不规则形，细胞表面有短而钝的突起，称为伪足；胞质丰富，呈嗜酸性，常含有空泡和异物颗粒；细胞核常有凹陷，可呈卵圆形或肾形，染色质浓密，故着色较深，核仁不明显。若给动物活体注射台盼蓝或墨汁，可见巨噬细胞胞质内积聚很多染料颗粒，成纤维细胞和其他类型细胞不摄取或仅摄取少量的染料颗粒，一般可用这种方法鉴别巨噬细胞。电镜下，细胞表面伸出微绒毛状突起和较大的伪足（图 3-3），胞质内含大量初级溶酶体、次级溶酶体、吞噬体、吞饮小泡、残余体及一些微丝和微管等。巨噬细胞由血液内的单核细胞穿出血管后分化而来。

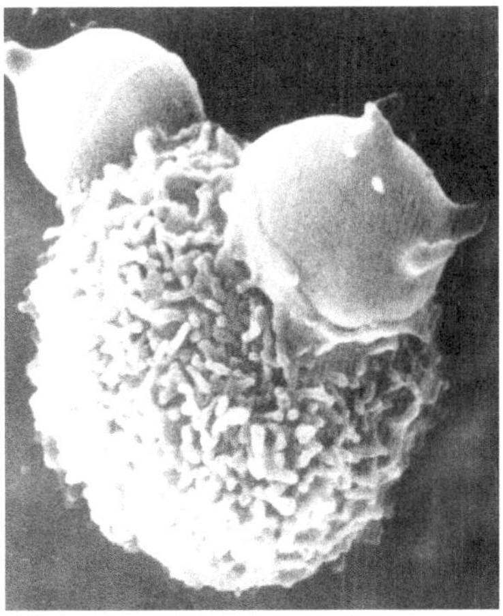

图 3-3　巨噬细胞（扫描电镜）

巨噬细胞的功能：①趋化性和变形运动：当巨噬细胞受到趋化因子（如细菌的产物、炎症组织的变性蛋白等）刺激时，便以活跃的变形运动移向产生趋化因子的部位。②吞噬作用：巨噬细胞能识别细菌、异物、体内衰老变性及死亡的细胞等，将它们黏附在细胞表面，伸出伪足将其吞入胞质内，形成吞噬体或吞饮小泡，与初级溶酶体融合后，成为次级溶酶体。溶酶体的酶类分解消化这些异物，不能被消化的则形成残余体（如尘埃颗粒），所以巨噬细胞是机体的防御系统——单核吞噬细胞系统的成员之一。③分泌作用：巨噬细胞可合成与分泌多种生物活性物质，如溶酶体中的各种水解酶、胶原酶等，还有溶菌酶、干扰素、补体等，参与机体的防御功能。巨噬细胞还能分泌血管生成素、血小板活化因子和促红细胞生成素等，可刺激造血；分泌胶原蛋白酶、弹性蛋白酶等，可促进创伤愈合。④参与免疫应答：巨噬细胞对吞噬的抗原物质进行加工、处理，然后呈递给淋巴细胞，使其发生特异性免疫应答。因此，巨噬细胞是机体免疫反应中不可缺少的细胞成分。

3. 浆细胞　在一般疏松结缔组织内很少见到**浆细胞**（**plasma cell**），但在病原菌或异性蛋白质易于侵入的部位，如消化管和呼吸道的固有膜结缔组织内较多，也分布在体内各处的淋巴组织内。在病理情况下，如慢性炎症病灶或慢性肉芽肿内，浆细胞增多。

浆细胞体积较小，直径 8～20 μm，多呈圆形或卵圆形，若细胞堆集，也可呈多角形。光镜下，胞质嗜碱性，胞核圆形，常偏于细胞的一端，异染色质多，呈粗大块状，沿核膜内面呈辐射状排列，状似车轮（车轮状核）。近核处有一淡染区。电镜下，浆细胞表面光滑，仅有很少的微绒毛状突起（图 3-4）。胞质内可见大量平行排列的粗面内质网和游离核糖体，核旁淡染区内含有中心体和高尔基复合体。

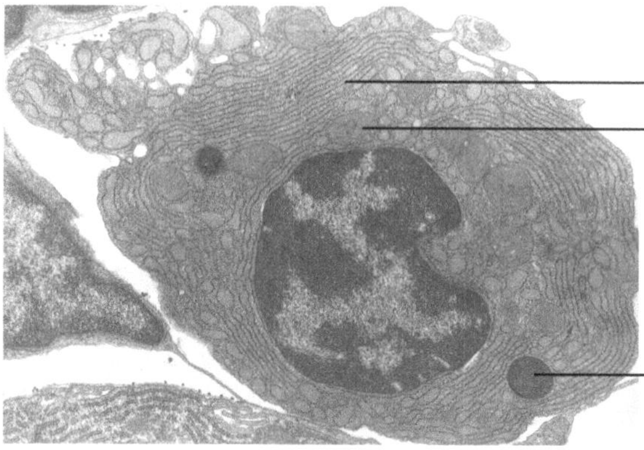

图 3-4　浆细胞（透射电镜）

摘自李德雪，尹昕主编《动物组织学彩色图谱》

浆细胞具有合成和分泌**免疫球蛋白**（**immunoglobulin, Ig**）即**抗体**（**antibody**）的功能，参与机体的体液免疫反应。浆细胞来源于 B 淋巴细胞，在抗原的反复刺激下，B 淋巴细胞增殖、分化，胞质内出现丰富的粗面内质网和发达的高尔基复合体，即成为浆细胞。

4. 肥大细胞　肥大细胞（**mast cell**）是疏松结缔组织内较常见的细胞，常常沿小血管和小淋巴管成群分布。其数量在各种动物中分布颇不一致，豚鼠和兔的疏松结缔组织内的肥大细胞较少，在狗、猫、小鼠体内较多。在与抗原易接触的部位，如消化道和呼吸道上皮下方的结缔组织中，肥大细胞亦多。光镜下，肥大细胞胞体较大，为圆形或卵圆形，核小而圆。胞质内充满均匀一致的异染性颗粒，可被甲苯胺蓝染成紫红色（图 3-5）。颗粒易溶于水，故在 HE 染色标本上不易看到。电镜下，肥大细胞表面形成许多微绒毛状突起和小皱襞，胞质内充满大小不等的膜包颗粒。此外，胞质内有发达的高尔基复合体，稀少的游离核糖体和粗面内质网，少量散在的圆形或杆状线粒体。

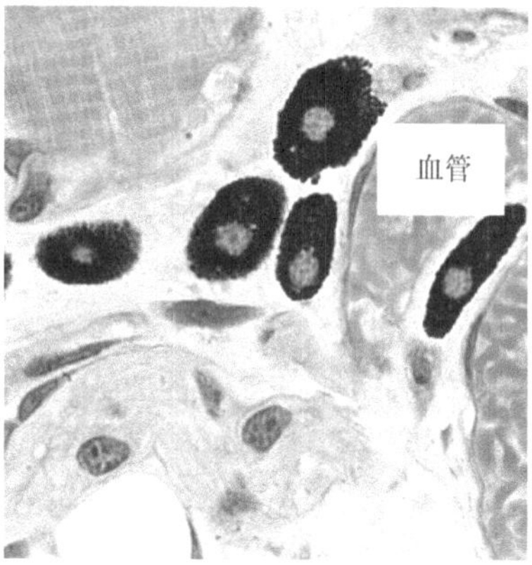

图 3-5　肥大细胞

摘自 Luiz Carlos Junqueira 主编 *Basic Histology Text & Atlas*

肥大细胞是多能造血干细胞的后代，但它们以前体形式离开骨髓，经血液循环进入皮肤、结缔组织等部位后，在相应微环境影响下再逐步分化成熟为肥大细胞。肥大细胞参与变态反应，当其受到某种变态反应原的重复刺激时，可释放颗粒中的物质。经实验证明，肥大细胞颗粒中含有**肝素**（**heparin**）、**组胺**（**histamine**）、**白三烯**（**leukotriene**）等慢反应物质以及**嗜酸性粒细胞趋化因子**（**eosinophil chemotactic factor of anaphylaxis**）等。组胺和白三烯等慢反应物质能使毛细血管和微静脉扩张，内皮细胞之间形成缝隙，因此血管通透性增加，可引起皮肤荨麻疹和支气管哮喘；嗜酸性粒细胞趋化因子能吸引嗜酸性粒细胞向变态反应部位积聚；肝素具有抗凝血作用。

5. 脂肪细胞　脂肪细胞（fat cell）也是疏松结缔组织内较常见的细胞之一，多沿血管分布，单个或成群出现，细胞较大，呈圆球形，直径 100～200 μm，胞质内有一个大的脂肪滴，占据细胞质的大部分，将细胞质的其余部分推挤到细胞周缘；细胞核被挤压成扁圆形，位于细胞一侧。在常规组织切片内，脂肪组织的中性脂肪滴被脂溶剂溶解，使细胞像一个大的空泡，只留下周缘很薄层的细胞质。脂肪细胞具有合成、贮存脂肪和参与脂质代谢的功能。

疏松结缔组织中除上述细胞外，尚有少量的间充质细胞，其胞体较小，形态与成纤维细胞相似。在一定条件下，该细胞可增殖分化为成纤维细胞、脂肪细胞、血管内皮和平滑肌细胞等。另外，在疏松结缔组织中常见从血液中游出的白细胞，如淋巴细胞、嗜酸性粒细胞和中性粒细胞等。

（二）纤维成分

疏松结缔组织的细胞间质包括纤维和基质。纤维有胶原纤维、弹性纤维和网状纤维，它们在结缔组织中有机地组合在一起，主要起支持作用，但对组织的代谢机能亦有影响。如胶原纤维过度增生以及某些胶原蛋白分子病变，可引起肝硬化和硅肺病。

1. 胶原纤维　胶原纤维（collagenous fiber）是疏松结缔组织中的主要纤维成分，在新鲜状态下，肉眼观察呈白色，甚至有光泽，如腱和腱膜，故又称白纤维。直径 1～20 μm，HE 染色标本上呈粉红色，波浪状走行，并分支交织成网。胶原纤维是由更细的**胶原原纤维（collagenous fibril）**通过微量黏合质黏合而成的。电镜下，在胶原纤维内部，胶原原纤维的直径为 10～100 nm，呈 1/4 交替平行排列组成胶原纤维，每条胶原原纤维由许多原胶原分子组成，一个原胶原分子的头部与下一个原胶原分子的尾部有一个小的间隙分隔，这种排列在胶原纤维上形成 67 nm 长的周期性横纹。

胶原纤维具有很强的韧性和抗拉力，构成细胞外基质的骨架结构，细胞外基质中的其他成分通过与胶原结合形成结构和功能的复合体。

2. 弹性纤维　弹性纤维（elastic fiber）新鲜时呈黄色，故又称黄纤维。在 HE 染色的疏松结缔组织铺片内，纤维较细，不易着色，折光性强，常呈较亮的淡粉色。笔直行走，直径 0.2～10.0 μm，有分支并互相交织成网。可用特殊的染色法显示，如被醛复红染成蓝紫色或被地衣红染成棕褐色。电镜下，弹性纤维由**微原纤维（microfibril）**和**均质弹性蛋白（elastin）**构成。

弹性纤维富于弹性而韧性差，与胶原纤维交织在一起，使疏松结缔组织既有韧性又有弹性，以保证其连接的组织和器官的形态、位置相对恒定并有一定的可变性。弹性纤维除分布于疏松结缔组织外，尤其集中分布于椎弓间黄韧带、声带、肺泡壁、弹性动脉及弹性软骨等处。

3. 网状纤维　网状纤维（reticular fiber）由Ⅲ型胶原蛋白构成，很细，分支多互相连接成网。HE 染色标本上不着色，但由于其表面包有较多的蛋白多糖和糖蛋白，故呈 PAS 阳性反应。与胶原纤维相比，网状纤维更细（直径 0.2～1 μm），镀银染色时显黑褐色，故又称**嗜银纤维（argyrophilic fiber）**，而胶原纤维则呈棕黄色。

疏松结缔组织中网状纤维较少，而在结缔组织与其他组织交界处，如基膜的网板、毛细血管和平滑肌细胞的周围则较多。网状纤维还构成某些实质性器官的细胞外支架，如肝、肾和一些内分泌腺等。网状纤维有一定的弹性，能适应被包裹的结构的体积变化，而这种变化往往又与该组织结构的机能状态相适应，如毛细血管及肾小管的不同盈虚状态。

（三）基质

基质（ground substance）是一种均质状的胶态物质，没有一定的形态结构。纤维和细胞成分埋藏于基质中。基质的主要化学成分是**蛋白多糖（proteoglycan）**。蛋白多糖是蛋白质和多糖结合成的大分子复合物，其中多糖分子的数目远远超过蛋白分子。多糖成分总称**糖胺多糖（glycosaminoglycan，GAG）**，包括**透明质酸（hyaluronic acid）**，**硫酸软骨素A、C（chondroitin sulfate A、C）**，**硫酸角质素（keratin sulfate）**，**硫酸肝素（heparin sulfate）**等。其中以透明质酸含量最多，它是一长链的大分子，呈曲折盘绕状态（拉直可达2.5 μm），以其为骨架结合着许多蛋白质分子。而蛋白质又作为轴心，共价地结合上许多多糖侧链（如硫酸软骨素、硫酸角质素等），共同构成一个蛋白多糖亚单位，分子间又借连接蛋白与其他蛋白多糖分子相连，并结合大量的水。这样就形成了带有许多微孔隙的分子筛立体构型，并使基质具有一定的黏稠性。分子筛只允许小于其孔径的物质通过，如水、氧、二氧化碳、无机盐和某些营养物质等；而大于其孔径的物质（如细菌、异物等）不能通过，起到局部屏障作用。但有些细菌，如溶血性链球菌能分泌透明质酸酶，分解透明质酸，使屏障解体，致使感染蔓延，形成蜂窝组织炎，如狗蜂窝组织炎。

在疏松结缔组织的基质中，除了无定形的物质外，还有少量的液体，称为**组织液（tissue fluid）**。它是从毛细血管动脉端渗入到基质中的不含大分子物质的血浆成分。细胞通过组织液获得营养和氧气，并向其中排出代谢产物和二氧化碳，组织液又从静脉端或毛细淋巴管返回到血液中，所以它是细胞赖以生存的内环境。正常状态下组织液不断更新并保持恒量。当某些疾病时，如水盐代谢失调，心、肺功能不全，蛋白质代谢障碍等，可发生水分的丧失或潴留，称为脱水或水肿。

二、致密结缔组织

致密结缔组织（dense connective tissue）的组成与疏松结缔组织基本相同，两者的主要区别是，致密结缔组织中的纤维成分特别多，而且排列紧密，细胞和基质成分很少，纤维为胶原纤维和弹性纤维两种。根据纤维的成分和排列不同，可将致密结缔组织分为以下三种类型。

（一）规则致密结缔组织

规则致密结缔组织（dense regular connective tissue）的特点是细胞间质有大量胶原纤维束平行而紧密地排列（图3-6），纤维之间借少量无定形基质相连接，纤维的走行方向与承受机械力学作用的方向相适应。纤维束间有沿其长轴成行排列的细胞，称为腱细胞，它是一种变形的成纤维细胞，因受胶原纤维束的挤压，胞体伸出许多翼状突起，插入纤维束间。细胞的横切面呈星形，胞核位于细胞的中央。肌腱是规则致密结缔组织的典型代表。

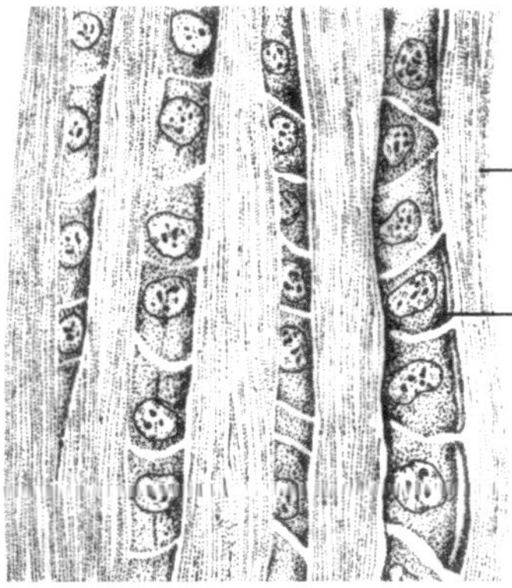

图 3-6　肌腱纵断面

（二）不规则致密结缔组织

不规则致密结缔组织（dense irregular connective tissue）分布于真皮的网状层、巩膜、大多数器官的被膜等处。其特点是间质中粗大的胶原纤维束相互交织成致密的网或层（图 3-7），纤维束间有少量基质和成纤维细胞、纤维细胞、小血管及神经束等。

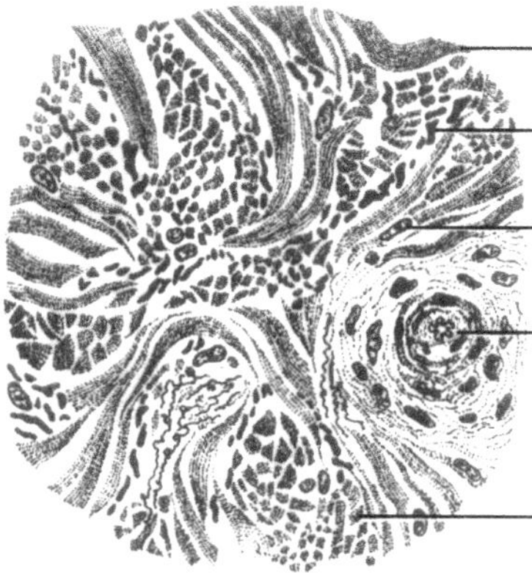

图 3-7　真皮横断面

摘自沈霞芬主编《家畜组织学与胚胎学》

真皮 不规则致密结缔组织

（三）弹性组织

弹性组织（elastic tissue）是富含弹性纤维的致密结缔组织，如项韧带、声带等。由粗大的弹性纤维平行排列成束，并以细小的分支连接成网，其间有胶原纤维和成纤维细胞。

体内有很多部位的结缔组织是介于疏松与致密结缔组织之间的过渡型。其结构特点是，由较细密的胶原纤维、弹性纤维和网状纤维交织成网，其中含有较多的细胞成分、小血管和神经等。如消化道、呼吸道黏膜固有层的结缔组织即属于此种。

三、脂肪组织

脂肪组织（adipose tissue）是一种特殊的结缔组织，主要由大量脂肪细胞聚集而成。在成群的脂肪细胞间，由富含血管、神经的疏松结缔组织将其分隔成许多脂肪小叶。按照脂肪组织的颜色、血管神经分布及脂肪细胞的结构和功能不同，将脂肪组织分成下列两种类型。

（一）黄（白）色脂肪组织

黄（白）色脂肪组织新鲜时呈黄色或白色。白色脂肪细胞分散存在时，呈圆形或卵圆形，直径为 25～200 μm。其结构特点是，胞质被一个大的脂滴充满，此种脂肪细胞也称单泡脂肪细胞。脂类是脂肪组织中的主要成分，其中 90%～98% 为甘油三酯，1%～2% 为甘油二酯，其余为磷脂及胆固醇。在一般组织切片上，因制片过程使用了酒精、二甲苯等脂溶剂，脂滴被溶解，其原来所占空间变为空泡（图 3-8）。成年动物体内脂肪组织中的脂肪细胞堆积靠拢，数目甚多，彼此挤压呈多边形，如皮下组织、系膜、网膜和黄骨髓等。脂肪组织除具有支持、缓冲保护和维持体温的功能外，还是机体贮存脂肪的“脂库”。

白色脂肪组织

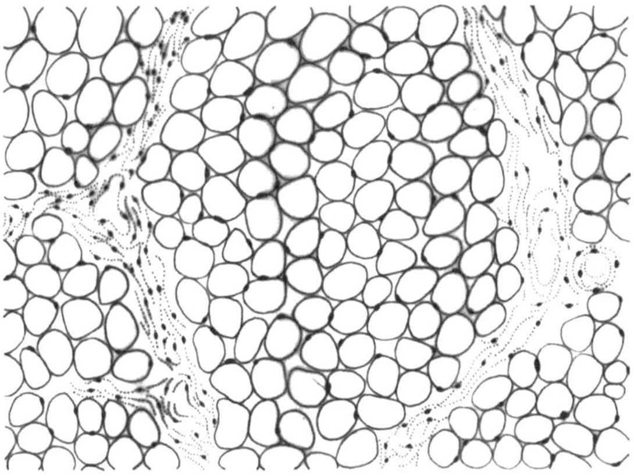

图 3-8　脂肪组织

（二）棕色脂肪组织

棕色脂肪组织中含有丰富的血管和神经，新鲜时呈棕色。棕色脂肪细胞的特点是，细胞呈多边形，胞核圆形，位于细胞中央，胞质内有许多较小的脂滴和大而密集的线粒体，线粒体与脂滴紧密相贴。此种脂肪细胞也称多泡脂肪细胞。棕色脂肪组织好像化学炉灶，主要存在于幼龄动物和冬眠动物体内，细胞中的脂滴可快速氧化而产生大量热能，以维持冬眠动物的体温并提高新生动物对寒冷的抵抗能力。

棕色脂肪组织

四、网状组织

网状组织（reticular tissue）是造血器官和淋巴器官的基本组成成分，体内没有单独存在的网状组织。网状组织由网状细胞和网状纤维构成，其基质是流动的淋巴液或组织液（图 3-9）。

网状细胞（reticular cell）为星形多突起细胞，其突起彼此连接成网。胞质丰富，弱嗜碱性。核大色浅，核仁清楚。

网状组织

网状纤维（reticular fiber） 由网状细胞产生，细而多分支，沿着网状细胞的胞体和突起分布（即网状细胞附于其上）。网状纤维分支互相连接成的网孔内充满基质（在淋巴器官和造血器官分别是淋巴液和血液）。

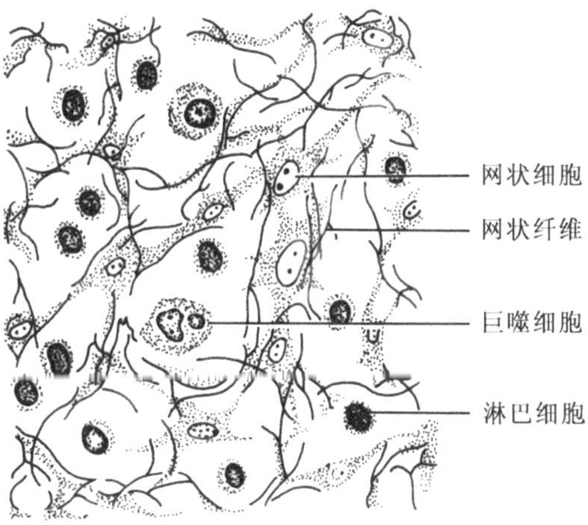

图 3-9　网状组织

摘自成令忠主编《组织学与胚胎学》

网状组织分布于消化道、呼吸道黏膜固有层中，以及淋巴结、脾、扁桃体及红骨髓中。在这些器官中，网状组织成为支架，网孔中充满淋巴细胞和巨噬细胞，或者是不同发育阶段的各种血细胞。网状细胞则成为 T、B 淋巴细胞和血细胞发育微环境的细胞成分之一。

本章内容临床拓展

胶原性疾病（collagenopathies） 是和胶原缺陷相关的疾病，Stickler 综合征是由于胎儿时期几个合成胶原的基因突变引起的。临床症状表现为患者面部畸形，视力下降，听力丧失，关节病变。

第四章　软骨与骨
Chapter 4　Cartilage and Bone

内容概要

软骨由软骨组织和软骨膜组成。软骨组织由软骨细胞、纤维和基质组成。软骨细胞位于软骨陷窝内，可合成和分泌细胞外基质。软骨组织内没有血管分布，其营养来源于周围软骨膜内毛细血管营养物质的扩散。根据基质内所含纤维成分的不同，成年动物的软骨可分为透明软骨、弹性软骨和纤维软骨。

骨由骨组织、骨膜和骨髓等构成。骨组织由钙化的基质（骨质）和四种细胞（骨原细胞、成骨细胞、骨细胞和破骨细胞）组成。骨基质中有大量钙盐沉着，使骨组织变得非常坚硬。骨原细胞位于骨内膜和骨外膜中；成骨细胞主要合成骨质中的有机成分，然后变为骨细胞埋于骨陷窝中；破骨细胞是具有很多个核的巨大细胞，主要负责骨组织的吸收和重新改建。长骨由松质骨、密质骨、骨膜、关节软骨、骨髓、血管和神经等构成。密质骨主要分布于长骨骨干和骨骺的表面。密质骨的骨板排列有三种方式：环骨板、骨单位（哈佛氏系统）和间骨板。骨单位是长骨骨干的主要结构单位，呈圆筒状，位于内外环骨板之间。

骨的发生有两种形式：一种是膜内成骨，如颅骨，主要是成骨细胞先分泌基质，然后钙化形成骨；另一种是软骨内成骨，如四肢骨，先形成软骨雏形，然后在生长过程中逐渐替换成骨。

软骨（cartilage）和**骨**（bone）都是特殊的结缔组织。软骨基质中含有大量的纤维、黏多糖和蛋白多糖，这些物质交织在一起使软骨组织成为半固态，具有较强的抗压性。胎儿早期的躯干和四肢支架主要是软骨。随着胎儿的发育，软骨逐渐被骨代替。成年动物的软骨数量较少，仅分布在关节面、椎间盘、呼吸道和耳廓等处。

骨主要构成动物身体的支架，具有重要的保护作用。由于骨组织含有大量的钙和磷，因而骨又是体内最大的钙和磷的储存库，与钙磷代谢有密切关系。骨内红骨髓执行造血功能。

一、软骨

软骨组织由软骨细胞、纤维和基质组成。软骨组织和其周围的软骨膜构成软骨。软骨具有支持和保护作用。根据基质内所含纤维成分的不同，软骨可分为透明软骨、弹性软骨和纤维软骨。

（一）软骨组织的结构

1. 软骨细胞　因存在部位不同，**软骨细胞（chondrocyte）**形态差异较大。在软骨表面是一些幼稚的细胞，胞体小，呈扁椭圆形，细胞长轴与软骨表面平行，多为单个存在。越向深层，软骨细胞逐渐长大，变成圆形或椭圆形，成群分布，每群有 2～5 个细胞，它们均由一个软骨细胞分裂增生而来，故称同源细胞群（图 4-1）。胞核小而圆，可见 1～2 个核仁，胞质弱嗜碱性。电镜下，软骨细胞表面有许多小突起，胞质内有较多的粗面内质网和发达的高尔基复合体。软骨细胞具有合成、分泌基质和纤维成分的功能。

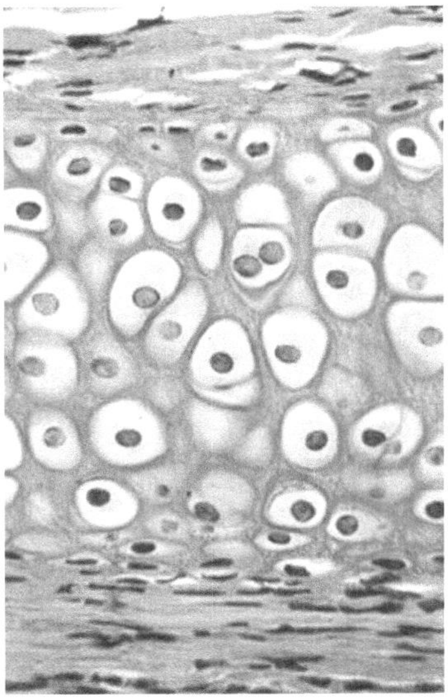
图 4-1　透明软骨

软骨细胞包埋在软骨基质的小腔内，此腔称为**软骨陷窝（cartilage lacuna）**，陷窝周围的软骨基质染色很深，称为**软骨囊（cartilage capsule）**。

2. 基质　基质（matrix）呈半固态，其主要化学成分为软骨黏蛋白和水。软骨黏蛋白以长链的透明质酸分子为主干，主干链上结合有许多短的蛋白质链连接硫酸软骨素和硫酸角质素，故为嗜碱性而被染成蓝色，同时也具有异染性。软骨囊处硫酸软骨素更多，嗜碱性强，染色深。这种羽状分支的大分子结合着大量的水。

3. 纤维　纤维由细小的胶原原纤维构成，排列不规则。虽然软骨组织内无血管，但由于基质富含水分，易于物质的渗透，使深层软骨细胞也能获得营养物质。

（二）软骨膜

软骨组织外面覆有一层致密结缔组织（关节软骨表面没有），称为**软骨膜（perichondrium）**。软骨膜分内、外两层：外层致密，含胶原纤维多，血管和细胞少，主要起保护作用；内层疏松，纤维少，而血管和细胞多，其中有一种骨原细胞，可增殖分化为软骨细胞。软骨膜内层的血管供给软骨细胞营养，并运走代谢产物。

（三）软骨的类型

1. 透明软骨　**透明软骨（hyaline cartilage）**分布于鼻、喉、气管、支气管、肋软骨及关节软骨等处，新鲜时为淡蓝色半透明。其基质内有少量的胶原原纤维交织排列，和基质的折光率一致，HE 染色切片上不易分辨（图 4-1）。此种软骨较脆，易折断。

2. 弹性软骨　**弹性软骨（elastic cartilage）**分布于耳廓、会厌等处。其结构特点是，基质内含有大量的弹性纤维，互相交织成网（图 4-2），具

牛透明软骨

狗弹性软骨

有较强的弹性。

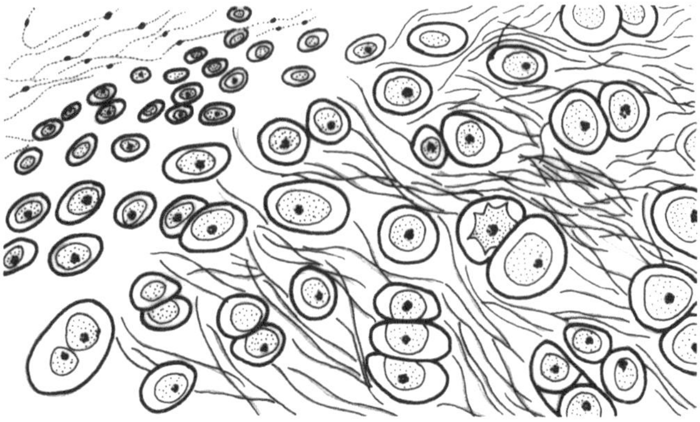

图 4-2　弹性软骨

3. **纤维软骨**　**纤维软骨（fibrous cartilage）**分布于椎间盘、耻骨联合、关节盘等处。其结构特点是，基质内含有大量平行或交织排列的胶原纤维束，软骨细胞成行排列在胶原纤维束间（图 4-3）。纤维软骨具有较强的抗压性。

马纤维软骨

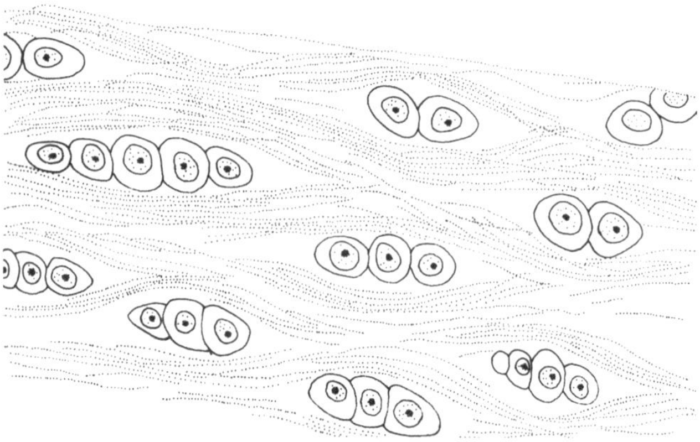

图 4-3　纤维软骨

二、骨

骨由骨组织、骨膜和骨髓等构成。**骨组织（osseous tissue）**由骨细胞和骨间质组成，间质成分中有大量钙盐沉着，使骨组织成为最坚硬的结缔组织，在体内承担最主要的支持作用。

（一）骨组织的结构

1. **骨间质**　**骨间质（bone matrix）**简称骨质，是一种钙化的间质，由有机成分和无机成分构成。

有机成分主要由大量的胶原纤维和少量无定形的基质组成。胶原纤维又称骨胶纤维，占有机成分的95%。基质呈凝胶状，化学成分为黏蛋白，起黏合胶原原纤维的作用。有机成分使骨具有很大的韧性。

无机成分主要是大量的钙盐，占骨重的65%。其化学成分是磷酸钙、碳酸钙、柠檬酸钙等。这些成分一般是以羟基磷灰石结晶［$Ca_{10}(PO_4)_6(OH)_2$］形式存在，不溶于水。电镜下，结晶体为长20～40 nm的细针状，它们有规律地沿着胶原原纤维的长轴排列，是骨基质坚硬的基础。

骨组织内的胶原纤维平行排列呈板层状，相邻两层骨板的胶原纤维排列方向互相垂直或成一定角度，钙盐平行排列于胶原原纤维之间，由基质黏合在一起，形成了坚固的板层样结构形式，称为**骨板（bone lamella）**。骨板的结构犹如多层的木质胶合板，使骨质既坚硬又有韧性，能承受多方面的压力，起着很好的支持和保护作用。

2. 骨细胞　骨组织中的**骨细胞（osteocyte）**包括骨原细胞、成骨细胞、骨细胞和破骨细胞。

（1）骨原细胞　**骨原细胞（osteogenic cell）**是一种分化程度很低的幼稚细胞。主要位于骨质的表面附近，即存在于骨外膜和骨内膜的内层，具有很强的分裂增殖能力。在骨的生长发育或骨的重建（如骨折愈合）过程中，骨原细胞可分裂增殖为成骨细胞。骨原细胞胞体较小，呈梭形或椭圆形。胞质很少，为弱嗜碱性。

（2）成骨细胞　**成骨细胞（osteoblast）**由骨原细胞增殖分化而来。胞体比骨原细胞大，呈柱状或立方形，胞质嗜碱性，并有细长的小突起。电镜下，成骨细胞胞质内含有大量的粗面内质网、发达的高尔基复合体、较多的游离核糖体和线粒体。成骨细胞具有合成和分泌纤维与基质的功能，可向骨组织表面添加胶原纤维和基质，当它们未钙化时称为**类骨质（osteoid）**，钙化后称为骨质。成骨细胞在分泌类骨质的过程中逐渐被埋于其中，然后转变为骨细胞。

（3）骨细胞　**骨细胞（osteocyte）**数量最多，单个分散于骨板内或骨板间。骨细胞呈扁椭圆形，具有许多细长的突起，胞体位于椭圆形的**骨陷窝（bone lacuna）**内，突起则伸到骨陷窝四周呈辐射状的**骨小管（bone canaliculi）**中，相邻的骨陷窝借细长的骨小管彼此通连。电镜下，骨细胞胞质内有少量溶酶体、线粒体和粗面内质网，高尔基复合体也不发达，表明骨细胞已不分泌或很少分泌类骨质。

（4）破骨细胞　**破骨细胞（osteoclast）**由多个单核细胞融合而成，因此是一种多核的巨大细胞，直径可达100 μm，可有40～50个甚至更多的细胞核。破骨细胞数量较少，多位于骨组织被吸收部位所形成的凹陷处，在贴近骨质的一侧有皱褶缘。破骨细胞具有溶解和吸收骨质的作用。

（二）长骨的结构

长骨由松质骨、密质骨、骨膜、骨髓、关节软骨、血管和神经等构成。

1. 松质骨　**松质骨（spongy bone）**主要位于长骨的骨骺深部。由大量针状或片状的骨小梁互相连接，形成类似海绵状的多孔网架。骨小梁间的腔隙内充满红骨髓。骨小梁由数层平行排列的骨板和骨细胞构成。骨小梁按承受力的作用方向有规律地排列。

2. **密质骨** **密质骨（compact bone）**主要分布于长骨骨干、扁骨和不规则骨的表面。长骨骨干的密质骨，其骨板排列很有规律，根据骨板的排列方式不同，长骨骨干的密质骨可分为以下 3 种。

猫密质骨横断面

（1）环骨板 **环骨板（circumferential lamella）**分布于骨干的外表面和内表面，分别称为外环骨板和内环骨板。外环骨板较厚，有数层至十多层不等，与长骨的表面平行排列，最外层与骨外膜相贴（图 4-4）。外环骨板由骨外膜内层的成骨细胞向骨面不断添加新骨而成。内环骨板较薄，仅有数层，沿骨髓腔平行排列，但排列不规则。骨板内面衬有一层很薄的骨内膜。

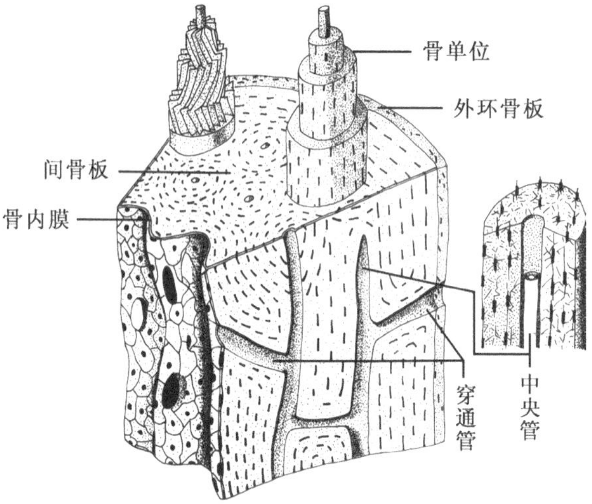

图 4-4 长骨骨干结构模式图

（2）骨单位 **骨单位（osteon）**又称**哈佛氏系统（Haversian system）**，位于内外环骨板之间，是长骨骨干的主要结构单位。骨单位的结构呈圆筒状，每个骨单位的中央有一个中央管，中央管周围为 10～20 层呈同心圆排列的长筒状骨板，骨板与骨的长轴平行排列。中央管内含有小的血管和神经。骨板间和骨板内分布有骨陷窝，内含骨细胞胞体及其突起。最内层骨板内的骨小管与中央管相通。内、外环骨板内均有横向穿行的管道，称为穿通管，此管与骨单位内的中央管走向相垂直，并相互沟通（图 4-4）。

（3）间骨板 **间骨板（interstitial lamella）**是分布于骨单位之间的一些不规则骨板，是旧的骨单位在骨重建过程中被吸收后所残留的部分。

3. **骨膜** 骨的内、外表面均覆盖着一层致密结缔组织构成的**骨膜（periost）**，分别称为骨内膜和骨外膜。**骨内膜（endosteum）**衬于骨髓腔、骨小梁、中央管和穿通管表面，主要为薄层结缔组织。其中纤维细而少，细胞和血管较多，其中含有骨原细胞等。**骨外膜（periosteum）**覆盖于骨的外表面，它又可分内、外两层：外层较厚，由致密结缔组织构成，含有较多的胶原纤维、少量的细胞和血管，有的纤维束可横向穿入外环骨板中，称为**穿通纤维（perforating fiber）**，起固定骨膜的作用。内层富含血管和细胞，其中主要是幼稚的骨原细胞。当成骨活跃时，骨原细胞能分裂分化形成成骨细胞，有利于骨的重建和生长。

4. **骨髓**　骨髓（bone marrow）充满于骨髓腔及骨骺骨小梁间的腔隙内，是一种柔软的造血组织。胚胎时期骨髓腔内全部为**红骨髓**（**red bone marrow**），执行造血机能。成年后，红骨髓主要存在于骨骺，骨髓腔内的红骨髓被脂肪组织代替，称为**黄骨髓**（**yellow bone marrow**）。黄骨髓一般情况下不再造血，但仍保持造血潜能。病理情况下，可部分或全部恢复造血功能。

三、鱼类骨组织和软骨组织的特点

鱼类的骨组织和软骨组织统称为支持组织。与哺乳动物相比，鱼类支持组织的进化程度较低，结构比较简单。

鱼类骨组织外面覆盖一层骨膜，但无内外骨膜之分。在骨膜内也分布有许多具有突起的成骨细胞，它可形成骨细胞，产生骨基质和骨胶纤维。鱼类骨组织多无内外环骨板、哈佛氏系统和骨小管等复杂结构，也没有骨髓腔和骨髓，无造血功能。

鱼类骨组织可根据其是否发生钙化而分为未钙化骨组织和钙化骨组织两类。未钙化骨组织是指一些没有钙盐沉着的软骨组织或假软骨组织。软骨组织主要是透明软骨，其中含有很多软骨细胞，细胞间质呈强嗜碱性。这种软骨仅见于鱼类骨骼发育的某些阶段。假软骨组织又称纤维性透明软骨，其中软骨细胞排列紧密，细胞基质内含有较多的胶原纤维。这种软骨常见于鱼类的触须等处。

钙化骨组织主要是指一些有钙盐沉着的类骨组织和真骨组织。在类骨组织的生长过程中，成骨细胞被坚硬的基质包埋后转变为骨细胞，随后骨细胞分解，其空隙被周围的骨质所填充。真骨组织的形成与哺乳动物类似，在鱼的生长过程中骨质一直保持着吸收和重建，但也有不同处，如鱼真骨中缺少典型的哈佛氏系统结构；还有些真骨组织中骨细胞形成后有些分布于骨质表层，从骨外表面垂直向骨质内延伸，形成结构类似于牙质的小管。

四、骨的发生

骨的发生有两种方式：**膜内成骨**（**intramembranous ossification**）与**软骨内成骨**（**endochondral ossification**）。

在胚胎时期骨最早由间充质发生。骨的发育经历不断生长与改建的复杂演变，主要表现为骨组织形成与骨组织分解吸收两个方面，两者相辅相成。骨组织形成首先是由骨原细胞增殖分化为成骨细胞，然后成骨细胞产生类骨质并逐渐被埋于其中，最后经钙盐沉积才形成骨组织。骨组织的吸收是由破骨细胞贴附在骨组织的吸收部位，通过释放多种水解酶等活动溶解吸收骨组织。骨发育完善后，仍保持形成与分解吸收交替进行的内部改建，一直保持到终身，但改建速度随年龄增长而逐渐缓慢。

（一）膜内成骨

颅骨的一些扁骨如额骨、顶骨等均以膜内成骨的方式骨化。胚胎发生早期，在即将形成骨的部位，间充质细胞分裂分化为骨原细胞，其中一部分骨原细胞分化为成骨细胞，成骨细胞分泌类骨质，并被包埋其中，成为骨细胞（图 4-5）；继而类骨质钙化成骨基质，形成一个**骨化中心（ossification center）**。这也是最早出现的骨组织。随后骨化中心向周围不断扩展，逐渐形成许多呈放射状排列的原始骨小梁，后者网眼内充满红骨髓，形成原始松质骨。以后骨膜内层的成骨细胞在松质骨的表面不断造骨，形成密质骨。在骨的发生和生长过程中，新形成的骨组织还要不断进行改建，从外形和内部结构方面适应机体的发育和功能的需要。

狗膜内成骨

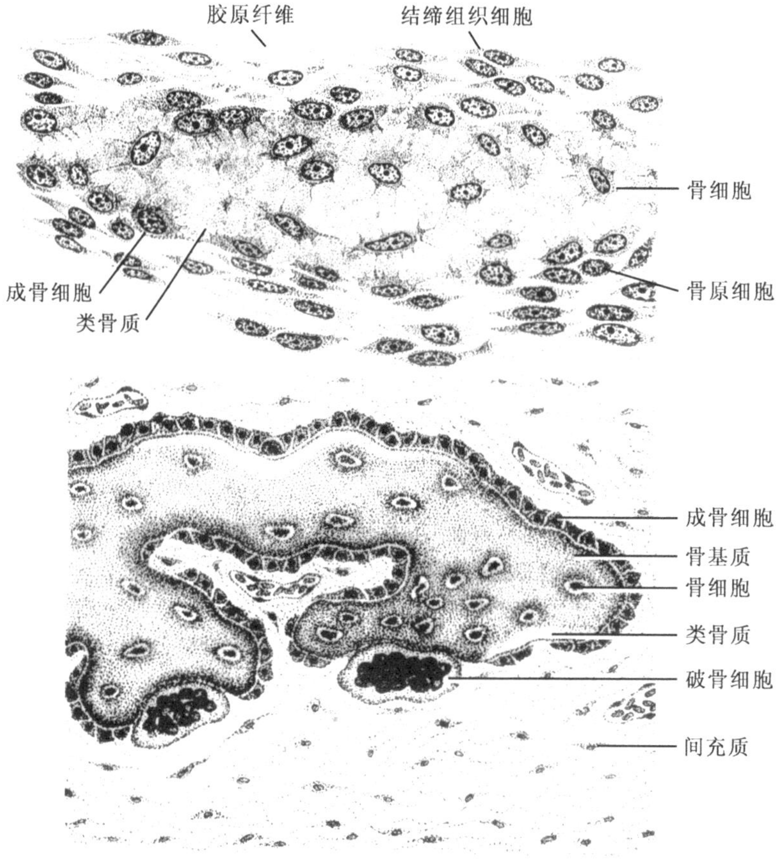

图 4-5　膜内成骨过程

上图：骨化中心，类骨质形成　下图：形成初级骨小梁

（二）软骨内成骨

胚胎时期大多数骨，如躯干骨和四肢骨主要以软骨内成骨的方式发生。在将要成骨的部位，间充质首先分化形成软骨，然后在生长过程中逐渐替换成骨。软骨内成骨方式比膜内成骨复杂，现以长骨为例说明其骨化过程。

1. 软骨雏形形成　在长骨将要发生的部位，间充质细胞聚集并分化形成骨原细胞，骨原细胞继而先后分化为成软骨细胞和软骨细胞。软骨细胞

狗软骨内成骨

分泌软骨基质，细胞自身被包埋其中，成为软骨组织。其外形与将要形成的长骨相近，故称**软骨雏形**（**cartilage model**）。周围的间充质则分化为软骨膜。

2. 软骨周骨化　软骨雏形形成后，软骨雏形中段处软骨膜内层的骨原细胞分裂并分化为成骨细胞，在软骨表面产生一圈类骨质包绕软骨，随后类骨质钙化为骨基质，形成一层犹如领圈样的骨松质，称为**骨领**（**bone collar**）。骨领表面的软骨膜也改称骨外膜。骨领不断增厚加长，从软骨中段向骨的两端延伸，逐渐形成了骨干（图 4-6）。

3. 软骨内骨化　在骨领形成的同时，被骨领包围的软骨中，其软骨细胞肥大，周围的软骨基质迅速钙化，形成骨化中心。随后软骨细胞因缺乏营养而迅速退化死亡，形成大小不等的腔隙。骨膜的血管连同骨原细胞和破骨细胞等穿通骨领进入软骨内。破骨细胞首先将钙化的软骨间质溶解吸收，形成许多与骨长轴平行的腔隙，即原始骨髓腔。骨原细胞则分化为成骨细胞，排列于残存的软骨基质表面，逐渐形成原始的骨小梁。同时，间充质细胞分化为造血组织，填充于原始骨髓腔内。这就形成了最早的骨化区域，称为**初级骨化中心**（**primary ossification center**）。随后初级骨化中心由骨干中央逐渐向两端不断扩展，原始骨髓腔也不断向两端延伸和扩大，形成一个充满红骨髓的骨髓腔。

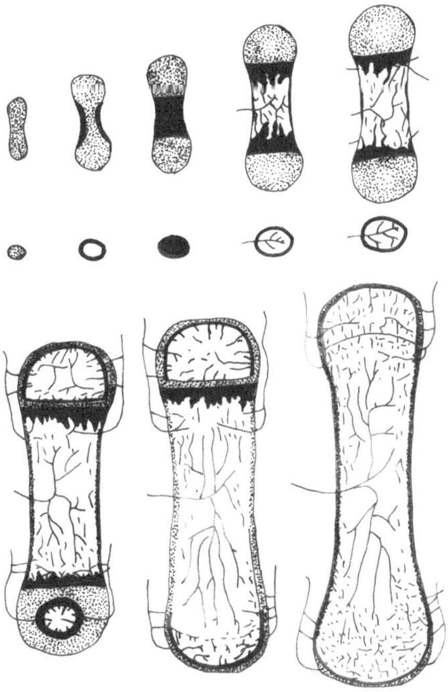

图 4-6　软骨内成骨过程示意图

在动物出生前后，长骨两端骨骺部的软骨中央部分也出现骨化中心，称为**次级骨化中心**（**secondary ossification center**）。次级骨化中心发生的过程与初级骨化中心相似，最初是软骨组织中软骨细胞肥大和基质钙化，然后是血管连同骨原细胞和破骨细胞等的入侵，最后形成大量的骨小梁和骨髓腔。但在长骨骨骺两端的关节面处，永远保留一层透明软骨，称为关节软骨。在骨骺与骨干之间也留有一层软骨，称为**骺板**（**epiphyseal plate**）。

从胚胎时期骨开始发生至出生后动物生长的一段相当长的时间内，初级骨化中心不断向两端延伸，主要是通过骨骺部的软骨细胞的增殖、肥大和基质钙化，再形成骨的连续过程，使长骨骨干增粗和增长。因此，从骨的两端至骨干中段可表现出软骨内骨化的连续过程，可依次区分为下列四个区。

（1）**软骨静止区**（**zone of resting cartilage**）　主要指位于骨骺部的软骨，此处软骨细胞较小，分散存在，均为幼稚的软骨细胞。软骨基质呈弱嗜碱性。

（2）**软骨增生区 (zone of proliferating cartilage**）　位于软骨静止区的内侧，软骨细胞较大，通过分裂形成的同源细胞群纵列成行。

（3）**软骨钙化区**（**zone of calcifying cartilage**）　位于软骨增生区的内侧，更靠近骨干

中心。此区软骨细胞更加肥大，呈空泡状，核固缩。基质内钙盐不断沉积增多，因此软骨基质呈强嗜碱性。

（4）**成骨区（zone of ossification）** 主要表现为成骨细胞造骨和破骨细胞再次吸收改建的过程。大量成层排列的成骨细胞附着于残留的软骨基质表面，形成许多骨小梁，骨小梁表面也有破骨细胞的分布，其中小梁形成的骨髓腔内已出现幼稚的血细胞。

本章内容临床拓展

软骨症即骨矿化不足，新形成的骨基质钙化障碍，是以维生素 D 缺乏导致钙磷代谢紊乱和临床以骨骼的钙化障碍为主要特征的疾病。因为组织和血液中的钙浓度必须保持恒定，钙的营养缺乏导致骨的脱钙。严重脱钙的骨骼更容易骨折。骨的脱钙还可由甲状旁腺功能亢进引起，其可使破骨细胞活性增加，骨盐溶解加速，血液 Ca^{2+} 和 PO_4^{3-} 水平升高，以及钙在肾脏和动脉壁中的异常沉积。

第五章 血 液
Chapter 5 Blood

内容概要

血液是一种液态的结缔组织，由有形成分和血浆组成。有形成分包括红细胞、白细胞和血小板。大多数哺乳动物的红细胞呈双凹圆盘状，无核。家禽和鱼类的红细胞呈椭圆形，有核。红细胞的功能是运输氧和二氧化碳。

根据细胞质内有无特殊颗粒，白细胞可分为有粒白细胞和无粒白细胞两类。有粒白细胞包括中性粒细胞、嗜酸性粒细胞和嗜碱性粒细胞。无粒白细胞包括淋巴细胞和单核细胞。中性粒细胞的核常分为三叶，胞质内含有细小的中性颗粒。中性粒细胞可以杀灭细菌，在炎症反应中发挥重要的作用。嗜酸性粒细胞的核常分为两叶，胞质内含有粗大的嗜酸性颗粒。嗜酸性粒细胞可以吞噬抗原抗体复合物，抑制过敏反应。嗜碱性粒细胞的核呈S形或分为两叶，胞质内含有大小不一的嗜碱性颗粒。嗜碱性粒细胞具有抗凝血和参与过敏反应的作用。淋巴细胞可分为大、中、小三类。小淋巴细胞的核圆形、深染，胞质很少，呈蔚蓝色。淋巴细胞在免疫反应中发挥重要的作用。单核细胞的核多呈马蹄形或肾形，胞质较多，呈灰蓝色。单核细胞穿过毛细血管游走到结缔组织中分化为巨噬细胞。哺乳动物的血小板呈双凸圆盘形，没有细胞核，是骨髓巨核细胞脱落下来的细胞质碎片。家禽和鱼类的凝血细胞（血栓细胞）呈椭圆形或纺锤形，含有细胞核。血小板（凝血细胞、血栓细胞）的主要功能是参与止血和凝血。

血液（blood）是动物体内具有一定黏性的液态结缔组织，循环流动在心血管系统内，占哺乳动物成年体重的7%～8%。血液由血细胞（有形成分）和血浆（细胞间质）构成，血细胞悬浮在血浆中（表5-1）。在采取的血液中加入抗凝剂（肝素或柠檬酸钠），血液可分为三层，上层淡黄色的液体是血浆，下层猩红色的是红细胞，中间为薄层灰白色的白细胞和血小板。

血浆（plasma）呈透明状，具有一定的黏滞性和渗透压。血浆占血液容积的45%～65%，其中水约占90%，其余为血浆蛋白（白蛋白、球蛋白、纤维蛋白原）、脂蛋白、脂滴、无机盐、酶类、激素、维生素以及各种代谢产物。血液流出血管后，溶解状态的纤维蛋白原转变为不溶解状态的纤维蛋白，血液凝固成块，凝血块周围析出淡黄色清亮液体，称为**血清（serum）**。血清中含有除凝血因子和纤维蛋白原外所有的血浆成分。在正常生理情况下，血浆的物理特性和化学成分相对稳定，具有保持机体内环境稳定的功能。

血细胞占血液容积的35%～55%，包括红细胞、白细胞和血小板，在正常生理状态下，血细胞具有一定的形态结构和相对稳定的数量。血细胞形态、数量、比例和血红蛋白含量的测定，称为血常规检查，患病时它们可发生显著变化。血液学检查对了解机体状况、临床诊断疾病、判断疾病预后和制定疾病治疗方案等，都具有重要的意义。

血液的功能：①运输作用，通过血液循环，把氧、营养物质和激素运输到相应的组织细胞，供各组织细胞利用，并把机体产生的代谢产物运输到肺、肾和皮肤等处排出体外；②防御免疫，血液中的白细胞具有一定的防御功能；③参与调节机体体温和渗透压，维持组织细胞生理活动所需要的适宜环境。

表 5-1　血液的组成

- 血液
  - 血浆（纤维蛋白原、凝血酶原和血清）
  - 血细胞
    - 红细胞
    - 白细胞
      - 有粒白细胞
        - 中性粒细胞
        - 嗜酸性粒细胞
        - 嗜碱性粒细胞
      - 无粒白细胞
        - 淋巴细胞
        - 单核细胞
    - 血小板

一、血细胞

血细胞包括红细胞、白细胞和血小板。应用血液涂片染色（瑞氏或姬姆萨）可观察血细胞的形态和比例。

（一）红细胞

红细胞（erythrocyte，red blood cell，RBC）是血液中数量最多的细胞，直径 7～9 μm。大多数哺乳动物成熟的红细胞表面光滑，没有细胞核和细胞器，呈两面凹的圆盘状，中央较薄（1.0 μm），周边较厚（2.0 μm），故在血涂片标本中呈现中央染色浅，周缘染色深，扫描电镜观察可清楚地显示红细胞的这一特点（图 5-1）。红细胞的这种形态使之具有较大的表面积，比同体积球形结构增大 25%，以适应其运输气体的功能。骆驼和鹿的红细胞为椭圆形，也无细胞核和细胞器。新鲜单个的红细胞为黄绿色，大量红细胞聚集在一起使血液呈猩红色。多个红细胞常叠在一起呈串钱状，称为红细胞缗线，在马和猫的血涂片上常见，反刍动物中则少见。

成熟红细胞的细胞质内充满含铁**血红蛋白（hemoglobin，Hb）**，约占红细胞重量的 33%，易与酸性染料结合染成橘红色。血红蛋白具有结合与运输 O_2 和 CO_2 的能力，但更易与 CO 结合并难以分离，故在 CO 的环境中容易中毒。红细胞的数量和血红蛋白的含量可有生理性的改变，如婴儿高于成年人，运动时多于安静时，高原地区居民的含量大都高于平原地区居民。当红细胞数量或血红蛋白含量低于正常值时则发生**贫血（anemia）**。

红细胞有一定的弹性和可塑性。当红细胞穿过直径较小的毛细血管时可做变形运动，这是因为红细胞膜骨架能够变形。红细胞正常形态的维持需要 ATP 供给能量，一旦缺乏 ATP，则细胞膜结构发生改变，红细胞的形态也随之变为棘球状，这种形态的改变一般是可逆的。电镜下，可见红细胞的细胞膜为典型的单位膜。细胞膜上含有血型抗原，如人类的 ABO 抗原。

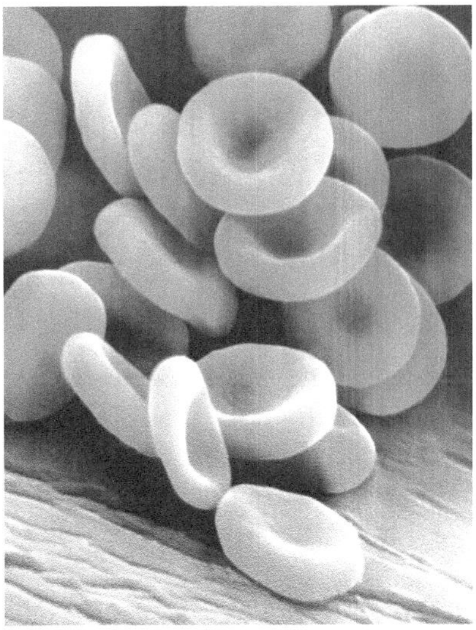

图 5-1 红细胞（扫描电镜）

摘自 Harvey Lodish et al. 主编 *Molecular Cell Biology*

红细胞的渗透压与血浆相等。当血浆渗透压降低或把红细胞置于低渗溶液中，过量的水进入红细胞，细胞膨胀成球形，当进入的水分超过临界值时，红细胞破裂，血红蛋白逸出，称为**溶血（hemolysis）**，如脂溶剂、蛇毒、溶血性细菌等均可引起溶血；溶血后残留的红细胞膜囊称为**血影（ghost）**。反之，将红细胞置于高渗溶液环境中，红细胞内的水分析出过多，使红细胞皱缩。

外周血中除大量成熟的红细胞外，还有少量未完全成熟的红细胞，称为**网织红细胞（reticulocytes）**。网织红细胞的直径略大于成熟红细胞，在一般瑞氏（Wright）染色的血涂片上，不能区分网织红细胞。煌焦油蓝活体染色，可见其细胞质内有蓝色细网或颗粒状结构，是细胞内残留的核糖体，具有合成血红蛋白的能力。网织红细胞进入外周血 1～3 天后，核糖体等细胞器消失。网织红细胞计数有一定的临床意义，是某些血液病诊断、疗效判断和预后的指标之一。健康牛、马、羊的血液中无网织红细胞，狗和猫的血液中有 0.5%～1% 的网织红细胞，猪约有 2%。

红细胞的平均寿命为 120 天，衰老的红细胞在肝、脾和骨髓等处被巨噬细胞吞噬掉。

（二）白细胞

白细胞（leukocytes，white blood cell，WBC）是具有细胞核和细胞器的球形细胞，在生活状态下是无色的，故称之为白细胞。白细胞的体积比红细胞大，但数量少。白细胞能做变形运动，穿过血管壁到达相应的组织中实现其机体防御和免疫的生理功能。血液中白细胞的数量受各种生理因素的影响，如运动、饮食等。在疾病状态下，白细胞的总数和各种白细胞的比例可发生改变。各种畜禽白细胞总数及分类百分比略有不同。

绵羊中性粒细胞

1. 中性粒细胞　中性粒细胞（neutrophilic granulocyte，neutrophil）占白细胞总数的比例较高，平均约占 45%，因动物不同有所区别。细胞呈球形，直径 7～15 μm。胞核呈杆状或分叶状，叶间有核丝相连，一般 2～5 叶，以 3 叶多见，核染色较深（图 5-2）。核分叶数目与细胞年龄有关，幼稚的细胞胞核呈杆状，衰老的细胞胞核分叶数目较多。在某些疾病情况下，临床血涂片检查可见杆状核中性粒细胞增多，称为核左移，常出现在机体严重的细菌感染时；4～5 叶核的细胞较多，称为核右移，常出现在骨髓造血功能低下时。反刍动物中性粒细胞的核分叶清楚，核叶之间细丝明显；猪、马、猫的核缢缩不完全；狗的核不分叶。中性粒细胞的胞质内含有很多细小而分布均匀的颗粒，染成淡紫色或淡红色。电镜下，有包被膜的颗粒分为特殊颗粒和嗜天青颗粒两种。特殊颗粒数量多，体积小，约占颗粒总数的 80%，内含碱性磷酸酶、吞噬素、溶菌酶等，吞噬素具有杀菌作用，溶菌酶能溶解细胞表面的糖蛋白；嗜天青颗粒数量较少，体积大，约占颗粒总数的 20%，光镜下着色深，它是一种溶酶体，含有酸性磷酸酶和过氧化物酶，能消化分解吞噬的异物。

猪中性粒细胞

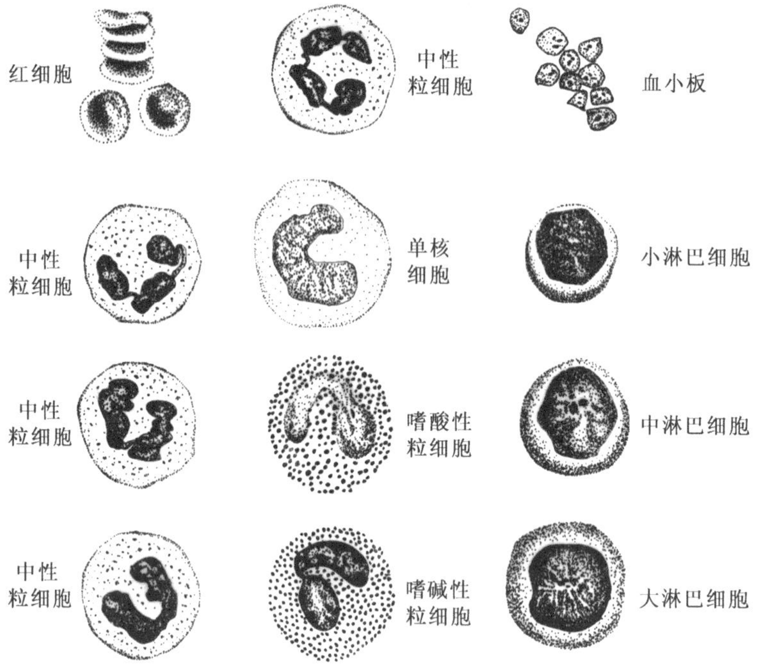

图 5-2　各种血细胞示意图

中性粒细胞能做变形运动，并有很强的吞噬能力。在外周血中停留时间很短，一般为 6～7 h，通过变形运动穿过毛细血管壁进入结缔组织中，在组织中存活 1～3 天。当机体某些部位受病菌侵犯时，细菌产物、受损坏死组织可释放某些化学物质（趋化因子）吸引中性粒细胞穿出血管，聚集于病变部位，吞噬病菌和异物并进行消化、分解。因此，机体受某些细菌感染时，中性粒细胞的比例显著增高，对机体的保护防御具有重要作用。中性粒细胞在执行防御活动中，吞噬细菌后本身也会变性坏死成为脓细胞。

2. 嗜酸性粒细胞　嗜酸性粒细胞（**eosinophilic granulocyte，eosinophil**）占白细胞总数的 0.5%～3%，呈球形，直径 10～20 μm，胞核常分为 2 叶。胞质内充满粗大的略带折光性的颗粒，染成橘红色（图 5-2）。电镜下，颗粒多呈椭圆形，有膜包裹，内含颗粒状基质和方形或长方形结晶体。颗粒也是一种溶酶体，内含酸性磷酸酶、组胺酶和过氧化物酶等。不同动物的颗粒差别较大，猪的呈球形，暗红色；马属动物的颗粒粗大而密集；反刍动物的颗粒小，呈橘红色；猫的颗粒多，呈棒状；狗的颗粒很少，色泽与红细胞颜色相近。

猪嗜酸性粒细胞

嗜酸性粒细胞能做变形运动，具有趋化性。它能吞噬抗原抗体复合物，释放组胺酶灭活组胺，从而减轻过敏反应；还能借助抗体与某些寄生虫结合，释放颗粒内物质杀灭寄生虫。因此，嗜酸性粒细胞具有抗过敏和抗寄生虫的作用。在过敏性疾病或寄生虫感染时，血液中的嗜酸性粒细胞数量增多。嗜酸性粒细胞在血液中一般仅停留数小时，进入组织后可存活8～12天。

3. 嗜碱性粒细胞　嗜碱性粒细胞（basophilic granulocyte，basophil）在血液中含量最少，占白细胞总数的0～1%，球形，直径10～12 μm，胞核分叶或S形或不规则形，着色较浅，轮廓不清晰（图5-2）。胞质内含嗜碱性颗粒，大小不等，分布不均，染成蓝紫色，常覆盖在细胞核上。电镜下，膜被颗粒中充满细小微粒，均匀分布，有些颗粒内可见板层状或指纹状结构。嗜碱性颗粒中含有肝素、组胺和白三烯，这些物质可使平滑肌收缩、小血管通透性增高，其主要作用是参与变态反应和防止凝血。颗粒具有异染性，甲苯胺蓝染色呈紫红色。嗜碱性粒细胞在组织中可存活12～15天。

嗜碱性粒细胞（电镜）

4. 单核细胞　单核细胞（monocyte）占白细胞总数的3%～8%，是体积最大的白细胞，直径为10～20 μm，呈圆形或椭圆形（图5-2）。胞核呈卵圆形、肾形、马蹄形或不规则形，染色质颗粒细而疏松，故染色淡。胞质较多，呈弱嗜碱性，含有许多细小的嗜天青颗粒，故染成深浅不一的灰蓝色。颗粒内含有过氧化物酶、酸性磷酸酶、非特异性酯酶和溶菌酶，可作为与淋巴细胞的鉴别点。电镜下，细胞表面有皱褶和微绒毛，胞质内含有许多吞噬泡、线粒体和粗面内质网。

单核细胞能做活跃的变形运动，并有趋化性和一定的吞噬能力。它是巨噬细胞的前身，在血液中停留1～2天后，进入组织中分化为巨噬细胞。单核细胞参与机体的免疫反应，但功能不及巨噬细胞强。

猪单核细胞

5. 淋巴细胞　淋巴细胞（lymphocyte）约占白细胞总数的50%，呈球形，大小不等。按其体积大小分为大、中、小三类（图5-2）。大淋巴细胞直径为13～20 μm，中淋巴细胞直径为9～12 μm。大淋巴细胞和中淋巴细胞的胞核椭圆形，染色质较疏松，染色浅；胞质较多，可见少量的嗜天青颗粒。大淋巴细胞分布在骨髓、脾和淋巴结等部位。小淋巴细胞的直径为5～8 μm。血液中小淋巴细胞的数量最多，胞核呈圆形，一侧常有凹陷，染色质致密呈块状，染色深；胞质很少，在核周呈一窄带，染成蔚蓝色，含有少量嗜天青颗粒。

猪中淋巴细胞

淋巴细胞参与机体各部的免疫反应。根据淋巴细胞发生的部位、表面特征和功能的不同，分为4类：B淋巴细胞、T淋巴细胞、K细胞和NK细胞（详见第十章免疫系统）。T淋巴细胞产生于胸腺，又叫**胸腺依赖淋巴细胞（thymus dependent**

lymphocyte），占外周血淋巴细胞总数的 75%，参与细胞免疫，并具有调节免疫应答的作用。B 淋巴细胞产生于骨髓（哺乳类）或腔上囊（鸟类），又叫**骨髓依赖淋巴细胞（bone marrow dependent lymphocyte）**或**囊依赖淋巴细胞（bursa dependent lymphocyte）**，占外周血淋巴细胞总数的 10%～15%，受抗原刺激后增殖分化为浆细胞，产生抗体参加体液免疫。**自然杀伤淋巴细胞（natural killer cell）**，简称 NK 细胞，产生于骨髓，不需抗原的刺激和抗体的存在即能杀伤某些肿瘤细胞。K 细胞为**杀伤细胞（killer cell）**，借助于抗体杀死与抗体对应的抗原细胞。近年来认为，K 细胞和 NK 细胞可合并为一类，统称为 NK 细胞。

（三）血小板

血小板（blood platelet）是**骨髓巨核细胞（megakaryocyte）**脱落下来的细胞质碎片，没有细胞核，有细胞器，呈双凸圆盘形。在血涂片上，血小板呈多角形，形态不规则，聚集成群（图 5-2）。光镜下，血小板中央有密集的紫色颗粒，称为**颗粒区（granulomere）**；周围部胞质透明，称为**透明区（hyalomere）**，弱嗜碱性，染成淡蓝色。电镜下，血小板表面有较厚的糖衣。血小板有两套小管系统：一套是与血小板表面相连的开放小管系，血浆能够进入小管，增加血小板与血浆的接触面积，利于物质的摄取和颗粒内容物的释放；另一套是分布在周边的致密小管系，能够收集 Ca^{2+} 和合成前列腺素。

血小板参与止血和凝血，还有保护血管内皮、参与内皮修复、防止动脉粥样硬化等作用。

血小板（电镜）

（四）家禽血细胞的特点

家禽的血细胞包括红细胞、白细胞和凝血细胞，与哺乳动物的血细胞比较，具有以下结构特点（图 5-3）。

1. 红细胞　家禽的红细胞比哺乳动物的体积大，呈椭圆形，平均长径为 12.5 μm，横径约 7 μm。细胞核椭圆形，染色质呈颗粒状。细胞质中含有大量的血红蛋白。禽类红细胞的寿命为 30～40 天。

鸡血细胞

2. 异嗜性粒细胞　家禽的**异嗜性粒细胞（heterophil）**相当于哺乳动物的中性粒细胞。球形，直径 8～10 μm。核多见 3～5 个分叶。胞质内含有杆状或纺锤形颗粒，鸭为圆形颗粒，染成暗红色。

3. 凝血细胞　**凝血细胞（thrombocyte）**呈椭圆形，长径 8～10 μm，横径 5～6 μm。细胞核圆形或椭圆形，位于细胞的中央。细胞质嗜碱性，染成淡蓝色。在血涂片中常成群聚集在一起。这种细胞的功能类似于哺乳动物的血小板，参与止血和凝血。

（五）鱼类血细胞的特点

鱼类的血液含量较少，占体重的 1.6%～5.2%。同其他动物一样，鱼类的血液也由血细胞和血浆组成，血细胞可分为红细胞、白细胞和血栓细胞，

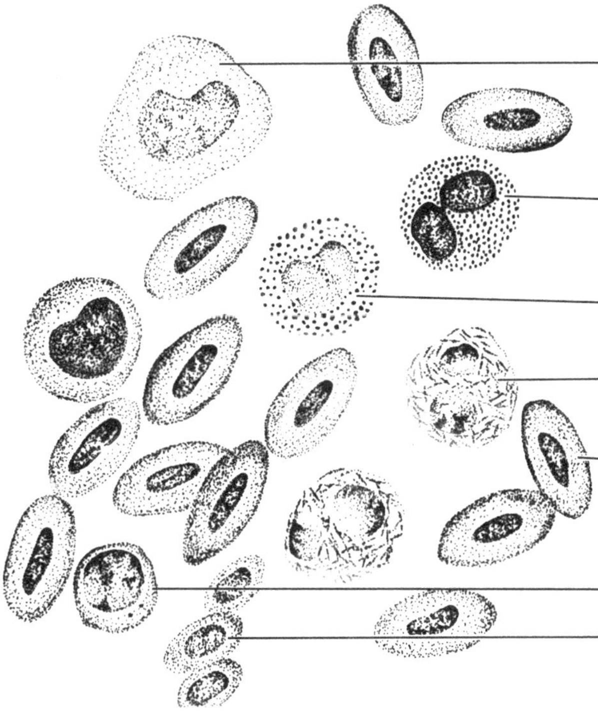

图 5-3 家禽血细胞示意图

在不同的鱼类,血细胞的数量变化较大。经瑞氏或姬姆萨染色后,根据胞质内是否含有颗粒,鱼类的白细胞也可分成有粒白细胞和无粒白细胞。有粒白细胞也分为嗜酸性粒细胞、嗜碱性粒细胞和中性粒细胞,无粒白细胞包括淋巴细胞和单核细胞(图 5-4)。鱼类的血细胞具有以下结构特点。

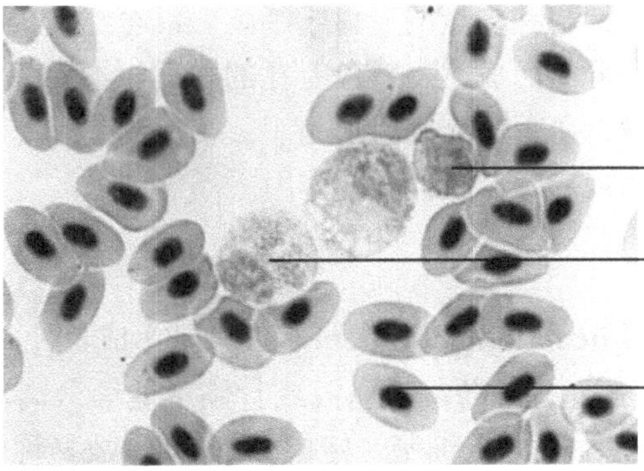

图 5-4 鱼类血细胞

1. **红细胞** 为扁椭圆形,有一个较大的细胞核,位于细胞的中央。红细胞的数量和大小因鱼的种类不同而有区别。与哺乳动物不同,鱼类的红细胞具有分裂增殖能力,在血液中可进行无丝分裂和有丝分裂。

2. 中性粒细胞 呈圆形或椭圆形。胞核偏于细胞一侧，形状不规则，为肾形、带状或分叶状。

3. 嗜酸性粒细胞 数量较少，呈圆形。胞核为长椭圆形、肾形或分成 2 叶或弯曲，常偏于细胞的一侧。细胞质中的颗粒有粗、细之分，可分为粗颗粒嗜酸性粒细胞和细颗粒嗜酸性粒细胞。

4. 嗜碱性粒细胞 有些鱼类没有。细胞呈圆形，胞核偏于细胞一侧，呈扁圆形或有凹陷。

5. 血栓细胞 血栓细胞（thrombocyte）呈纺锤形或圆形，体积略大于红细胞的细胞核。胞核为椭圆形，染色质浓密，着色深。在核的周围有很薄的一层细胞质。纺锤形血栓细胞的细胞质集中在细胞核的两端，几乎看不出细胞质，像是一个裸露的细胞核。

二、血细胞的发生

各种血细胞的寿命都是有限的，每天都有一定数量的血细胞衰老死亡，同时又有一定数量的血细胞生成，在机体精细调控下，使得周围血中各种血细胞的数量和比例保持相对的恒定。在胚胎时期，卵黄囊、肝脏、脾脏、和骨髓都是造血器官，出生后红骨髓成为主要的造血器官。

（一）骨髓的结构

骨髓（bone marrow）位于骨髓腔中，是体内最大的造血器官，分为红骨髓和黄骨髓。幼龄时期动物的骨髓都是红骨髓，具有活跃的造血功能，随着年龄的增长，逐渐被黄骨髓取代。成年动物，红骨髓只分布在长骨的骺端、扁骨和不规则的松质骨中，骨干内骨髓为黄骨髓。红骨髓主要由造血组织和血窦构成。

造血组织（hematopoietic tissue）由网状组织和造血细胞构成，在网状组织构成支架的网孔中充满不同发育阶段的血细胞和少量的造血干细胞、巨噬细胞、脂肪细胞以及间充质细胞等。血窦由动脉毛细血管分支而成，窦壁由有孔的内皮、不完整的基膜和周细胞构成，有利于成熟血细胞进入血液，血窦中充满造血组织。窦壁周围和窦腔内的巨噬细胞具有吞噬消除血液中异物、细菌和衰老死亡血细胞的作用。

（二）造血干细胞

造血干细胞（hematopoietic stem cells）是生成各种血细胞的始祖细胞，起源于胚胎期的卵黄囊血岛。从血液或骨髓中能够分离出来，在一定环境条件下分化形成各系造血祖细胞（定向干细胞），故又称多能干细胞。其基本特征是具有自我维持和自我更新的能力。干细胞通过不对称性的有丝分裂，不断产生大量干细胞，补充和维持外周血细胞。造血干细胞从胚胎卵黄囊全能间叶细胞分化而来，主要存在于骨髓，在人类约占成年人骨髓细胞的 0.05%。

造血干细胞的形态至今尚不清楚。造血干细胞的应用主要包括造血干细胞移植和作为基因治疗的靶细胞。造血干细胞移植可用于治疗各种恶性血液病、肿瘤、遗传性疾病、重度放射病及重症联合免疫缺陷等。

本章内容临床拓展

白血病（leukemia）是造血系统的一种非实质性的恶性肿瘤，俗称“血癌”，是由于造血细胞增殖分化异常而引起的恶性增殖性疾病。其特征是骨髓、淋巴结等造血系统中一种或多种血细胞成分发生恶性增殖，并浸润体内各组织器官，导致正常造血组织细胞受抑制，产生各种症状。急性粒细胞白血病及急性淋巴细胞白血病均为造血干细胞移植的适应症。

第六章　肌肉组织

Chapter 6　Muscle Tissue

内容概要

肌肉组织由具有收缩功能的肌细胞组成。肌细胞细而长，呈纤维状，故又称肌纤维。根据结构和功能特点，肌肉组织可分为三类：骨骼肌、心肌、平滑肌。骨骼肌由大量呈圆筒状的横纹明显的肌纤维组成，肌纤维周边含有大量的细胞核。肌纤维的胞质内充满大量平行排列成束的肌原纤维，肌原纤维由粗细、长短和化学组成不同的细肌丝和粗肌丝构成。细肌丝由肌动蛋白、原肌球蛋白和肌钙蛋白组成，粗肌丝由肌球蛋白组成。肌纤维中最小的收缩单位是肌节，它是两条相邻Z线之间的一段肌原纤维。骨骼肌纤维中的滑面内质网特化，在每条肌原纤维周围形成一个互相吻合的肌质网。心肌由细长分支的肌纤维组成，细胞核位于中间，与骨骼肌相似也具有横纹。平滑肌由长梭形的肌纤维组成，没有横纹。平滑肌纤维只有一个位于中央的细胞核。

肌肉收缩的机制是肌丝滑动学说：细肌丝向粗肌丝A带的方向滑动，肌节变短。

肌肉组织（muscle tissue）由有收缩能力的肌细胞构成。肌细胞间有少量结缔组织、血管、淋巴管及神经等。肌细胞细而长，呈纤维状，故又称**肌纤维（myofiber）**；其细胞膜称为**肌膜（sarcolemma）**，细胞质称为**肌质（sarcoplasm）**，其中的滑面内质网称为**肌质网（sarcoplasmic reticulum）**。

根据结构和功能的特点，将肌肉组织分为三类：骨骼肌、心肌、平滑肌。前两种的肌纤维上都有明暗相间的横纹，故又称**横纹肌（striated muscle）**；平滑肌因无横纹而得名。

骨骼肌除少数外，都通过肌腱附着在骨骼上，其收缩有力，受意志支配，又称随意肌。心肌存在于心脏。平滑肌存在于内脏及血管壁，收缩缓慢而持久，不易疲劳。心肌和平滑肌的收缩不受意志支配，又称不随意肌。

一、骨骼肌

骨骼肌（skeletal muscle）一般附着在骨骼上，但也有不附着在骨骼上的，如表情肌（皮肌）、食管壁的横纹肌。

（一）骨骼肌纤维的光镜结构

骨骼肌纤维一般呈细长圆柱形，直径为10～100 μm，长度不等，一般为 1～40 mm，长者可达 10 cm，两端钝圆，与肌腱纤维相连接，除舌肌等少数肌纤维外，骨骼肌纤维极少有分支。

骨骼肌纤维是一种多核细胞，核的数量随肌纤维的长短而异，短者核少，长者细胞核数量可达 100～200 个，位于细胞周围肌膜下方（图 6-1）。核呈卵圆形，染色较淡，核仁清楚。

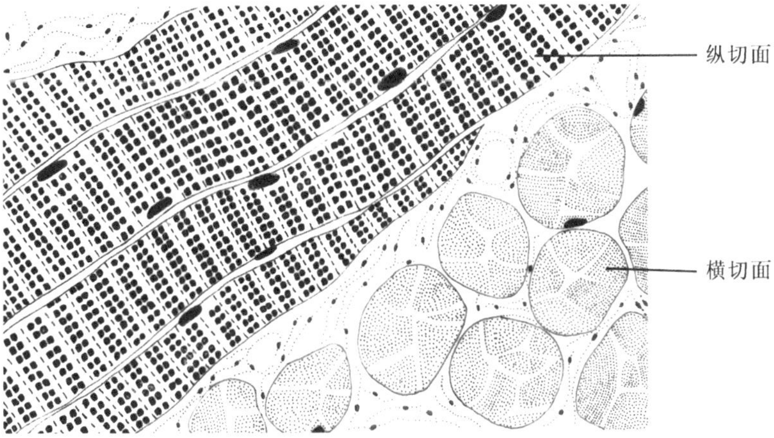

图 6-1　骨骼肌

骨骼肌

在骨骼肌纤维的肌质内有大量与细胞长轴平行排列的**肌原纤维**（**myofibril**）。肌原纤维呈细丝状，直径 1～2 μm。光镜下，每条肌原纤维由许多明暗相间的带所组成，所有肌原纤维上的明带和暗带都整齐地排列在同一平面上，故使纵切的肌纤维呈现明、暗相间的横纹，而在横切面上的肌原纤维呈点状。**明带**（**light band**）在偏光显微镜下呈单折光，为**各向同性**（**isotropic**），故又称 I 带，长约 0.8 μm，着色浅。在明带中央可见一条暗线，实际是一薄膜，称为 **Z 线或 Z 膜**（**Z line or Z membrane**）。**暗带**（**dark band**）在偏光显微镜下呈双折光，为**各向异性**（**anisotropic**），故又称 A 带，长约 1.6 μm。暗带中央有一较明的窄带，称为 H 带，H 带的中央仍有一条深色的暗线，实际仍是一薄膜，称为 M 线或 M 膜。相邻两个 Z 膜之间的一段肌原纤维称为一个**肌节**（**sarcomere**），所以每个肌节包括有 1/2 明带 + 暗带 +1/2 明带，肌节的长度为 2～3 μm。一个肌原纤维可由几百个肌节所组成，肌节是肌纤维结构和功能的基本单位。肌节的长度，随肌纤维的收缩或舒张而改变。

（二）骨骼肌纤维的电镜结构

骨骼肌纤维的肌质丰富，其中除含有大量肌原纤维外，还含有**肌红蛋白**（**myoglobin**）、横小管、肌质网、大量的线粒体、糖原颗粒和少量脂滴。肌红蛋白的分子结构近似血红蛋白，能与氧结合，起到储存氧的作用。肌红蛋白与线粒体、糖原颗粒和脂滴共同构成肌纤维收缩的供能系统。

1. 肌原纤维　电镜下，肌原纤维由粗、细两种肌丝构成，两种肌丝沿肌纤维长轴并按规则的空间布局互相穿插平行排列。粗肌丝位于肌节的中部，贯穿 A 带全长，中间有

M 膜起固定作用，两端游离。细肌丝的一端附着在 Z 膜上，另一端伸到粗肌丝之间，达 H 带的外缘。所以明带只含细肌丝，H 带只含粗肌丝，H 带以外的暗带部分由粗、细两种肌丝组成。在横断面上，可见一根粗肌丝的周围排列有 6 根细肌丝，而细肌丝则位于 3 根粗肌丝的中央（图 6-2）。

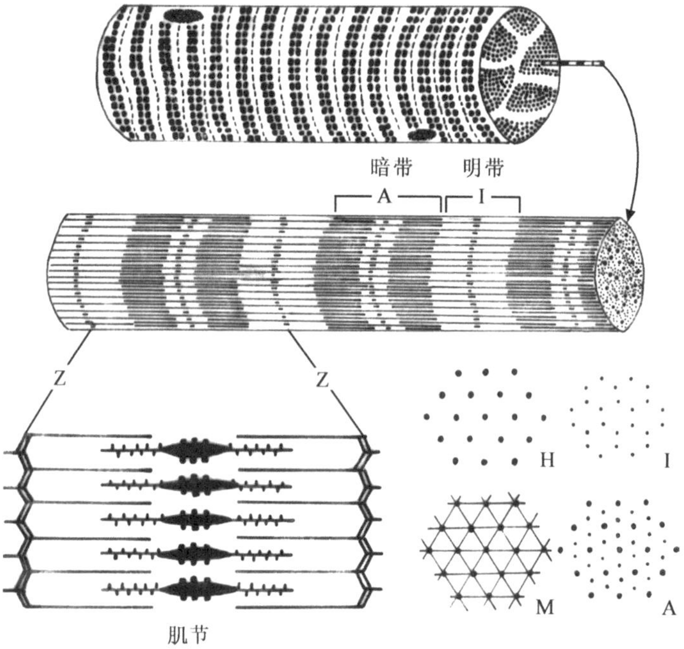

图 6-2　骨骼肌纤维连续放大示意图

（1）粗肌丝　**粗肌丝（thick myofilament）**直径约 10 nm，长约 2 μm，由 250～360 个**肌球蛋白（myosin）**分子集合而成。肌球蛋白分子形似豆芽，由两个球状的头部和杆状的尾部组成，两个肌球蛋白分子尾对尾地向相反方向排列，即尾部在粗肌丝中央，头部在两侧，再平行聚合成束，这样组成一条粗肌丝（图 6-3）。肌球蛋白分子的杆端都是向着 M 膜的，并以一定距离相错开，而头部都朝向粗肌丝的两端并露于表面，称为**横桥（cross bridge）**。因在粗肌丝的中段没有肌球蛋白分子头部，故表面是光滑的。肌球蛋白分子头部具有 ATP 酶活性，能结合 ATP，并有与肌动蛋白相结合的位点。在肌纤维舒张状态时，ATP 酶无活性。

（2）细肌丝　**细肌丝（thin myofilament）**直径 5～7 nm，长约 1 μm，由三种蛋白组成，即**肌动蛋白（actin）**、**原肌球蛋白（tropomyosin）**和**肌钙蛋白（troponin）**。

肌动蛋白分子比肌球蛋白分子小，由球形肌动蛋白单体互相连接，形成有极性的肌动蛋白链。两条肌动蛋白链呈螺旋状相互绞合在一起，形成纤维型肌动蛋白，构成细肌丝的主要部分（图 6-3）。在每一球形肌动蛋白单体上，也有一个能与肌球蛋白互相结合的位点。

原肌球蛋白分子细长呈丝状，是由两个多肽链相互缠绕而形成的双股螺旋状分子，长约 40 nm，也有极性。原肌球蛋白首尾相连形成长丝状，位于肌动蛋白的两股螺旋链所形成的浅沟附近。一个原肌球蛋白分子缠在 7 个球形肌动蛋白分子的表面。

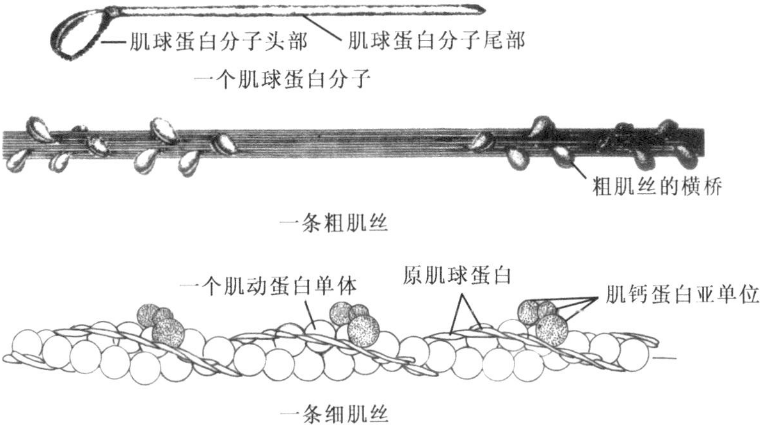

图 6-3　粗肌丝、细肌丝分子结构模式图

一个原肌球蛋白分子丝上附有一个肌钙蛋白分子，肌钙蛋白由三个球状亚单位构成：①肌钙蛋白 C 亚单位（TnC），是 Ca^{2+} 受体蛋白，能与 Ca^{2+} 相结合；②肌钙蛋白 T 亚单位（TnT），是与原肌球蛋白相结合的亚单位，在舒张状态下，可将肌球蛋白头部的位点与肌动蛋白分子上的位点相隔开；③肌钙蛋白 I 亚单位（TnI），是能抑制肌动蛋白与肌球蛋白相结合的亚单位。

2. 横小管　横小管（transverse tubule） 又称 T 小管，是肌膜以垂直于肌纤维长轴的方向陷入细胞内而形成的小管，横小管位于 A 带和 I 带交界处（图 6-4）。在同一平面上，横小管分支吻合成网，并环绕在每条肌原纤维的表面，在肌膜表面有许多开口。来自神经末梢运动终板的神经冲动，通过横小管传入肌细胞内，引起肌纤维收缩。

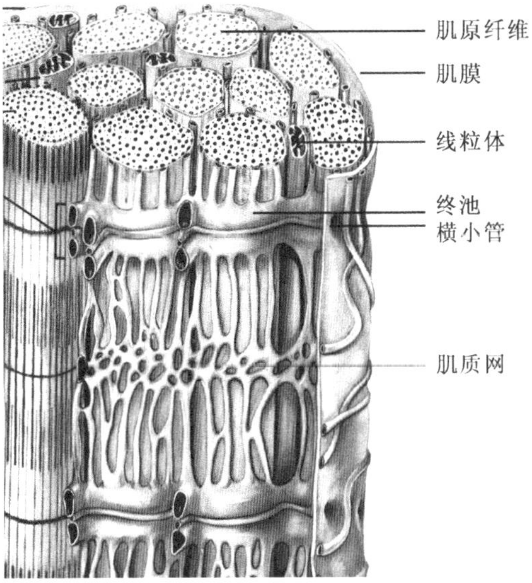

图 6-4　哺乳动物骨骼肌纤维超微结构模式图

3. 肌质网　即肌纤维内的滑面内质网，在相邻两个横小管之间形成互相通连的小管网，包绕在每条肌原纤维的周围，大部分走行方向与肌纤维的长轴一致，故称**纵小管（longitudinal tubule）**，简称 L 小管。纵小管末端膨大并互相通连，形成与横小管平行并紧密相贴的盲管，称为**终池（terminal cisternae）**。横小管和两侧的终池，共同形成**三联体（triad）**。肌质网膜上的镶嵌蛋白质，有 80% 为**钙泵（calcium pump）**，实质上是一种 ATP 酶，可将肌质内的 Ca^{2+} 泵入肌质网腔中，Ca^{2+} 与膜上另一种蛋白颗粒**隐钙素（calseguestrin）**或收钙素相结合而储存起来，所以肌质网的生理功能是调节控制肌质内 Ca^{2+} 的浓度，在肌纤维收缩过程中起重要作用。

4. 线粒体　肌质内有丰富的线粒体，分布于肌膜下、细胞核附近以及肌原纤维之间。线粒体产生 ATP 为肌肉提供能量。肌质内线粒体的数量和大小体现肌纤维氧化代谢率的高低。

（三）骨骼肌纤维收缩的原理

骨骼肌收缩的机制，目前公认的是**肌丝滑动学说（sliding filament hypothesis）**。这一学说认为在神经冲动经轴突传到神经肌肉接点——运动终板后，肌纤维中的细肌丝向粗肌丝的 M 膜方向滑动，明带变窄，暗带长度不变，H 带变窄乃至消失，肌节变短，整个肌纤维变短收缩。基本过程为：①当神经冲动在运动终板传至肌膜时，肌膜去极化，冲动沿横小管传到肌原纤维表面；②在三联体处，横小管的冲动传到终池，使肌质网去极化后释放 Ca^{2+} 至肌质内（有效触发收缩周期的 Ca^{2+} 阈值约为 10^{-6} mol/L）；③ Ca^{2+} 与 TnC 结合，引起构象变化，TnC 与 TnT、TnI 结合力增强，TnI 与肌动蛋白结合力削弱，TnT 使原肌球蛋白移动到肌动蛋白双螺旋沟的深处，使球形肌动蛋白单体上的位点暴露出来，消除肌动蛋白与肌球蛋白结合的障碍；④肌球蛋白头部的位点与肌动蛋白上的位点接触；⑤在接触的瞬间，肌球蛋白分子头部的 ATP 酶被激活，分解 ATP，并放出能量，这种化学能转变成机械能，使肌球蛋白分子头向 M 膜方向移动，随之将细肌丝拉向 M 膜，肌节缩短，肌纤维收缩。

以上这种从肌膜兴奋到肌纤维收缩之间的一系列变化，称为**兴奋收缩偶联（excitation-contraction coupling）**。三联体是这种偶联的重要结构。一个冲动过去，Ca^{2+} 被收回肌质网内，TnC 与 Ca^{2+} 分离，又有另一个 ATP 分子与肌球蛋白分子头部相结合，细肌丝与粗肌丝分离并退回原位，肌节伸长，肌纤维舒张。当 ATP 不足时，肌球蛋白分子头部无 ATP 结合，则粗肌丝与细肌丝不能分离，肌原纤维一直处于收缩状态，故称肌强直。

（四）红肌与白肌的特点、分布及意义

按形态和功能的不同，骨骼肌纤维分为三型，即红肌纤维、白肌纤维和中间型肌纤维，每一块肌肉，三型纤维构成比例不同。在肌肉疾病中，肌纤维分型及其比例发生改变，对临床诊治有重要意义。

1. 红肌纤维 这类肌纤维内富有肌红蛋白、线粒体和细胞色素，故呈暗红色，其 Z 线宽，能量来源主要靠有氧氧化。红肌纤维收缩缓慢而持久，故又称慢缩纤维。

2. 白肌纤维 这类肌纤维内肌红蛋白和线粒体较少，肌原纤维较多，故呈淡红色，其 Z 线窄，能量来源主要靠无氧酵解。白肌纤维收缩快，但持续时间短，故又称快缩纤维。

3. 中间型肌纤维 这类肌纤维的结构与功能介于前两者之间。

哺乳动物的骨骼肌，多数由三种肌纤维混合组成，在不同的肌肉，三者的比例不同。四肢的肌肉，所含白肌纤维较多，适于持续地保持身体的姿势。

二、心肌

心肌存在于心脏，少量的心肌细胞存在于大静脉靠近心脏的部位。心肌可以进行节律性搏动。在心肌表面有神经末梢分布，但神经支配对心肌的节律性搏动并不起主要作用。没有神经相连的、体外培养的单个心肌细胞，也能进行节律性搏动。

（一）心肌纤维的光镜结构

心肌组织

心肌（cardiac muscle） 由心肌纤维构成，心肌纤维呈短圆柱状，直径10～20 μm，长80～150 μm，有分支并互相连接成网。每条肌纤维含有一个核，椭圆形，位于中央，偶见双核。核周肌质较丰富（图6-5）。心肌纤维彼此以末端相连，相连处称为**闰盘（intercalated disk）**。在HE染色标本中，闰盘为深染的粗线，与肌纤维长轴垂直或呈阶梯形。心肌纤维纵切面上也有明、暗相间的横纹，故也属横纹肌，但横纹没有骨骼肌清楚。

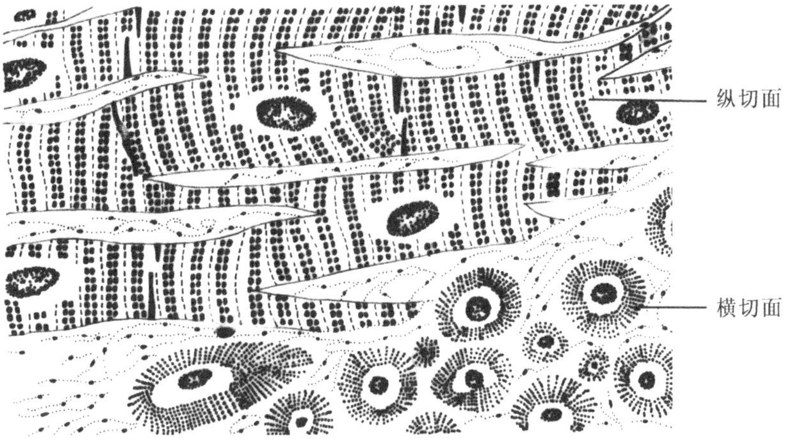

图6-5　心肌

（二）心肌纤维的电镜结构

心肌纤维的超微结构与骨骼肌相似，也有规则排列的粗肌丝和细肌丝，有明带和暗带，有Z膜并构成肌节，也有横小管和肌质网等。现仅将心肌纤维和骨骼肌纤维在超微结构上的主要不同点概述如下：

第一，在电镜下，和骨骼肌一样，心肌纤维内的肌丝束也分粗丝与细丝，呈规则排列，但因肌质丰富，肌丝束被肌质网、线粒体及横小管分隔成大小不等的肌丝区，故多认为心肌纤维内的肌丝束即相当于骨骼肌纤维内的肌原纤维。

第二，心肌的横小管夹在肌丝区之间，横小管口径较粗，存在位置相当于Z膜的部位，并和细胞膜相连续，开口于细胞表面。肌质网存在于肌丝区的侧面和两个横小管之间。纵小管不如骨骼肌发达，其末端不形成膨大的终池，常是一侧的盲端略膨大与横小管相贴形成**二联体（diad）**，极少有三联体。

第三，心肌的闰盘是心肌细胞互相连接的部位，位于Z线水平，于闰盘部位，相邻的心肌细胞各伸出许多突起，相嵌连接在一起，切面上突起呈阶梯状，增大了接触面积（图6-6）。在横位部分的连接方式是中间连接和桥粒，起牢固的结合作用；纵位部分是缝隙连接，相邻的心肌细胞间可以交换化学信息，并传递神经冲动。闰盘使心肌纤维同步舒缩成为一功能整体。

第四，心肌纤维的线粒体数量比骨骼肌的多，线粒体长且粗，嵴非常密集。线粒体主要分布在肌丝束之间，也存在于肌膜下或核的周围，纵行排列，它的长度常与肌节的长度相等。在心肌纤维内含有丰富的糖原颗粒。

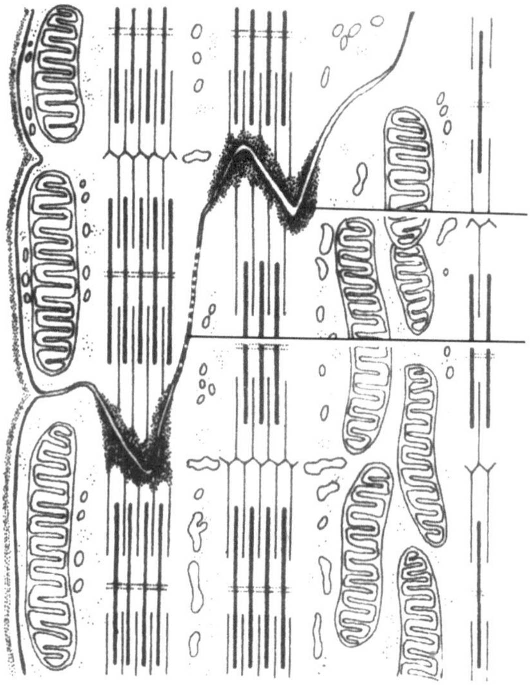

图 6-6　心肌纤维闰盘超微结构示意图

摘自王树迎，王政富主编《动物组织学与胚胎学》

（三）心肌纤维的分类

根据心肌纤维的形态结构、分布和功能可分为三类：工作心肌纤维、具有内分泌功能的心肌纤维和传导系统心肌纤维。

1. 工作心肌纤维　是指心室心房有收缩功能的普通心肌细胞，形态结构已在前面述及。

2. 传导系统心肌纤维　是心肌纤维中少量的特殊心肌纤维，形成心脏的传导系统，即窦房结、房室结和房室束。组成传导束的特殊心肌细胞有三种：起搏细胞（又称结细胞）、移行细胞和蒲肯野细胞（又称束细胞）。这些细胞的形态、分布和功能均有其特点（详见第九章循环系统的心脏部分）。

3. 具有内分泌功能的心肌纤维　心房肌纤维除有收缩功能外，还有内分泌功能。心房肌纤维内有一些特殊颗粒称为心房颗粒，颗粒内含有激素，称为**心房利钠尿多肽（atrium natriuretic polypeptide，ANP）**，又称**心钠素（cardionatrin）**，具有强大的利尿、利钠、扩张血管和降低血压的作用，因此这些心肌纤维在结构上显示出分泌肽类激素细胞的特点。

三、平滑肌

平滑肌（smooth muscle）由平滑肌纤维构成，主要分布在胃肠道、呼吸道、泌尿生殖道、血管和淋巴管的壁层。皮肤的竖毛肌、眼的瞳孔括约肌、睫状肌也是平滑肌。

（一）平滑肌纤维的光镜结构

平滑肌：中动脉中膜

平滑肌纤维一般呈长梭形，长短不一，平均长度为 200 μm，小动脉壁上的平滑肌纤维长约 20 μm，肠壁上的长 50～100 μm，而妊娠子宫壁的可长达 500 μm。最粗横径为 5～20 μm。平滑肌纤维只有一个椭圆形或长杆状的细胞核，位于肌纤维中央（图 6-7），着色较深，可见 1～2 个核仁。当平滑肌纤维收缩时，核常呈螺旋状扭曲。胞质嗜酸性，染色较深，不见横纹。平滑肌纤维的横切面，直径很小，呈圆形或不规则形。

（二）平滑肌纤维的电镜结构

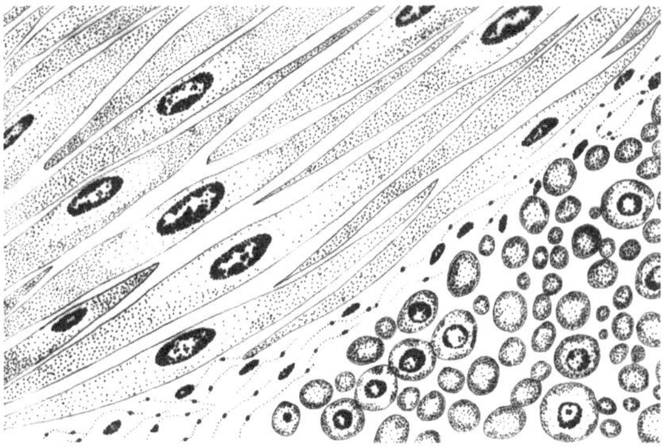

图 6-7　平滑肌

在电镜下观察，肌膜内陷形成一些小凹，可能相当于骨骼肌的横小管。在平滑肌纤维膜的内面，有许多电子密度高的区域，称为**密区（dense area）**或密斑，相当于骨骼肌纤维的 Z 膜，其上有肌丝附着。在细胞内还有电子密度高的不规则小体，称为**密体（dense body）**。从密斑到密体之间有中间丝相连，它是细胞内构成平滑肌纤维的细胞骨架（图 6-8）。平滑肌的肌质网发育较差，呈泡状或管状，存在于肌膜小凹的周围及肌丝之间。细胞核的两端、细胞膜下以及肌丝之间有球形或杆状线粒体。在细胞核的两端还有高尔基复合体、脂肪小滴、粗面内质网和游离核糖体。

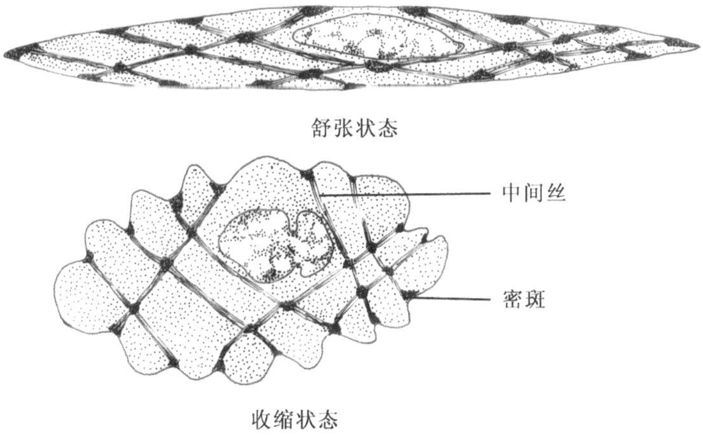

图 6-8　平滑肌纤维超微结构示意图

（三）平滑肌纤维之间的连接与排列方式

平滑肌纤维间主要以缝隙连接相结合，可使细胞互通化学信息，神经冲动也能迅速扩散，使互相连接的平滑肌纤维构成一个功能上的整体。

平滑肌纤维除单个、分散地存在于消化管固有层中或小血管壁外，大多数平滑肌纤维成束或成层构成内脏器官的壁层。在平滑肌束或层中，肌纤维多相互平行，交错排列，每条肌纤维的中部与邻近肌纤维两端的细部紧密地贴在一起。肌纤维外方有基膜，基膜外有弹性纤维和网状纤维形成的网，网内含有血管、淋巴管和神经纤维。在动脉壁和子宫壁的平滑肌，除收缩功能外，还具有产生胶原纤维、弹性纤维和基质的功能。

本章内容临床拓展

肌肉系统疾病（与免疫系统有关）包括重症肌无力和肿瘤。重症肌无力的特点是骨骼肌软弱和容易疲劳，其中的一个症状是眼睑下垂。细菌感染可导致肌肉深层的坏疽，或是小范围的单一肌肉或是整个器官坏疽。

第七章 神经组织
Chapter 7 Nervous Tissue

内容概要

神经组织由神经细胞（神经元）和神经胶质细胞组成。神经元是神经系统的结构和功能单位，具有接受刺激、传导冲动和支配调节各器官活动的作用。神经胶质细胞对神经元起支持、营养、保护和绝缘等作用。

神经元由胞体和突起构成。胞体的特征性结构是尼氏体和神经原纤维。突起包括多个树枝状的树突和一个较长的轴突。神经元按胞突数目分为假单极神经元、双极神经元和多极神经元，按功能分为感觉神经元、运动神经元和联络神经元。突触是神经元与神经元之间，或神经元与效应细胞之间的一种特化的细胞连接。突触可分为化学突触和电突触两大类。化学突触由突触前成分、突触间隙和突触后成分构成。

神经纤维由中央的轴索和包在外面的神经胶质细胞构成。根据神经胶质细胞是否形成髓鞘，可将其分为有髓神经纤维和无髓神经纤维。外周神经的有髓神经纤维的髓鞘由施万细胞形成，中枢神经的有髓神经纤维的髓鞘由少突胶质细胞形成。

神经末梢是外周神经纤维的终末部分，分感觉神经末梢和运动神经末梢两大类。感觉神经末梢包括游离神经末梢和有被囊神经末梢两类，后者又有环层小体、触觉小体和肌梭等。躯体运动神经末梢为分布到骨骼肌上的效应器，又称运动终板。

神经胶质细胞数量很多，有突起，无尼氏体和神经原纤维。在中枢神经可分为星形胶质细胞、少突胶质细胞、小胶质细胞和室管膜细胞，在外周神经有神经膜细胞和卫星细胞。

神经组织（nervous tissue）是构成神经系统各器官的主要成分，分布广泛，联系、调节和支配全身各器官系统的功能活动，使机体成为协调统一的整体。神经组织由神经细胞（神经元）和神经胶质细胞组成。神经元大小不一，形态各异，彼此间形成突触后实现神经系统的功能。神经胶质细胞数量很多，体积小，对神经元起支持、营养、保护和绝缘等作用。

一、神经元

神经元（neuron）为神经系统结构和功能的基本单位，能感受刺激、整合信息和传导冲动。部分神经元有内分泌功能。

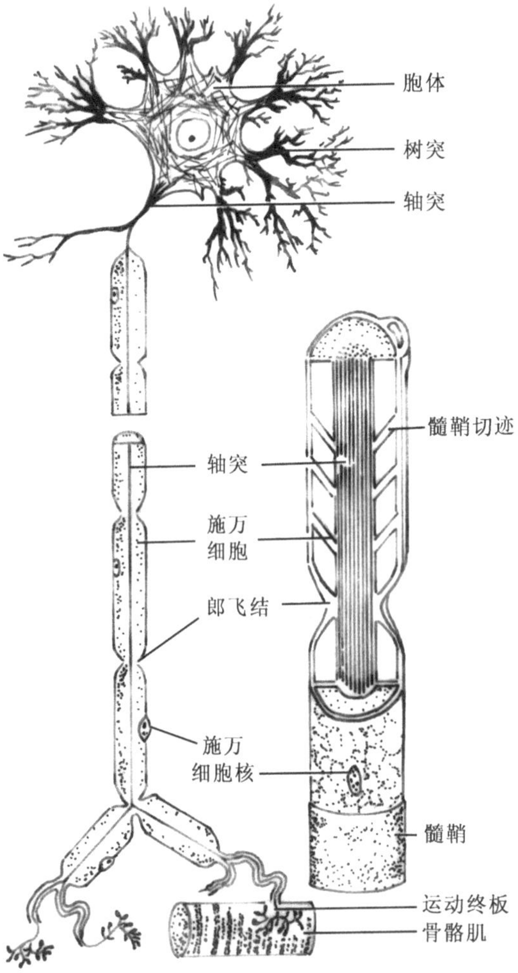

图 7-1　运动神经元模式图

（一）神经元的结构

神经元的形态多种多样，但都可分为胞体和突起两部分（图 7-1）。

1. 胞体　**胞体（soma）**是神经元细胞的代谢和营养中心。形态多样，有圆形、卵圆形、多边形、三角形和梭形等；大小不等，小的直径仅 5～6 μm，大的可达 100 μm 以上；由细胞膜、细胞质和细胞核构成。

（1）细胞膜　神经元的细胞膜是**可兴奋膜（excitable membrane）**，膜上有 K^+、Na^+、Ca^{2+} 通过的通道蛋白和与神经递质结合的特异性受体蛋白。具有接受刺激、处理信息、产生和传播神经冲动的功能。

（2）细胞质　神经元胞体的细胞质称为**核周质（perikaryon）**，含有较发达的粗面内质网、游离核糖体、微管、微丝、神经丝和高尔基复合体等。粗面内质网常呈规则的平行排列，游离核糖体分布于其间，它们在光镜下呈嗜碱性颗粒或小块，称为**尼氏体（Nissl bodies）**。大神经元尤其是运动神经元的尼氏体丰富而粗大，呈斑块状；小神经元的尼氏体则较小而少。大神经元胞体内含大量尼氏体和发达的高尔基复合体，表明细胞合成蛋白质的功能旺盛。合成的蛋白质包括复制细胞器所需蛋白质和产生神经递质有关的酶等。**神经丝（neurofilament）**直径约为 10 nm，是中间丝的一种，常集合成束。微管直径约 25 nm，它常与神经丝交叉排列成网，并伸入树突和轴突内，构成神经元的细胞骨架，参与物质运输。在镀银染色切片中，神经丝和微管呈棕黑色细丝，又称**神经原纤维（neurofibril）**。尼氏体和神经原纤维是神经元胞体的特征性结构。胞体内还含有色素，最常见的是棕黄色的**脂褐素（lipofuscin）**，并随年龄增长而增多。某些神经元，如下丘脑具内分泌功能的**分泌神经元（secretory neuron）**，胞体内含直径 100～300 nm 的分泌颗粒，颗粒内含肽类激素（如加压素、催产素等）。

（3）细胞核　大而圆，常染色质多，异染色质少，故着色浅，核仁大而明显。

2. 突起　神经元细胞的**突起（neurite）**包括树突和轴突。

（1）树突　**树突（dendrite）**的结构与核周质相似。在树突分支上常见许多棘状的小突起，称为**树突棘（dendritic spine）**。树突棘是神经元之间形成突触的主要部位，电镜下可见树突棘内有 2～3 层滑面内质网形成的板层，板层间有少量致密物质，称此为**棘器（spine apparatus）**。树突棘的数量及分布因不同神经元而异，并可随功能而改变。在大脑皮质锥体细胞和小脑皮质蒲肯野细胞的树突上，树突棘数量最多而明显，一个蒲肯野细胞的树突棘可多达 10 万个以上。树突的功能主要是接受刺激，树突棘和树突使神经元的接受面大为增加。

（2）轴突　**轴突（axon）**通常自胞体发出，也有从主树突的基部发出的。胞体发出轴突的部位常呈圆锥形，称为**轴丘（axon hillock）**，光镜下此区无尼氏体，染色淡。轴突的长短不一，短者仅数微米，长者可达 1 m 以上。轴突一般比树突细，全长直径较均一，有侧支呈直角分出。轴突表面的细胞膜称为**轴膜（axolemma）**，内含的胞质称为**轴质（axoplasm）**。轴质内有大量微管和神经丝，此外还有微丝、线粒体、滑面内质网和一些小泡等。轴突内无尼氏体和高尔基复合体，故不能合成蛋白质，轴突成分的更新及神经递质合成所需的蛋白质和酶，是在胞体内合成后输送到轴突及其终末的。

轴突的主要功能是传导神经冲动。神经冲动的传导是在轴膜上进行的，轴突起始段轴膜的电兴奋性阈值较胞体或树突低得多，故此处常是神经元发生冲动的起始部位。轴突起始段长 15～25 μm，电镜下可见轴膜较厚，膜下有电子密度致密层。

轴突内的物质运输称为**轴突输送（axonal transport）**。神经元胞体内新合成的微管、微丝和神经丝组成的网架缓慢地移向轴突终末，称此为慢速输送。另外，还有一种快速双向的轴突输送。轴膜更新所需的蛋白质、含神经递质的小泡及合成递质所需的酶等，由胞体输向终末，称为快速顺向轴突输送。轴突终末代谢产物或由轴突终末摄取的物质（蛋白质、小分子物质或由邻近细胞产生的神经营养因子等）逆行输向胞体，称为快速逆向轴突输送。

（二）神经元的分类

神经元有几种分类法。

1. 根据突起的多少划分　可将神经元分为假单极神经元、双极神经元和多极神经元三种（图 7-2）。

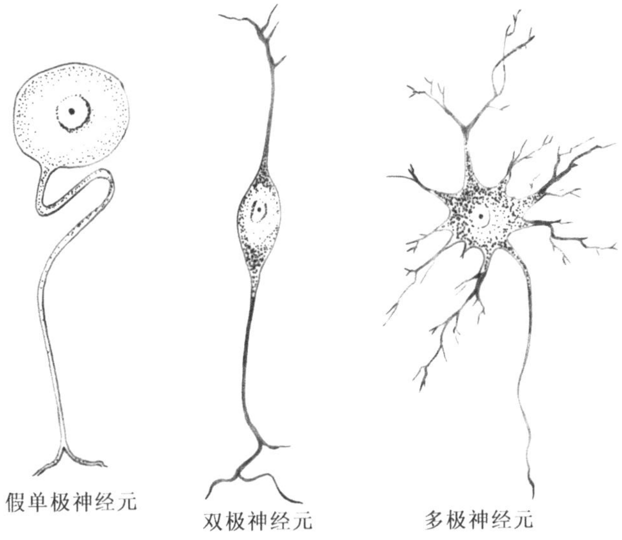

图 7-2　神经元的类型

（1）假单极神经元　**假单极神经元（pseudounipolar neuron）**从胞体发出一个突起，距胞体不远又呈T形分为两支，一支分布到外周的其他组织器官，称为**周围突（peripheral process）**，另一支进入中枢神经系统，称为**中枢突（central process）**，见于脊神经节内的感觉神经元。

（2）双极神经元　**双极神经元（bipolar neuron）**有两个突起，一个是树突，另一个是轴突，见于嗅觉器官、内耳和视网膜上的感觉神经元。

（3）多极神经元　**多极神经元（multipolar neuron）**数量最多，分布广，有一个轴突和多个树突，如脑、脊髓的运动神经元。

2. 根据神经元的功能划分　可将神经元分为感觉神经元、运动神经元和联络神经元。

（1）感觉神经元　**感觉神经元（sensory neuron）**或称**传入神经元（afferent neuron）**，多为假单极神经元，胞体主要位于脑脊神经节内，其周围突的末梢分布在皮肤和肌肉等处，接受刺激，将刺激传向中枢。

（2）运动神经元　**运动神经元（motor neuron）**或称**传出神经元（efferent neuron）**，多为多极神经元，胞体主要位于脑、脊髓和植物神经节内，它把神经冲动传给肌肉或腺体，产生效应。

（3）联络神经元　又称**中间神经元（interneuron）**，介于前两种神经元之间，多为多极神经元，动物越进化，中间神经元越多，构成中枢神经系统内的复杂网络。

3. 根据神经元释放的神经递质（neurotransmitter）或神经调质（neuromodulator）划分　可将神经元分为胆碱能神经元、胺能神经元、肽能神经元和氨基酸能神经元。

（1）胆碱能神经元　**胆碱能神经元（cholinergic neuron）**释放乙酰胆碱。

（2）胺能神经元　**胺能神经元（aminergic neuron）**释放多巴胺、5-羟色胺和去甲肾上腺素。

（3）肽能神经元　**肽能神经元（peptidergic neuron）**释放脑啡肽、P物质、血管活性肠肽等神经肽。

（4）氨基酸能神经元　**氨基酸能神经元（amino acidic neuron）**释放甘氨酸、谷氨酸和γ-氨基丁酸。

（三）神经元之间的联系——突触

突触（synapse）是神经元与神经元之间，或神经元与效应细胞之间的一种特化的细胞连接，通过它的传递作用实现细胞与细胞之间的通信，是传递信息的重要结构。在神经元之间的连接中，最常见的是一个神经元的轴突终末与另一个神经元的树突、树突棘或胞体连接，分别构成**轴-树（axodendritic）**、**轴-棘（axo-spinous）**、**轴-体（axosomatic）**突触。此外，还有**轴-轴（axoaxonal）**和**树-树（dendrodendritic）**突触等。突触可分为**化学突触（chemical synapse）**和**电突触（electrical synapse）**两大类。前者是以化学物质（神经递质）作为通信的媒介，后者即缝隙连接，是以电流（电信号）传递信息。哺乳动物神经系统以化学突触占大多数，通常所说的突触是指化学突触而言。

电镜下，突触由突触前成分、突触间隙和突触后成分三部分构成。突触前、后成分彼此相对的细胞膜分别称为**突触前膜（presynaptic membrane）**和**突触后膜（postsynaptic membrane）**，两者之间有宽 15～30 nm 的狭窄间隙，称为**突触间隙（synaptic cleft）**（图 7-3）。

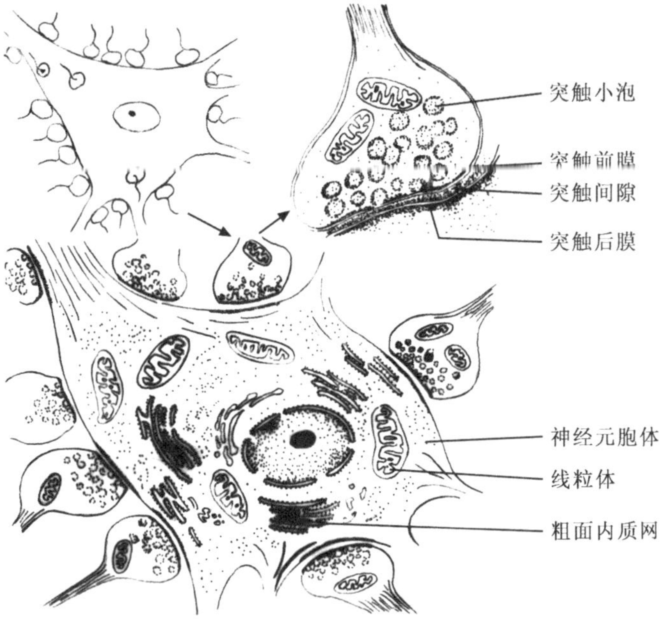

图 7-3　突触结构模式图

1. 突触前成分　**突触前成分（presynaptic element）**通常是神经元的轴突终末，呈球状膨大，其内含许多**突触小泡（synapse vesicle）**，还有少量线粒体、滑面内质网、微管和微丝等。突触小泡的大小和形状不一，多为圆形，直径 40～60 nm，亦有呈扁平形的。突触小泡有的清亮，有的含有致密核芯（颗粒型小泡），大的颗粒型小泡直径可达 200 nm。突触小泡内含神经递质或神经调质。突触前膜比一般细胞膜略厚，这是由于其胞质面附有一些致密物质所致。在突触前膜还有电子密度高的锥形**致密突起（dense projection）**突入胞质内，突起间容纳突触小泡。

2. 突触间隙　突触间隙内含糖蛋白和一些细丝，能与神经递质结合，并促进神经递质的传递。

3. 突触后成分　**突触后成分（postsynaptic element）**的细胞膜也增厚。膜上有许多特异性蛋白质，主要有受体蛋白、通道蛋白和一些能分解神经递质使之失活的酶类。

当神经冲动沿轴膜传至轴突终末时，突触前膜与突触小泡融合，小泡破裂，其内的神经递质释放到突触间隙内。其中部分神经递质与突触后膜上相应受体结合，引起与受体偶联的离子通道开放，使相应离子进出，从而改变突触后膜两侧离子的分布状况，出现兴奋或抑制性电位变化，进而影响突触后神经元（或效应细胞）的活动。使突触后膜发生兴奋的突触称为**兴奋性突触（excitatory synapse）**，使突触后膜发生抑制的突触称为**抑制性突触（inhibitory synapse）**。突触的兴奋或抑制，取决于神经递质及其受体的种类。释放到突触间隙的递质分子与突触后膜的受体结合产生生理效应后，很快便被相应的酶灭活，或吸收入突触终末内被分解，以迅速消除该递质的作用，这样才能保证突触传递的灵敏性。递质的分解产物可被重新利用合成新的递质。非肽类递质除在胞体合成外，通常也可在轴突终末内合成，而肽类递质则只能在胞体内合成，释放后亦不能回收。合成的递质分子一般都贮存在突触小泡内。

二、神经纤维

神经纤维（nerve fiber）由神经元的长突起外包神经胶质细胞组成。包裹中枢神经纤维轴突的胶质细胞是少突胶质细胞，包裹周围神经纤维轴突的是**施万细胞（Schwann's cell）**。根据包裹轴突的胶质细胞是否形成**髓鞘（myelin sheath）**，神经纤维可分为有髓神经纤维和无髓神经纤维。

（一）有髓神经纤维

有髓神经纤维（myelinated nerve fiber）由中央的轴突（轴索）和外包的髓鞘构成。髓鞘的化学成分主要是类脂和蛋白质，称为髓磷脂，具有绝缘和保护作用。

1. 周围神经系统的有髓神经纤维 其髓鞘由施万细胞围绕轴突呈同心圆状反复缠绕形成（图 7-4）。一个施万细胞组成一段髓鞘，包绕轴突构成一个节间段。相邻两个节间段之间的缩窄部称为**郎飞结（Ranvier's node）**（图 7-5）。相邻两个郎飞结之间的一段神经纤维称为**结间体（internode）**。HE 染色标本上，因髓鞘的类脂被溶解，仅见残留的网状蛋白质。若标本用锇酸固定和染色，能保存髓磷脂，呈黑色，并在其纵切面上见到一些不着

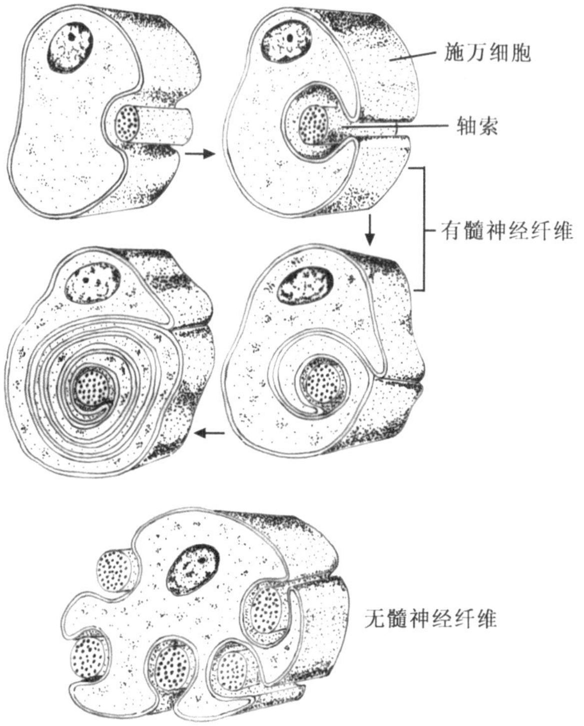

图 7-4　有髓神经纤维髓鞘形成的过程以及无髓神经纤维的形成

色的漏斗形的斜裂，称为**髓鞘切迹（myelin incisure）**或**施 - 兰切迹（Schmidt-Lantermann incisure）**，它们是施万细胞内、外侧胞质间穿越髓鞘的狭窄通道（图 7-1）。

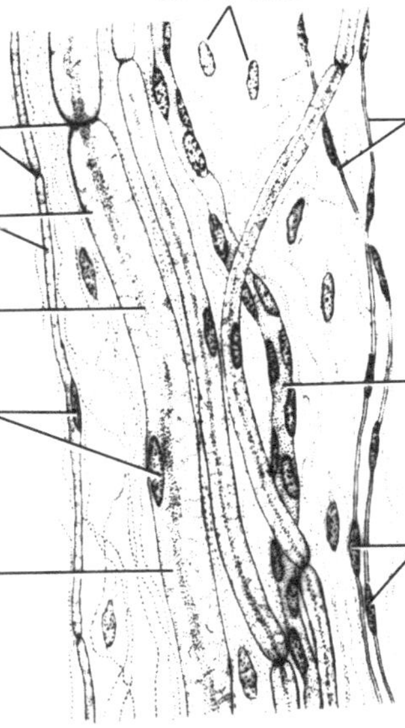

图 7-5　有髓神经纤维和无髓神经纤维

摘自成令忠主编《组织学与胚胎学》

髓鞘的形成：在有髓神经纤维发生中，伴随轴突一起生长的施万细胞表面凹陷成一纵沟，轴突位于纵沟内，沟缘的胞膜相贴形成**轴突系膜（mesaxon）**。轴突系膜不断伸长并反复包卷轴突，把胞质挤至细胞的内、外边缘及两端（即靠近郎飞结处），从而形成许多同心圆的螺旋膜板层，即为髓鞘。

2. 中枢神经系统的有髓神经纤维　其髓鞘由少突胶质细胞突起末端的扁平薄膜包卷轴突而形成。一个少突胶质细胞有多个突起，可分别包卷多个轴突。中枢有髓神经纤维的外表面没有基膜包裹，髓鞘内也无切迹。

（二）无髓神经纤维

周围神经系统的**无髓神经纤维（unmyelinated nerve fiber）**由较细的轴突和包在它外面的施万细胞组成，施万细胞呈不规则的长柱形状，表面有数量不等、深浅不同的纵行凹沟，细的轴突位于纵沟内，施万细胞的膜不形成髓鞘，无郎飞结，一个施万细胞可包裹许多条轴突。中枢神经系统的无髓神经纤维的轴突外面没有任何鞘膜，为裸露的轴突。

三、神经末梢

神经末梢（nerve ending）是周围神经纤维的终末部分终止于全身各种组织器官内形成的特殊结构。根据功能可分为感觉神经末梢和运动神经末梢两大类。

（一）感觉神经末梢

感觉神经末梢（sensory nerve ending）是感觉神经元（假单极神经元）周围突的终末部分，该终末与其他结构共同组成感受器。感觉神经末梢按其结构可分为游离神经末梢和有被囊神经末梢。

1. 游离神经末梢 **游离神经末梢（free nerve endings）**由较细的有髓或无髓神经纤维的终末反复分支而成，感受冷、热、轻触、痛等感觉（图 7-6）。

2. 有被囊神经末梢 常见种类有环层小体、触觉小体和肌梭。

（1）环层小体 **环层小体（lamellar corpuscle）**又称 Pacinian 小体，体积较大（直径 1～4 mm），卵圆形或球形，广泛分布在皮下组织、肠系膜、韧带和关节囊等处，感受压觉和振动觉。小体的被囊由数十层呈同心圆排列的扁平细胞组成，小体中央有一条均质的圆柱状内棍。有髓神经纤维进入小体失去髓鞘，裸露的轴突穿行于小体中央内棍内（图 7-7）。

（2）触觉小体 **触觉小体（tactile corpuscle）**又称 Meissner 小体，分布在真皮乳头内，感受触觉，其数量可随年龄增长而减少。触觉小体呈卵圆形，长轴与皮肤表面垂直，外包有结缔组织囊，小体内有许多横列的扁平细胞。有髓神经纤维进入小体时失去髓鞘，轴突分成细支盘绕在扁平细胞间（图 7-7）。

（3）肌梭 **肌梭（muscle spindle）**是分布在骨骼肌内的梭形小体，长 1～7 mm，外有结缔组织被囊，内含若干条细小的骨骼肌纤维称为**梭内肌纤维（intrafusal muscle fiber）**。梭内肌纤维的中段肌质较多，肌原纤维较少，有些肌纤维的细胞核排列成串，有些肌纤维的细胞核聚集在中段而使中段膨大。感觉神经纤维进入肌梭时失去髓鞘，其轴突细支呈环状包绕梭内肌纤维的两端。肌梭是一种本体感受器，主要感受肌纤维的伸缩变化，在调节骨骼肌的活动中起重要作用（图 7-8）。

（二）运动神经末梢

运动神经末梢（motor nerve ending）是运动神经元的轴突在肌肉组织和腺体的终末结构，分躯体和内脏运动神经末梢两类。

1. 运动终板 躯体运动神经末梢分布于骨骼肌，当有髓神经纤维抵达骨骼肌时，髓鞘消失，其轴突反复分支，每一分支形成纽扣状膨大与骨骼肌纤维建立突触连接，此连接区域呈椭圆形板状隆起，称为**运动终板（motor end plate）**或**神经肌连接（neuromuscular junction）**（图 7-9）。后者分布于心肌、各种内脏及血管的平滑肌处。

在电镜下，运动终板处的肌纤维含丰富的肌质，有较多的细胞核和线粒体，肌纤维表面凹陷成浅槽。轴突终末嵌入浅槽内，内含许多含乙酰胆碱的突触小泡（图 7-10）。当神经冲动到达运动终板时，突触小泡内的乙酰胆碱释放到突触间隙，大部分乙酰胆碱分子与肌膜（突触后膜）上的乙酰胆碱受体结合，改变肌膜两侧离子分布而产生兴奋，使肌纤维收缩。

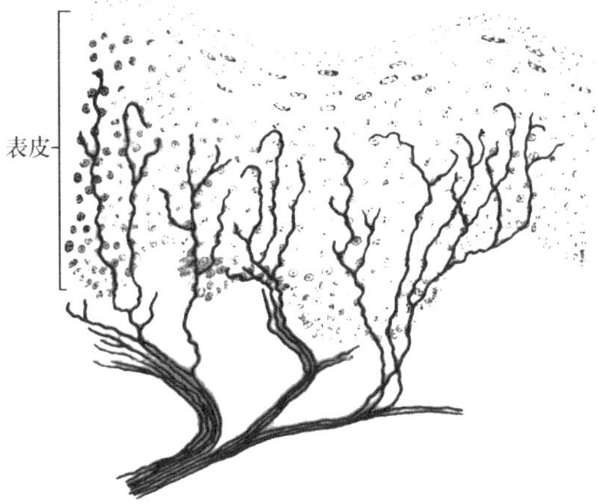

图 7-6　表皮内的游离神经末梢

摘自成令忠主编《组织学与胚胎学》

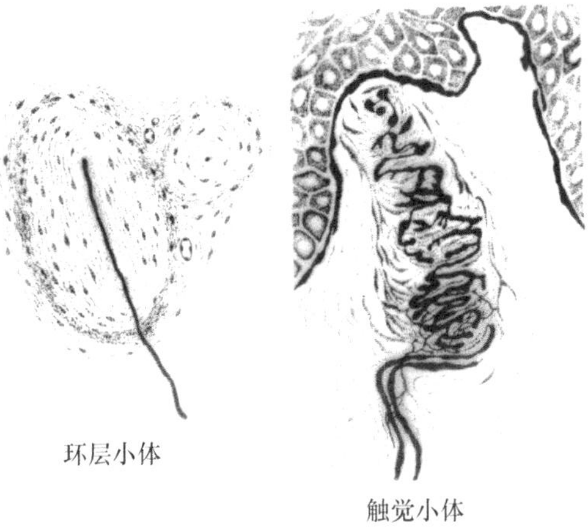

图 7-7　有被囊的感觉神经末梢

摘自成令忠主编《组织学与胚胎学》

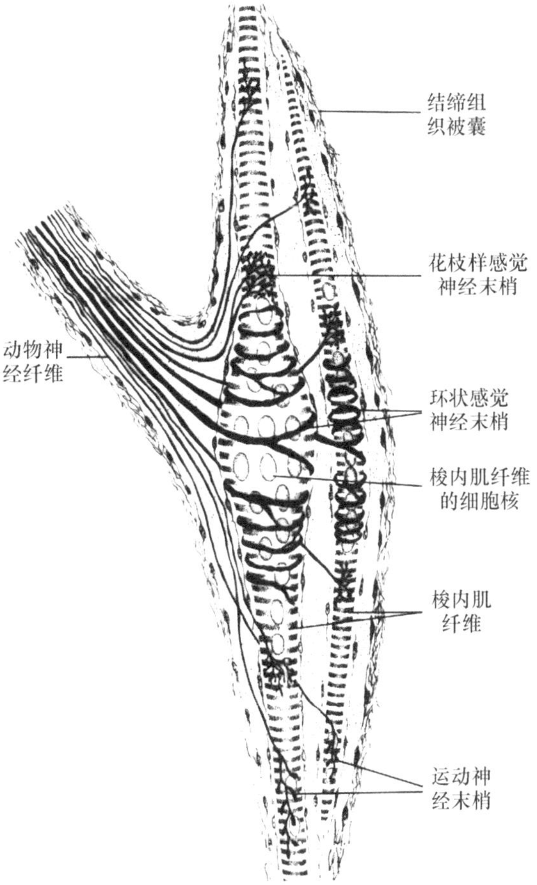

图 7-8　肌梭结构模式图

摘自成令忠主编《组织学与胚胎学》

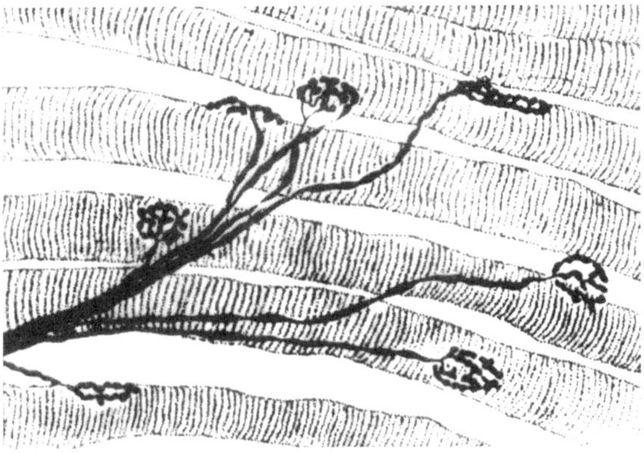

图 7-9　运动终板（骨骼肌纤维压片，氯化金法）

摘自成令忠主编《组织学与胚胎学》

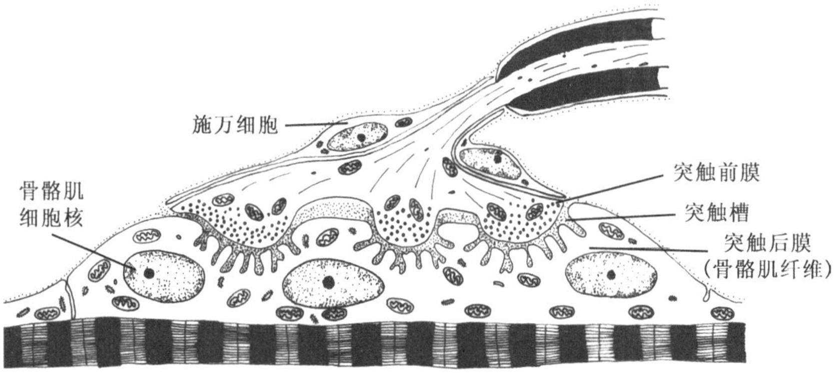

图 7-10　运动终板超微结构模式图

2. 内脏运动神经末梢　内脏运动神经末梢分布于内脏及血管平滑肌、心肌和腺上皮细胞等处。神经纤维较细，无髓鞘，其轴突终末分支常呈**串珠样膨体（varicosity）**，是与效应细胞建立突触的部位。

四、神经胶质细胞

神经胶质细胞（neuroglial cell）无传导功能，主要有支持、营养和保护等作用。数量很多，比神经元多 10 倍，有突起，但不分轴突和树突，无尼氏体和神经原纤维。

（一）中枢神经系统的胶质细胞

中枢神经系统的胶质细胞包括星形胶质细胞、少突胶质细胞、小胶质细胞和室管膜细胞（图 7-11）。此外，在嗅球和嗅束中还有一种神经胶质细胞，称为嗅鞘膜细胞，它对中枢神经再生有重要作用。

1. 星形胶质细胞　**星形胶质细胞（astrocyte）**是胶质细胞中体积最大、数量最多的一种。细胞呈星形，核大，圆形或卵圆形，染色较浅。星形胶质细胞可分为纤维性星形胶质细胞和原浆性星形胶质细胞两种。

（1）纤维性星形胶质细胞　**纤维性星形胶质细胞（fibrous astrocyte）**多分布在白质，细胞的突起细长，分支较少，胞质内含大量**胶质丝（glial filament）**。

（2）原浆性星形胶质细胞　**原浆性星形胶质细胞（protoplasmic astrocyte）**多分布在灰质，细胞的突起较短粗，分支较多，胞质内胶质丝较少。

星形胶质细胞的突起伸展充填在神经元胞体及其突起之间，起支持和绝缘作用。有些突起末端形成**脚板（end feet）**，附在毛细血管壁上，或附着在脑和脊髓表面形成胶质膜。中枢神经系统损伤时，星形胶质细胞增生、肥大、充填缺损的空隙。

2. 少突胶质细胞　**少突胶质细胞（oligodendrocyte）**在银染标本中突起较少，胞体比星形胶质细胞小，核圆，染色较深。分布在神经元胞体附近和神经纤维周围，它的突起末端扩展成扁平薄膜，包裹神经元的轴突形成髓鞘，所以它是中枢神经系统的髓鞘形成细胞。

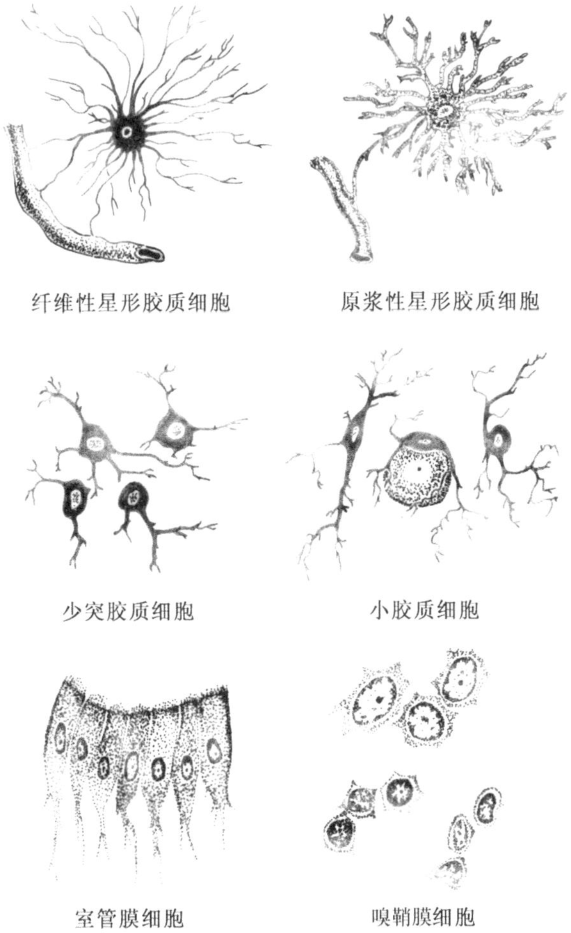

图 7-11　中枢神经系统中的几种胶质细胞

3. 小胶质细胞　小胶质细胞（microglia）是胶质细胞中最小的一种。胞体细长或椭圆形，核小，扁平或三角形，染色深。细胞的突起细长有分支，表面有许多小棘突。中枢神经系统损伤时，小胶质细胞可转变为巨噬细胞，吞噬细胞碎屑及退化变性的髓鞘。有人认为它来源于血液中的单核细胞，属单核吞噬细胞系统。

4. 室管膜细胞　室管膜细胞（ependymal cell）为立方形或柱形，衬于脑室及脊髓中央管的腔面，形成单层上皮，称为**室管膜（ependyma）**。细胞表面有许多微绒毛，有些细胞表面有纤毛。基底面有细长突起，伸入脑和脊髓组织内部。室管膜细胞有分泌脑脊液的作用，此外还有支持和再生作用。

（二）周围神经系统的胶质细胞

周围神经系统的神经胶质细胞有两种，即神经膜细胞和卫星细胞。

1. 神经膜细胞　神经膜细胞（neurilemma cell）又称**施万细胞（Schwann's cell）**，是周围神经系统的鞘细胞，在周围神经有髓神经纤维，它们形成髓鞘。这种细胞在神经纤维的再生中能起诱导作用。

2. **卫星细胞** 卫星细胞（satellite cell）是神经节内包裹神经元胞体的一种扁平或立方形细胞，又称被囊细胞，细胞核圆形或卵圆形，染色较深。它具有营养和保护作用。

本章内容临床拓展

动物出生后神经元需要迁移一定的距离到达目的地后才开始发育分化，发出树突和轴突与相应的靶神经元或其他靶细胞建立突触联系。神经元迁移障碍会导致大脑结构和功能异常，产生疾病，如智力障碍、癫痫和自闭症等。

随着年龄的增长，特别是60岁以后的人，神经元树突上的小棘会逐渐减少，严重时神经元逐渐死亡，产生神经退行性疾病，如老年性痴呆和帕金森病等，两者的主要病理改变都是神经元进行性退变死亡，但老年性痴呆是神经元非特异性死亡，主要症状是记忆力渐进性衰退直至丧失。

第八章　神经系统

Chapter 8　Nervous System

内容概要

神经系统分为中枢神经系统和周围神经系统。中枢神经系统包括脑和脊髓。周围神经系统由神经节、神经和神经末梢构成。中枢神经系统分为白质和灰质两部分。白质的主要成分是有髓鞘的轴突和产生髓鞘的少突胶质细胞，没有神经元的胞体。灰质包含神经元的胞体、树突、无髓鞘的轴突起始段以及神经胶质细胞。

大脑皮质含有3类不同形态的神经元，即锥体细胞、颗粒细胞和梭形细胞。它们排列成不甚明显的6层结构，即分子层、外颗粒层、外锥体层、内颗粒层、内锥体层和多形细胞层。

小脑皮质含有5种神经元，即星形细胞、篮状细胞、蒲肯野细胞、颗粒细胞和高尔基细胞。它们排列成明显的3层，即分子层、蒲肯野细胞层和颗粒层。

在脊髓的横切面上，灰质呈蝴蝶形或H形。在H形中央有一衬有室管膜细胞的脊髓中央管。灰质可分为两个背角、两个腹角以及二者之间的中间带。在胸段和腰前段的脊髓，两边还各有一个外侧角。腹角含有躯体运动神经元和任绍细胞。背角含有中间神经元，其中一些称为束细胞。外侧角含有内脏运动神经元。

神经节是由结缔组织包裹的含有神经节细胞、卫星细胞和神经纤维的卵圆形结构。在周围神经系统中存在两种神经节，即脑脊神经节和自主神经节。脑脊神经节中的神经节细胞为假单极神经元，而自主神经节中的神经节细胞是多极神经元。脑脊神经节中的神经纤维多为有髓的，而自主神经节中的神经纤维主要是无髓的。

血脑屏障是一种具有保护功能的屏障结构，能阻止某些物质，如抗生素以及化学性和细菌性有害物质，从血液进入神经组织。血脑屏障由连续毛细血管的内皮细胞、基膜和神经胶质膜组成。

神经系统（nervous system）主要由神经组织构成，分为中枢神经系统和周围神经系统。**中枢神经系统（central nervous system）**包括脑和脊髓。**周围神经系统（peripheral nervous system）**包括神经节、神经和神经末梢。神经系统是体内一个重要的调节系统，支配和调节机体各个器官系统的功能活动，以适应内外环境的瞬息变化，并与内分泌系统和免疫系统一起共同调节机体的动态平衡，以维持机体内环境的相对稳定。

一、大脑

大脑（cerebrum）分成左右大脑半球，每一半球均由灰质和白质构成。**灰质**（gray matter）位于表面，又称**大脑皮质**（cerebral cortex），主要由神经元的胞体和树突构成。**白质**（white matter）位于深部，又称**大脑髓质**（cerebral medulla），主要由有髓神经纤维构成，有3种神经纤维：①**联络纤维**（associative fiber），联系同侧大脑半球内的各个部分；②**连合纤维**（commissural fiber），联系左右大脑半球；③**投射纤维**（projective fiber），联系大脑皮质、小脑、脑干和脊髓，由上、下行传导纤维组成。在皮质和髓质内还分布有大量的神经胶质细胞，其中髓质内的神经胶质细胞主要是产生髓鞘的少突胶质细胞。

（一）大脑皮质的神经元

大脑皮质的神经元数目庞大，按其胞体的形态分为锥体细胞、颗粒细胞和梭形细胞三类，它们都是多极神经元。

1. 锥体细胞　锥体细胞（pyramidal cell）数量较多，胞体呈锥体形，大小不一，高度10～120 μm，一般分为大、中、小三型（图8-1）。胞核圆形，染色浅，核仁明显。胞质内尼氏体丰富。从胞体顶端发出一条较粗的**主树突**（main dendrite）或称**顶树突**（apical dendrite），伸向皮质表面，沿途分出一些细支。从胞体基部周围发出一些水平走向的小树突称为**基树突**（basal dendrite），并分出细支向四周扩展。树突表面有许多鼓槌状小突起，即树突棘，以主树突及其分支上最多。轴突自胞体底部发出，长短不一，短者不越出所在皮质区；长者离开皮质进入髓质，组成联络纤维、连合纤维或投射纤维。

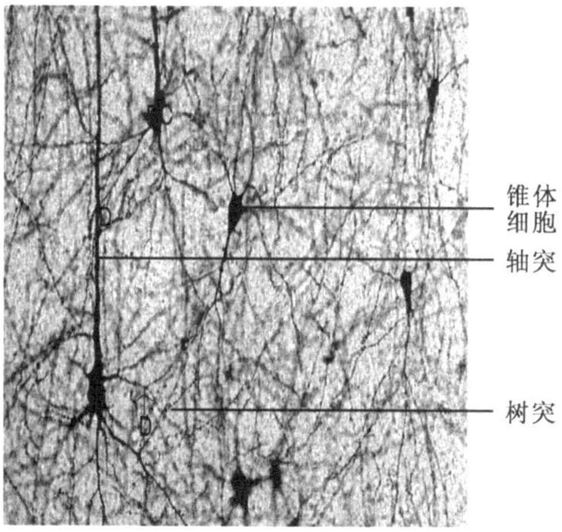

图8-1　大脑皮质神经元，示多极神经元（猫）

摘自李德雪，尹昕主编《动物组织学彩色图谱》

2. 颗粒细胞　颗粒细胞（granular cell）数量最多，胞体较小，呈颗粒状，直径6～15 μm。树突短，有许多分支和树突棘。轴突亦短而分支多，一般不离开所在皮质区，而与邻近的神经元建立大量的突触联系，构成皮质内信息传递的复杂微环路。颗粒细胞种类繁多，主要有**星形细胞**（stellate cell）、**篮状细胞**（basket cell）、**水平细胞**（horizontal cell）、**马丁诺提细胞**（Martinotti cell）或称**上行轴突细胞**（ascending axonic cell）等。

3. 梭形细胞　梭形细胞（fusiform cell）数量较少，胞体呈梭形，直径5～8 μm。树突自胞体上、下两端发出，上端多达皮质表面。轴突自下端树突主干发出，较短，一般不离开所在皮质区。有的梭形细胞较大，轴突较长，进入髓质组成联络纤维、连合纤维或投射纤维。

（二）大脑皮质的分层

大脑皮质的结构具有层次性，但各个脑区并不完全相同。大脑的**新皮质（neocortex）**其结构基本相同，由表入里一般分为6层，即分子层、外颗粒层、外锥体层、内颗粒层、内锥体层和多形细胞层（图8-2）。位于海马回、齿状回等处的**原始皮质（archicortex）**没有典型的6层结构，有的仅能区分出3层，即分子层、锥体层和多形细胞层。此外，不同动物之间，各层的发达程度亦有差异。

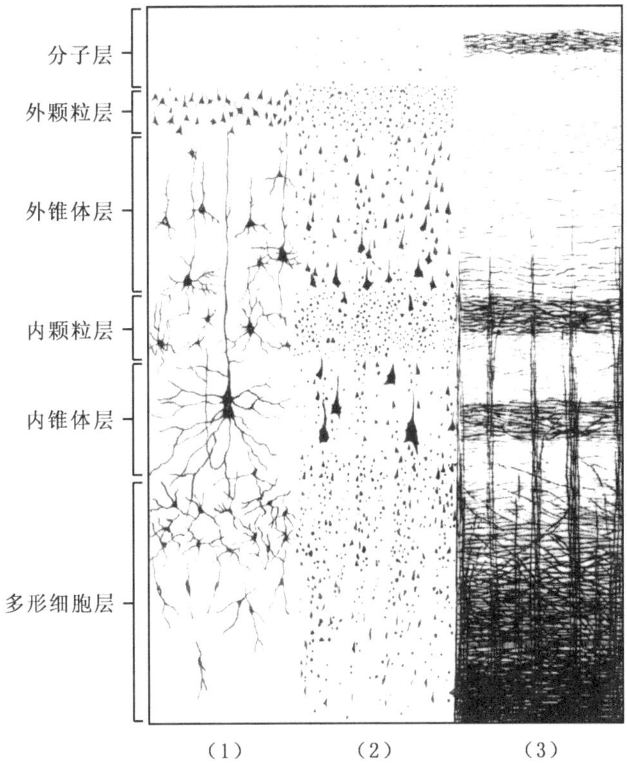

图8-2　大脑皮质6层结构

（1）银染法示神经元形态　（2）尼氏染色示6层结构　（3）髓鞘染色示神经纤维的分布

摘自成令忠主编《组织学与胚胎学》

狗大脑皮质

1. 分子层　分子层（molecular layer）神经元少而小，主要是水平细胞和星形细胞。水平细胞的树突和轴突均与皮质表面平行。在分子层内含有大量的神经纤维，它们是来自深层的锥体细胞和梭形细胞的树突以及上行轴突细胞的轴突，组成致密的纤维丛，故又称此层为**丛状层（plexiform layer）**。

2. 外颗粒层　外颗粒层（external granular layer）主要由星形细胞构成，另有少量小型锥体细胞和篮状细胞等。细胞排列致密。锥体细胞的顶树突伸入分子层，轴突下行可达各层。

3. 外锥体层　外锥体层（external pyramidal layer）较厚，主要由中、小型锥体细胞和星形细胞构成，另有少量篮状细胞和梭形细胞。细胞排列较疏松。锥体细胞的顶树突伸入分子层，轴突下达皮质深层。

4. 内颗粒层 **内颗粒层**（**internal granular layer**）主要由星形细胞构成，另有少量中型锥体细胞和篮状细胞等。细胞排列较致密。从丘脑来的传入纤维在此层内分支，形成密集的纵行纤维丛，称为 **Baillarger 外线**（**outer line of Baillarger**）。

5. 内锥体层 **内锥体层**（**internal pyramidal layer**）又称**节细胞层**（**ganglionic layer**），主要由大、中型锥体细胞构成，另有少量小型锥体细胞、篮状细胞和马丁诺提细胞。在中央前回运动区，此层内的大型锥体细胞，胞体高达 120 μm，宽达 80 μm，称为 Betz 细胞。大型锥体细胞的主树突伸入分子层，轴突在皮质内分出侧支后进入髓质，组成联络纤维、连合纤维或投射纤维。在此层内有一明显的横行纤维丛，由来自各方面的神经纤维构成，称为 **Baillarger 内线**（**inner line of Baillarger**）。

6. 多形细胞层 **多形细胞层**（**polymorphic layer**）主要由梭形细胞构成，另有少量星形细胞、马丁诺提细胞和小型锥体细胞。一些较大的梭形细胞，轴突较长，伸入髓质组成联络纤维、连合纤维或投射纤维。

虽然大脑皮质结构呈现层次性，但近年研究发现，皮质各层神经元及其纤维垂直排列成许多柱状结构，称为**垂直柱**（**vertical column**）。垂直柱大小不等，但均贯穿 6 层，其中包括传入神经纤维、中间神经元和传出神经元。现在认为，垂直柱是大脑皮质的基本功能单位。

（三）大脑皮质神经元之间的联系

大脑皮质各层神经元之间的结构和功能联系是非常复杂的。其中，第 1～4 层主要接受传入冲动，如从丘脑来的特殊感觉传入纤维主要进入第 4 层，与星形细胞形成突触，星形细胞又与其他神经元建立广泛的联系。起自同侧大脑半球的联络纤维和起自对侧大脑半球的连合纤维则进入第 2、3 层，与锥体细胞形成突触。大脑皮质的投射纤维主要起自第 5 层的锥体细胞和第 6 层的大梭形细胞，下行至脑干和脊髓。联络纤维和连合纤维起自第 3、5、6 层的锥体细胞和梭形细胞，分布于同侧或对侧大脑半球的皮质区。第 2、3、4 层的神经元主要与各层神经元相互联系，构成复杂的神经微环路，对信息进行分析、整合和贮存。大脑的高级神经活动与其复杂的神经微环路密切相关。

二、小脑

小脑（**cerebellum**）的表面有许多横沟，将小脑分隔成许多叶片，每个叶片均由灰质和白质构成。灰质位于表层，又称**小脑皮质**（**cerebellar cortex**）。白质位于深部，又称**小脑髓质**（**cerebellar medulla**）。在髓质内分布有多个**神经核团**（**nuclei**）。小脑的功能是调节肌张力，调整肌群的协调动作和维持体位的平衡。

绵羊小脑皮质

（一）小脑皮质的神经元和分层

小脑每一叶片的皮质结构基本相同，均含有 5 种神经元，即星形细胞、篮状细胞、颗粒细胞、**高尔基细胞（Golgi cell）**和**蒲肯野细胞（Purkinje cell）**。小脑皮质自外向内明显地分为 3 层，即分子层、蒲肯野细胞层和颗粒层（图 8-3）。

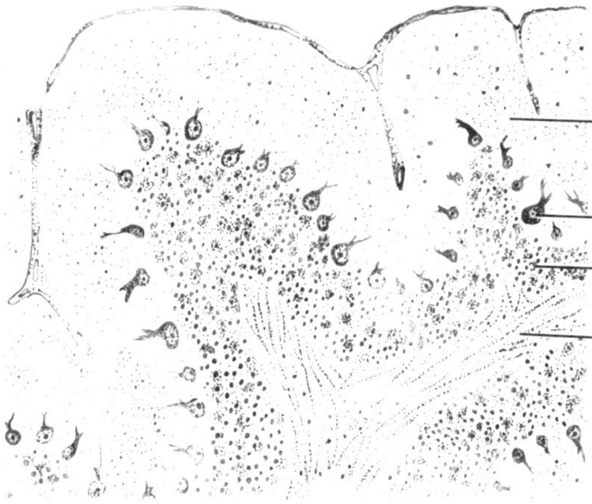

图 8-3　小脑皮质结构

1. 分子层　分子层（molecular layer）含神经纤维较多，神经元较少。有两种局部神经元：一种是星形细胞，位于浅层，胞体较小，轴突细而短，与蒲肯野细胞的树突形成突触。另一种是篮状细胞，位于深层，胞体较大，树突分支较多；轴突较长，其走向与小脑表面平行但与小脑叶片长轴垂直，沿途分出侧支呈篮状包绕于蒲肯野细胞的胞体上，与之构成突触。这两种神经元的树突均与平行纤维构成突触。

2. 蒲肯野细胞层　蒲肯野细胞层（Purkinje cell layer）由一层蒲肯野细胞（胞体）构成。蒲肯野细胞的胞体呈梨形或细颈花瓶状，直径约 30 μm，是小脑皮质内最大的神经元。胞核圆形，染色浅，核仁明显。胞质内核糖体、内质网、溶酶体等细胞器丰富。从胞体顶端发出 2～3 个树突主干伸入分子层，然后反复分支并在与小脑叶片长轴相垂直的平面上展开，呈扇形或扁柏树枝状，树突上密布有树突棘，与平行纤维形成突触。大量的平行纤维垂直穿过一排排蒲肯野细胞的扇形树突，但每条平行纤维与每个蒲肯野细胞只有一个突触连接。从胞体基部发出一长轴突，穿过颗粒层伸入髓质内，组成小脑皮质唯一的传出纤维，大多终止于髓质深部的神经核团。

3. 颗粒层　颗粒层（granular layer）由密集的颗粒细胞和一些高尔基细胞构成。颗粒细胞的胞体呈圆形，直径 4～8 μm。胞核大、染色深，胞质少。短树突数个，分支如爪，与苔藓纤维形成突触。轴突长，伸入分子层，末端呈 T 形分支，其走向与小脑叶片长轴平行，故称**平行纤维（parallel fiber）**，与蒲肯野细胞、高尔基细胞、星形细胞和篮状细胞的树突形成突触。高尔基细胞的胞体较大，直径 9～11 μm，多分布在颗粒层的浅层。树突分支较多，大部分伸入分子层，与平行纤维形成突触。轴突在颗粒层内呈丛密分支，与颗粒细胞的树突形成突触。HE 染色时，颗粒层内可见一些呈弱嗜酸性的小团块状结构，称为**小脑小球（cerebellar glomerulus）**或**小脑岛（cerebellar island）**。电镜下，小脑小球是苔藓纤维的膨大末端与颗粒细胞的树突、高尔基细胞的轴突或近端树突形成的复杂突触群，它被一层胶质膜包裹。

（二）小脑皮质神经元与传入纤维的联系

小脑皮质的5种神经元中，蒲肯野细胞是唯一的传出神经元，其他为中间神经元，其中颗粒细胞是谷氨酸能兴奋性神经元，其他中间神经元为γ-氨基丁酸能抑制性神经元。从小脑髓质进入皮质的传入纤维有攀登纤维、苔藓纤维和去甲肾上腺素能纤维，它们起自脊髓和脑干，前两者是兴奋性纤维，后者是抑制性纤维。**攀登纤维（climbing fiber）**与蒲肯野细胞的树突形成突触兴奋蒲肯野细胞。**苔藓纤维（mossy fiber）**先与颗粒细胞的树突形成突触兴奋颗粒细胞，继而通过其平行纤维兴奋蒲肯野细胞、星形细胞、篮状细胞和高尔基细胞，星形细胞和篮状细胞又通过其轴突抑制蒲肯野细胞，而高尔基细胞则通过其轴突制止颗粒细胞进一步活动。**去甲肾上腺素能纤维（noradrenergic nerve fibre）**与蒲肯野细胞的树突形成突触，抑制蒲肯野细胞的活动。总之，三种纤维将冲动传入小脑皮质后，最后都作用于蒲肯野细胞，调节其功能活动。

三、脊髓

脊髓（spinal cord）的横断面呈椭圆形，中央是**灰质（gray matter）**，周围是**白质（white matter）**。在脊髓背侧中央有软膜伸入形成**背正中隔（dorsal median septum）**，腹侧中央有一裂缝称为**腹正中裂（ventral median fissure）**（图8-4）。

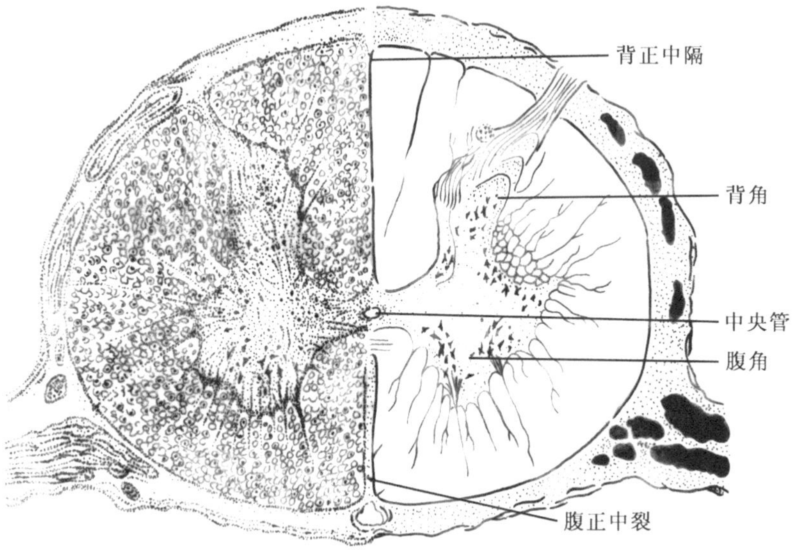

图8-4 脊髓横断面模式图

（一）灰质

在脊髓的横切面上，灰质呈蝶形或H形，由一对较细长的背角和一对较粗短的腹角以及连接左右灰质的中间带或称**灰连合（gray commissure）**组成。在胸段和腰前段的脊髓，背角与腹角之间还有一呈三角形的外侧角。

绵羊颈部脊髓

灰连合的中央有一脊髓中央管，内含脑脊液，管壁上衬以室管膜上皮。灰连合的腹侧有神经纤维交叉经过，称为**白连合（white commissure）**。

1. **背角**　**背角（dorsal horn）**内的神经元属中间神经元，接受从脊神经背根传入的感觉冲动。这些神经元可分为两类：一类是**束细胞（tract cell）**，属高尔基Ⅰ型细胞，其轴突较长，进入白质组成上行传导束到达脑干、小脑和丘脑。另一类是中间神经元，属高尔基Ⅱ型细胞，其轴突较短，不离开脊髓，而在脊髓前后穿行，终止于本节段或其他节段的背角与束细胞发生联系；或伸入腹角与运动神经元发生联系，参与脊髓反射弧的形成。

2. **腹角**　**腹角（ventral horn）**内含有 α、γ 两种躯体运动神经元和许多中间神经元，均属多极神经元。α 神经元的胞体较大，直径约 70 μm，胞质内尼氏体丰富，呈块状，轴突长，支配普通的骨骼肌纤维（梭外肌）。γ 神经元的胞体较小，直径 34～45 μm，轴突较细，支配肌梭内的骨骼肌纤维（梭内肌）。这两种神经元的轴突出脊髓后参与组成脊神经腹根。此外，腹角内还有一种小神经元称为**任绍细胞（Renshaw cell）**，轴突短，与 α 神经元的胞体构成突触，通过释放甘氨酸抑制 α 神经元的活动。

3. **外侧角**　**外侧角（lateral horn）**内含有内脏运动神经元，为植物性神经元的交感节前神经元，胞体小，呈星形或三角形，其轴突经脊神经腹根出脊髓后组成交感神经的节前纤维，终止于交感神经节内，与交感神经节细胞（交感节后神经元）构成突触。交感节后神经元的轴突组成交感神经的节后纤维。

（二）白质

脊髓的白质主要由上、下行的神经纤维束构成，被灰质分为 3 部分：背索、腹索和外侧索。**背索（dorsal funiculus）**位于左右背角之间。**腹索（ventral funiculus）**位于左右腹角之间。**外侧索（lateral funiculus）**位于背角与腹角之间，左右各一。贴近灰质周围的白质纤维束只限于脊髓内，称为**固有束（proper bundle）**。

脑与躯体、四肢的联系是通过脊髓内上、下行神经纤维的神经冲动传递实现的，使机体获得各种感觉和运动功能。如果脊髓被横断性损伤，将导致上、下行神经冲动传递中断，损伤部位以下的躯体将丧失感觉和运动功能，造成动物截瘫。

四、神经节

在周围神经系统内，神经元胞体聚集的部位称为**神经节（ganglia）**，包括脑脊神经节和植物性神经节。

（一）脑脊神经节

脑脊神经节（cerebrospinal ganglia）包括位于脊髓两侧脊神经背根上的**脊神经节（spinal ganglion）**和某些脑神经干上的**脑神经节（cerebral ganglia）**。二者结构基本相同，呈卵圆形，外包结缔组织被膜，内含大量的神经元（神经节细胞）、神经胶质细胞（卫星细胞）和神经纤维。

1. **神经节细胞**　**神经节细胞（ganglion cell）**为假单极神经元（感觉神经元），多成群分布（图 8-5）。胞体圆形或卵圆形，大小相差悬殊，直径 15～120 μm。胞核圆形，位于中央，常染色质较多，异染色质较少，染色浅，核仁明显。胞质内含颗粒状的尼氏体，有的细胞尼氏体细小分散，染色较浅，称为**明细胞**（**light cell**）；有的细胞尼氏体密集，染色较深，称为**暗细胞**（**dark cell**）。若神经节细胞受到损伤，尼氏体由中心向周围溶解，胞核偏位。神经节细胞从胞体发出一个突起，其根部在胞体附近盘曲，然后呈T形分支，一支为中枢突，走向中枢；另一支为周围突，分布到皮肤、肌肉和内脏等处，其终末形成感觉神经末梢。

狗背根神经节

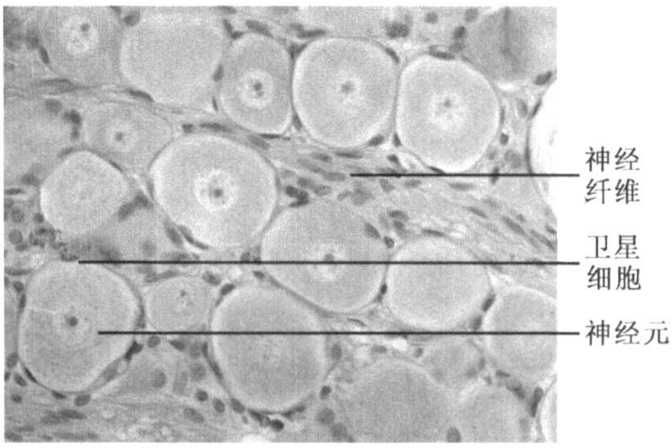

图 8-5　脊神经节

摘自李德雪，尹昕主编《动物组织学彩色图谱》

2. 卫星细胞　卫星细胞（satellite cell）呈扁平状，包裹神经节细胞的胞体及其附近盘曲的突起形成被囊。

3. 神经纤维　大多是有髓神经纤维，被结缔组织分隔成束。

（二）植物性神经节

植物性神经节（**vegetative ganglia**）也称**自主神经节**（**autonomic ganglia**），包括位于脊柱附近的**交感神经节**（**sympathetic ganglia**）和位于器官附近或器官内的**副交感神经节**（**parasympathetic ganglia**）。植物性神经节的结构与脑脊神经节相似，也由神经节细胞、卫星细胞和神经纤维组成。

1. 神经节细胞　为多极神经元，均匀分布。胞体较小，直径15～60 μm。胞核常处于偏心位置，有的可见双核。胞质内尼氏体呈颗粒状，均匀分布。

狗肺动脉副交感神经节

交感神经节细胞有两种。一种称**主节细胞**（**principal ganglion cell**），体积较大，数量较多，多数为肾上腺素能神经元，少数为胆碱能神经元。另一种为**小强荧光细胞**（**small intensely fluorescence cell**），体积较小，数量较少，常聚集成群，经醛类试剂处理后可诱发强烈的荧光，为多巴胺能神经元。副交感神经节细胞一般为胆碱能神经元。近来研究表明，植物性神经节内还存在肽能神经元。

2. 卫星细胞　数量较少，不完全包裹神经节细胞的胞体。

3. 神经纤维　大多为无髓神经纤维，不规则分散排列，包括节前纤维和节后纤维。节前纤维来自中枢，与神经节细胞的胞体或树突构成突触；节后纤维为神经节细胞的轴突，分布到心肌、平滑肌和腺体，其终末形成内脏运动神经末梢。

五、血脑屏障

在血液与脑组织之间存在一种保护性结构，它能阻止血液中的某些大分子物质进入脑组织内，这种结构称为**血脑屏障**（**blood-brain barrier**）。例如，将一种活性染料**台盼蓝**（**trypan blue**）注入动物血液后，很多器官被染上蓝色，但脑组织不着色。血脑屏障由毛细血管内皮、内皮外的基膜和神经胶质膜三部分组成（图 8-6）。这些毛细血管属连续型的，内皮上无窗孔，内皮细胞间有紧密连接，是血脑屏障的主要结构。内皮外有完整的基膜。星形胶质细胞的突起末端膨大成脚板，附于毛细血管外周形成神经胶质膜，覆盖85%以上的血管面积。血脑屏障可以阻止微生物、毒素、异物等有害物质进入脑组织内，但营养物质和代谢产物可以顺利通过。

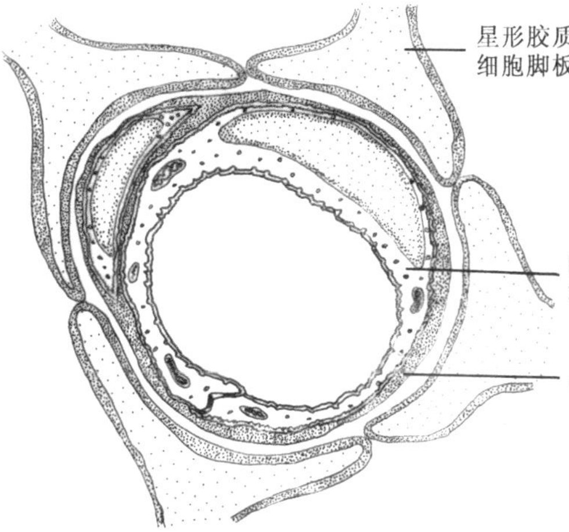

图8-6　血脑屏障超微结构模式图

六、脑脊膜

在脑和脊髓的表面都包有3层结缔组织被膜，从表至里依次为硬膜、蛛网膜和软膜。

1. **硬膜**　**硬膜（dura mater）**由致密结缔组织构成，厚而坚韧，包括硬脑膜和硬脊膜。硬脑膜与颅骨膜仅在静脉窦处分开，其余部位皆融为一体。在硬脊膜与椎骨膜之间有一**硬膜外腔（epidural space）**，内含疏松结缔组织、脂肪组织和静脉丛。

2. **蛛网膜**　**蛛网膜（arachnoid）**由疏松结缔组织构成。在硬膜与蛛网膜之间有一小间隙称为**硬膜下腔（subdural space）**，内含少量透明液体。在蛛网膜与软膜之间空隙较大，两膜之间有结缔组织小梁相连，蛛网膜内外表面和小梁表面衬以单层扁平上皮，小梁之间的间隙为**蛛网膜下腔（subarachnoid space）**，腔内充满脑脊液。在颅部的蛛网膜，有许多绒毛状突起伸入静脉窦内，称为**蛛网膜颗粒（arachnoid granule）**或**蛛网膜绒毛（arachnoid villi）**，是脑脊液回流入静脉的途径。

绵羊小脑脑膜

3. **软膜**　**软膜（pia mater）**为薄层疏松结缔组织，紧贴脑和脊髓的表面，并深入到沟裂内，其外表面亦覆有单层扁平上皮。软膜内含有丰富的血管，供应脑和脊髓的营养。但软膜并不紧包血管，两者之间有空隙，称为**血管周隙（perivascular space）**，与蛛网膜下腔相通，内含脑脊液。

脑脊膜具有保护、支持和供给营养等作用。

七、脉络丛与脑脊液

1. **脉络丛**　**脉络丛（choroid plexus）**是由第三、四脑室顶壁和部分侧脑室壁的软膜及室管膜共同突向脑室的皱襞状结构，此处的室管膜上皮又称脉络丛上皮，能够分泌脑脊液。上皮下为基膜，基膜深部为结缔组织，内含丰富的血管。

2. **脑脊液**　**脑脊液（cerebrospinal fluid）**为无色透明液体，含有高浓度的K^+、Na^+和Cl^-离子，但蛋白质很少。脑脊液充满脑室、脊髓中央管、蛛网膜下腔和软膜血管周隙，最后通过蛛网膜颗粒吸收入血液，形成脑脊液循环。脉络丛上皮和毛细血管内皮共同构成**血脑脊液屏障（blood-cerebrospinal fluid barrier）**，使脑脊液保持稳定的成分而不同于血液。脑脊液具有营养以及保护脑和脊髓的作用。

本章内容临床拓展

大脑皮质是神经系统产生高级神经活动的部位。在中枢神经系统退行性疾病老年性痴呆或称**阿尔茨海默病（Alzheimer's disease）**中，由于大脑皮质内的胆碱能神经元大量死亡，使得大脑皮质广泛萎缩，尤其是掌管记忆功能的海马区最为严重，于是记忆、认知和思维能力逐渐丧失。显微镜检查，在大脑皮质和海马中可见大量的由淀粉样蛋白沉积形成的老年斑，神经元内出现许多绞扭成团的神经原纤维缠结，其病变基础是微管相关蛋白过度磷酸化。

第九章 循环系统
Chapter 9 Circulatory System

内容概要

循环系统由心血管系统和淋巴管系统组成。心血管系统由心脏、动脉、毛细血管和静脉构成。淋巴管系统由毛细淋巴管、淋巴管和淋巴导管组成。除毛细血管和毛细淋巴管外，循环系统的其他组分具有共同的结构特征，其壁由三层膜构成。在血管，这三层结构称为内膜、中膜和外膜。在心脏，则分别称为心内膜、心肌膜和心外膜。

心脏是中空的肌性器官。心内膜又由三层组成，即心内皮、内皮下层和心内膜下层。在心内膜下层可见心脏传导系统的分支蒲肯野纤维。心脏传导系统由窦房结、房室结、房室束及其分支构成。心肌膜是心壁三层中最厚的一层，主要由呈螺旋状排列的心肌细胞构成。

动脉分为大动脉、中动脉、小动脉和微动脉四种。中动脉的结构最为典型。其内膜由血管内皮、内皮下层和内弹性膜构成。中膜主要由呈同心圆排列的平滑肌细胞组成，因此中动脉又称肌性动脉。中膜的外侧有一薄层的外弹性膜，将其与外膜分开。但大动脉的中膜含有大量的弹性纤维和呈同心圆排列的弹性膜，因而大动脉又称弹性动脉。

毛细血管是最小的血管，具有最简单的结构。其管壁由一层内皮细胞、基膜和周细胞构成。根据其结构，毛细血管可分为三种类型，即连续毛细血管、有孔毛细血管和不连续毛细血管（窦状毛细血管、血窦）。

静脉也分为大静脉、中静脉、小静脉和微静脉四种。与相应的动脉相比，静脉具有下列特点：静脉的管径比动脉大，管壁比动脉薄；静脉的管腔通常是不规则的，而动脉的管腔通常是圆形的；由于静脉通常缺乏内、外弹性膜，因此三层膜的界限不如动脉清晰；静脉特别是大静脉，具有发达的内膜，但中膜比动脉的薄，仅含少数几层平滑肌细胞，而含丰富的结缔组织；外膜层最厚和最发达，经常含有纵行的平滑肌束；静脉尤其是大静脉，其腔面有瓣膜。

毛细淋巴管的结构与毛细血管相似。淋巴管和淋巴导管与相应的静脉相似，但其管壁更薄，三层膜之间缺乏明显的界限，并有更多的瓣膜。

循环系统（circulatory system）包括心血管系统和淋巴管系统两部分。**心血管系统（cardiovascular systems）**由心脏、动脉、毛细血管和静脉组成，是一个分支的封闭的管道系统。心脏是促使血液流动的动力泵，通过其收缩和舒张，将血液输入动脉。动脉经各级分支将血液输送到毛细血管。毛细血管广泛分布于体内各组织器官内，构成毛细血管网，其管壁极薄，血液在此与周围组织进行物质交换。静脉由毛细血管汇合移行而来，起始端亦有物质交换功能，但主要是将经过物质交换后的血液回流至心脏。**淋巴管系统（lymphatic vascular systems）**由毛细淋巴管、淋巴管和淋巴导管组成，是一个分支的向心回流的管道系统，其主要功能是辅助静脉回流血液。毛细淋巴管以盲端起始于组织间隙，收集组织液。进入毛细淋巴管的组织液称为**淋巴（lymph）**。淋巴管由毛细淋巴管汇合而成，在其径路上有淋巴结分布，在此淋巴细胞加入淋巴液中。淋巴导管由淋巴管汇合而成，包括左淋巴导管（胸导管）和右淋巴导管，它们与大静脉相连通。

一、心脏

心脏（heart）为中空的肌性器官，是心血管系统的动力装置。通过其节律性的收缩和舒张，推动血液在血管中不断地循环流动，使体内各组织器官得到充足的血液供应。

（一）心壁的结构

心壁由心内膜、心肌膜和心外膜三层构成。

1. 心内膜　心内膜（endocardium）从内向外又分为三层：①**心内皮（cardiac endothelium）**，为单层扁平上皮，与血管内皮相连；②**内皮下层（subendothelial layer）**，为薄层疏松结缔组织，在近室间隔处含有少许平滑肌；③**心内膜下层（subendocardial layer）**，为疏松结缔组织，与心肌膜相连，内含血管和神经，在心室还含蒲肯野纤维（图 9-1）。

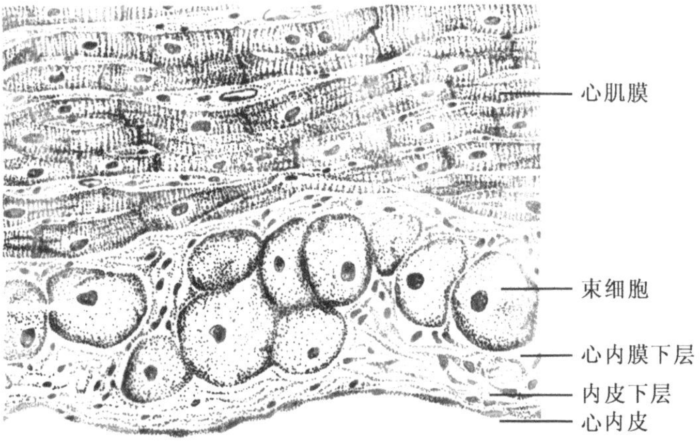

图 9-1　心内膜和心肌膜

2. 心肌膜　心肌膜（myocardium）主要由心肌纤维构成。心肌纤维呈螺旋状排列，大致分为内纵肌、中环肌和外斜肌三层。它们多集合成束，肌束间有较多的结缔组织和毛细血管。

心室的肌纤维较粗长，直径 10～15 μm，长约 100 μm，有分支，横小管较多；心房的肌纤维较细短，直径 6～8 μm，长 20～30 μm，无分支，横小管很少或无，但彼此间有大量的缝隙连接。心肌纤维内含大量的线粒体，因而对缺氧极为敏感，当冠状动脉硬化管腔变窄时，可引起心脏相应部位缺氧，如果狭窄部位突然形成血栓，可导致心肌大面积坏死，即心肌梗死。

电镜下，有些心肌纤维含有电子密度较高的特殊颗粒，颗粒有膜包裹，直径 0.3～0.4 μm，主要分布于胞核的周围，尤其密集于胞核的两端，内含肽类激素**心钠素**（**cardionatrin**）。由于这种颗粒主要存在于心房肌，故称**心房特殊颗粒**（**specific atrial granule**），以右心房含量较多。

心肌纤维合成和分泌的心钠素，具有很强的利尿、排钠、扩张血管和降低血压的作用，故又称**心房利钠尿多肽**（**atrial natriuretic polypeptide**）。此外，心肌纤维还能合成和分泌多种其他生物活性物质，如与心钠素功能相似的 N-心钠素、异心钠素、脑钠素，以及内源性类洋地黄素、抗心律失常肽、肾素、血管紧张素、心肌生长因子、醛固酮分泌抑制因子等，对促进心肌纤维生长和增强心肌收缩力等具有重要作用。

3. 心外膜 心外膜（**epicardium**）属心包膜的脏层，为浆膜，表面是间皮，间皮下是薄层结缔组织，内含血管、神经和脂肪组织。

在心房与心室交界处，还有构成心脏支架的结构，称为**心骨骼**（**cardiac skeleton**）。狗的心骨骼为致密结缔组织（透明软骨）；马的含透明软骨；大反刍动物则有骨片存在。心房和心室的肌纤维分别附着于心骨骼，但两部分心肌并不直接相连。

此外，心内膜还向心腔内突出，形成片状皱褶，称为**心瓣膜**（**cardiac valve**）。心瓣膜附于心骨骼上，包括房室瓣和动脉瓣，能使血液作定向流动。其两面是内皮，中轴是富含弹性纤维的致密结缔组织。

狗心骨骼

（二）心脏的传导系统

心脏壁内有由特殊心肌纤维组成的传导系统，使心房和心室按一定的节律收缩。这些心肌纤维聚集成结或束，包括窦房结、房室结、房室束及其分支。窦房结位于右心房前腔静脉入口处的心外膜深部，其余分布于心内膜下层。心脏传导系统受交感、副交感和肽能神经纤维的支配，并有丰富的毛细血管。该系统由下列三型细胞组成。

1. 起搏细胞 起搏细胞（**pacemaker cell**）简称 P 细胞，主要分布于窦房结，房室结也有少量。细胞呈梭形或多边形，有分支，无闰盘。胞核大，卵圆形，位于中央。胞质内细胞器较少，肌质网不发达，有少量肌原纤维和吞饮小泡，但含较多的糖原。P 细胞周围有丰富的神经末梢。该细胞是心肌兴奋的起搏点，使心脏产生自动节律性收缩。

2. 移行细胞 移行细胞（**transitional cell**）主要分布于窦房结和房室结以及周边的房室束中，起传导冲动的作用。细胞呈细长形，比普通心肌纤维细而短，但较 P 细胞大，胞质内含肌原纤维较多，肌质网亦较发达。

3. 蒲肯野纤维 蒲肯野纤维（**Purkinje fiber**）又称**束细胞**（**bundle cell**），组成房室束及其分支。束细胞比普通心肌纤维短而粗，中央有 1～2

蒲肯野纤维

个胞核。胞质内含丰富的线粒体和糖原；肌原纤维较少，位于周边；HE 染色时，胞质浅淡。房室束分支末端的蒲肯野纤维与普通心肌纤维相连，将冲动快速传到心室各部。

二、血管

除毛细血管外，血管壁自腔面向外依次分为内膜、中膜和外膜三层（图 9-2）。

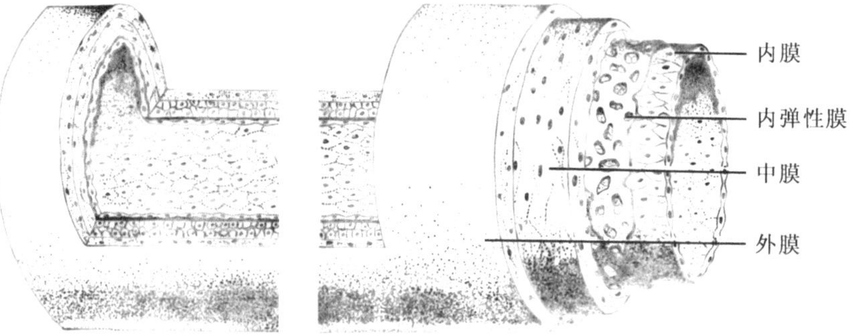

图 9-2　血管一般结构模式图

（一）血管壁的一般结构

1. 内膜　内膜（tunica intima）是三层中最薄的一层，又分为血管内皮、内皮下层和内弹性膜三层。

（1）血管内皮　**血管内皮（vascular endothelium）**为单层扁平上皮，衬于血管腔面。光镜观察，内皮细胞多呈梭形，基底面附于基膜上，游离面光滑，长轴多与血流方向一致，有胞核部分略凸向腔面，其余部分很薄。在动脉分支处，血流形成漩涡，内皮细胞可变为圆形。电镜观察，内皮细胞腔面可见少许胞质突起，表面覆以厚 30～60 nm 的细胞衣，相邻细胞间有紧密连接和缝隙连接。胞核居中，电子密度较低，以常染色质为主，异染色质较少，核仁大而明显。胞质内含发达的高尔基复合体，丰富的粗面内质网、滑面内质网和吞饮小泡，以及成束的微丝；此外，还有一种膜性杆状细胞器，称为 **W-P 小体（Weibel-Palade body）**。

内皮细胞游离面的胞质突起形态多样，它们扩大了细胞的表面积，有助于内皮细胞的物质吸收和转运作用；同时，还对血液的流体力学产生影响，如血流较快的血管，这些胞质突起可使近腔面的血流形成涡流，减缓血流速度，有利于物质交换。

内皮细胞游离面或基底面的细胞膜凹陷形成吞饮小泡。这些小泡可以互相连通，形成穿过内皮的暂时性管道，具有向血管内外输送物质的作用。此外，吞饮小泡还可作为膜储备，用于血管的扩张和延长。

W-P 小体又称**细管小体（tubular body）**，是血管内皮细胞特有的细胞器，长约 3 μm，直径 0.1～0.3 μm，外包单位膜，内含 6～26 条直径约 15 nm 的平行细管，包埋于中等电子密度的基质中。其功能是合成和储存第Ⅷ因子相关抗原（FⅧ）。当血管内皮受损时，FⅧ能使血小板附着于内皮下的胶原纤维上面，形成血栓，阻止血液外流。

内皮细胞中的微丝具有收缩能力。5- 羟色胺、组胺和缓激肽等可以刺激微丝收缩，改变细胞间隙的宽度和细胞连接的紧密程度，影响和调节血管的通透性。

近年来的研究表明，血管内皮细胞除了作为血管壁的内衬外，还能合成和分泌多种生物活性物质，在维持心血管功能方面起着重要的作用。例如，合成和分泌具有促进血管内皮细胞、血管平滑肌细胞和成纤维细胞生长作用的血管内皮细胞生长因子、血小板源性生长因子、胰岛素样生长因子 -1、白细胞介素 -1、碱性成纤维细胞生长因子等；具有促进和抑制血管平滑肌细胞生长双重调节作用的转化因子 β1 等；具有收缩血管作用的**内皮素**（**endothelin**）、前列环素 H2、血栓素 A2 和氧自由基等；具有舒张血管作用的一氧化氮、前列环素 -2 和内皮衍生超级因子等；具有抗凝血和抗血栓作用的 FⅧ、抗凝血酶Ⅲ、组织型纤溶酶原激活物等；以及合成和分泌多种结缔组织成分、补体调节蛋白和基质金属蛋白酶等。此外，内皮细胞还有重要的物质代谢功能，如能够降解缓激肽、凝血酶、5- 羟色胺、组胺和去甲肾上腺素等；其表面的酶能使脂蛋白分解为甘油三酯和胆固醇；血管紧张素转换酶能使血浆中的血管紧张素Ⅰ转变为血管紧张素Ⅱ，使血管收缩。

（2）内皮下层 **内皮下层**（**subendothelial layer**）为薄层结缔组织，内含少量胶原纤维、弹性纤维，有时含有少许纵行的平滑肌纤维。

（3）内弹性膜 有的动脉在内皮下层深面有一层由弹性蛋白构成的**内弹性膜**（**internal elastic membrane**），上面有许多小孔。在血管横切面上，因血管壁收缩，内弹性膜常呈波浪状，可作为动脉内膜与中膜的分界线。静脉通常没有内弹性膜。

2. 中膜 动脉的**中膜**（**tunica media**）较厚，静脉的较薄。大动脉以弹性膜和弹性纤维为主，其间有少许平滑肌纤维和胶原纤维。中动脉主要由平滑肌纤维组成，肌纤维间夹有少许弹性纤维和胶原纤维。

血管平滑肌纤维细长，常有分支，彼此间有中间连接和缝隙连接，并可与内皮形成**肌内皮连接**（**myoendothelial junction**），借此与内皮细胞或血液进行化学信息的交流。血管平滑肌细胞能够分泌肾素和血管紧张素原，与内皮细胞表面的血管紧张素转换酶共同构成肾外血管肾素和血管紧张素系统。有学者认为，血管平滑肌细胞是成纤维细胞的亚型，在血管发育过程中能够产生胶原纤维、弹性纤维和基质。在某些病理情况下，动脉中膜的平滑肌细胞可以移入内膜，增生并产生结缔组织，使内膜增厚，这是动脉硬化的重要病理变化。

3. 外膜 动脉的**外膜**（**tunica adventitia**）较薄，静脉的较厚，由疏松结缔组织构成，内含螺旋状或纵向分布的弹性纤维和胶原纤维，以及小的营养血管、淋巴管和神经纤维。结缔组织的细胞成分以成纤维细胞为主，当血管受损时，具有修复外膜的能力。有的动脉在中膜与外膜的交界处，有密集的弹性纤维组成的**外弹性膜**（**external elastic membrane**）。静脉通常缺少外弹性膜。

随着年龄的增长，动脉管壁内的结缔组织成分增多。至老年，内膜出现钙化和脂类物质沉积，管壁增厚，硬度变大，外周阻力增加，血压升高。

4. 血管壁的营养血管和神经 管径 1 mm 以上的动脉和静脉，其管壁内都有小血管分布，称为自养血管或营养血管。这些血管进入外膜后分支成毛细血管，分布到外膜和中膜。内膜一般无血管，其营养由腔内血液通过渗透供给。

动脉和静脉管壁上包绕有网状神经丛，神经纤维主要分布于中膜与外膜的交界处，有的可伸入中膜平滑肌层。动脉的神经分布密度通常较静脉大。其神经递质除乙酰胆碱和去甲肾上腺素外，还有多种神经肽，其中以神经肽 Y（NPY）、血管活性肠肽（VIP）和降钙素基因相关肽（CGRP）最为丰富，它们具有调节血管舒缩的作用。毛细血管是否存在神经分布，尚有争议。

5. 血管壁的特殊感受器 血管壁内有一些特殊的感受器，如颈动脉体、颈动脉窦和主动脉体等。颈动脉体位于颈总动脉分支处，是直径 2～3 mm 的扁平小体，主要由排列不规则的上皮细胞团或细胞索组成，细胞之间有丰富的血窦和神经纤维。电镜下，上皮细胞可分两型：Ⅰ型细胞和Ⅱ型细胞。Ⅰ型细胞含许多致密核芯小泡，常聚集成群，有许多神经纤维终止于其表面；Ⅱ型细胞的小泡少或无，位于Ⅰ型细胞的周围。颈动脉体是感受动脉血 O_2、CO_2 含量和 pH 变化的化学感受器，参与对心血管系统和呼吸系统功能的调节。主动脉体位于主动脉壁，其结构和功能与颈动脉体相似。颈动脉窦是颈总动脉分支处的一个膨大部，该处血管壁中膜薄，外膜较厚，外膜中含有许多来自舌咽神经的感觉神经末梢。颈动脉窦是压力感受器，能够感受血压上升所致血管壁扩张的刺激，参与对血压的调节。

（二）动脉

动脉（artery）从心脏发出后，反复分支，管径逐渐变细。一般将其分为大动脉、中动脉、小动脉和微动脉四级，但它们并无严格的界限，而是逐渐移行的。近心脏的大动脉，管壁中含有丰富的弹性纤维和弹性膜，具有较大的弹性，心脏收缩时，其管壁扩张，而心脏舒张时，其管壁回缩，维持血液持续匀速的流动。中动脉管壁内平滑肌发达，平滑肌的收缩和舒张使血管管径缩小或扩大，调节分配到机体各部和各器官的血流量。小动脉和微动脉也含少量平滑肌，其收缩和舒张可以明显改变管径的大小，显著调节器官和组织内的血流量，并能改变外周血流的阻力，调节血压。

1. 大动脉 **大动脉（large artery）**包括主动脉、肺动脉、颈总动脉、锁骨下动脉和髂总动脉等，管壁内含有大量的弹性膜和弹性纤维，具有较大的弹性，故又称**弹性动脉（elastic artery）**。其结构特点是：①内皮下层较明显，其中含有胶原纤维、弹性纤维和少量平滑肌纤维；②内弹性膜与中膜的弹性膜相连，故内膜与中膜的界限不清晰；③中膜较厚，有数十层环行弹性膜，弹性膜之间由弹性纤维相连，还有少量环行平滑肌纤维和胶原纤维以及含硫酸软骨素的异染性基质；④外膜较中膜薄，由结缔组织构成，其中大部分是胶原纤维，还有少量弹性纤维。没有明显的外弹性膜，故中膜与外膜的分界也不清楚（图 9-3）。

猪主动脉（左）和肺动脉（右）

2. 中动脉 除主动脉、肺动脉、颈总动脉、锁骨下动脉和髂总动脉等大动脉外，凡解剖学上有名称的管径大于 1 mm 的动脉均属**中动脉（medium-sized artery）**。因其管壁内富含平滑肌，故又称**肌性动脉（muscular artery）**。中动脉的结构最为典型，其特点是：①内皮下层较薄；②内、外

猪中动脉

弹性膜明显，故三层膜的界限清楚；③中膜较厚，主要由数十层环行平滑肌纤维组成，肌纤维间夹有少许弹性纤维和胶原纤维；④外膜厚度与中膜相近，由疏松结缔组织构成（图 9-4）。

图 9-3　大动脉

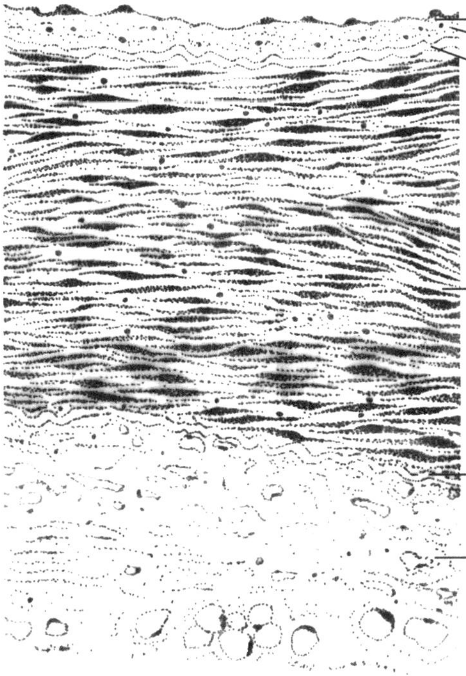

图 9-4　中动脉

3. 小动脉　小动脉（small artery）也属肌性动脉，管径为 0.3～1 mm，肉眼已难以分辨。其结构特点是：①内膜较薄，但有明显的内弹性膜；②中膜较薄，只有几层平滑肌；③外膜厚度与中膜相近，一般无外弹性膜（图 9-5）。

猪小动脉

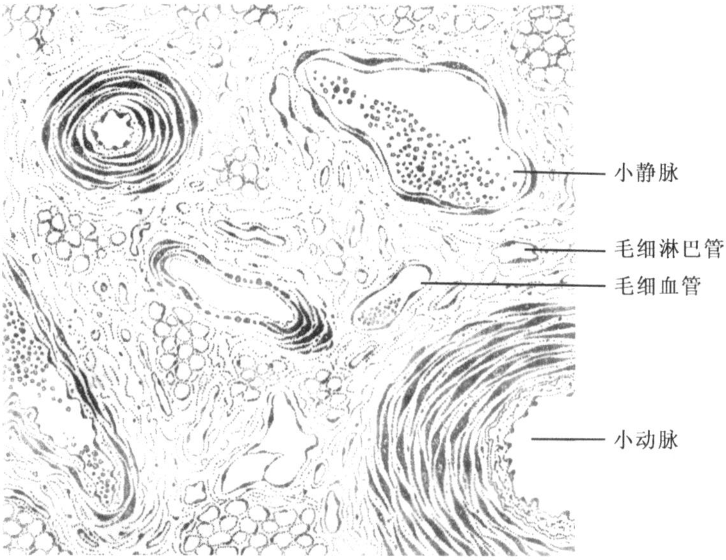

图 9-5　小动脉、小静脉和毛细血管

4. 微动脉　微动脉（arteriole）的管径在 0.3 mm 以下，要在显微镜下才能分辨。其结构特点是：①内膜、中膜和外膜均较薄；②无内、外弹性膜；③中膜只有 1～2 层平滑肌。

狗微动脉

（三）静脉

静脉（vein）是将血液运回心脏的管道，常与动脉伴行。由毛细血管汇合移行而来，也可分为微静脉、小静脉、中静脉和大静脉四级。其管壁结构也大致分为内膜、中膜和外膜三层。与同级的动脉相比，静脉有如下特点：①管腔大，管壁薄，弹性小，故在切片中，管腔常呈不规则塌陷，并有血液储留；②内、外弹性膜不明显，故管壁三层结构分界不清楚；③管壁内平滑肌和弹性膜较少，结缔组织较多；④外膜较中膜厚，大静脉尤为明显，外膜结缔组织中含有纵行的平滑肌束；⑤较大的静脉常有静脉瓣。

1. 微静脉　微静脉（venule）由毛细血管汇合而成，管径 50～200 μm，管腔不规则，内皮外平滑肌很薄或无，外膜亦薄。

2. 小静脉　小静脉（small vein）由微静脉汇合而成，管径 0.2～1 mm，内皮外逐渐有一层较完整的平滑肌，较大的小静脉则有数层平滑肌。外膜逐渐变厚（图 9-5）。

绵羊小静脉

3. 中静脉　中静脉（medium-sized vein）由小静脉汇合而成，管径 1～10 mm，内膜

猪中静脉

薄，内弹性膜不发达或不明显。中膜比相伴行的中动脉薄得多，没有外弹性膜，环行平滑肌稀疏。外膜比中膜厚，有的中静脉外膜含有纵行的平滑肌束（图 9-6）。

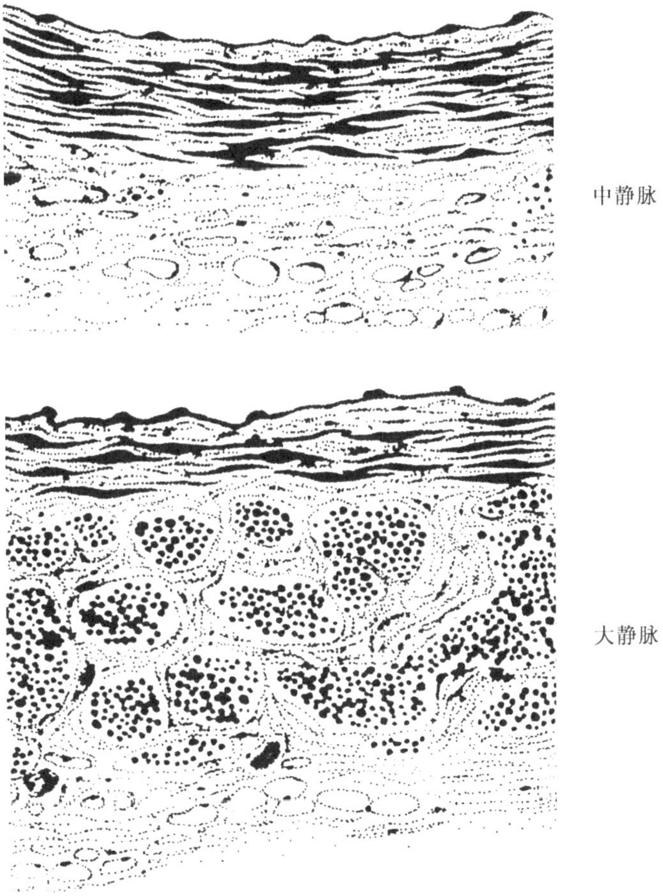

图 9-6　中静脉和大静脉

猪静脉瓣

4. **大静脉**　**大静脉（large vein）**由中静脉汇合而成，管径在 10 mm 以上。内膜较薄。中膜不发达，只有几层疏松的平滑肌，有的甚至没有平滑肌。外膜则厚，结缔组织内常有纵行的平滑肌束。前腔静脉、后腔静脉、颈静脉等属大静脉（图 9-6）。

5. **静脉瓣**　**静脉瓣（vein valve）**管径 2 mm 以上的静脉常有静脉瓣，是血管内膜向腔内突出形成的皱褶，为两个半月形的薄片，彼此相对，其游离缘朝向血流方向，能阻止血液倒流。静脉瓣表面衬有内皮，中间是结缔组织。

（四）毛细血管

毛细血管（capillary）是动物体内分布最广、分支最多、管径最小、管壁最薄的血管。毛细血管一般位于动脉和静脉之间。但也有极少数毛细血管位于动脉和动脉或静脉和静脉之间，如肾入球微动脉和出球微动脉之间的血管球、门静脉和肝静脉之间的肝血窦等。毛细血管在组织器官内相互通连并吻合成网。代谢功能旺盛的组织器官，毛细血管网稠密，如肝、肾、心脏、骨骼肌等；反之，毛细血管网稀疏，如韧带、肌腱等。少数组织器官，无毛细血管分布，如上皮、软骨、角膜、晶状体、蹄匣等。

1. 毛细血管的一般结构 毛细血管结构简单，由内皮和基膜构成。有的毛细血管外侧有少量周细胞和结缔组织。毛细血管的平均管径为7～9 μm，在横切面上，一般由2～3个内皮细胞围成。有的毛细血管只由一个细胞围成，仅能通过一个红细胞（图9-7）。

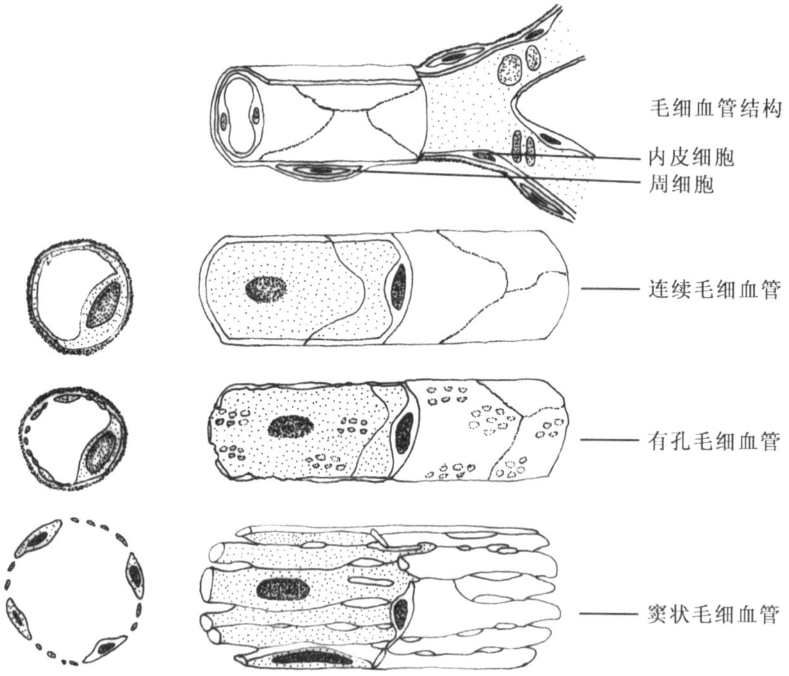

图9-7 毛细血管的结构及类型

（1）内皮 为单层扁平上皮，含胞核部分略隆起凸向腔内，周边菲薄。

（2）基膜 位于内皮细胞的外侧，较薄。基膜除起支持作用外，尚能诱导内皮再生。

（3）周细胞 **周细胞（pericyte）**为一种胞体扁长、有许多突起的细胞，位于基膜内，紧贴于内皮细胞。周细胞的功能尚有争议，有人认为它主要起机械性支持作用；也有人认为它属间充质细胞，在血管生长或损伤修复时可分化为内皮细胞、平滑肌细胞和纤维细胞，周细胞含有肌动蛋白、肌球蛋白，因此很可能还有收缩作用。

狗毛细血管

2. 毛细血管的类型 光镜下，各处的毛细血管相似。电镜下，根据其结构差别，将毛细血管分为下列三种。

（1）连续毛细血管 **连续毛细血管（continuous capillary）**的结构特点是：①内皮连续，内皮细胞间有紧密连接或桥粒封闭。②内皮细胞内有

毛细血管的类型

许多吞饮小泡。它们具有转运营养物质和代谢产物的作用。③内皮外有完整的基膜。④周细胞较常见（图 9-7）。连续毛细血管主要分布于结缔组织、肌肉组织、中枢神经系统、皮肤、肺和性腺等处。

（2）有孔毛细血管　**有孔毛细血管（fenestrated capillary）**的结构特点是：①内皮连续，内皮细胞间亦有紧密连接。②内皮细胞内吞饮小泡较少，但细胞不含核的部分很薄，上面有许多贯穿细胞的小孔，直径为 60～80 nm，小孔上一般覆盖有一层厚 4～6 nm 的隔膜。小孔可加大细胞的通透性。③内皮外有完整的基膜。④周细胞较少（图 9-7）。有孔毛细血管主要分布于肾血管球、胃肠黏膜、脉络丛和某些内分泌腺等需要快速渗透的部位。

（3）窦状毛细血管　**窦状毛细血管（sinusoid capillary）**又称**不连续毛细血管（discontinuous capillary）**或**血窦（sinusoid）**，其结构特点是：①管壁薄，管径一般较大，形状极不规则。②内皮细胞内吞饮小泡很少，但细胞上有小孔，而且相邻细胞之间有较大的间隙。物质交换通过这些小孔或间隙来完成。③基膜一般不连续或缺如。④周细胞极少或无（图 9-7）。窦状毛细血管主要分布于物质交换频繁的器官内，如肝、脾、红骨髓和某些内分泌腺等处。

3. 毛细血管的功能　毛细血管的行程迂回曲折，血流缓慢，是血液与组织细胞之间进行物质交换的主要部位。O_2、CO_2 和一些脂溶性物质等，可以通过简单扩散的方式直接透过内皮细胞；液体和大分子物质，如血浆蛋白、激素和抗体等，可以通过内皮细胞的孔、吞饮小泡和**穿内皮性小管（transendothelial channel）**，从毛细血管内皮的一侧运至另一侧；内皮细胞之间的间隙在正常情况下可以透过小分子物质；基膜能够透过较小的分子，但能阻挡一些大分子物质。

毛细血管的通透性是可变的。如体温升高、缺氧可使其通透性增大；维生素 C 缺乏时可使内皮细胞之间的连接开大，基膜和血管周围的胶原纤维减少或消失，从而引起毛细血管性出血；某些血管活性物质如血管紧张素Ⅱ、组胺和去甲肾上腺素等，能够引起内皮细胞收缩，细胞间隙增大，于是大分子物质可以透过内皮间隙。

（五）微循环

微循环（microcirculation）是指微动脉到微静脉之间的血循环，是血液循环的基本功能单位。在此，血液与组织细胞之间进行充分的物质交换。

组成微循环的血管一般包括微动脉、毛细血管前微动脉、后微动脉（中间微动脉）、真毛细血管、直捷通路、动静脉吻合、毛细血管后微静脉、微静脉等几个部分（图 9-8）。

1. 微动脉　微动脉是小动脉的分支，其管壁中平滑肌的收缩活动，起着调节微循环“总闸门”的作用。

2. 毛细血管前微动脉和后微动脉　微动脉的分支称为**毛细血管前微动脉（precapillary arteriole）**，继而分支成中间微动脉或称**后微动脉（metarteriole）**。

3. 真毛细血管　**真毛细血管（true capillary）**即毛细血管，是后微动脉的分支，起始端有少许环行平滑肌，称为毛细血管前括约肌，起着调节微循环“分闸门”的作用。

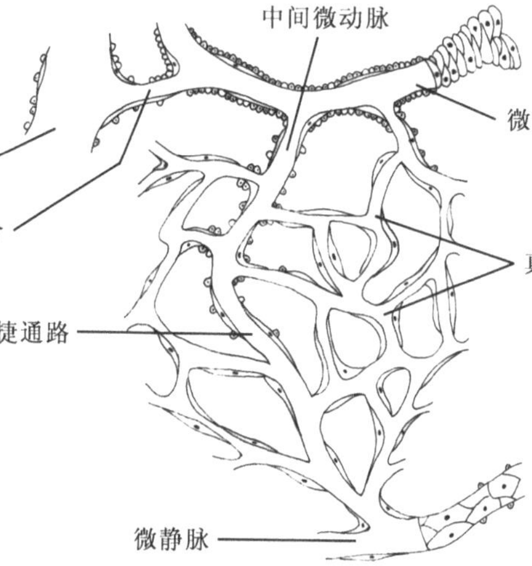

图 9-8　微循环血管组成模式图

4. **直捷通路**　**直捷通路（thoroughfare channel）**是后微动脉与微静脉直接相通的距离最短的毛细血管。

5. **动静脉吻合**　**动静脉吻合（arteriovenous anastomosis）**是由微动脉发出的直接与微静脉相连的特殊血管，其管壁较厚，有发达的纵行平滑肌和丰富的运动神经末梢，主要分布于指、趾、唇、鼻等处的皮肤和某些器官。

猪动静脉吻合

6. **毛细血管后微静脉和微静脉**　微静脉由毛细血管汇合而成，紧接毛细血管的微静脉称为**毛细血管后微静脉（postcapillary venule）**，其管壁与毛细血管相似，但管径略粗，内皮细胞间隙较大，故通透性亦较大，也有物质交换功能。但分布于淋巴组织和淋巴器官内的毛细血管后微静脉具有特殊的结构和功能，其内皮通常为单层立方上皮，是淋巴细胞穿越血管壁的重要部位。

毛细血管后微静脉

血液流经微循环时，可以根据功能的需要进行调节。当机体组织处于静息状态时，大部分毛细血管前括约肌收缩，真毛细血管内仅有少量血液通过，微循环的大部分血液经直捷通路或动静脉吻合快速流入微静脉；当机体组织处于功能活跃状态时，毛细血管前括约肌松弛，微循环的大部分血液流经真毛细血管，血液与组织细胞之间进行充分的物质交换。因此，根据机体局部需要，血液流经微循环的路径有 3 条：①微动脉→真毛细血管→微静脉；②微动脉→直捷通路→微静脉；③微动脉→动静脉吻合→微静脉。

三、淋巴管系统

淋巴管系统（lymphatic vascular systems）能够协助静脉导回部分组织液。机体内除中枢神经系统、骨、软骨、骨髓、眼球、内耳、牙齿等少数器官外，其余器官都有淋巴管分布。

1. **毛细淋巴管**　**毛细淋巴管（lymphatic capillary）**的结构与毛细血管

相似，但管径粗细不均，管壁很薄，一般仅由内皮和极薄的结缔组织构成，无周细胞；内皮细胞间有较大的间隙，基膜不连续或缺如，故通透性大，大分子物质易于通过。

2. 淋巴管　淋巴管（**lymphatic vessel**）的结构与静脉相似，但管径大而壁薄，管壁由内皮、少量平滑肌和结缔组织构成。为防止淋巴倒流，淋巴管腔面瓣膜较多。

猪淋巴管

3. 淋巴导管　淋巴导管（**lymphatic duct**）的结构类似大静脉，但三层膜难以区分，亦无内弹性膜。中膜为一至数层排列松散的平滑肌纤维。外膜由纵行的胶原纤维、弹性纤维和少量的平滑肌束构成。

本章内容临床拓展

心脑血管疾病是心脏血管和脑血管疾病的统称，泛指由于高脂血症、血液黏稠、动脉粥样硬化、高血压等所导致的心脏、大脑及全身组织发生的缺血性或出血性疾病。

第十章 免疫系统
Chapter 10 Immune System

内容概要

免疫系统由淋巴器官、淋巴组织、淋巴细胞及抗原呈递细胞等组成。根据功能及淋巴细胞的来源不同，淋巴器官可分为中枢淋巴器官和周围淋巴器官，前者包括胸腺、骨髓和腔上囊，后者包括淋巴结、脾、扁桃体、血结和血淋巴结。

胸腺的表面覆有一层结缔组织被膜，被膜伸入实质内将其分隔成许多不完整的胸腺小叶。每个小叶周围深色部分为皮质，中央浅色部分为髓质，各小叶的髓质可相互连接。胸腺实质主要以上皮性网状细胞为支架，支架中充满大量的胸腺细胞。胸腺皮质主要由密集的胸腺细胞和少量的上皮性网状细胞组成；髓质由较多的上皮性网状细胞、较少的T细胞和巨噬细胞以及一些胸腺小体等组成。

淋巴结的表面被覆薄层的结缔组织被膜，若干条输入淋巴管穿过被膜进入被膜下淋巴窦。被膜伸入实质内形成小梁，小梁再分支，彼此联络成网构成实质的粗网架。淋巴结的实质分布在被膜的下方以及小梁与小梁之间，可分为皮质和髓质。皮质位于被膜下面，由浅层皮质（淋巴小结和小结间弥散淋巴组织）、副皮质区和皮质淋巴窦组成。髓质由髓索及与其相间排列的髓窦组成。

脾的被膜较厚，富含平滑肌和弹性纤维，表面覆有间皮。被膜结缔组织伸入实质内形成许多分支的小梁，小梁互相吻合构成脾实质的粗网架，而小梁之间的网状组织则构成细微网架。脾的实质可分为白髓、红髓和边缘区。白髓由密集的淋巴组织构成，又可分为动脉周围淋巴鞘和淋巴小结。红髓由脾索和脾窦组成。边缘区位于白髓与红髓的交界处，由弥散的淋巴组织构成。

免疫系统（immune system）由淋巴器官、淋巴组织、淋巴细胞、抗原呈递细胞等组成。淋巴细胞为免疫系统的主要成分，通过淋巴和血液循环，将全身各处的淋巴器官和淋巴组织连成一个密切关联的功能整体。淋巴组织是一种以网状组织为支架，网眼中含有大量淋巴细胞和其他免疫活性细胞的特殊组织。除构成淋巴器官外，淋巴组织还分布在消化道、呼吸道和泌尿生殖道的黏膜固有层和黏膜下层，或聚集成为淋巴小结，或形成弥散性淋巴组织，它们被称为黏膜相关淋巴组织（详见第十二章消化管），构成动物体抵抗病原菌入侵的第一道防线；位于淋巴通路上的淋巴结构成动物体的第二道防线；位于血液循环通路上的脾构成第三道防线。

淋巴器官包括胸腺、骨髓、腔上囊（禽类）、淋巴结、脾、扁桃体、血结和血淋巴结。由于消化道、呼吸道和泌尿生殖道的黏膜下分布有较多的淋巴组织（尤其是回肠集合淋巴小结），因此从免疫的角度来看，它们也是动物体内的淋巴器官。

免疫系统的功能主要有两个方面：①识别和清除入侵动物体内的病原微生物等抗原；②监护动物体内部的稳定性，清除体内自身改变了的细胞（肿瘤细胞、衰老的细胞等）。

一、淋巴细胞及抗原呈递细胞

淋巴细胞受抗原刺激后分化增殖，形成抗原特异性淋巴细胞，在免疫应答中起核心作用。抗原呈递细胞具有捕获和处理抗原以及将抗原呈递给淋巴细胞的功能，在免疫应答过程中起重要的辅佐作用。淋巴细胞和抗原呈递细胞相互作用，密切配合，共同完成免疫应答。

（一）淋巴细胞

淋巴细胞是动物体内种类较多、分工极细、特异性强，并有不同分化阶段和功能的一个复杂的细胞群体。根据淋巴细胞的发生、表面标志及功能特点，一般将其分为下列4类。

1. 胸腺依赖淋巴细胞 **胸腺依赖淋巴细胞（thymus dependent lymphocyte）**简称T细胞，在胸腺内发育、分化和成熟。细胞表面有特异性抗原受体。T细胞一般可分为下列3个亚群。

（1）辅助性T细胞 **辅助性T细胞（helper T cell，Th细胞）**占T细胞的65%左右，能识别抗原，分泌多种淋巴因子，并能辅助T细胞和B细胞产生细胞免疫及体液免疫应答，扩大免疫反应。

（2）抑制性T细胞 **抑制性T细胞（suppressor T cell，Ts细胞）**占T细胞的10%左右，可以减弱或抑制免疫应答。

（3）细胞毒性T细胞 **细胞毒性T细胞（cytotoxic T cell，Tc细胞）**占T细胞的20%～30%，能特异性地杀伤靶细胞，是细胞免疫应答的主要成分。

2. 骨髓依赖淋巴细胞 **骨髓依赖淋巴细胞（bone marrow dependent lymphocyte）**或**腔上囊依赖淋巴细胞（bursa dependent lymphocyte）**简称B细胞，在骨髓（哺乳动物）或腔上囊（禽类）内发育、分化和成熟。B细胞经抗原刺激后，分化成浆细胞，产生大量的抗体，参与体液免疫应答。

3. 杀伤性淋巴细胞 **杀伤性淋巴细胞（killer lymphocyte）**简称K细胞。细胞表面无特异性抗原受体，但常有Fc受体。K细胞占血液中淋巴细胞的5%～7%。通过抗体与靶细胞结合，K细胞可借助Fc受体与抗原的Fc端结合进而杀伤靶细胞。

4. 自然杀伤淋巴细胞 **自然杀伤淋巴细胞（nature killer lymphocyte）**简称NK细胞。细胞表面无特异性抗原受体，占血液中淋巴细胞的2%～3%。它不需要抗原的刺激，也不依赖抗体的存在，能直接杀死某些靶细胞，如肿瘤细胞和被病毒感染的细胞。

（二）抗原呈递细胞

抗原呈递细胞（antigen presenting cell）是免疫应答初期重要的辅助细胞，其中以巨噬细胞数量最多，分布最广，是处理抗原的主要细胞。此外，还包括主要分布于脾、淋巴结和淋巴组织的T细胞区的**交错突细胞（interdigitating cell）**、分布于淋巴小结的生发中心的**滤泡树突细胞（follicular dendritic cell）**、分布于黏膜下的**树突细胞（dendritic cell）**、分布于表皮深层的郎格汉斯细胞以及位于回肠集合淋巴小结顶端上皮及扁桃体隐窝上皮中的**微皱褶细胞（microfold cell）**等。这些细胞都在抗原的捕获及转递给淋巴细胞过程中发挥一定的作用，在免疫应答过程中具有重要意义。

二、淋巴组织

根据结构和功能的不同，一般将**淋巴组织（lymphoid tissue）**分为弥散淋巴组织和淋巴小结两类。

（一）弥散淋巴组织

弥散淋巴组织（diffuse lymphoid tissue）弥散存在，与周围组织无明显界限，常位于消化道和呼吸道的固有层内。此种淋巴组织中有的部分以T细胞为主，有的则以B细胞为主，还常见有内皮为单层立方上皮的毛细血管后微静脉，管腔和管壁内经常可见淋巴细胞，毛细血管后微静脉是淋巴细胞进入血液与淋巴组织的重要通道。

（二）淋巴小结

淋巴小结（lymphoid nodule）是主要由B细胞密集排列而成的淋巴组织团，呈圆形或卵圆形，与周围组织界限清楚。小结周围的细胞小而密，着色深；中央部分的细胞较大，染色浅，有丝分裂多，称为**生发中心（germinal center）**（图10-1）。具有生发中心的淋巴小结称为次级淋巴小结，无生发中心的淋巴小结称为初级淋巴小结。淋巴小结不是固定的结构，在抗原刺激下形成、增大和增多；当抗原被清除后又可萎缩和消失。

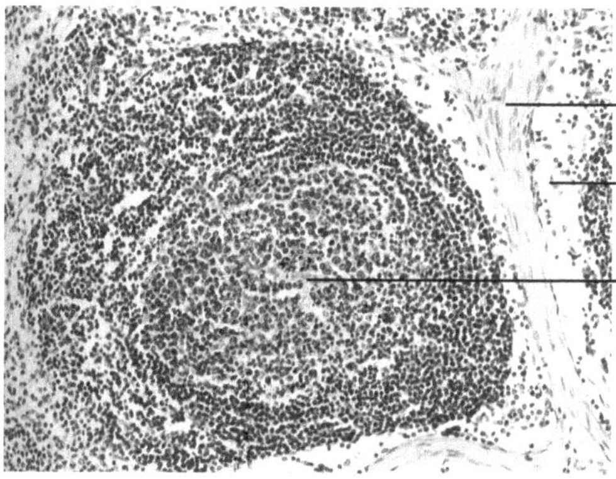

图10-1 淋巴小结

摘自李德雪，尹昕主编《动物组织学彩色图谱》

还有一类淋巴组织排列成条索状，称为**淋巴索（lymphoid cord）**。淋巴索可互相连接成网状，索内主要含有B细胞和浆细胞，还有一些巨噬细胞、肥大细胞及少量T细胞。淋巴索一般位于淋巴结的髓质及脾的红髓中。

三、淋巴器官

以淋巴组织为主构成的器官称为**淋巴器官（lymphoid organ）**，根据功能及淋巴细胞的来源不同可分为中枢淋巴器官和周围淋巴器官两类：**中枢淋巴器官（central lymphoid organ）**包括胸腺、骨髓及禽类的腔上囊；**周围淋巴器官（peripheral lymphoid organ）**包括淋巴结、脾、扁桃体、血结和血淋巴结。

中枢淋巴器官（骨髓除外）的结构特点是以上皮性网状细胞为支架，网眼里充满大量的淋巴细胞和巨噬细胞；它们发育较早，并不受抗原刺激的直接影响；中枢淋巴器官是培育各种特异性淋巴细胞的场所，淋巴干细胞在其中分别形成处女型T细胞和B细胞，不断地向周围淋巴器官输送。周围淋巴器官的结构特点是以网状细胞和网状纤维为支架，网眼里也充满大量的淋巴细胞和一些巨噬细胞；但它们发育较迟，其中的淋巴细胞来源于中枢淋巴器官，在抗原的刺激下可转化和增殖，产生大量的免疫效应细胞和抗体，因此，周围淋巴器官是引起免疫应答的重要场所。

（一）胸腺

1. 胸腺的组织结构　胸腺（thymus）随着年龄的不同变化很大。性成熟时体积和重量达最高峰，随后逐渐退化，小叶间脂肪组织相对增加，最后几乎被脂肪组织所代替。胸腺的表面覆有一层结缔组织被膜，被膜伸入实质内将其分隔成许多不完整的小叶，称为**胸腺小叶（thymic lobule）**。每个小叶分为皮质和髓质两部分，各小叶的髓质可相互连接（图10-2）。胸腺实质主要以**上皮性网状细胞（epithelial reticular cell）**为支架，大量的淋巴细胞在此进行分化发育，因此，有人称胸腺是一个“淋巴上皮器官”。

小狗胸腺

（1）胸腺皮质　主要由密集的**胸腺细胞（thymocyte**，即胸腺内分化发育的T细胞）和少量的上皮性网状细胞组成。皮质外周的胸腺细胞较大、较幼稚，靠近髓质的较小、较成熟。上皮性网状细胞形态多样，大多呈星形，胞质内含有许多中间丝束和微丝束。这些细胞间常有桥粒相连，形成了一个海绵状的多孔隙的网架（图10-3），其分泌的激素（胸腺肽、胸腺体液因子）可诱导淋巴细胞进行分裂分化。被膜下皮质内还有一种被膜下上皮细胞，其一侧与被膜结缔组织相连，另一侧伸出突起与皮质内的上皮性网状细胞的突起相连接。此类细胞可分泌胸腺生成素和胸腺素。此外，皮质中还分布有一些巨噬细胞。

（2）胸腺髓质　由较多的上皮性网状细胞、较少的T细胞和巨噬细胞以及一些胸腺小体等组成。

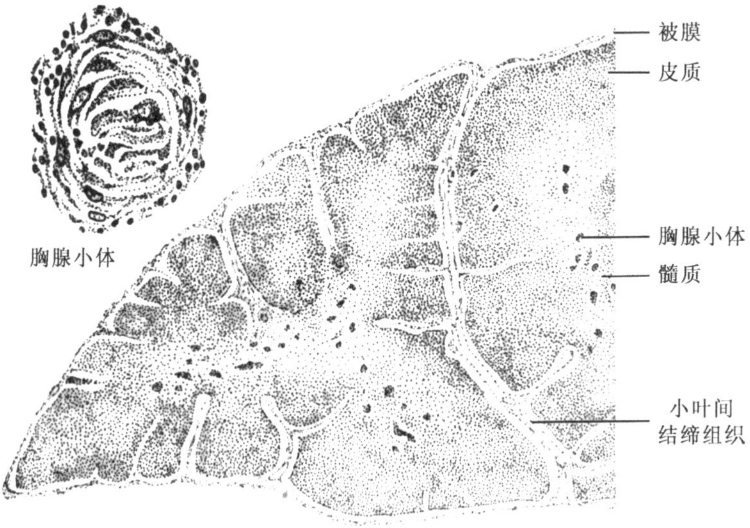

图 10-2　胸腺

摘自王树迎，王政富主编《动物组织学与胚胎学》

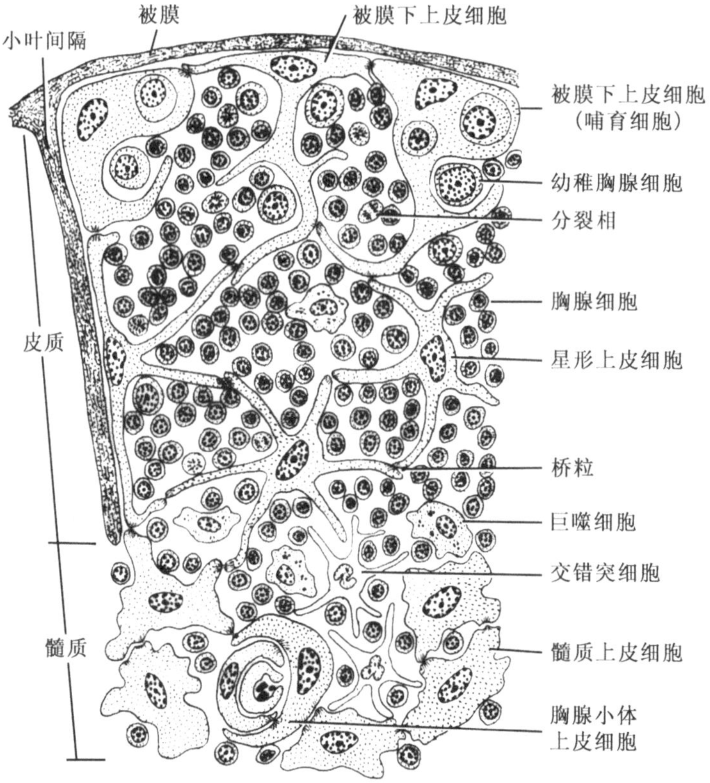

图 10-3　胸腺内细胞分布模式图

摘自成令忠主编《组织学与胚胎学》

胸腺小体（thymic corpuscle）一般呈圆形，直径 30～50 μm，由上皮性网状细胞呈同

小狗胸腺皮质髓质交界处

心圆状环绕而成（图 10-2）。胸腺小体的结构很像蔬菜中洋葱的构造，小体外周的细胞较清晰，中央的细胞已经解体，核消失，HE 染色呈强嗜酸性，有时小体内还可见到巨噬细胞。胸腺小体的功能尚不清楚。

髓质内的上皮性网状细胞亦称髓质上皮细胞，呈球形或多边形，胞体较大，细胞间以桥粒相连，间隙内有少量 T 细胞。髓质上皮细胞是分泌胸腺激素的主要细胞。

2. 胸腺的血管供应及血 - 胸腺屏障　几支小动脉从胸腺的周围穿过被膜进入小叶间隔，经过实质后在皮 - 髓交界处形成微动脉，再发出许多毛细血管分布于皮质，然后在皮 - 髓交界处汇集成毛细血管后微静脉，后者为胸腺内淋巴细胞进入血液的主要通道。

皮质中的连续毛细血管外周由一层连续的上皮性网状细胞突起包围，形成**血 - 胸腺屏障（blood-thymus barrier）**，包括以下几层：①连续毛细血管内皮，内皮间有紧密连接；②内皮外有完整的基膜；③毛细血管周隙内的巨噬细胞；④上皮性网状细胞外连续的基膜；⑤一层连续的上皮性网状细胞突起（图 10-4）。该屏障可阻止血液内抗原物质进入胸腺皮质，从而保证了胸腺细胞在相对稳定的微环境中发育。

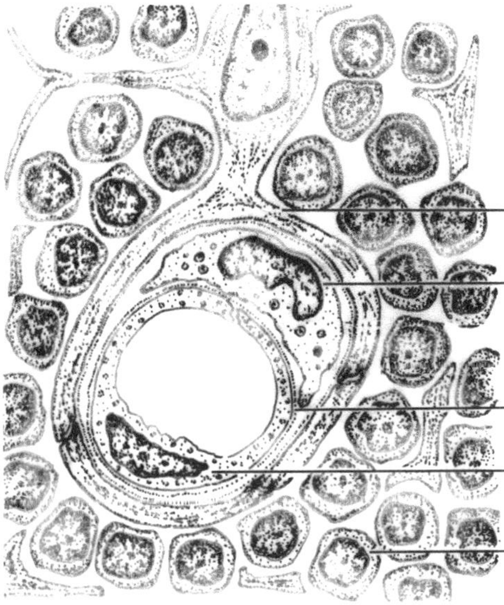

图 10-4　血 - 胸腺屏障结构示意图

3. 胸腺的功能　胸腺是培育 T 细胞的重要器官。从骨髓迁移来的淋巴干细胞在胸腺激素的诱导下，分化为成熟的 T 细胞，经血液输送至周围淋巴器官和淋巴组织。胸腺还可分泌多种激素，如被膜下上皮细胞和髓质上皮细胞分泌的胸腺素和胸腺生成素等，构成胸腺内适宜的内环境，促进胸腺细胞的分裂、分化与成熟。

（二）淋巴结

淋巴结（lymph node）呈卵圆形，大小不一，分布在淋巴回流的通路上，是动物体内重要的周围淋巴器官。

1. 淋巴结的组织结构 淋巴结的表面被覆有薄层的结缔组织被膜，若干条输入淋巴管穿过被膜进入被膜下淋巴窦。被膜结缔组织伸入淋巴结内形成小梁，小梁再分支，彼此联络成网构成实质的粗网架。小梁之间的网状组织构成实质的细微支架。淋巴结的一侧凹陷称为门部，门部的结缔组织较多，血管和神经以及输出淋巴管由此进出淋巴结。淋巴结的实质分布在被膜的下方以及小梁与小梁之间，可分为**皮质（cortex）**和**髓质（medulla）**两部分（图 10-5）。

牛淋巴结

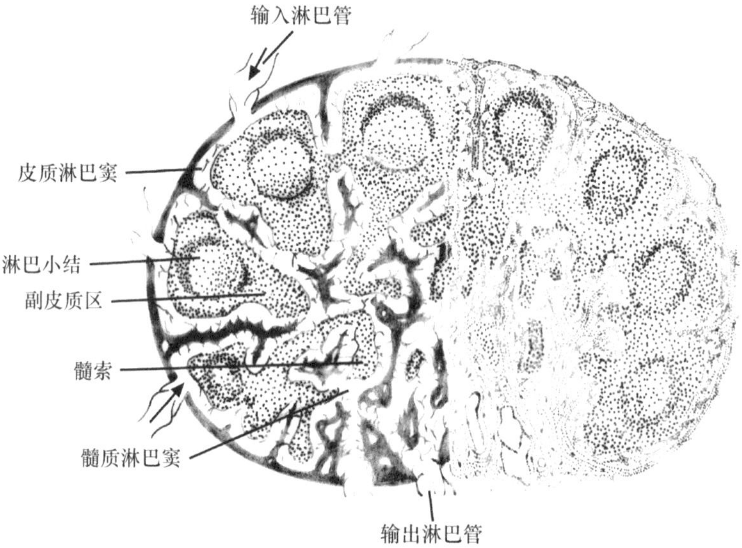

图 10-5 淋巴结示意图

（1）淋巴结皮质 位于被膜下面，由浅层皮质、副皮质区和皮质淋巴窦组成。

浅层皮质（superficial cortex）位于皮质的浅层，由淋巴小结和小结间弥散淋巴组织构成。淋巴小结呈圆形或卵圆形，主要由 B 淋巴细胞构成，约占 95%，其余为辅助性 T 细胞、巨噬细胞和滤泡树突细胞等。发育良好的淋巴小结正中切面可见小结帽以及由明区和暗区组成的生发中心。小结帽环绕淋巴小结，但在靠近被膜下淋巴窦处最厚，主要由密集的小淋巴细胞构成；明区位于淋巴小结的上半部，着色较淡，主要是一些中等大小的 B 淋巴细胞；暗区位于小结的下半部，着色较深，主要由胞质呈强嗜碱性的大 B 淋巴细胞组成。暗区的淋巴细胞受抗原的刺激不断分裂分化，移入明区，变成中淋巴细胞，再经多次分裂，变成帽区的小淋巴细胞，其中主要为浆细胞的前身和一些记忆细胞。浆细胞的前身迁移到髓质或通过血液循环进入其他淋巴器官、淋巴组织或慢性炎症的结缔组织中，转变为能分泌抗体的浆细胞。记忆细胞可不断地参加淋巴细胞再循环，当遇到相应的抗原再次刺激时，即迅速分裂分化转变为浆细胞。还有极少量的记忆细胞在无抗原刺激时也可间断地自动活化，分裂形成一小群浆细胞，以维持血中某种特异性抗体的较高浓度，增强机体的抵抗力。生发中心有少量的辅助性 T 细胞，这些 T 细胞可以产生淋巴因子以调节 B 细胞的分裂和分化。生发中心明区还分布有一些巨噬细胞和滤泡树突细胞。巨噬细胞可以吞噬大量将被淘汰的 B 细胞。滤泡树突细胞多突起，并互相连接成网，细胞突起可聚集大量抗原抗体复合物，后者经滤泡树突细胞吞噬处理并呈递给 T 细胞，活化的 T 细胞则分泌淋巴因子从而调控 B 细胞的分裂和分化。

副皮质区（paracortex zone）位于皮质的深层，故又称**深层皮质（deep cortex）**，为一弥散淋巴组织，属胸腺依赖区，因而主要由 T 细胞组成。在抗原的刺激下，T 细胞在此分裂分化，产生大量的特异性 T 细胞和一些 T 记忆细胞，使副皮质区迅速扩大。特异性 T 细胞产生细胞免疫应答，T 记忆细胞参与淋巴细胞再循环。此区内尚有许多由立方形内皮细胞围成的毛细血管后微静脉（图 10-6），它是血液内淋巴细胞进入淋巴组织的重要通道。血液流经毛细血管后微静脉时，约有 10% 的淋巴细胞穿越进入副皮质区。穿越的过程主要为：内皮细胞胞吞，移至对侧，经胞吐再释放，也可通过内皮间隙穿越到对侧。

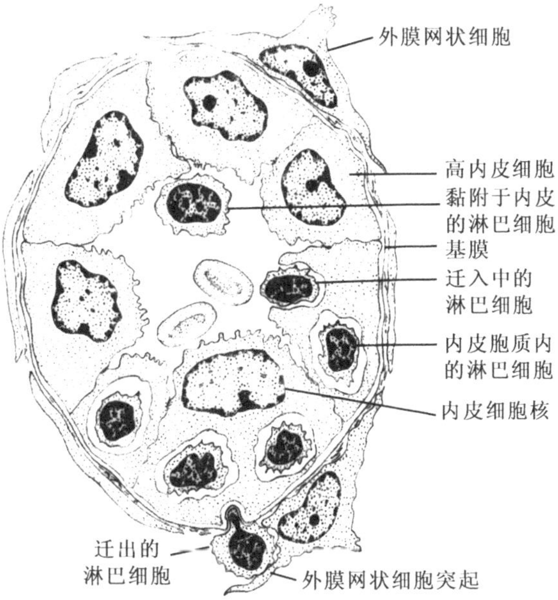

图 10-6　淋巴结副皮质区的毛细血管后微静脉模式图

摘自成令忠主编《组织学与胚胎学》

皮质淋巴窦（cortical sinus）包括被膜下淋巴窦和小梁周窦。数条输入淋巴管穿越被膜通入被膜下淋巴窦。沿小梁周为小梁周窦，它们多为较短的盲管。被膜下淋巴窦通过副皮质区之间的狭窄通道与髓窦相通。淋巴窦的窦腔形状不规则，窦壁衬有一层扁平的内皮细胞，其外侧有薄层基质、少量网状纤维和一层扁平的网状细胞，窦内常有一些星状的内皮细胞支撑，许多巨噬细胞附着其上或游离于腔内。淋巴在淋巴窦内缓慢流动，有利于巨噬细胞清除异物、细菌等。

（2）淋巴结髓质　包括髓索及与其相间排列的髓窦。

髓索（medullary cord）：由索状的淋巴组织互相连接而成，索内主要含 B 细胞和浆细胞，还有一些 T 细胞和巨噬细胞等。髓索内毛细血管较丰富，其中部常有一条扁平内皮的毛细血管后微静脉，它是血内淋巴细胞进入淋巴组织的另一条重要通道。

髓窦（medullar sinus）：即髓质淋巴窦。其结构与皮质淋巴窦相似，但腔更为宽阔而不规则，常含有较多的巨噬细胞，因此有较强的滤过作用。

2. 淋巴结内的淋巴通路 淋巴液由输入淋巴管导入被膜下淋巴窦，然后向四周缓慢地流开，少量淋巴渗入淋巴组织，大量淋巴经副皮质区之间的狭窄通道进入髓窦。从淋巴组织渗透的淋巴可经小梁周窦进入髓窦。最后汇入输出淋巴管。经淋巴结滤过后的淋巴液中细菌和异物较少，而含有较多的淋巴细胞和抗体。

3. 淋巴细胞再循环 淋巴细胞离开淋巴结进入淋巴及血液循环后，又可穿越毛细血管后微静脉再回到淋巴器官或淋巴组织内，如此不断的重复循环，称为**淋巴细胞再循环**（**recirculation of lymphocyte**）。参加再循环的淋巴细胞主要位于淋巴器官和淋巴组织内，其数量约为血液内淋巴细胞数的10倍，它们主要是长寿的T记忆细胞和少量的B记忆细胞。通过再循环可使淋巴细胞在全身各处不断巡行，有助于发现和识别抗原，使免疫系统各部位的组织和细胞协同行动，共同清除抗原。

4. 淋巴结的种间差异 哺乳动物的淋巴结结构均有一定的差别，在小猪表现得特别明显。小猪淋巴结的皮质和髓质的位置恰好与其他动物相反，大多数淋巴小结占据中央区域（图10-7），成年猪的淋巴小结常沿淋巴结深层的小梁周窦分布，淋巴小结的帽朝向小梁周窦。淋巴结周围主要为松散的未分化的淋巴组织，其中含有巨噬细胞和浆细胞。窦腔狭窄，无明显的髓索，输入淋巴管从一处或多处流入被膜，一直穿行到中央区域，汇入小梁周窦，最后汇集成几支输出淋巴管，从被膜的不同地方穿出。因此，从淋巴液的流向看，猪的淋巴结与其他家畜仍相同。牛的淋巴结被膜及小梁发达，马的次之，羊、兔等的不发达。在狗、猪、马、牛、羊的淋巴结中含有较多的平滑肌和弹性纤维。牛的淋巴小结较大，马的常有合并现象。

猪淋巴结

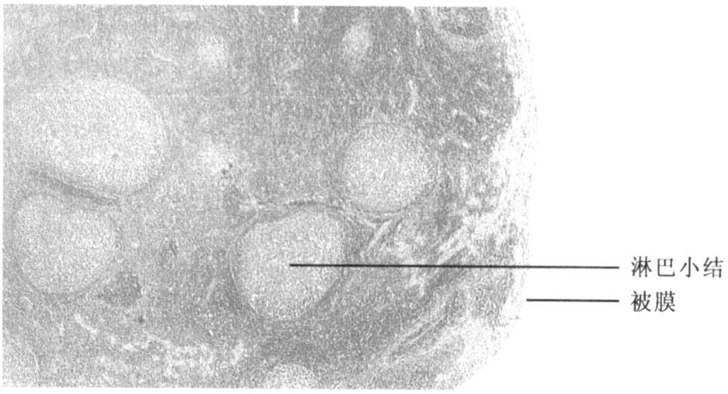

图10-7 猪淋巴结

摘自李德雪，尹昕主编《动物组织学彩色图谱》

5. 淋巴结的功能 淋巴结主要有下列两方面的功能。

（1）滤过淋巴液 淋巴结的组织结构如同一个粗制的滤器，当淋巴流过时，其中的病原菌就可被淋巴结窦腔内的巨噬细胞吞噬，如对细菌的清除率可达99%，但对病毒及癌细胞的清除率较低。

（2）产生淋巴细胞及参与免疫应答 在成年动物，骨髓是生成淋巴细胞的主要部位，但是淋巴结也可产生大量的淋巴细胞，只要有抗原的存在，周围淋巴组织都可产生淋巴细胞。进入淋巴结的抗原经巨噬细胞和交错突细胞吞噬和处理后被有特异性受体的淋巴细胞所识别，淋巴细胞发生转化增殖引起免疫反应。发生体液免疫应答时，淋巴小结体积增大，数量增多，髓索内浆细胞增多，产生大量的抗体。发生细胞免疫应答时，副皮质区迅速扩大，T细胞分裂分化，产生大量的效应性T细胞。淋巴结内的体液免疫应答和细胞免疫应答常同时发生，但强弱各有不同。淋巴结内的T细胞约占淋巴细胞总数的75%，B细胞约占25%。

相关知识临床扩展：动物接种疫苗后淋巴结副皮质区明显扩大，其中充满大量的淋巴细胞；在患有慢性支原体肺炎的猪的支气管淋巴结中，淋巴小结增大，生发中心明显，淋巴小结周围及髓索中淋巴细胞呈弥漫性增生。以上均是免疫应答的标志。

（三）脾

脾（spleen）是动物体内最大的周围淋巴器官，位于血液循环的通路上，没有输入淋巴管和淋巴窦，但有大量的血窦。

1. 脾的组织结构　脾由被膜和实质构成。实质又可分为白髓、红髓和边缘区。

脾的被膜富含平滑肌和弹性纤维，表面覆有间皮。被膜的厚度及平滑肌的含量因动物的不同而有变化，其中马的最厚，反刍动物和猪的厚度中等，狗和猫的最薄。被膜结缔组织伸入脾实质内形成许多分支的小梁，小梁互相吻合构成脾实质的粗网架，而小梁之间的网状组织则构成细微网架。被膜和小梁内的平滑肌及弹性纤维伸缩可以调节脾的血含量。

狗脾脏

（1）白髓　**白髓（white pulp）**由密集的淋巴组织构成，在新鲜脾的切面上呈分散的灰白色小点状，故称白髓。它又可分为动脉周围淋巴鞘和淋巴小结两部分（图10-8）。

动脉周围淋巴鞘（periarterial lymphatic sheath）：是分布在**中央动脉（central artery）**周围的弥散淋巴组织，主要由密集的T细胞及其间散在的巨噬细胞和交错突细胞等组成。此区相当于淋巴结的副皮质区，是脾的胸腺依赖区。当发生细胞免疫应答时，鞘内的淋巴细胞分裂增殖，鞘壁也增厚。

淋巴小结：脾中的淋巴小结又称**脾小结（splenic nodule）**，位于边缘区与动脉周围淋巴鞘之间，结构与淋巴结中的淋巴小结相似，所不同的是，由于中央动脉从其一侧经过，故常有由中央动脉分支而来的微动脉穿越脾小结。发育良好的淋巴小结也可分出小结帽、暗区和明区，帽朝向红髓。在抗原的刺激下引起体液免疫应答时，淋巴小结增大增多。

（2）红髓　**红髓（red pulp）**由脾索和脾窦组成，因含大量的血细胞，在新鲜脾的切面上呈红色，故称红髓。红髓约占脾实质的2/3，分布在被膜下、小梁和白髓之间。

脾索（splenic cord）位于血窦间，是一些富含血细胞的互相吻合的淋巴组织索。索内除含有淋巴细胞外，还有大量的血细胞、巨噬细胞、浆细胞，淋巴细胞主要为B细胞。根据细胞成分的不同及毛细血管的有无，可将脾索分为滤过区和非滤过区两种不同功能的区域。**滤过区（filtering area）**含有鞘毛细血管和毛细血管开放的终末部，两者周围均有大

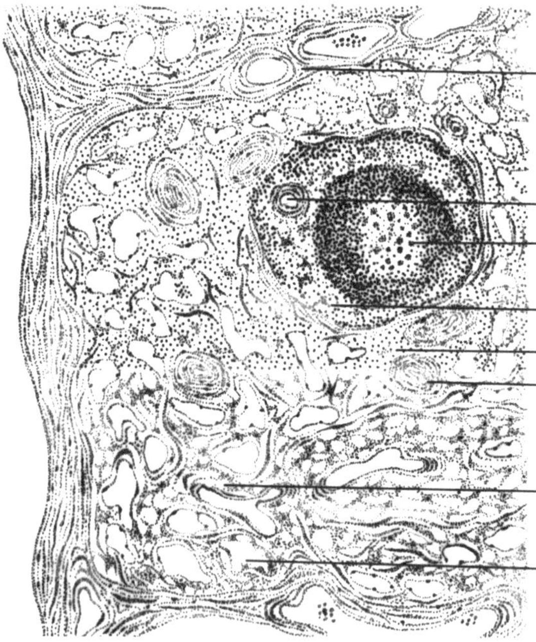

图 10-8　猪脾结构示意图

量的巨噬细胞，尤其是在鞘毛细血管周围，巨噬细胞和网状细胞形成椭圆形鞘，又称椭球。鞘结构有时很紧密，此时滤过作用很低；有时呈松散海绵状，鞘内充满血浆和血细胞，此时滤过作用较强。鞘毛细血管可间歇性地收缩或扩张，有调节血流的作用。当血液从滤过区的血管中渗出时，巨噬细胞即可清除衰老的红细胞、抗原抗体复合物或其他异物。**非滤过区（nonfiltering area）**几乎不含毛细血管，分布在几个滤过区之间，其中含有较多的 B 细胞、浆细胞，少量的 T 细胞和巨噬细胞。

脾窦（**splenic sinusoid**）为互相连接成网的静脉性血窦，形状不规则，窦壁由一层杆状的内皮细胞纵向排列而成，细胞之间有明显的间隙，内皮基膜不完整，外围分布有环行的网状纤维，使血窦形成了一种多孔隙的栅栏结构（图 10-9），有利于各种血细胞穿行。血窦周围有较多的巨噬细胞，其突起可通过内皮间隙伸向窦腔。

狗脾脏红髓

（3）边缘区　**边缘区（marginal zone）**位于白髓与红髓的交界处，此区的淋巴组织含有 T 细胞、B 细胞、较多的巨噬细胞及少量的红细胞。此处的淋巴细胞较白髓稀疏，脾索与边缘区连接处无明显界限。在白髓和边缘区的交界处，毛细血管末端膨大形成**边缘窦（marginal sinus）**，窦内的血细胞可不断进入边缘区的淋巴组织内。边缘窦是淋巴细胞由血液进入淋巴组织的重要通道，淋巴细胞可由此转移到动脉周围淋巴鞘、淋巴小结或红髓的脾索中。边缘区的巨噬细胞也可对血液中的异物及抗原进行清除和处理，所以边缘区是脾内首先捕获抗原和引起免疫反应的重要部位。

2. 脾的血液通路　脾的动脉自脾门入脾随小梁分支为小梁动脉，后者再分支进入白髓成为中央动脉，中央动脉分出许多小分支形成毛细血管，其末端膨大形成边缘窦。中央动脉的主干穿出白髓进入红髓中，形成许多

猪脾脏

直行分支，形似笔毛，称为笔毛微动脉。笔毛微动脉又可分为髓微动脉、鞘毛细血管和动脉毛细血管三段。髓微动脉内皮外有1～2层平滑肌；鞘毛细血管内皮外有一厚层巨噬细胞形成的鞘，在猪特别发达，又称椭球；动脉毛细血管的末端开放于脾索内，脾索的血液进入脾窦再汇合成髓微静脉，后者进入小梁成为小梁静脉，最后汇集成脾静脉由门部出脾（图10-10）。

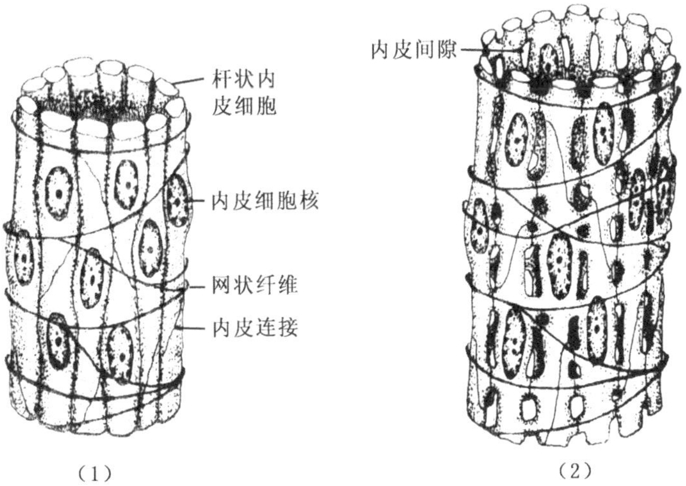

图10-9　脾窦结构示意图

（1）收缩状态　（2）扩张状态

摘自成令忠主编《组织学与胚胎学》

3. 脾的种间差异　马、狗和猪脾的淋巴小结及动脉周围淋巴鞘都很发达，而猫和反刍动物脾内动脉周围淋巴鞘则不发达，以淋巴小结为多。鞘毛细血管的大小和数量在不同的动物存在很大差异：猪的椭球大而多，常出现在动脉周围淋巴鞘和边缘区附近；猫、狗和马的鞘毛细血管位置与猪相似，但数量远不及猪的多，体积也较小。狗的脾窦发达，马、猪、猫和反刍动物的则不发达。

4. 脾的功能　脾具有下列几方面的功能。

（1）免疫　脾为动物体的第三道防线，进入血液内的病原微生物均可进入边缘区引起脾内发生免疫应答。发生细胞免疫时，动脉周围淋巴鞘增厚。发生体液免疫时，淋巴小结增生，脾索内浆细胞及巨噬细胞显著增加。脾比淋巴结具有更多的B细胞，能产生更多的抗体。此外，脾还有较多的K细胞及NK细胞，因此，脾在免疫系统中发挥着重要的作用。

（2）滤血　同淋巴结滤过淋巴液相似，脾内有大量的巨噬细胞可以对血液中的病原微生物进行有效的过滤，边缘区是巨噬细胞首先吞噬进入脾内病原微生物的重要场所；脾索的滤过区不仅对入侵血液中的抗原物质进行有效的清除，还可吞噬衰老的红细胞，切片中常见红髓充满大量的吞噬了红细胞碎片的巨噬细胞。

（3）造血　在成年动物脾只能产生淋巴细胞，在胚胎时期可制造各种血细胞，新生马和反刍动物出生数周内脾还能产生红细胞。当动物严重缺血或某些病理状态下，脾仍可恢复造血功能，产生红细胞、粒细胞及血小板等。

（4）储血　脾可将血液储于血窦内，马的脾可储存大量的红细胞，而猫脾的储血能力较小。当动物剧烈运动等需血时，脾内的平滑肌收缩可将脾窦的血排入血液循环以供需要。

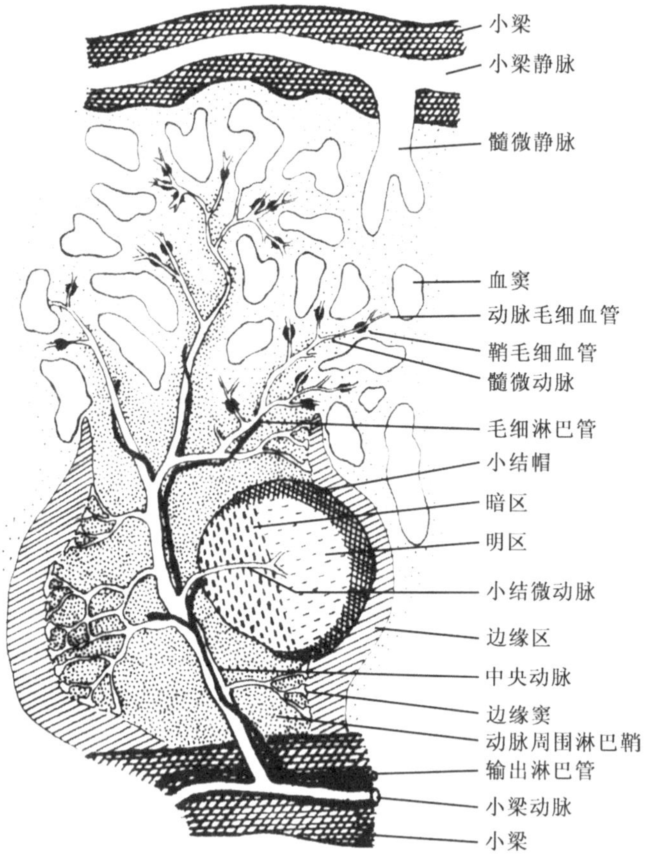

图 10-10　脾血液通路模式图

摘自成令忠主编《组织学与胚胎学》

（四）血结

血结（hemal node）为一种暗红色、卵圆形小体，在牛、羊较多见，马和灵长类也有。其组织结构介于淋巴结和脾之间，且更接近于后者。血结分布于血液通路上，窦腔内充满血液。

血结的被膜发达，由较致密的结缔组织和平滑肌组成，其中含有许多毛细血管，厚度因血结的大小而有变化。实质内的淋巴组织排列成索状或组成淋巴小结，小结也有生发中心。动脉从门部进入后经小梁至淋巴组织内分散成毛细血管，然后开口于血窦。血窦包括**边缘窦（marginal sinus）**和**中间窦（intermediate sinus）**。前者较宽大，位于被膜下方；后者位于索状淋巴组织和淋巴小结之间。血窦互相连通，窦壁为扁平内皮细胞，窦内有网状纤维和网状细胞支撑，并有许多巨噬细胞。

关于血结的功能，有不同的意见，一般认为它有滤过血液、产生淋巴细胞和浆细胞以及参与免疫反应的功能。

（五）血淋巴结

血淋巴结（hemolymph node）见于牛、猪、鼠和人，呈暗红色，其结构介于血结和淋巴结之间，特点是具有输入和输出淋巴管，窦腔中同时含有血液和淋巴液。

血淋巴结的被膜很薄，小梁不发达。实质可分为皮质和髓质，但二者分界不明显。皮质的淋巴细胞排列紧密，淋巴小结的轮廓不清晰。被膜下窦狭窄，由输入淋巴管来的淋巴经被膜下窦和小梁周窦注入髓窦。这些窦腔内既有淋巴也有红细胞的存在。血淋巴结的形成可能是由于毛细血管和淋巴窦相通，致使大量红细胞进入窦腔内。

血淋巴结也有滤血作用，也有可能参与免疫反应。

四、黏膜相关淋巴组织

淋巴组织除了大量分布在淋巴器官，还分布在消化道、呼吸道和泌尿生殖道的黏膜固有层和黏膜下层，形成**黏膜相关淋巴组织（mucosa-associated lymphoid tissue，MALT）**，如扁桃体、回肠集合淋巴小结等，作为防御病原微生物入侵的第一道防线。典型的MALT主要包括消化道的**扁桃体（tonsils）**、**肠相关淋巴组织（gut-associated lymphatic tissue，GALT）**和禽类的**腔上囊（cloacal bursa）**、呼吸道的**支气管相关淋巴组织（bronchiolar-associated lymphatic tissue，BALT）**。与淋巴器官不同的是，MALT通过黏膜接受抗原刺激，在黏膜中产生免疫反应，然后分泌抗体至黏膜表面。

狗支气管淋巴结

（一）扁桃体

扁桃体（tonsil）一般位于消化道和呼吸道的起始部位（口腔和口咽交界处以及鼻腔和咽喉交界处）。主要由淋巴小结和大量的弥散淋巴组织构成。马、猪和反刍动物的**腭扁桃体（palatine tonsils，PT）**（图10-11）上皮内陷形成的隐窝下分布有大量淋巴组织。**舌扁桃体（lingual tonsil）**位于舌的根部，**鼻咽扁桃体（nasopharyngeal tonsil）**和**咽鼓管扁桃体（tubal tonsils）**位于鼻咽处。这些位于口腔后部和鼻腔后部的淋巴组织形成Waldeyer氏环，抵御外界病原微生物的入侵。

（二）肠相关淋巴组织

消化道中均分布有淋巴组织，尤其在回肠淋巴组织集中大量分布，形成肠集合淋巴结，即**肠相关淋巴组织（gut-associated lymphatic tissue，GALT）**或称**派伊尔氏斑（Peyer's patches）**。GALT淋巴小结上方的黏膜上皮内散在分布有一种**微皱褶细胞（microfold cell，M细胞）**。此种细胞可以吞噬肠腔内的抗原物质，以吞饮小泡的形式转运给下方的淋巴细胞，或产生细胞因子（T细胞）或刺激B淋巴细胞增殖分化，转变为浆细胞，分泌免疫球蛋白A（IgA），与吸收细胞产生的分泌片段结合，共同形成分泌性免疫球蛋白 A（SIgA），发挥有效的生物学功能。所以消化管黏膜免疫构成全身免疫的重要组成部分。

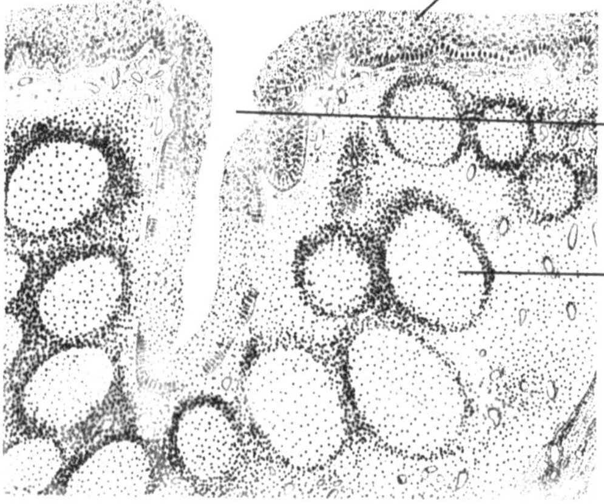

图 10-11　猪腭扁桃体

（三）腔上囊

腔上囊（cloacal bursa），也称**法氏囊（bursa of Fabricius）**，是禽类特有的中枢淋巴器官，位于肛道背侧，呈盲囊状，与泄殖腔相通。腔上囊与胸腺相似，在幼龄时较发达，至性成熟时体积最大，以后则逐渐退化。

鸡法氏囊

腔上囊起源于泄殖腔，其组织结构类似于消化管的结构，囊壁结构从内向外分为黏膜、黏膜下层、肌层和外膜四层。黏膜和部分黏膜下层向囊腔突起形成较大的纵行皱襞，在大的纵行皱襞之间还有许多小皱襞。黏膜由上皮和固有层构成。上皮主要为假复层柱状上皮，有些部位为单层柱状上皮。固有层是腔上囊最独特的结构，主要由富含腔上囊小结的疏松结缔组织构成（图 10-12）。这种腔上囊小结是一种**淋巴上皮小结（lympho-epithelial follicle）**，呈圆形、卵圆形或多边形。腔上囊小结排列密集，在一个大的纵行皱襞内多达 40～50 个。腔上囊小结与一般的淋巴小结不同，每个小结由周边色深的皮质和中央色浅的髓质以及介于两者之间的一层上皮细胞构成。皮质主要由密集的中小淋巴细胞组成。髓质由上皮性网状细胞、大中淋巴细胞和巨噬细胞组成。在髓质与皮质的交界处，有一层连续的上皮细胞和完整的基膜，该上皮细胞和基膜有时与腔上囊黏膜表面的上皮和基膜相连续。腔上囊的黏膜下层较薄，主要为疏松结缔组织，在皱襞中央构成小梁并形成黏膜皱襞。肌层多由内纵、外环两层平滑肌构成。外膜为浆膜。

腔上囊是培育各种特异性 B 淋巴细胞的场所。在胚胎时期骨髓的淋巴干细胞通过血流进入腔上囊，在上皮性网状细胞构成的微环境诱导下，不断分裂分化，形成腔上囊依赖性淋巴细胞，然后随血流迁移到全身各处的淋巴组织和淋巴器官的非胸腺依赖区定居。当有抗原物质刺激时迅速进行分裂分化，形成大量的浆细胞和一些 B 记忆细胞，参与体液免疫。

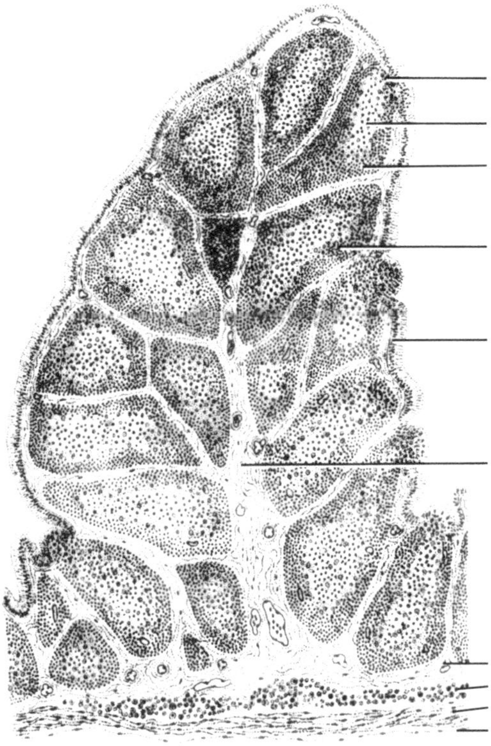

图 10-12　鸭腔上囊横切

摘自王树迎，王政富主编《动物组织学与胚胎学》

五、家禽淋巴器官的组织学特点

家禽的淋巴组织分布极为广泛，存在于许多器官中。如在消化道、呼吸道、生殖管道的固有层和黏膜下层中，普遍存在淋巴组织，其中盲肠扁桃体是家禽消化道中特有的淋巴组织；在肺、肾、肝、胰腺、骨髓、皮肤、心脏、内分泌腺及第三瞬膜腺（哈德氏腺）等处，均可见弥散淋巴组织和淋巴小结的存在。家禽体内的淋巴器官主要有胸腺、腔上囊和脾等。

（一）胸腺

鸡胸腺

禽类胸腺分布于颈部两侧皮下，呈长链状，每侧有 5～8 叶。其组织结构与哺乳动物的相似。胸腺表面有薄层结缔组织构成的被膜。被膜的结缔组织向胸腺内伸入，将实质分隔成许多大小不等的不完全分开的小叶。每个小叶可分为周边的皮质和中央的髓质。皮质由密集的小淋巴细胞、少量的中淋巴细胞和上皮性网状细胞等构成，着色较深，内有少量毛细血管。髓质内淋巴细胞较少，上皮性网状细胞相对较多。在髓质内也分布有结构类似于哺乳动物的胸腺小体。

（二）腔上囊

见第 132 页。

（三）脾

家禽的脾位于腺胃与肌胃交界处的右背侧，呈棕红色或紫红色，鸡的呈球形，鸭和鹅的为扁卵圆形。

脾的表面被覆有一层含有较多弹性纤维和少量平滑肌的结缔组织被膜。被膜的结缔组织伸入脾内形成不发达的小梁。脾的实质由白髓和红髓构成，两者界限不及哺乳动物明显，无明显的边缘区。白髓由中央动脉周围的动脉周围淋巴鞘和在其外周形成的淋巴小结组成。与哺乳动物相比，动脉周围淋巴鞘分布的范围更广，即除在中央动脉周围外，在笔毛微动脉周围，甚至在椭球的周围也有弥散淋巴组织分布。但白髓中淋巴小结的数量较少。红髓的结构与哺乳动物相似，也是由脾索和脾窦组成。

脾的主要功能是造血、滤血和参与免疫活动。与哺乳动物不同的是，家禽的脾无贮血和调节血量的作用。

六、鱼类淋巴器官的组织学特点

与哺乳动物不同，鱼的主要免疫器官是头肾和胸腺，鱼的脾脏尽管含有较多的淋巴组织，但远不如哺乳动物的发达。

（一）头肾

鲤鱼和鲫鱼的**头肾（head-kidney）**位于围心腹腔隔膜的背前方，由左右对称的两叶构成，每一叶又由近似三角形和近似四边形的前后两小叶组成。头肾的表面覆盖有一薄层结缔组织被膜，实质主要由淋巴组织和血窦构成，分为中央区和外周区。中央区的淋巴组织排列成索状，环绕血管呈放射状分布，细胞索之间由血窦隔开；外周区则以排列密集的弥散性淋巴组织为特征，含有淋巴细胞、浆细胞、血细胞、巨噬细胞。在头肾实质中尚可见黑色素巨噬细胞中心、前肾间组织以及大小不等的甲状腺滤泡（图 10-13）。

图 10-13　鲤鱼头肾横切

南京农业大学杨倩提供

（二）胸腺

鲤鱼和鲫鱼的胸腺位于鳃腔背顶角内侧，埋藏在上耳鳃锁肌之间，左右各一，呈 Y

形。其体积随季节的不同有所变化，每年的4、5月份最大。胸腺的表面覆盖有一薄层结缔组织被膜，被膜深入实质内，形成不很明显的小叶和小梁。胸腺的实质可分为皮质和髓质。皮质主要分布在外周，由较多的上皮性网状细胞和少量的淋巴细胞等组成，此外还有许多嗜酸性胸腺小体。髓质主要分布在中央，但有的区域髓质会分布在皮质的外面。髓质主要由密集的淋巴细胞组成，此外还有巨噬细胞、黏液细胞和嗜酸性类肌细胞。黏液细胞呈圆形，胞质内充满电子密度很低的黏原颗粒，细胞核很小，呈扁平形，与少量的胞质被挤于细胞的一侧。嗜酸性类肌细胞的胞质内存在大量的肌原纤维，肌原纤维由粗肌丝和细肌丝组成，具有典型的周期性横纹结构。

（三）脾脏

鱼的脾脏也由红髓和白髓组成。红髓含有大量的血窦，其中充满血细胞、巨噬细胞和淋巴细胞。白髓虽然不发达，但由两部分组成，即**黑色素巨噬细胞中心（melanomacrophage accumulations）**和**椭圆体（ellipsoids）**（图10-14）。

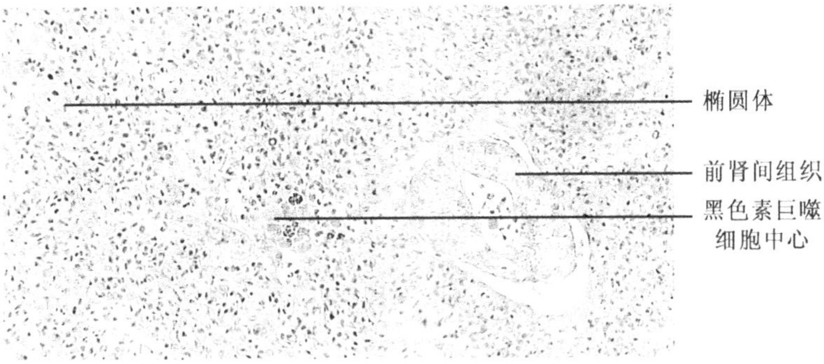

图10-14 鲤鱼脾横切

南京农业大学杨倩提供

黑色素巨噬细胞中心主要由巨噬细胞组成，是脾中主要破坏红细胞的场所，可长期保留抗原，储存抗原抗体复合物；黑色素巨噬细胞中心还有类似高等动物淋巴小结生发中心的功能。椭圆体是脾中小动脉的最末端，周围分布有网状纤维、网状细胞和巨噬细胞形成的鞘。椭圆体毛细血管中的血液，可直接流入脾髓网状组织的腔隙中。鲫鱼腹腔注射墨汁2 h后，即可在椭圆体的巨噬细胞中看到炭粒的积累。在脾脏实质中尚可见少量前肾间组织。

本章内容临床拓展

年幼的动物如果切除胸腺会导致免疫缺陷，且很容易发生感染，一些传染病病毒（如人类的艾滋病病毒和家禽的传染性法氏囊病病毒）能引起免疫抑制，使动物易感其他病原微生物。传染病的发生和抗原刺激都会导致淋巴结和脾肿大。发炎的淋巴小结中具有明显的生发中心。

第十一章 内分泌系统
Chapter 11 Endocrine System

内容概要

内分泌系统由独立的内分泌腺和内分泌细胞组成。内分泌腺有脑垂体、肾上腺、甲状腺、甲状旁腺和松果体等；内分泌细胞包括存在于某些器官内的内分泌细胞群，散在分布的内分泌细胞，以及兼有内分泌功能的细胞。内分泌腺的组织学特点是无导管，腺细胞排列成条索状、团块状，毛细血管丰富。

脑垂体分为腺垂体和神经垂体。腺垂体由远侧部、中间部和结节部组成；神经垂体包括神经部和漏斗。远侧部含有嗜酸性细胞、嗜碱性细胞和嫌色细胞。嗜酸性细胞又可分为生长激素细胞和催乳激素细胞，嗜碱性细胞又可分为促甲状腺激素细胞、促性腺激素细胞和促肾上腺皮质激素细胞。结节部的细胞主要分泌促性腺激素。中间部的细胞主要分泌黑素细胞刺激素。神经部由来自下丘脑神经元的无髓神经纤维和神经胶质细胞组成。

肾上腺实质分为周围的皮质和中央的髓质。皮质由浅入深由多形带、束状带和网状带构成。多形带分泌盐皮质激素醛固酮等；束状带分泌糖皮质激素氢化考的松等；网状带主要分泌雄激素，也能分泌少量雌激素和糖皮质激素。髓质由分泌肾上腺素和去甲肾上腺素的嗜铬细胞组成。

甲状腺由许多大小不等的滤泡构成，滤泡上皮为单层立方上皮，滤泡腔内充满胶质。甲状腺的功能是分泌甲状腺素和降钙素等。

甲状旁腺含有主细胞和嗜酸性细胞，主细胞分泌甲状旁腺素。

松果体由松果体细胞、神经胶质细胞和无髓神经纤维构成，松果体细胞主要分泌褪黑激素。

内分泌系统（endocrine system）由独立的内分泌腺和内分泌细胞组成。内分泌腺有脑垂体、甲状腺、甲状旁腺、肾上腺和松果体等。内分泌细胞包括存在于某些器官内的内分泌细胞群，如胰岛、黄体、睾丸间质细胞、肾小球旁器等；散在分布于胃肠道、呼吸道、泌尿生殖道等黏膜上皮和腺体中的内分泌细胞；兼有内分泌功能的细胞，如心肌细胞、平滑肌细胞、内皮细胞、红细胞和白细胞等。内分泌系统是动物机体的重要调节系统，与神经系统、免疫系统相互作用，共同调节动物的生长发育和各种代谢活动，控制生殖，影响行为。

内分泌腺实质的细胞排列成团块状、条索状或滤泡状，无导管，腺细胞间有丰富的毛细血管和血窦。腺细胞分泌的活性物质称为**激素**（**hormone**），按其化学性质可分为含氮激素和类固醇激素两大类。含氮激素包括氨基酸衍生物、胺类、肽类和蛋白质类激素，分泌该类激素细胞的结构特点与蛋白质分泌细胞相似，细胞内含大量膜包分泌颗粒、粗面内质网和发达的高尔基复合体，如甲状腺滤泡上皮细胞等。分泌类固醇激素细胞的结构特点是胞质内含丰富的滑面内质网、线粒体和脂滴，肾上腺皮质和性腺的内分泌细胞属于此类。

大多数内分泌细胞产生的激素通过血液循环发挥调节作用，少数内分泌细胞产生的激素可直接作用于邻近的细胞，称为**旁分泌**（**paracrine**）。激素所作用的器官或细胞称为该激素的**靶器官**（**target organ**）或**靶细胞**（**target cell**）。靶细胞具有与相应激素结合的受体，含氮激素的受体一般在靶细胞的质膜上，类固醇激素的受体则位于靶细胞的细胞内。受体与相应激素结合后产生一系列生理效应。

一、脑垂体

马脑垂体（一）

脑垂体（**hypophysis**）为卵圆形或椭圆形小体，位于颅底蝶骨构成的垂体窝内，分泌多种激素，控制动物的生长发育、代谢和生殖等生命活动，其功能受下丘脑的控制，故脑垂体是联系神经和内分泌两大调节系统的重要枢纽。脑垂体表面被覆有富含毛细血管的结缔组织被膜，实质由**腺垂体**（**adenohypophysis**）和**神经垂体**（**neurohypophysis**）两部分组成。腺垂体来自胚胎原始口腔的外胚层上皮形成的**拉克氏囊**（**Rathke's pouch**），由远侧部、中间部和结节部组成；神经垂体由间脑底部的神经外胚层向腹侧突出的**神经垂体芽**（**neurohypophyseal bud**）发育而成，分为神经部和漏斗两部分，漏斗由正中隆起和漏斗柄构成，与下丘脑相连。远侧部又称**前叶**（**anterior lobe**），中间部和神经部合称**后叶**（**posterior lobe**）。各种家畜脑垂体的形态略有差异。脑垂体的组成如表 11-1 所示。

表 11-1　脑垂体的组成

- 脑垂体
  - 腺垂体
    - 远侧部(垂体前叶)
    - 结节部
    - 中间部 ┐
  - 神经垂体
    - 神经部 ┘ 垂体后叶（中间部 + 神经部）
    - 漏斗
      - 正中隆起
      - 漏斗柄

（一）腺垂体

1. 远侧部　**远侧部**（**pars distalis**）构成腺垂体的主要部分，腺细胞排列成团索状，细胞索间有丰富的血窦（图 11-1）。在 HE 染色的标本中，腺细胞分为**嗜色细胞**（**chromophil cell**）和**嫌色细胞**（**chromophobe cell**）两大类，根据细胞的染色特点，嗜色细胞又分为嗜酸性细胞和嗜碱性细胞。

电镜下，两种细胞均具有含氮激素细胞的结构特点。

（1）嗜酸性细胞　**嗜酸性细胞**（**acidophil**）占远侧部细胞的 40% 左右，细胞体积较大，轮廓清晰，呈圆形或卵圆形，直径 14～20 μm，胞质内含许多粗大的嗜酸性颗粒（图 11-1）。根据所分泌激素不同及电镜下的结构特点，嗜酸性细胞又分为下列两种。

马脑垂体（二）

生长激素细胞（**somatotroph**）数量较多，体积较大，胞质内充满圆球形的分泌颗粒（图 11-2），合成和释放**生长激素**（**growth hormone, GH**）。生长激素可促进动物生长发育，增强机体的代谢功能，尤其是刺激骺软骨生长，使骨增长，体格增大。在人类幼年时期该激素分泌不足可导致侏儒症，分泌过多则引起巨人症；成人分泌过多会发生肢端肥大症。

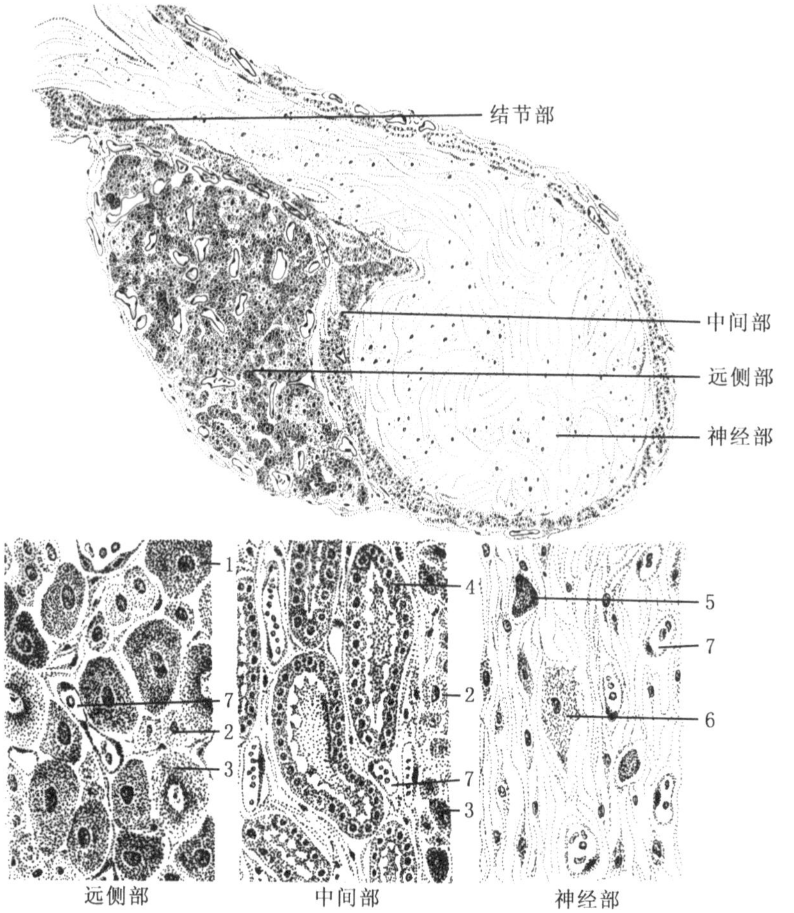

图 11-1　脑垂体模式图

1. 嗜酸性细胞　2. 嫌色细胞　3. 嗜碱性细胞　4. 滤泡　5. 赫令体　6. 垂体细胞　7. 毛细血管

催乳激素细胞（**mammotroph**）数量较少，在妊娠期和哺乳期数量增多，体积增大，胞质内含粗大的椭圆形或不规则形分泌颗粒，分泌**催乳激素**（**prolactin, or lactotropic hormone, LTH**）。催乳激素可促使乳腺发育和乳汁分泌。雄性动物和雌性动物的垂体均含有此种细胞，但雄性动物较少。

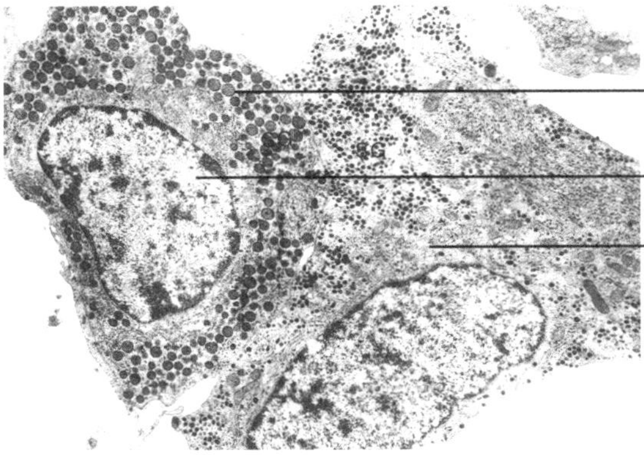

图 11-2　脑垂体远侧部细胞

摘自李德雪，尹昕主编《动物组织学彩色图谱》

（2）嗜碱性细胞　**嗜碱性细胞（basophil）**占远侧部细胞的 10% 左右。细胞大小不等，椭圆形或多角形，直径 15～25 μm，胞核较大，淡染，胞质内含有嗜碱性颗粒。电镜下，嗜碱性细胞分为下列 3 种。

促甲状腺激素细胞（thyrotroph）呈多角形，胞质内分泌颗粒较小，分泌**促甲状腺激素（thyroid stimulating hormone, TSH）**，促进甲状腺的发育及甲状腺激素的合成与释放。

促性腺激素细胞（gonadotroph）体积较大，胞质内分泌颗粒中等大小，分泌**卵泡刺激素（follicle stimulating hormone, FSH）**和**黄体生成素（luteinizing hormone, LH）**。FSH 可促进雌性动物卵泡发育，在雄性动物则刺激生精小管的支持细胞合成雄激素结合蛋白，促进精子的发生。LH 可促进雌性动物排卵和黄体的形成以及黄体细胞的分泌；在雄性动物则刺激睾丸间质细胞分泌雄激素，故又称**间质细胞刺激素（interstitial cell stimulating hormone, ICSH）**。

促肾上腺皮质激素细胞（corticotroph）形态不规则，多呈星形或长梭形（图 11-2），胞质内分泌颗粒较大，分泌**促肾上腺皮质激素（adrenocorticotropic hormone, ACTH）**，促进肾上腺的发育和束状带及网状带细胞的分泌。此外，还可分泌**促脂素（lipotropic hormone, LPH）**，作用于脂肪细胞，促使其三酰甘油分解产生脂肪酸。

（3）嫌色细胞　**嫌色细胞（chromophobe）**约占远侧部细胞的 50%，体积较小，呈圆形或多角形，着色浅，界限不清。电镜下，部分嫌色细胞内含有少量分泌颗粒，一般认为这些细胞可能是嗜色细胞的初级阶段，或是脱颗粒的嗜色细胞，有的属未分化细胞。大多数嫌色细胞有长的分支突起伸入腺细胞之间，起支持营养作用。

2. 中间部　中间部（pars intermedia）紧贴神经部，人和灵长类不发达，禽类无中间部，家畜均有，骆驼的很发达。中间部主要含嫌色细胞及嗜碱性细胞，立方形的嗜碱性细胞构成大小不等、充满胶质的滤泡（图 11-1）。细胞分泌**黑素细胞刺激素（melanocyte stimulating hormone，MSH）**，MSH 是一种多肽激素，可调节皮肤的黑素细胞合成和释放黑素颗粒。

3. **结节部** **结节部**（**pars tuberalis**）呈套筒状包围着神经垂体的漏斗柄，含有丰富的纵行毛细血管，在下丘脑和腺垂体之间起转运物质的作用。腺细胞沿血管呈索状排列，主要是嫌色细胞及少量嗜色细胞，分泌少量促甲状腺激素和促性腺激素。

（二）神经垂体

神经垂体与**下丘脑**（**hypothalamus**）直接相连，包括**神经部**（**pars nervosa**）和**漏斗**（**infundibulum**），主要由大量无髓神经纤维和神经胶质细胞组成，其中含有丰富的窦状毛细血管及少量网状纤维。

下丘脑的**视上核**（**supraoptic nucleus**）和**室旁核**（**paraventricular nucleus**）含有大型神经内分泌细胞，其轴突经漏斗伸至神经部，构成下丘脑神经垂体束，为神经部无髓神经纤维的来源。这里的神经内分泌细胞除具有一般神经元的结构外，胞质内还含有许多分泌颗粒，分泌颗粒由轴突运输到神经部贮存，或释放进入窦状毛细血管。在轴突及其终末的胞质内大量分泌颗粒聚集，使轴突局部呈串珠状膨大，形成大小不等的嗜酸性团块，称为**赫令体**（**Herring body**）（图 11-1）。神经部的胶质细胞，称为**垂体细胞**（**pituicyte**），分布在神经纤维之间，细胞的形态和大小不一，常有突起附于毛细血管壁上，具有支持、营养和保护神经纤维的功能，还可能分泌一些化学物质，调节神经纤维的活动和激素释放。由此可见，神经垂体和下丘脑是结构和功能的统一体，神经垂体是运输、贮存和释放下丘脑激素的部位。

视上核的神经内分泌细胞分泌**抗利尿激素**（**antidiuretic hormone, ADH**），可促进肾远曲小管和集合管重吸收水分，使尿量减少。该激素分泌不足会产生尿崩症，若超过生理剂量则会导致小动脉平滑肌收缩，血压升高，故又称**加压素**（**vasopressin, Vp**）。室旁核的神经内分泌细胞分泌**催产素**（**oxytocin**），可引起子宫平滑肌收缩，有助于胎儿娩出，并促使乳汁分泌。

（三）垂体的血液循环特点

脑垂体的血液循环比较特殊，其血液供应有以下两条：垂体前动脉分布于腺垂体，垂体后动脉分布于神经垂体，并有分支与腺垂体远侧部的毛细血管相吻合。垂体前动脉由大脑基底动脉环发出，进入结节部上端，在漏斗处形成袢状的**初级毛细血管网**（**primary capillary plexus**），初级毛细血管网汇集成数条**垂体门微静脉**（**hypophyseal portal venule**），经结节部下行进入远侧部，再度形成**次级毛细血管网**（**secondary capillary plexus**），垂体门微静脉及其两端的毛细血管网共同构成**垂体门脉系统**（**hypophyseal portal system**）。远侧部的毛细血管网最后汇集成小静脉注入垂体周围的静脉窦（图 11-3）。次级毛细血管网为特殊的静脉间毛细血管。这种“自上而下”的垂体血流模式阐明了下丘脑控制垂体功能的机制。

近年来对垂体血流模式提出了新的论点，认为远侧部的血液可以逆向流入神经垂体的漏斗，然后经毛细血管流入下丘脑；也可以先流入神经部，由神经部逆向流入漏斗，然后再循环到远侧部或下丘脑，构成血液在整个垂体内的循环流动。

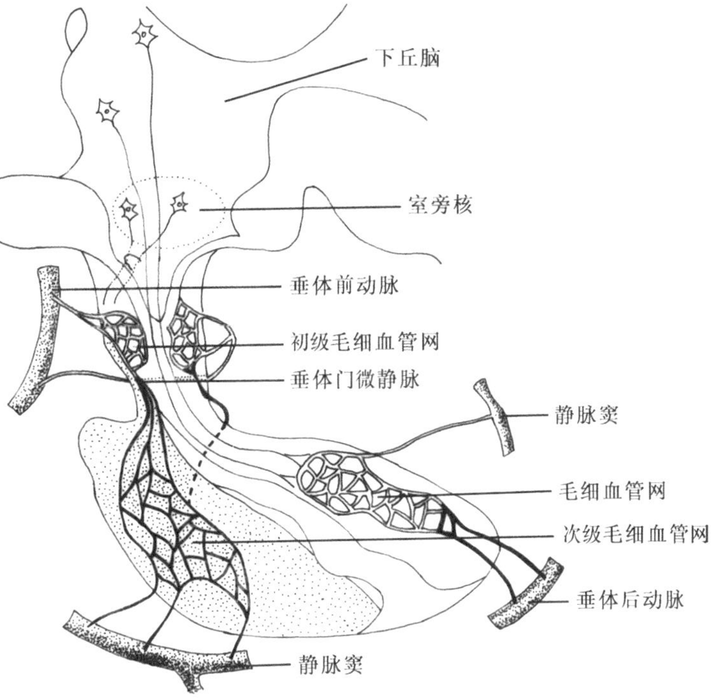

图 11-3　垂体的血管分布及其与下丘脑的关系

（四）垂体与下丘脑的关系

1. **下丘脑对腺垂体激素分泌的调节**　下丘脑弓状核（arcuate nuclei）等核团内的神经内分泌细胞的轴突伸至漏斗，构成下丘脑腺垂体束，细胞合成的各种激素由轴突运输，释放进入漏斗处的初级毛细血管网，继而经垂体门微静脉输送至远侧部的次级毛细血管网，调节远侧部各种腺细胞的功能活动。这些激素可分为两类：一类促进腺细胞分泌，称为**释放激素（releasing hormone, RH）**；另一类抑制腺细胞分泌，称为**释放抑制激素（release-inhibiting hormone, RIH）**。目前已知的释放激素有：**生长激素释放激素（growth hormone releasing hormone, GRH）**、**催乳激素释放激素（prolactin releasing hormone, PRH）**、**促性腺激素释放激素（gonadotropin releasing hormone, GnRH）**、**促甲状腺激素释放激素（thyrotropin releasing hormone, TRH）**、**促肾上腺皮质激素释放激素（corticotropin releasing hormone, CRH）**和**黑素细胞刺激素释放激素（melanocyte stimulating hormone releasing hormone, MSRH）**等；释放抑制激素有：**生长抑素（somatostatin, SOM）**、**催乳激素释放抑制激素（prolactin release-inhibiting hormone, PIH）**和**黑素细胞刺激素释放抑制激素（melanocyte stimulating hormone release-inhibiting hormone, MSIH）**等。总之，下丘脑通过分泌释放激素或释放抑制激素，经下丘脑腺垂体束和门脉系统进入腺垂体，促进或抑制腺垂体各种细胞的分泌活动，而腺垂体细胞分泌的各种激素，又通过短反馈机制调节下丘脑神经内分泌细胞的活动，形成下丘脑 - 腺垂体系统。

2. **下丘脑对腺垂体的神经支配**　传统的观念认为，垂体远侧部腺细胞的分泌活动主要受下丘脑各种激素的调节，无神经直接支配，其中仅有少量调节血管舒缩的神经纤维。近年来的研究发现，在人、猴、狗和大鼠的垂体前叶，有 **P 物质（substance P, SP）**、**降钙素基因相关肽（calcitonin gene related peptide, CGRP）**等免疫阳性神经纤维分布，电镜下证实，这些神经纤维与腺细胞之间有突触存在。下丘脑神经元投射到垂体前叶。研究结果表明，哺乳动物垂体远侧部细胞的功能活动除受体液调节外，还可能直接受神经支配。据此，我国神经科学家鞠躬等提出了垂体前叶受体液 - 神经双重调节学说。关于垂体前叶内的肽能神经纤维是源自下丘脑还是周围神经系统或两者兼有，目前尚未确定。

3. 下丘脑和腺垂体与其他内分泌腺的关系 在正常生理状态下，动物体内各种激素的分泌是相对稳定的，因为内分泌腺的活动不仅受神经系统控制，内分泌腺之间的相互调节也起着重要作用，其中下丘脑和腺垂体与其他内分泌腺之间的相互调节尤为重要。下丘脑的神经内分泌细胞分泌释放激素或释放抑制激素，调节腺垂体各种细胞的分泌活动，腺垂体分泌的各种激素又调节相应靶细胞、靶器官的分泌；靶细胞分泌的激素水平又可以反馈性地影响腺垂体和下丘脑的分泌活动，从而维持机体内环境的相对稳定和正常生理活动。

二、肾上腺

肾上腺（adrenal gland）呈三角形或半圆形，左右成对，位于肾的前内侧缘。被膜为致密结缔组织，其中含有很少量的平滑肌和未分化的皮质细胞团。实质由周边的皮质和中央的髓质构成。皮质起源于中胚层，分泌类固醇激素；髓质来源于外胚层的神经嵴，分泌含氮激素。

（一）皮质

皮质（cortex）占腺体的绝大部分，腺细胞具有分泌类固醇激素细胞的结构特点，细胞内含丰富的滑面内质网、线粒体、高尔基复合体和脂滴等。根据细胞形态和功能的不同，皮质由浅入深，分为多形带、束状带和网状带（图 11-4）。

1. 多形带 **多形带（zona multiformis）**位于被膜下方，较薄，约占皮质的 15%。细胞体积较小，胞核小，染色深，胞质内含少量脂滴。细胞形态和排列因动物种类不同而异：牛、羊等反刍动物的细胞为锥体形，呈团状分布，又称球状带；马和肉食动物的细胞为高柱状，排列呈弓形；猪的细胞排列不规则。多形带细胞分泌**盐皮质激素（mineralocorticoid）**，主要是**醛固酮（aldosterone）**，能促进肾远曲小管和集合管重吸收 Na^+ 及排出 K^+，同时也刺激胃黏膜、唾液腺及汗腺导管吸收 Na^+，使血液中 Na^+ 浓度升高，K^+ 浓度降低，保持血容量。盐皮质激素的分泌受**肾素 - 血管紧张素系统（renin-angiotensin system）**的调节。

狗肾上腺

马和部分肉食类动物的多形带和束状带之间有一细胞密集区，称为中间带，其细胞小，核深染，常见分裂相。有研究表明，多形带细胞的增殖能力强于束状带和网状带，被认为是肾上腺皮质的发生区。

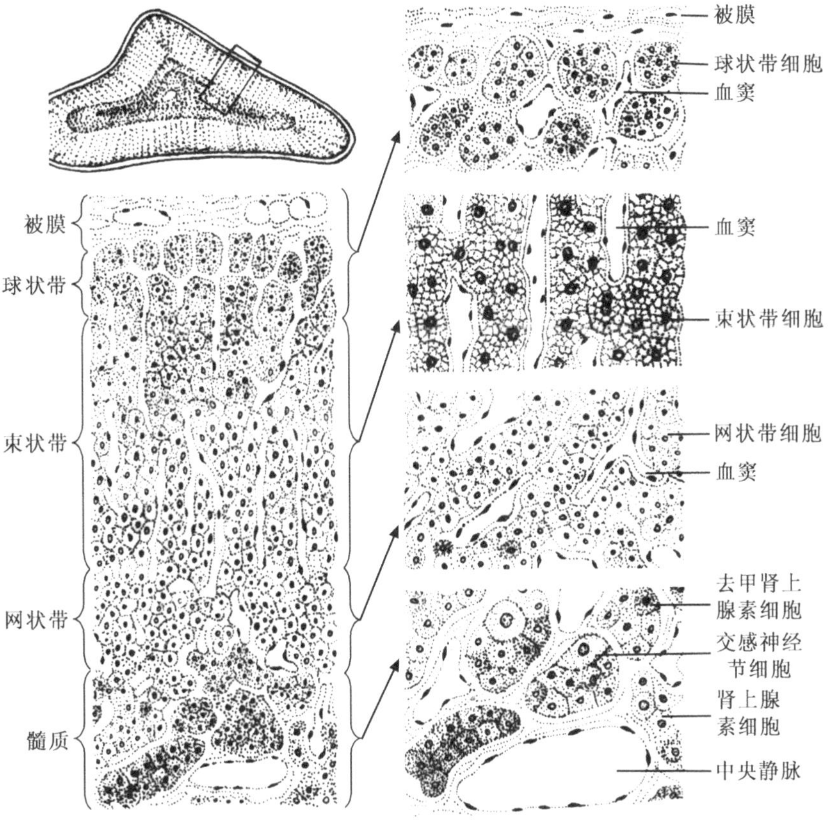

图 11-4　肾上腺

摘自成令忠主编《组织学与胚胎学》

2. **束状带　束状带（zona fasciculata）**位于多形带深部，是皮质中最厚的部分，占皮质的 75%～80%。腺细胞排列成相互平行且与被膜垂直的条索状，细胞索之间分布着窦状毛细血管和少量结缔组织。细胞体积较大，多边形，胞核大而圆，淡染，胞质内含大量脂滴，HE 染色呈泡沫状。束状带的细胞分泌**糖皮质激素（glucocorticoid）**，主要为**皮质醇（cortisol）**和氢化考的松。糖皮质激素可促使蛋白质和脂肪分解并转化为糖，此外，还有抑制免疫应答及炎症反应等作用。若摘除皮质，动物会因代谢紊乱而死亡。束状带细胞受垂体分泌的 ACTH 调控。

3. **网状带　网状带（zona reticularis）**位于皮质最内层，与髓质交界处常有皮、髓质细胞交叉分布。此区最薄，仅占皮质的 5%～7%。细胞排列成索，且相互吻合呈网状，网眼中为窦状毛细血管和少量结缔组织。腺细胞体积较小，形态不规则；胞核小，着色深；胞质弱嗜酸性，内含少量脂滴和较多的**脂褐素（lipofuscin pigment）**。网状带细胞主要分泌**雄激素（androgen）**，也能分泌少量雌激素和糖皮质激素。若雄激素分泌过多，会引起雄性动物性早熟和雌性动物雄性化。网状带细胞的功能活动也受 ACTH 的调节。

（二）髓质

髓质（medulla）位于肾上腺中央，主要由**髓质细胞（medullary cell）**组成。腺细胞排列成团索状，团索间富含血窦。髓质细胞体积较大，多边形或卵圆形，HE 染色胞质呈嗜碱性，用含铬盐的固定液处理标本，胞质内可见染成黄褐色的**嗜铬颗粒（chromaffin granules）**，故又称**嗜铬细胞（chromaffin cell）**。髓质内还散在分布有少量胞体较大的交感神经节细胞，交感神经纤维与腺细胞间形成突触。

电镜下，嗜铬颗粒为膜包电子致密颗粒，根据颗粒内含物的不同，髓质细胞可分为两种：一种为**肾上腺素细胞（epinephrine-secreting cell）**，约占髓质细胞的 80%，其分泌颗粒中的核芯电子密度低，颗粒内含**肾上腺素（epinephrine）**；另一种为**去甲肾上腺素细胞（norepinephrine-secreting cell）**，其分泌颗粒中的核芯电子密度高，颗粒内含**去甲肾上腺素（norepinephrine）**。一般动物这两种细胞的分布没有规律，而在马、牛和绵羊，肾上腺素细胞多分布于髓质周边，去甲肾上腺素细胞则多分布于中央。肾上腺素和去甲肾上腺素均为**儿茶酚胺类（catecholamine）**物质，其分泌受交感神经的调控，当交感神经节前纤维释放的**乙酰胆碱（acetylcholine）**作用于髓质细胞时，引起激素释放。肾上腺素可提高心肌兴奋性，使心率加快，心脏和骨骼肌的血管扩张；去甲肾上腺素使全身小血管收缩，使血压增高，心脏、骨骼肌和脑内血流加速。

羊肾上腺髓质

（三）肾上腺的血管分布

肾上腺动脉的大部分分支进入皮质，形成窦状毛细血管，并与髓质的毛细血管相通连；少部分分支穿过皮质直接进入髓质形成毛细血管。髓质的毛细血管汇集成一条中央静脉入肾上腺静脉。由肾上腺血管的行走途径可见，其大部分血液经皮质到达髓质，故进入髓质的血液中含有皮质激素，对髓质细胞激素的形成有很大影响。

三、甲状腺

甲状腺（thyroid gland）位于喉的后方，气管两侧腹面，分左右两叶，两叶之间以**峡部（isthmus）**相连。不同动物甲状腺的形态差异较大。猪的甲状腺无峡部。甲状腺表面有薄层结缔组织被膜，实质分为大小不等的**小叶（lobule）**，小叶由许多**滤泡（follicle）**构成，滤泡间结缔组织中有丰富的毛细血管和散在的滤泡旁细胞（图 11-5）。

（一）甲状腺滤泡

甲状腺滤泡（thyroid follicle）呈圆形、卵圆形或不规则形，大小不等，直径 20～500 μm，由单层滤泡上皮细胞围成，滤泡腔内充满嗜酸性**胶质（colloid）**。胶质是滤泡上皮细胞的分泌物，主要成分为**碘化的甲状腺球蛋白（iodinated thyroglobulin）**。

1. 滤泡上皮细胞　**滤泡上皮细胞（follicular epithelial cell）**是构成滤泡的主要细胞，通常呈立方形（图 11-5），胞核圆形，位于细胞中央，胞质弱嗜碱性。电

狗甲状腺（一）

马甲状腺

镜下，细胞顶端有微绒毛，胞质内有丰富的粗面内质网、较多的线粒体和溶酶体，核上区可见发达的高尔基复合体，细胞顶部分布有电子密度中等、体积较小的分泌颗粒，还含有由滤泡腔摄入的电子密度较低、体积较大的胶质小泡。甲状腺滤泡上皮细胞的形态及滤泡腔内胶质含量常随甲状腺的功能状态而变化：当分泌功能活跃时，细胞呈低柱状，腔内胶质较少；当分泌功能相对低下时，细胞变低呈扁平形，腔内胶质增多。有时在一个滤泡中也见有扁平、立方乃至低柱状等高低不等的腺细胞。

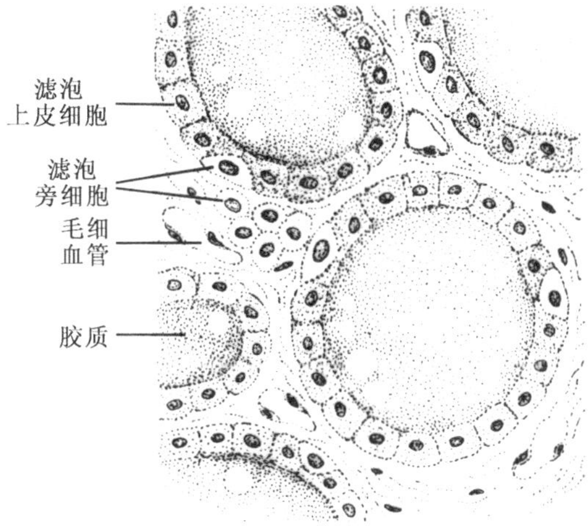

图 11-5　甲状腺

摘自成令忠主编《组织学与胚胎学》

2. 甲状腺激素的合成分泌过程及功能　滤泡上皮细胞合成和分泌**甲状腺激素**（**thyroid hormone**）。甲状腺激素的合成过程较为特殊，需经合成、分泌、碘化、贮存、重吸收、分解和释放等过程。滤泡上皮细胞从血液中摄取氨基酸（AA）（主要为酪氨酸），由粗面内质网合成甲状腺球蛋白的前体，运至高尔基复合体加糖并浓缩成分泌颗粒，以胞吐方式排入滤泡腔；同时，细胞基部的碘泵从血液中摄取碘离子（I^-），在细胞内过氧化物酶的作用下活化，进入滤泡腔与甲状腺球蛋白结合，形成碘化的甲状腺球蛋白，以胶质形式贮存于滤泡腔内。在腺垂体分泌的促甲状腺激素作用下，滤泡上皮细胞以胞吞方式将碘化的甲状腺球蛋白重新摄入细胞内形成胶质小泡，胶质小泡与溶酶体融合，其中的蛋白水解酶分解碘化的甲状腺球蛋白，形成大量的**四碘甲状腺原氨酸**（**tetraiodothyronine, T4**）即**甲状腺素**（**thyroxine**）和少量的**三碘甲状腺原氨酸**（**triiodothyronine, T3**），经细胞基部释放进入毛细血管（图 11-6）。由此可见，氨基酸和碘是合成激素的两种必需原料，胶质是激素的前体，滤泡腔是激素前体的碘化、贮存库，激素分泌的特殊性在于向滤泡腔分泌激素前体和向血液中释放激素的双向分泌过程。

T3 和 T4 的主要功能是促进动物生长发育，增强机体新陈代谢，提高神经兴奋性，对幼畜骨骼、肌肉和中枢神经系统发育的影响最为明显。在幼畜或胚胎发育期甲状腺激素分泌不足，会导致体形矮小、脑发育障碍的呆小症；对于成年动物，甲状腺激素分泌不足可引起代谢率降低，毛发稀少，发生黏液性水肿等。若甲状腺机能亢进，使基础代谢提高，神经兴奋性增强，则表现易激动，消瘦、多汗、眼球突出等，引起突眼性甲状腺肿。当动物缺碘时，滤泡腔内积累大量未碘化的甲状腺球蛋白，导致缺碘性甲状腺肿大。在畜牧业生产中，可通过饲料添加碘制剂防治动物碘缺乏症，通过动物机体转化，使无机碘变为易吸收的有机碘，生产出富碘蛋等畜禽产品，用于防治人的碘缺乏症。

近年来的研究发现，有交感神经终末和肽能神经终末与滤泡上皮细胞相接触，故细胞分泌活动除了受 TSH 的调节，也受神经调节。在生理情况下，滤泡上皮细胞还能分泌少量的免疫细胞因子，如白介素 IL-6 和 IL-8 等，参与免疫调节。

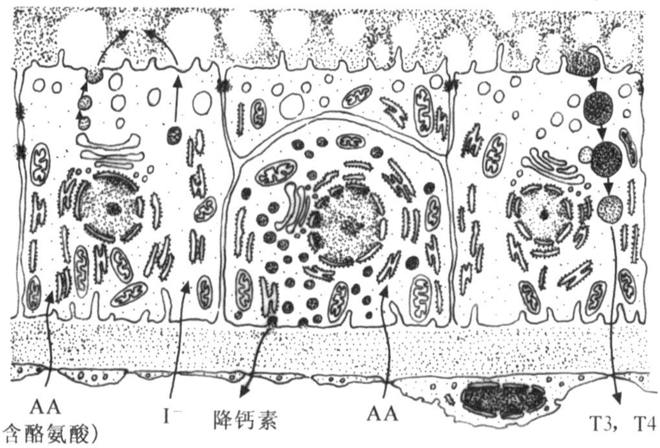

图 11-6　甲状腺激素的合成和分泌模式图

（二）滤泡旁细胞

滤泡旁细胞（parafollicular cell）又称 C 细胞，位于滤泡上皮细胞之间或滤泡间结缔组织中，在 HE 染色的标本上胞质着色很浅，故也称**亮细胞（clear cell）**。滤泡旁细胞较滤泡上皮细胞稍大，卵圆形或多边形，胞质内有嗜银颗粒。电镜下，细胞内富含粗面内质网、高尔基复合体和膜包分泌颗粒，细胞以胞吐方式释放颗粒内的**降钙素（calcitonin）**（图 11-5）。降钙素是一种多肽，可增强成骨细胞的活动，抑制破骨细胞的溶骨作用，使骨盐沉积于类骨质；并抑制肾小管和胃肠道对钙磷的吸收，从而使血钙和血磷降低。近年来研究发现，滤泡旁细胞还合成和分泌降钙素基因相关肽，参与机体多种调节机制，如使心肌收缩力增强、小血管扩张等。此外，滤泡旁细胞的分泌颗粒内还含有生长抑素。

狗甲状腺（二）

四、甲状旁腺

哺乳动物一般有两对**甲状旁腺（parathyroid gland）**，猪仅有一对，位于颈总动脉分叉处附近，或埋于胸腺内。甲状旁腺表面被覆以薄层结缔组织被膜，实质内腺细胞密集排列成条索状或团块状，间质少，其中富含有孔毛细血管。牛和猪的间质较多。腺细胞分为主细胞和嗜酸性细胞两种。

（一）主细胞

主细胞（chief cell）数量较多，体积较小，呈圆形或多边形，胞核圆形，位于细胞中央，HE 染色胞质呈弱嗜酸性（图 11-7）。电镜下可见细胞内含粗面内质网、高尔基复合体、丰富的糖原和脂滴及膜包分泌颗粒，细胞以胞吐方式释放分泌颗粒。主细胞合成和分泌**甲状旁腺素（parathyroid hormone, PTH）**。甲状旁腺素是一种单链多肽，作用于骨细胞和破骨细胞，

狗甲状旁腺

增强破骨细胞的活性，使骨盐溶解，并促进小肠和肾小管对钙的吸收，使血钙浓度升高。在甲状旁腺素和降钙素的共同调节下，维持机体血钙浓度的动态平衡。

（二）嗜酸性细胞

嗜酸性细胞（oxyphil cell）单个或成群散布于主细胞间，数量较少，可随年龄增长而增多。嗜酸性细胞较主细胞大，胞核小，染色深，胞质内充满嗜酸性颗粒。电镜下，嗜酸性颗粒为密集的线粒体，高尔基复合体和内质网不发达，糖原颗粒较多，无分泌颗粒。该细胞常见于马、牛和羊，其他动物少见，其功能尚不明确。

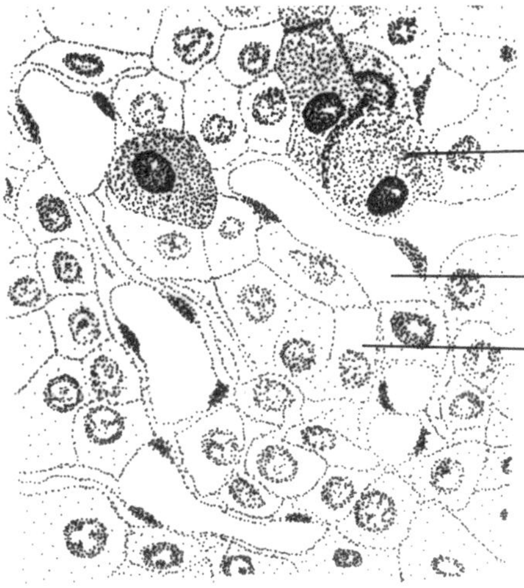

图 11-7　甲状旁腺

五、松果体

松果体（pineal body）又称**松果腺（pineal gland）**或**脑上体（epiphysis）**，是由间脑顶部第三脑室后端的神经上皮形成的内分泌腺，以细柄连于第三脑室顶。松果体表面包以由软脑膜延伸而来的被膜，结缔组织向内伸入形成间隔，将实质分成不规则的小叶。腺实质由松果体细胞、神经胶质细胞和无髓神经纤维等构成。

（一）松果体的结构

狗松果体

1. 松果体细胞　松果体细胞（pinealocyte）又称主细胞，约占实质细胞的 90%，HE 染色呈圆形或多角形，胞核大而圆，核仁明显，胞质嗜碱性，常含脂滴。银染可见细胞有突起，短而细的突起终止在邻近细胞之间，长而粗的突起末端形成膨大，呈放射状终止于血管附近或附着于血管壁上（图 11-8）。电镜下，细胞内线粒体和核糖体丰富，高尔基复合体发达，并有许多圆形的膜包分泌颗粒，颗粒内含**褪黑激素（melatonin）**。此外，还有一种特殊的细胞器，称为**突触带（synaptic ribbon, SR）**，由电子致密的杆状体和周围的小泡组成。突触带多沿质膜分布，可能参与调节褪黑激素的形成。

2. 神经胶质细胞　神经胶质细胞分布于松果体细胞之间及毛细血管周围，数量较少，约占实质细胞的 5%，主要为星形胶质细胞，少突胶质细胞和小胶质细胞少见。细胞体积较小，着色较深，突起伸至毛细血管之间形成致密胶质网。神经胶质细胞除了对松果体细胞起支持和营养作用，还可能对松果体细胞的分泌起调节作用。

3. 脑砂　脑砂（brain sand）呈大小不等的粒状或团状，散在分布于松果体的间质中，偶见于细胞内，是松果体细胞的分泌物经钙化形成的同心圆板状结构，随年龄增长而增多，其意义不明。

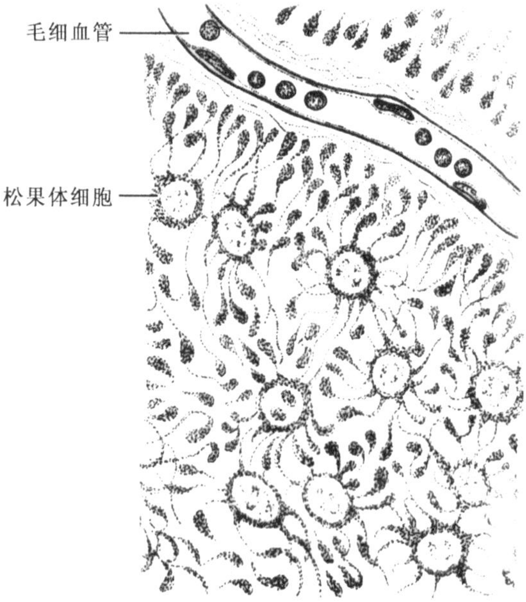

图 11-8　银染法示松果体细胞模式图

摘自成令忠主编《组织学与胚胎学》

（二）松果体的功能

松果体的功能较为复杂。低等脊椎动物的松果体有感光作用。哺乳动物的松果体为**神经内分泌转换器（neuroendocrine transducer）**，受多种神经支配，分泌多种生物活性物质，其中以褪黑激素最多。哺乳动物褪黑激素的作用很复杂，主要是参与下丘脑 - 垂体 - 性腺轴的调节，如调节体温，调节生物节律，抑制性腺发育，抑制甲状腺、肾上腺等内分泌腺的分泌。禽类松果体对光比较敏感，人工延长光照可促使母禽提早产蛋。临床免疫学研究发现，褪黑激素会影响免疫系统的功能，免疫缺陷患者服用褪黑激素，可使外周血中的 NK 细胞数量增多，细胞免疫活性增强；切除成年小鼠的松果体，其免疫反应降低。人类的褪黑激素合成分泌不足时，可能会引起睡眠紊乱、情感障碍、肿瘤发生等。

六、弥散神经内分泌系统

动物体内除了一些独立的内分泌腺，在许多器官中还有大量散在的内分泌细胞。英国学者 Pearse（1966）发现这些细胞都能摄取胺前体并使之脱羧转变为胺类物质，故将此类细胞统称为**摄取胺前体脱羧细胞（amine precursor uptake and decarboxylation cell, APUD 细胞）**。近年来，随着 APUD 细胞研究的不断深入，发现此类细胞不仅产生胺，而且还能产生肽类激素，并在发生、形态结构、生理生化等方面与某些神经细胞有很多相似之处，几乎所有的神经细胞都具有 APUD 能力，因而将具有内分泌功能的神经细胞和 APUD 细胞统称为**弥散神经内分泌系统（diffuse neuroendocrine system, DNES）**。DNES 将神经系统和内分泌系统直接联系起来，共同完成调节和控制机体生理活动的功能。

DNES 的细胞分为中枢和周围两部分。中枢部分包括下丘脑视上核、室旁核、弓状核的分泌性神经元、腺垂体细胞和松果体细胞等。周围部分包括分布在胃肠道、胰岛、呼吸道和泌尿生殖道的各种内分泌细胞；存在于内分泌腺中的甲状腺滤泡旁细胞、甲状旁腺细胞、肾上腺髓质的嗜铬细胞；兼有内分泌功能的心肌细胞、平滑肌细胞、血管内皮细胞、红细胞、白细胞和胎盘内分泌细胞等。

由于免疫学的迅猛发展，现已证实神经系统、内分泌系统与免疫系统之间存在着相互调节和双向信息交流的密切关系：免疫系统不仅受神经、内分泌系统的调控，免疫器官亦能产生多种神经递质、激素和细胞因子，调节神经系统和内分泌系统的某些功能；神经元、内分泌腺合成与释放多种神经递质、激素和细胞因子，可调节免疫系统的某些功能活动；同时，在三大系统的细胞上，均存在多种共有的神经递质、激素和细胞因子的受体，由此构成了复杂的**神经 - 内分泌 - 免疫调节网络**（**neuroendocrine-immunoregulatory network**），从而实现三大系统之间的双向信息交流和相互调节。对神经 - 内分泌 - 免疫调节网络的研究改变了传统观念，丰富了三个系统的基础理论，为探讨生命的未知领域开拓了新的途径。

七、家禽内分泌系统的组织学特点

家禽的内分泌腺包括脑垂体、甲状腺、甲状旁腺、腮后腺和肾上腺。

（一）脑垂体

鸡脑垂体

家禽的脑垂体呈扁卵圆形，由腺垂体和神经垂体两部分组成。腺垂体较大，由远侧部和结节部构成（图 11-9），无中间部和垂体腔。结节部发达，主要由嫌色细胞构成。神经垂体较小，由漏斗柄和神经部构成。远侧部位于神经垂体腹侧，分为前、后两区，含有嗜色细胞和嫌色细胞，细胞排列成团块状或滤泡状。团块状者主要成分是嫌色细胞。前区的滤泡以嗜碱性细胞为主，后区的滤泡则以嗜酸性细胞居多，滤泡腔内含有胶状物。

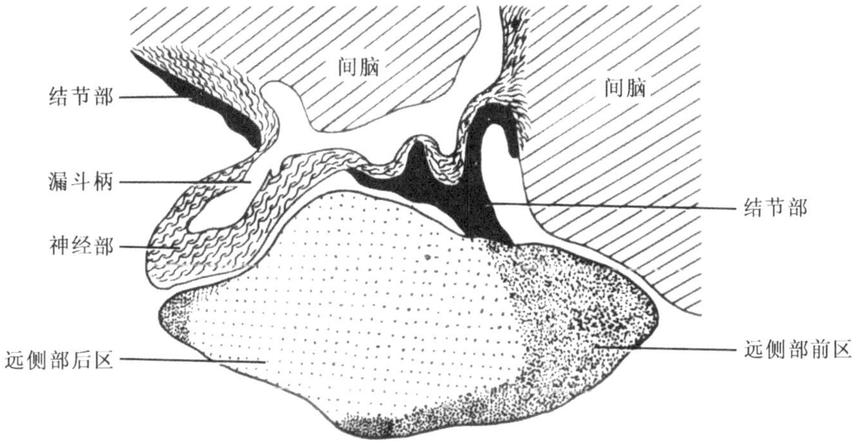

图 11-9 鸡垂体正中矢状切面模式图

摘自王树迎，王政富主编《动物组织学与胚胎学》

（二）甲状腺

鸡甲状旁腺

家禽的甲状腺一对，椭圆形或扁圆形，位于胸腔入口处气管两侧，紧靠颈总动脉。腺实质亦由大小不等的滤泡构成，滤泡腔内含有胶质，滤泡间结缔组织较少，不形成分叶。在滤泡上皮和滤泡间未见滤泡旁细胞。在肉鸡甲状腺实质内有胸腺组织穿入，雏鸡的腺实质中胸腺细胞分布于滤泡间乃至滤泡上皮细胞间，仔鸡甲状腺被膜下有完整的胸腺小叶与甲状腺实质紧密相接，彼此间并无结缔组织相隔。家禽甲状腺的这种结构特点，体现了禽类内分泌系统和免疫系统之间功能联系的组织结构基础。禽类甲状腺除了调节机体生长发育和新陈代谢外，还与产蛋、换羽等密切相关，产蛋期母禽的滤泡上皮细胞变高，胶质减少。

（三）甲状旁腺

甲状旁腺体积很小，呈淡黄色至淡褐色，左右各一对，位于甲状腺后方，常由结缔组织与甲状腺相连。有的雏鸡甲状旁腺位于甲状腺和胸腺组织之间，借薄层结缔组织紧密相连。腺体表面包有结缔组织被膜。禽类的甲状旁腺无嗜酸性细胞，实质由主细胞构成，腺细胞呈长锥形或不规则形，排列成条索状或团块状，细胞索间富含血窦。腺细胞分泌甲状旁腺素。

（四）腮后腺

腮后腺（ultimobranchial gland）一对，又称腮后体。位于甲状腺和甲状旁腺后方，呈球形，淡红色。腺实质由许多C细胞构成，细胞呈圆形、菱形或多角形，排列成索状或团块状。腺细胞分泌降钙素。

（五）肾上腺

肾上腺左右各一，位于肾的前方，呈黄色或橘黄色，卵圆形、锥体形或不规则形。表面有结缔组织被膜，实质由肾间组织和嗜铬组织相互交错、混合排列构成。肾间组织相当于哺乳动物的皮质，但无分带结构。腺细胞呈索状排列，细胞索纵切面由两列细胞组成，横切面由6～9个细胞呈放射状排列构成。被膜下的细胞索粗大，腺细胞呈高柱状，胞质嗜酸性，内含颗粒和脂滴。深部的细胞体积较小，形态不规则，细胞索互相连成网，或排列成团块状。嗜铬组织相当于哺乳动物的髓质，分布于肾间组织的细胞索之间。腺细胞有嗜铬性，呈多角形，聚集成团，HE染色胞质呈嗜碱性，胞核圆形，位于细胞中央。在被膜下方有交感神经节细胞分布。

鸡肾上腺

肾间组织分泌的激素具有调节电解质平衡、促进糖和蛋白质代谢等作用，嗜铬组织分泌肾上腺素和去甲肾上腺素。此外，肾上腺还影响性腺、胸腺和腔上囊的活动。有实验表明，摘除肾上腺会导致家禽很快死亡，故肾上腺是家禽生命活动重要的、必不可少的内分泌腺。

八、鱼类内分泌系统的组织学特点

鱼类的内分泌腺包括脑垂体、肾上腺、尾垂体、甲状腺和鳃后腺。其中脑垂体的结构与哺乳动物有较大的区别。

（一）脑垂体

鱼类脑垂体的形态不一，结构复杂，有前后型和背腹型之分。根据腺体分布区域、细胞成分和功能的不同，分为前腺垂体、中腺垂体、后腺垂体和神经垂体（图11-10）。

1. 前腺垂体　前腺垂体（proadenohypophysis）位于脑垂体的前部，相当于高等动物的结节部。在前后型垂体中占据腺体的前部，在背腹型垂体中占据腺体的前背部。腺细胞排列成管状、小泡状、索状或滤泡状。前腺垂体含有嗜酸性细胞、嗜碱性细胞和嫌色细

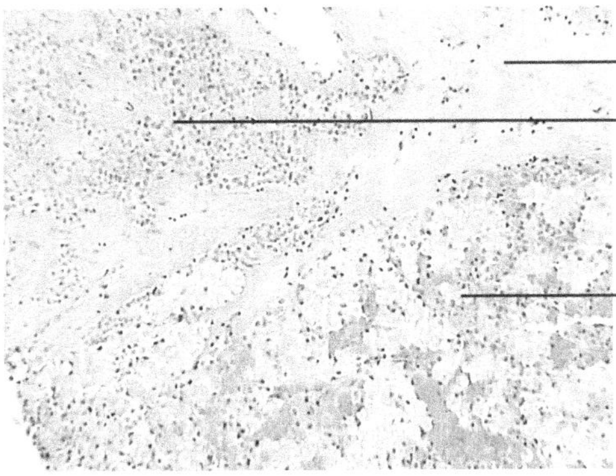

图 11-10　鲤鱼脑垂体

南京农业大学杨倩提供

胞。用组织化学方法可区分为催乳激素细胞和促肾上腺皮质激素细胞两种，有些鱼类还含有促甲状腺激素细胞。

（1）催乳激素细胞　为嗜酸性细胞，占前腺垂体细胞的大部分，细胞呈长椭圆形或多角形，胞质内含大量分泌颗粒。主要功能是通过保持钠离子浓度，维持鱼体内的渗透压。

（2）促肾上腺皮质激素细胞　为嗜碱性细胞，含量较少，主要分布在前腺垂体与神经垂体连接部，细胞呈圆形、长形或圆柱形，胞核偏于近神经垂体分支的一端。功能是分泌促肾上腺皮质激素。

2. 中腺垂体　中腺垂体（**mesoadenohypophysis**）位于脑垂体中部，相当于哺乳动物的前叶，亦含嗜酸性细胞、嗜碱性细胞和嫌色细胞。在性成熟前的鱼类嗜酸性细胞占多数，而在生殖季节性成熟的鱼类嗜碱性细胞大大超过嗜酸性细胞。嫌色细胞位于两者之间。组织化学染色法可将中腺垂体的细胞区分为以下 3 种。

（1）生长激素细胞　为嗜酸性细胞，处于生长期的鱼类此种细胞数量较多。细胞呈长椭圆形、圆形或多角形。功能是分泌生长激素。

（2）促甲状腺激素细胞　为嗜碱性细胞。细胞多呈菱形、多角形或圆形。功能是分泌促甲状腺激素。

（3）促性腺激素细胞　是中腺垂体中体积最大的细胞，亦属嗜碱性细胞，细胞的主要特征是胞质中含有 1～2 个大型的嗜酸性小球。其功能主要是分泌促性腺激素，类似于哺乳动物的 FSH 和 LH，促使生殖腺成熟并产卵。

3. 后腺垂体　后腺垂体（**metaadenohypophysis**）位于脑垂体的后腹部，相当于哺乳动物的中间叶。腺实质形成许多小叶，腺细胞呈多角形，密集成堆，细胞大多数被偶氮卡红 G 染色，少数是嫌色细胞，一般认为其功能是分泌黑素细胞刺激素。

4. 神经垂体　位于脑垂体的背部或中轴，不形成完整的叶，而是呈分支状伸入上述三个腺垂体内（图 11-10）。神经垂体含有很多神经纤维、垂体细胞和神经胶质细胞。垂体细胞分为纤维垂体细胞和颗粒垂体细胞两种。在近漏斗柄处赫令体分布较多。

（二）肾上腺

鱼类的肾上腺形态不固定，板鳃鱼类的肾上腺皮质和髓质分开，皮质部多以团块状形式分布于两肾之间，故称肾间组织；而髓质部由嗜铬细胞构成小体形式，成对排列在两肾的背面，与交感神经和血管紧密相邻。真骨鱼类的肾上腺统称肾间组织，根据其分布部位不同分为前肾间组织和后肾间组织。

1. 前肾间组织 多埋藏在头肾内的淋巴样组织之间，并围绕在血管壁周围，含有皮质细胞和嗜铬细胞。皮质细胞呈椭圆形或柱状，HE 染色胞质呈弱嗜酸性。嗜铬细胞形态不规则或多角形，细胞质为弱嗜碱性，经铬盐处理后胞质中可见棕色的嗜铬颗粒。

2. 后肾间组织 真骨鱼类的后肾间组织呈卵圆形或球形，通常称为**斯坦尼斯小球**（**corpuscle of Stannius**），在斯坦尼斯小球外围被覆有结缔组织被膜，腺实质被结缔组织分隔成许多小叶。腺上皮围成一个个形状不规则的泡囊，泡囊周围有神经和血窦分布。泡囊细胞多呈锥形或圆柱形，细胞基部含有 PAS 反应阳性的分泌颗粒。有的泡囊腔隙中有泡心细胞。

在不同机能状态下泡囊的结构特点不同，据此可将其分为三个时相。

（1）生长时相 泡囊体积小，细胞数量少，排列整齐，细胞中分泌颗粒较少。泡腔内极少含泡心细胞，泡囊间结缔组织发达。

（2）分泌时相 泡囊体积增大，泡囊细胞大而饱满，细胞内充满分泌颗粒。靠近血管的细胞破裂，分泌颗粒流入血管随血流输出，细胞的剩余部分被挤入泡囊腔而成为泡心细胞。泡腔扩大。

（3）萎缩时相 分泌后的泡囊细胞破裂，泡囊萎缩或融合，体积缩小，窦状隙增多，切面呈虫蛀蚀状。

斯坦尼斯小球组织学的三个时相代表着性腺发育周期的三个时期：生长期积累物质，增加细胞数量；产卵季节小球进入分泌期，在产卵时刻达到分泌高峰，以保证生殖活动的顺利进行；产卵之后小球转入萎缩期。此外，小球也随鱼类生活环境中盐分的含量而改变，近年来的研究发现，小球的分泌还与水中钙的含量有关，具有降低血钙水平的功能。

（三）尾垂体

在鱼类脊髓末端腹侧有一与脑垂体相似的膨大突起，称为**尾垂体**（**urohypophysis**）。尾垂体主要由两类细胞组成，一类是纺锤形或多角形的神经内分泌细胞；另一类是巨大型神经内分泌细胞，最大直径可达 100 μm。细胞轴突末端膨大成球状，分泌物贮存其内，当机体需要时释放。尾垂体的功能可能与调节渗透压有关。

（四）甲状腺

鱼类甲状腺腺泡的结构和功能与其他脊椎动物基本相同，但不同鱼类的甲状腺形态和分布差异很大。板鳃类和全头类的甲状腺有被膜，呈新月形或不规则的块状；真骨鱼类的甲状腺无被膜，散在分布于腹主动脉和第 1～3 鳃动脉周围的鳃区间隙组织里，或随鳃动脉进入鳃内；有些鱼类的腺泡甚至弥散至眼球、肾脏、头肾和脾等处。鱼类甲状腺的分泌随生长周期和生殖季节而变化：在生长旺盛期功能活跃；产卵前分泌活动加强，腺泡上皮变高；产卵后活动减弱，腺泡上皮变低。甲状腺的分泌活动还与水温密切相关，夏季水温高时分泌功能较弱，冬季水温低时则分泌功能较强。此外，甲状腺还与调节渗透压有关，如将海水真骨鱼放入淡盐水中，腺细胞的分泌活动非常活跃，以增加水分排出。

（五）鳃后腺

鳃后腺为两侧对称的囊状结构，腺实质由柱状上皮细胞围成的滤泡构成，滤泡腔内含有颗粒物质。柱状上皮细胞有两类，一类富含线粒体，另一类缺乏线粒体。腺细胞的功能相当于哺乳动物的滤泡旁细胞。

本章内容临床拓展

甲状腺功能亢进是 T3 和 T4 过度产生导致的一种自身免疫性疾病，可以导致毒性甲状腺肿大，主要原因是甲状腺生长缺乏负反馈机制，其临床的主要症状为甲状腺肿大、眼球突出、心悸、出汗、腹泻、体重减轻、肌肉无力和对热敏感等。甲状腺功能减退是由于 T3 和 T4 分泌不足引起的，常常发生于先天性甲状腺异常群体如自体免疫性疾病桥本氏甲状腺炎，碘摄入不足，或者是通过手术切除甲状腺以治疗严重的甲状腺机能亢进等，许多碘缺乏的国家，常常会发生地方性甲状腺肿大。

第十二章 消化管
Chapter 12 Digestive Tract

内容概要

消化管由口腔、咽、食管、胃、小肠、大肠和肛门组成。消化管各段，因执行的机能不同，在结构上各有其特点，但大体相似，除口腔和咽外，一般均可分为四层，从内向外依次为黏膜、黏膜下层、肌层和外膜。

黏膜层又可分为黏膜上皮、固有层和黏膜肌层。黏膜上皮主要为消化管内容物和机体组织之间提供一道可选择性的屏障，上皮的类型随各段消化管功能不同而异。固有层由疏松结缔组织构成，其中富含毛细血管和毛细淋巴管，有时还含有腺体和淋巴组织。黏膜肌层由薄层平滑肌构成。黏膜下层由疏松结缔组织构成，含有较大的血管、淋巴管和神经纤维，有时还含有腺体和淋巴组织。肌层主要由内环行、外纵行两层平滑肌组成，参与消化管的舒缩运动。外膜由薄层疏松结缔组织构成，有的部位其外面覆盖着一层间皮。

食管的主要结构特点是，腔面衬有复层扁平上皮，黏膜下层内分布有大量分泌黏液的食管腺。

单室胃的主要结构特点是，在胃底部，单层柱状上皮向固有层中凹陷形成胃小凹和固有层中含有大量的胃底腺。胃底腺由主细胞、壁细胞、颈黏液细胞、内分泌细胞组成。肌层较厚，由内斜、中环和外纵三层不同方向的平滑肌组成。

小肠是食物消化和营养吸收的主要场所，可分为十二指肠、空肠和回肠三段。小肠黏膜上皮由吸收细胞、杯状细胞和内分泌细胞等组成；小肠腺除这几种细胞外，还有潘氏细胞和未分化细胞。十二指肠的结构特征是，黏膜下层分布有十二指肠腺；回肠的结构特点是，固有层和黏膜下层分布有大量的淋巴小结。

大肠包括盲肠、结肠和直肠。大肠的结构特点是，无肠绒毛，肠腺特别发达，杯状细胞很多。

消化管（digestive tract）是一条粗细不均且两端与外环境相通的肌性管道，由前至后依次为口腔、咽、食管、胃、小肠、大肠和肛门，其主要功能是摄取食物，并进行物理性和化学性消化，将大分子营养物质分解为小分子的氨基酸、单糖和甘油酯等吸收，然后将食物残渣排出体外。此外，消化管的管壁中，尚分布有多种内分泌细胞和丰富的淋巴组织，具有重要的内分泌和免疫功能。

一、消化管的一般组织结构

尽管消化管每段的形态与功能各不相同，但其结构却具有一些共同特征，除口腔和咽外，管壁自内至外均可分为黏膜、黏膜下层、肌层和外膜四层（图 12-1）。

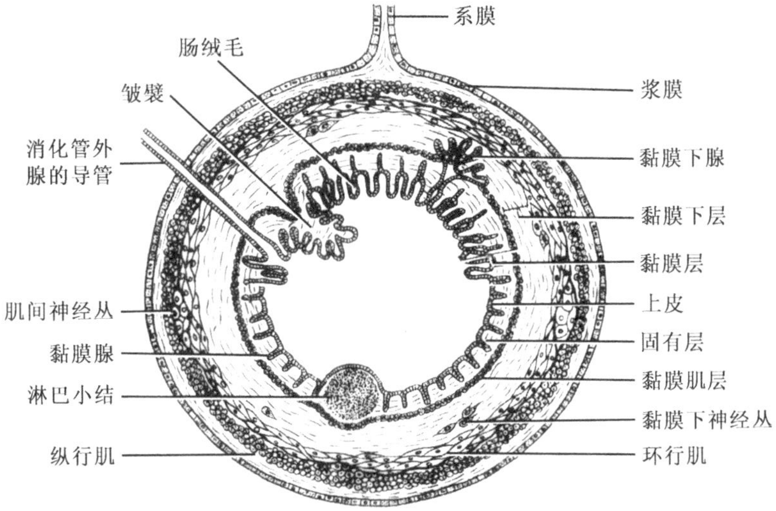

图 12-1 消化管一般结构模式图

摘自成令忠主编《组织学与胚胎学》

（一）黏膜

黏膜（mucosa）由上皮、固有层和黏膜肌层组成，黏膜是消化管功能最重要且结构差异最大的部位。

1. 上皮 **上皮（epithelial lining）**衬于消化管的腔面，其上皮类型依部位而异。消化管的两端（口腔、咽、食管、单室胃的无腺部、复室胃的前胃和肛门）为复层扁平上皮，具有保护作用；其余均为单层柱状上皮，具有消化、吸收的功能。

2. 固有层 **固有层（lamina propria）**为疏松结缔组织，内含丰富的毛细血管、毛细淋巴管、神经和散在的平滑肌纤维。胃、肠的此层内，还含有大量腺体和丰富的淋巴组织。

3. 黏膜肌层 **黏膜肌层（muscularis mucosa）**为薄层平滑肌，一般为内环行、外纵行两层。除口腔和咽之外，其余各段均有分布。黏膜肌的舒缩，可以改变黏膜的形态，有助于营养物质的吸收、血液的运行及腺体的分泌。

（二）黏膜下层

黏膜下层（submucosa）为疏松结缔组织，内含较大的血管、淋巴管、神经纤维，还可见淋巴组织和散在的**黏膜下神经丛（submucosal nerve plexus）**，后者由副交感神经元和无髓神经纤维构成，可调节黏膜肌的舒缩以及腺体的分泌。此外，食管和十二指肠的黏膜下层，还分别含有食管腺和十二指肠腺。在消化管的某些部位（食管、胃和小肠），黏膜和部分黏膜下层，共同向管腔内突出，形成环行、纵行或不规则的**皱襞（plica）**。

（三）肌层

肌层（muscularis）除口腔、咽、食管前段和肛门外括约肌为骨骼肌外，其余均为平滑肌。肌层大多为内环行、外纵行两层，其间有**肌间神经丛（myenteric nerve plexus）**，结构同黏膜下神经丛，具有调节肌层舒缩的作用。

（四）外膜

外膜（adventitia）是消化道的最外层，分纤维膜和浆膜两类。**纤维膜（fibrosa）**仅由薄层结缔组织构成，与周围结构无明显界限，主要见于咽、食管和大肠末段。外膜表面覆盖一层间皮时，即称之为**浆膜（serosa）**，其表面湿润而光滑，可减少消化管蠕动时的摩擦，如胃和小肠的外层均为浆膜。

二、口腔

口腔主要由周围的口腔黏膜和中间的舌组成。

（一）口腔黏膜

口腔黏膜（oral mucosa）由上皮和固有层构成。上皮呈复层扁平状，并有不同程度的角化。固有层结缔组织形成乳头，向上皮突出。因内含丰富的毛细血管，故正常黏膜呈粉红色。乳头和上皮内分布有丰富的感觉神经末梢。此外，固有层内尚含有弥散分布的小唾液腺。

（二）舌

舌（tongue）由黏膜和舌肌构成。舌黏膜的表面为复层扁平上皮，固有层内分布有舌腺，其导管开口于舌黏膜表面和舌乳头基部。此外，舌根背侧的固有层内还分布有许多淋巴小结，构成舌扁桃体。舌肌为纵、横、垂直三种方向交错排列的骨骼肌纤维，使舌的伸展摆动灵活自如。

1. 舌乳头 舌腹面黏膜光滑，背面黏膜形成许多粗糙的小突起，即**舌乳头（lingual papillae）**，主要有丝状乳头、菌状乳头、叶状乳头和轮廓乳头4种。

（1）丝状乳头 **丝状乳头（filiform papillae）**数量最多，均匀分布于舌背部。乳头呈丝状或绒毛状，但牛、羊的呈圆锥状并高度角化，又称锥状乳头，起机械性摩擦作用。丝状乳头的浅层细胞，不断脱落，参与构成舌苔。临床上常将舌苔的厚薄和色泽的变化，作为诊断疾病的依据。

（2）菌状乳头 **菌状乳头（fungiform papillae）**散在于舌尖和舌体两侧的丝状乳头之间，形如蘑菇。乳头表面覆以平滑而未角化的复层扁平上皮，呈鲜红色。上皮内含有味蕾。

（3）叶状乳头　**叶状乳头（foliate papillae）**体积最大，呈卵圆形，位于舌体后部两侧，它由若干个横行的叶片状黏膜褶构成。反刍动物无叶状乳头。

（4）轮廓乳头　**轮廓乳头（circumvallate papillae）**位于舌体与舌根交界处，其数量随动物种类不同而不同，马和猪有一对，肉食兽有 4～6 对。牛的较多，位于舌圆枕后部两侧，每侧有 8～17 个。乳头周围有环沟，沟的乳头侧上皮内富含味蕾。

2. 味蕾　**味蕾（taste bud）**呈卵圆形，主要位于菌状乳头、轮廓乳头和叶状乳头，少数散布于软腭、会厌等处的黏膜内。味蕾的顶部有一小孔，称为**味孔（taste pore）**。味蕾由味细胞、支持细胞和基细胞组成。

（1）味细胞　呈长梭形，居于味蕾中央。细胞的游离面有微绒毛伸向味孔，称为味毛。细胞基部与味觉神经末梢构成突触。

（2）支持细胞　呈梭形，位于味蕾周边及味细胞之间。

（3）基细胞　位于味蕾的基部，数量少而胞体小，呈锥体形，是一种未分化细胞。

三、咽

咽是消化管和呼吸道共同经过的交叉部位，由黏膜、肌层和外膜组成。咽部的上皮为复层扁平上皮，近鼻部转为假复层纤毛柱状上皮。固有层内有**扁桃体（tonsils）**（见第十章免疫系统）以及小**黏液腺（mucous glands）**。肌层为骨骼肌，又称咽括约肌。

四、食管

食管（esophagus）是将食物输送至胃的管道。腔面有数条纵行皱襞，食物通过时展平消失。

（一）黏膜

狗食管

食管的黏膜表面为较厚的复层扁平上皮，在食管与胃贲门的连接处骤变为单层柱状上皮。在不同动物复层扁平上皮呈现的角化程度也不同。一般而言，肉食动物的未角化，猪的轻度角化，而反刍动物的则高度角化。固有层内分布有淋巴组织和少量的黏液腺，其浅层形成许多结缔组织乳头，突向上皮。黏膜肌层是分散的纵行平滑肌束，反刍动物由前向后逐渐增多，近胃处形成完整的一层。猪和狗食管的前半段无黏膜肌层，后部则非常发达。

（二）黏膜下层

食管的黏膜下层分布有黏液腺或以黏液腺细胞为主的混合腺，称为**食管腺（esophageal gland）**（图 12-2）。食管腺的分布情况因动物不同而异。马、反刍动物和猫仅见于咽和食管的连接处；猪则集中于食管的前半部，以后逐渐减少；狗则分布于整个黏膜下层内。食管腺分泌的黏液，利于食物通过并对黏膜起到保护作用。

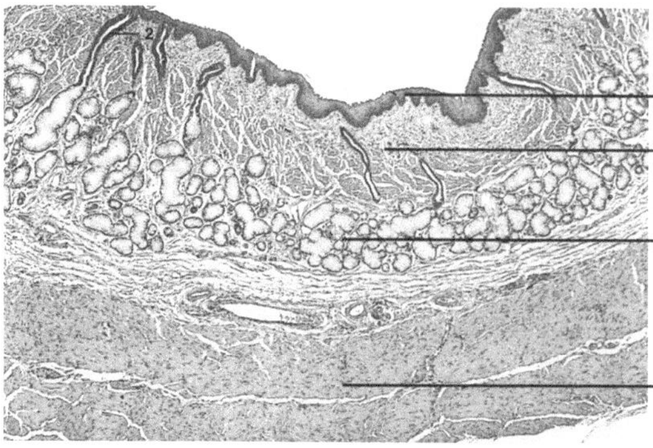

图 12-2　食管横断面（狗）

摘自 William J. Bacha 主编 *Color Atlas of Veterinary Histology*
见陈耀星主译《兽医组织学彩色图谱》第 2 版

（三）肌层

主要为内环行和外纵行两层，因两层之间常出现副肌层，故其分层不明显。反刍动物和狗的肌层，全部为骨骼肌；猪食管颈段是骨骼肌，胸段为骨骼肌和平滑肌交错排列，腹段为平滑肌；猫的前 4/5 为骨骼肌，后 1/5 为平滑肌；马的前 2/3 为骨骼肌，其后转为平滑肌。肌间神经丛多位于有平滑肌存在的食管胸、腹段。

（四）外膜

食管颈段的外膜为纤维膜，胸、腹段为浆膜。

五、单室胃

胃（stomach）是食管和小肠间的囊状膨大，食物入胃后与胃液混合形成食糜。胃的功能是暂时贮存食物、对食物进行机械性和化学性消化，并吸收部分水和无机盐类。

（一）黏膜

胃空虚时，腔面可见许多纵横交错的皱襞，饱食后胃腔扩张，皱襞变小或消失。黏膜上皮向固有层内凹陷形成许多小窝，称为**胃小凹（gastric pit）**。每个胃小凹的底部有数条胃腺的开口。胃黏膜的特征是含有大量的胃腺，肉食动物的胃腺分布于整个胃黏膜内，猪和马仅分布在胃的有腺部。

1. 上皮　无腺部为复层扁平上皮，有腺部为单层柱状上皮。柱状上皮中，除少量的内分泌细胞外，主要由**黏液细胞（mucous cell）**组成，细胞呈柱状，胞核卵圆形，位于细胞基部（图 12-3）。顶部胞质中含大量黏原颗粒，HE 染色着色淡或不着色。PAS 染色呈强阳性，着紫红色。该细胞的分泌物为中性或弱碱性黏多糖，在上皮表面形成一层不溶性的黏液膜，有润滑和保护作用，防止胃酸与胃蛋白酶对黏膜的消化损伤。表面黏液细胞的更新速度很快，3～4 天更新一次，由胃小凹底部的细胞增殖替代。

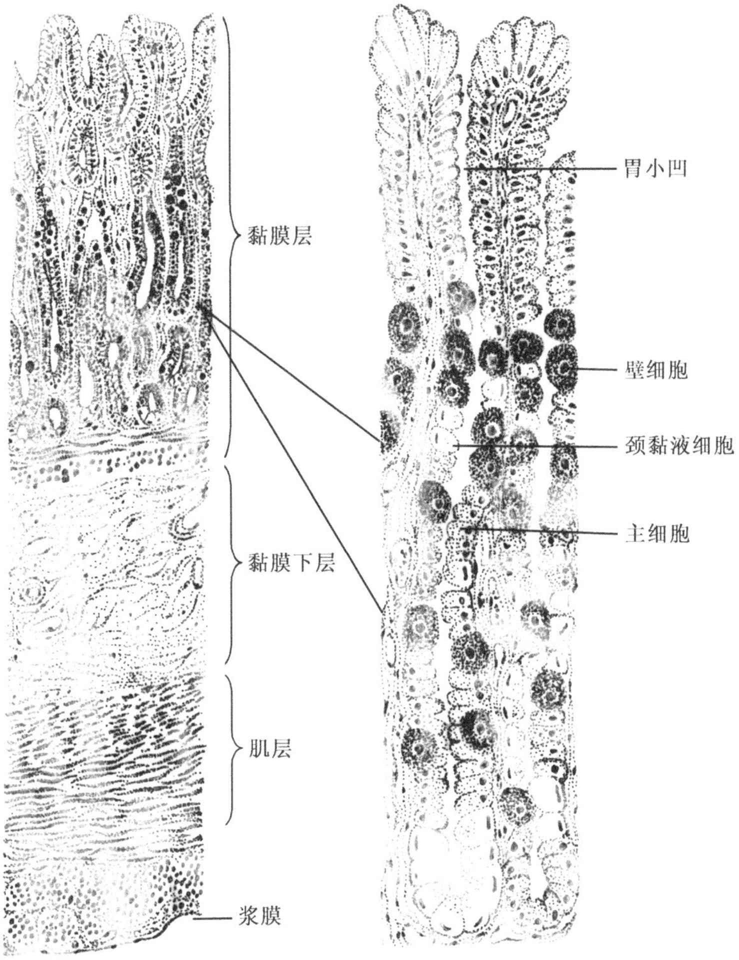

图 12-3 胃壁（左）及胃底腺（右）模式图

2. 固有层 较厚，主要被大量紧密排列的胃腺所占据。根据胃腺所在部位和结构的不同，分胃底腺、贲门腺和幽门腺。腺间少量结缔组织内，除含有丰富的毛细血管、淋巴细胞和浆细胞外，还有散在的平滑肌纤维。此外，猪的此层内还含有淋巴小结和大量浸润的白细胞。

（1）胃底腺 **胃底腺（fundic gland）**为分布于胃底部与胃体部的分支管状腺或单管状腺（图 12-3）。腺腔狭小，腺体可分为颈、体和底三部分。颈部短而细，与胃小凹相连；体部较长；底部稍弯曲膨大并延伸至黏膜肌层。胃底腺由主细胞、壁细胞、颈黏液细胞和内分泌细胞组成。

狗胃底腺

主细胞：**主细胞（chief cell）**亦称**胃酶细胞（zymogenic cell）**，数量最多，主要位于腺的体部和底部。细胞呈柱状或锥体形，胞核圆，偏于基部。胞质顶部色淡，呈泡沫状，基部呈嗜碱性。电镜下，顶部胞质充满酶原颗粒，核下方有丰富的粗面内质网和游离核糖体（图 12-4）。高尔基复合体发达，位于核上方。主细胞分泌胃蛋白酶原，在幼畜还分泌凝乳酶。

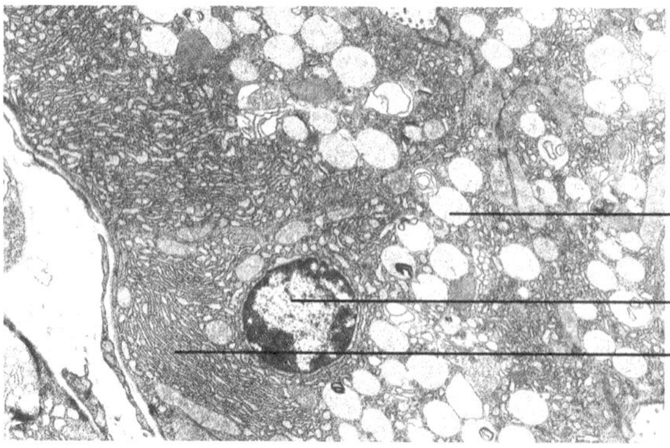

图 12-4　胃底腺的主细胞

摘自李德雪，尹昕主编《动物组织学彩色图谱》

壁细胞：**壁细胞（parietal cell）**又名**泌酸细胞（oxyntic cell）**，多散布于腺的颈部和体部。胞体较大，呈圆形或锥体形。胞核圆而深染，1～2 个，居于细胞中央。胞质为强嗜酸性。电镜下，该细胞有两个特点：一是胞膜向胞质内凹陷，形成许多迂曲分支的小管，称为**细胞内分泌小管（intracellular secretory canaliculi）**，小管表面有许多细长微绒毛，开口于胃底腺的腺腔（图 12-5）；二是分泌小管周围有许多光滑的膜性小管和小泡，称为**微管泡系统（tubulovesicular system）**，细胞分泌时，微管泡系统与细胞内分泌小管相连。此外，壁细胞内还含有丰富的线粒体，以及少量的粗面内质网和高尔基复合体。壁细胞的主要功能是合成和分泌盐酸以及内因子。

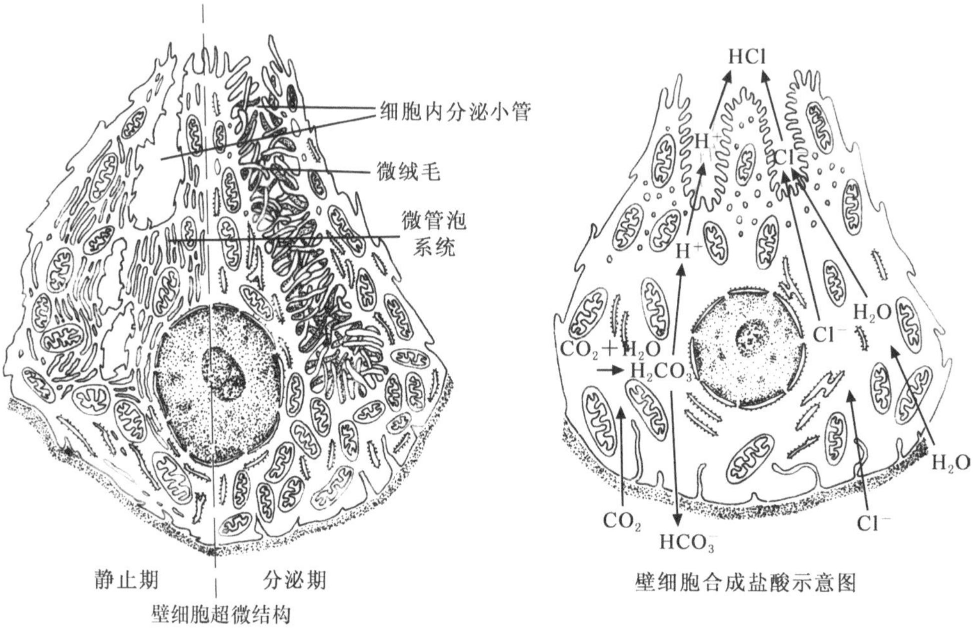

图 12-5　壁细胞超微结构及盐酸合成示意图

壁细胞分泌盐酸的步骤是：①细胞从血液中摄取的和本身在代谢过程中产生的 CO_2，

在壁细胞碳酸酐酶的作用下，与 H_2O 结合形成 H_2CO_3；② H_2CO_3 解离成 H^+ 和 HCO_3^-，H^+ 被主动运输到细胞内分泌小管，而 HCO_3^- 与血液中的 Cl^- 交换；③ Cl^- 经微管泡系统输送到细胞内分泌小管，在此处 H^+ 和 Cl^- 结合形成 HCl（图 12-5）。

颈黏液细胞：**颈黏液细胞（neck mucous cell）**数量较少，单个或成簇分布于腺颈部的壁细胞之间，但猪的可分布于腺体各部，且以底部为多。细胞呈柱状或楔形，胞核扁平深染，居于基部。核上方充满黏原颗粒，PAS 反应阳性。HE 染色标本，颗粒淡染。该细胞不易与主细胞区分。其分泌物为酸性黏液。

内分泌细胞：**内分泌细胞（endocrine cell）**不规则地散在于腺细胞之间，详见后述。

（2）贲门腺 **贲门腺（cardiac gland）**为弯曲的分支管状腺，位于贲门部。该腺的特点是：胃小凹较浅，腺体较短，腺腔较宽。细胞呈立方形或柱状。狗的贲门腺分布有少量的壁细胞，而猪则可能有散在的主细胞。贲门腺的功能是分泌黏液。

（3）幽门腺 **幽门腺（pyloric gland）**分布于幽门部，为高度弯曲的分支管状腺，分泌黏液。腺细胞呈柱状，胞质浅淡，核扁，位于基部。该腺的特点是：胃小凹较深，腺体短而弯曲，分支多，管腔大，内分泌细胞较多（主要为 G 细胞，分泌胃泌素）。

3. 黏膜肌层 由内环行、外纵行两层平滑肌组成。内环行的部分细胞深入固有层腺体之间，其收缩有助于腺体分泌物的排出。

（二）黏膜下层

胃的黏膜下层较发达，由疏松结缔组织构成，含有淋巴细胞、嗜酸性粒细胞、肥大细胞以及较粗的血管、淋巴管和神经。猪贲门部和幽门部的黏膜下层中，尚含有淋巴小结。

（三）肌层

胃的肌层较厚，由内斜行、中环行和外纵行三层平滑肌组成。各肌层间有少量结缔组织和肌间神经丛。斜行肌、环行肌分别在贲门部和幽门部增厚，前者形成贲门括约肌，后者形成幽门括约肌。纵行肌在胃大弯和胃小弯处发达。

（四）外膜

胃的外膜为浆膜。

六、复室胃

反刍动物均为复室胃，包括瘤胃、网胃、瓣胃和皱胃，胃壁均由黏膜、黏膜下层、肌层和浆膜四层组成。前三个胃的黏膜，衬以复层扁平上皮，浅层细胞角化，且黏膜内无腺体，主要起机械性消化的作用，统称**前胃（forestomach）**。皱胃的黏膜内有腺体，机能同单室胃，又称为真胃。

牛瘤胃

（一）瘤胃

瘤胃（rumen）具有搅拌器和发酵罐的作用，食物在微生物的作用下，产生挥发性脂肪酸被黏膜吸收。

黏膜表面形成许多大小不等的舌状乳头（图 12-6A）。乳头的高矮与年龄有关，初生牛犊的乳头长约 1 mm，在哺乳期间长度恒定。当饲料中掺入粗料时，乳头增长变高，成年牛可达 1.5 cm。乳头的中央为固有层，其表面为角化的复层扁平上皮。固有层为致密结缔组织，内含丰富的胶原纤维、弹性纤维和网状纤维，并富含有孔毛细血管。黏膜内无胃腺和黏膜肌层（图 12-7）。

黏膜下层薄，内含淋巴组织，无淋巴小结。

肌层发达，由内环行、外纵行（或外斜行）两层平滑肌构成。瘤胃内壁有**肉柱**（**pillar**），并与瘤胃表面的沟相对应。肉柱主要是由环行肌伸入形成的，此外，还含有大量的弹性纤维。

浆膜内含有许多脂肪细胞、血管、淋巴管和神经。

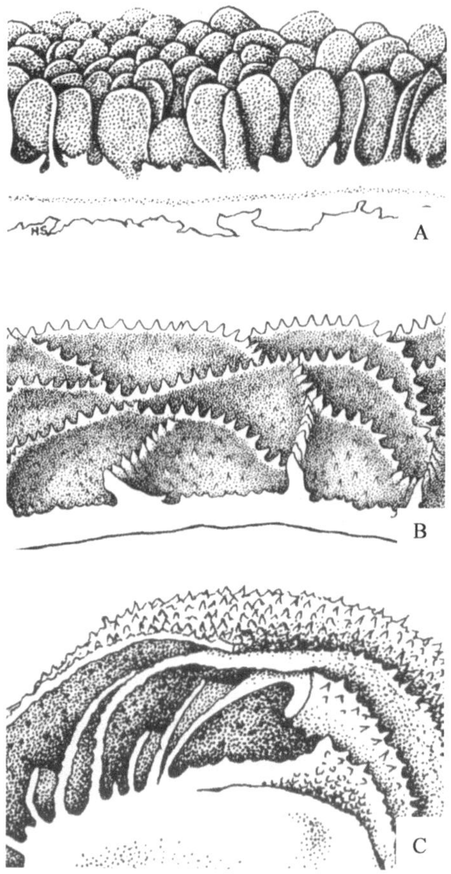

图 12-6　前胃黏膜表面示意图

A. 瘤胃黏膜形成舌状乳头　B. 网胃黏膜形成互相吻合的皱襞，形如蜂窝状　C. 绵羊瓣胃黏膜形成瓣叶

摘自 William J. Bacha 主编 *Color Atlas of Veterinary Histology* 见陈耀星主译《兽医组织学彩色图谱》第 2 版

（二）网胃

网胃（**reticulum**）黏膜形成许多永久性彼此吻合的皱襞，形如蜂窝状（图 12-6B），故又名**蜂窝胃**（**honeycomb**）。皱襞分初级皱襞和次级皱襞，前者高，将黏膜分成许多小房，后者矮，在小房的底部形成更小的细格。皱襞和由它围成的小房底部，有许多细小的锥状角质乳头，皱襞两侧有垂直伸出的小嵴。

黏膜上皮为角化的复层扁平上皮，固有层由胶原纤维和弹性纤维网组成。初级皱襞顶部的中央，有一条平滑肌带（相当于黏膜肌层）。在皱襞的连接处，肌带由一皱襞走向另一皱襞，形成连续的肌带网。黏膜下层与固有层无明显界限，亦由胶原纤维和弹性纤维构成。肌层为内环行、外纵行两层平滑肌（图 12-8）。最外层为浆膜。

牛网胃

食管沟（**esophageal sulcus**）亦称网胃沟，其结构与网胃壁相似，但弹性纤维特别多。羊食管沟黏膜内还有腺体分布。食管沟底的肌层分两层：内层厚，为横行的平滑肌；外层薄，为纵行的平滑肌和骨骼肌，后者与食管的肌层相连续。

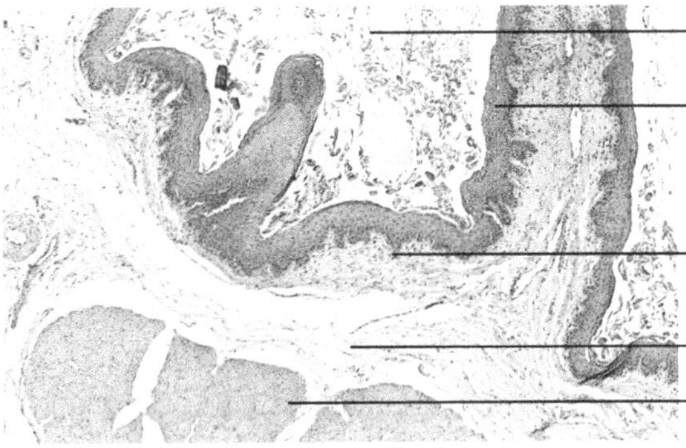

图 12-7 瘤胃壁横切面（牛）

摘自 William J. Bacha 主编 *Color Atlas of Veterinary Histology*
见陈耀星主译《兽医组织学彩色图谱》第 2 版

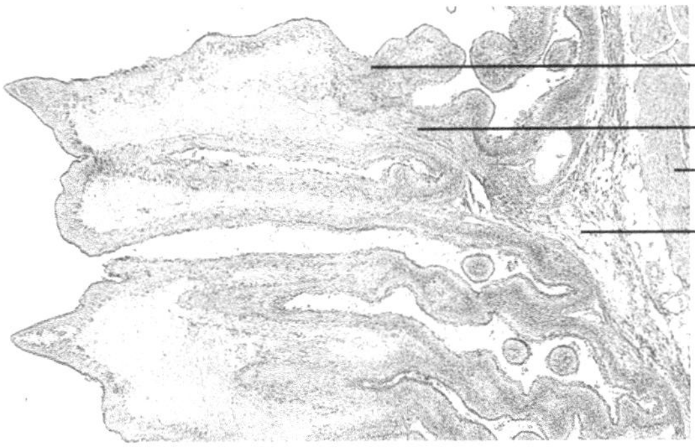

图 12-8 网胃壁和皱襞横切面（羊）

摘自 William J. Bacha 主编 *Color Atlas of Veterinary Histology*
见陈耀星主译《兽医组织学彩色图谱》第 2 版

（三）瓣胃

羊瓣胃

瓣胃（omasum）的整个黏膜层形成约 100 个纵行皱襞，称为瓣叶（图 12-6C）。瓣叶的两侧遍布粗糙而短小的角质乳头。黏膜的结构与瘤胃、网胃相似，但黏膜肌层发达。黏膜下层很薄，由胶原纤维和弹性纤维组成。肌层为两层，内环行肌厚，外纵行肌薄。最外层为浆膜。瓣叶内有固有层、黏膜肌和黏膜下层，大瓣叶内还有中央肌层，它是由肌层的内环行肌伸入到大瓣叶内形成的。中央肌层夹在两层黏膜肌之间，并在瓣叶的顶端与两侧的黏膜肌融合（图 12-9）。

（四）皱胃

皱胃（abomasum）的组织结构与单室胃的有腺部相似。其特点是：贲门腺区小，而幽门腺区大；胃底腺区的黏膜有永久性皱襞；胃小凹的密度比单室胃大；胃底腺短而密集。

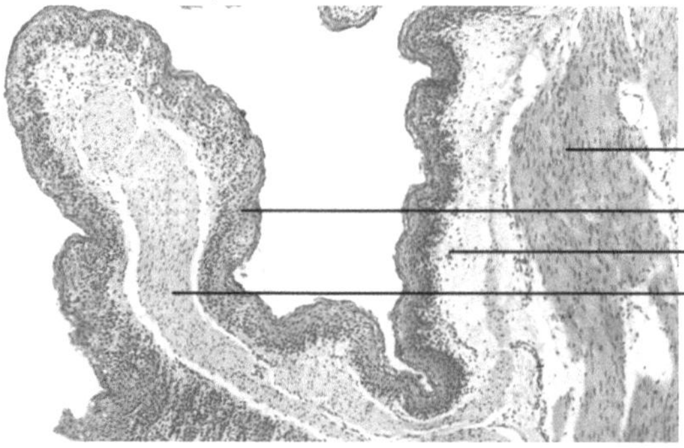

图 12-9　瓣胃壁和瓣叶横切面（羊）

摘自 William J. Bacha 主编 *Color Atlas of Veterinary Histology*
见陈耀星主译《兽医组织学彩色图谱》第 2 版

七、小肠

小肠（small intestine）是食物消化与吸收的主要场所，分十二指肠、空肠和回肠。管壁具有消化管典型的四层结构，但每段又各具特点。

（一）黏膜

小肠黏膜的结构特征是有环行皱襞、肠绒毛和微绒毛。**环行皱襞（policae cirulane）**由黏膜和黏膜下层共同向肠腔突出而成，高约 10 mm，厚 3～4 mm。反刍动物皱襞内的黏膜下层为致密结缔组织，故其皱襞是永久性的，其他家畜在肠腔充盈时消失。黏膜表面有许多由上皮和固有层共同向肠腔突出而成的细小突起，称为**肠绒毛（intestinal villus）**（图 12-10，图 12-11）。不同动物肠绒毛的长度、密度和形状各不相同，一般长 0.35～1 mm，数量为 10～40 根 /mm^2，以十二指肠和空肠近端最多。绒毛在十二指肠似叶状，于空肠呈指状，在回肠则为低矮的锥体形。微绒毛是黏膜上皮中柱状细胞游离面的细微突起。皱襞、绒毛和微绒毛的存在，极大地扩大了小肠黏膜的表面积。

1. 上皮　小肠黏膜上皮为单层柱状上皮，由吸收细胞、杯状细胞和内分泌细胞组成。

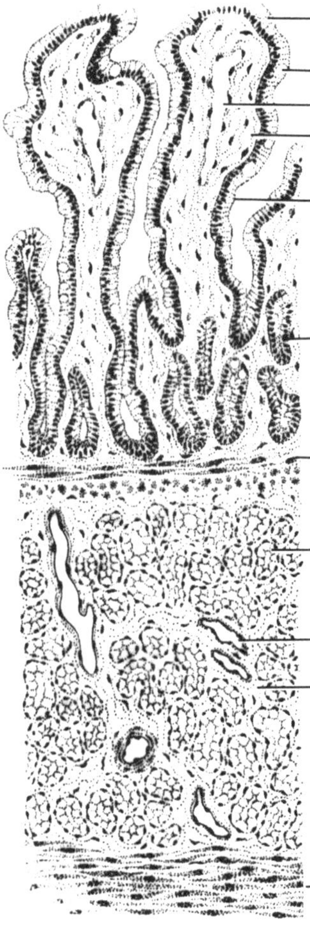

图 12-10　十二指肠（横切）

摘自成令忠主编《组织学与胚胎学》

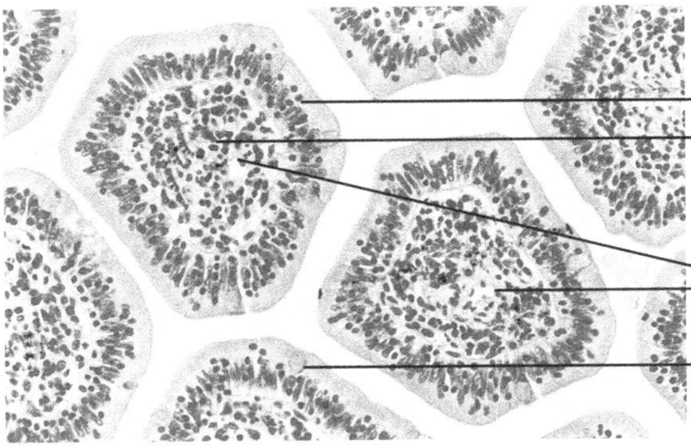

图 12-11 小肠绒毛横切

摘自 William J. Bacha 主编 *Color Atlas of Veterinary Histology*

见陈耀星主译《兽医组织学彩色图谱》第 2 版

（1）吸收细胞 **吸收细胞（absorptive cell）**数量最多，呈柱状，也称柱状细胞，核卵圆形位于基底部。光镜下，细胞游离面有明显的**纹状缘（striated border）**。电镜下，胞质内有丰富的线粒体和滑面内质网，后者参与脂肪的吸收。纹状缘由密集而整齐排列的微绒毛构成。每个吸收细胞的游离面，有 1 000～3 000 根微绒毛，使细胞表面积扩大 20～30 倍。微绒毛表面覆有一层糖蛋白构成的细胞衣，内含双糖酶、多肽酶、胰蛋白酶以及胰淀粉酶等消化酶，有助于碳水化合物和蛋白质的消化吸收。细胞侧面的连接复合体具有屏障作用，保证了物质的选择性吸收。

（2）杯状细胞 **杯状细胞（goblet cell）**散在于吸收细胞之间，分泌黏液，对黏膜上皮有润滑与保护作用。从十二指肠到回肠，杯状细胞逐渐增多。

（3）内分泌细胞 **内分泌细胞（endocrine cell）**散在于上皮细胞之间，种类很多（详见第 168 页“九、消化管的内分泌细胞”）。

2. 固有层 固有层分布于肠腺之间，并构成绒毛的中轴，为富含网状纤维的细密结缔组织，内含淋巴组织及淋巴细胞、巨噬细胞、浆细胞和嗜酸性粒细胞等。十二指肠和空肠多为弥散淋巴组织和孤立淋巴小结，回肠为集合淋巴小结（图 12-12）。有些淋巴小结可将局部黏膜肌层隔断，深入到黏膜下层。

（1）绒毛中轴 绒毛中轴的固有层结缔组织内有 1～2 条纵行的毛细淋巴管，称为**中央乳糜管（central lacteal）**（图 12-10）。它的始端为盲端，自绒毛顶部向下穿过黏膜肌，在黏膜下层形成淋巴管丛。中央乳糜管的管腔大，内皮间隙宽，无基膜，易于乳糜微粒的进入。此外，绒毛内还含有丰富的有孔毛细血管网和散在的纵行平滑肌，后者的舒缩可改变绒毛的长短，利于营养物质的吸收，以及血液和淋巴的运行。

（2）小肠腺 **小肠腺（small intestinal gland）**又称**肠隐窝（intestinal crypt）**，是绒毛根部的上皮向固有层下陷形成的单管状腺，直接开口于肠腔。腺上皮除吸收细胞、杯状细胞和内分泌细胞外，还有潘氏细胞和未分化细胞。

潘氏细胞（Paneth cell）常三五成群地分布于肠腺底部。细胞较大，呈锥体形。反刍动物如牛、羊数量颇多，而狗、猫和兔等动物则较少，甚至没有（猪）。顶部胞质中有粗大的嗜酸性颗粒，内含**肠防御素（enteric defensins）**和溶菌酶等，具有杀灭肠道内有害微生物的作用。

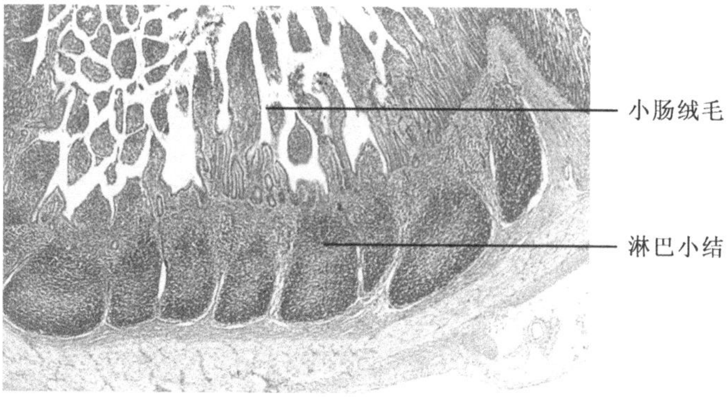

图 12-12　回肠（派伊尔氏斑，狗）

摘自 William J. Bacha 主编 *Color Atlas of Veterinary Histology*

见陈耀星主译《兽医组织学彩色图谱》第 2 版

未分化细胞（undifferentiated cell）位于肠腺的下半部，夹在其他细胞之间。细胞呈柱状，胞质嗜碱性，光镜下不易与吸收细胞区分。该细胞是肠上皮的干细胞，不断分裂增殖，并分化为其他肠腺细胞和绒毛上皮细胞。

3. 黏膜肌层　黏膜肌层由内环、外纵两层平滑肌组成，黏膜肌的舒缩可促进小肠的消化与吸收。（表 12-1）

表 12-1　小肠各段的结构特征

项目	十二指肠	空肠	回肠
皱襞	最发达	近端较发达，远端减少和变低	中段以下基本消失
绒毛	叶状，密集	指状，密集而细长	数量较少，多呈锥状
杯状细胞	较少	较多	最多
淋巴组织	弥散淋巴组织或孤立淋巴小结	孤立淋巴小结或弥散淋巴组织	集合淋巴小结
黏膜下腺	有	见于马、牛、猪的空肠前段	无

（二）小肠其他层的结构特征

十二指肠的黏膜下层分布有**十二指肠腺（duodenal gland）**（图 12-10），又称**黏膜下腺（submucosal gland）**。在羊和狗，仅分布于十二指肠的前段或中段；马、猪和牛，则延伸至空肠前段。十二指肠腺为分支管泡状腺（反刍动物为管状腺），其导管穿过黏膜肌层，开口于肠腺底部。十二指肠腺的腺泡类型因动物种属而异：马和兔为混合腺；反刍动物、猪和狗为黏液腺；猫和小鼠的腺泡细胞，介于浆液性细胞与黏液性细胞之间，称为**浆黏液细胞（seromucous cell）**。此腺分泌含有黏蛋白的碱性液体，保护十二指肠黏膜免受酸性胃液的侵蚀。

马十二指肠

黏膜下层的疏松结缔组织内含较大的血管、淋巴管、神经纤维，以及淋巴组织和散在的黏膜下神经丛。黏膜下层向肠腔内突出形成皱襞，在十二指肠最发达，空肠近端较发达、远端减少和变低，到回肠中段以下基本消失。

肌层和浆膜变化不明显。（表 12-1）

八、大肠

大肠（large intestine）包括**盲肠（cecum）**、**结肠（colon）**和**直肠（rectum）**，主要功能是吸收水分、无机盐，并进行纤维素的发酵和分解。此外，还分泌黏液，保护和润滑大肠黏膜，利于粪便排出。其主要结构特点为：①大肠黏膜无皱襞和肠绒毛，其表面比较光滑（图 12-13）。②黏膜上皮

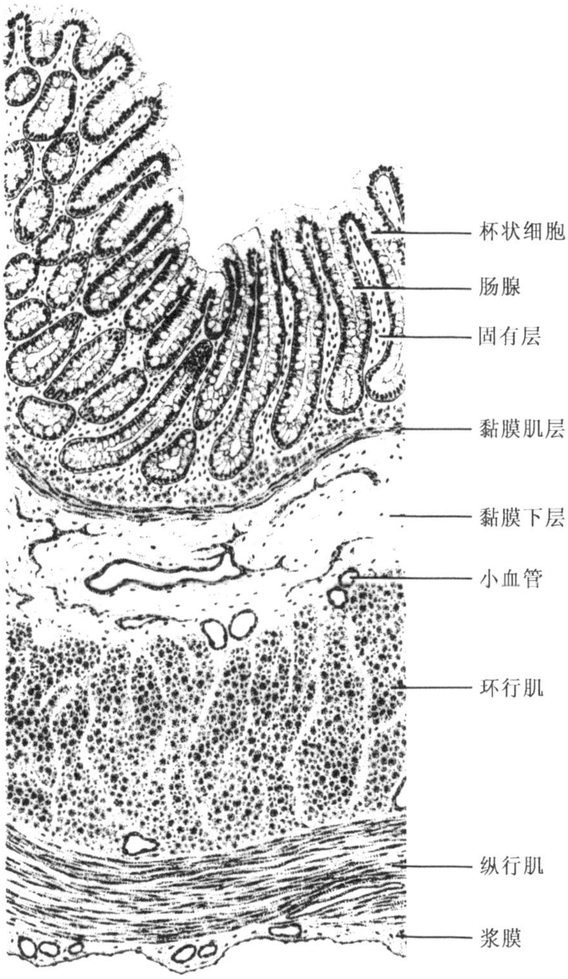

图 12-13 结肠（纵切）

摘自成令忠主编《组织学与胚胎学》

中杯状细胞较多，柱状细胞的微绒毛不发达，不形成纹状缘。③大肠腺密集，长而直，杯状细胞特别多，无潘氏细胞。其分泌物不含消化酶，为碱性液体，可中和发酵所产生的酸性产物。④一般为**孤立淋巴小结（solitary lymphatic nodules）**，**集合淋巴小结（aggregates of lymphatic nodules）**很少。⑤肌层发达。猪、马结肠和盲肠的外纵行肌形成肌带。⑥在肛门周围的固有层内有围肛腺（皮脂腺和大汗腺）。

九、消化管的内分泌细胞

消化管的黏膜上皮和腺体内，散在有大量的内分泌细胞，它们所分泌的激素（为肽类或胺类）统称为**胃肠激素（gut hormone）**，其主要功能是协调胃肠道的消化和吸收，同时对其他器官系统也有重要的调节作用。此类细胞在HE染色的切片上不易辨认，但应用免疫组织化学的方法可以显示。由于这些细胞内的分泌颗粒多聚集于细胞的基底部，故又称**基底颗粒细胞（basal granular cell）**。胃肠内分泌细胞的总量很大，可能超过体内所有内分泌腺细胞的总和，因此，在某种意义上说，消化管是体内最大、细胞种类最多的内分泌器官。

消化管内分泌细胞的形态多样，呈锥体形、卵圆形或不规则形，大多单个夹在其他上皮细胞之间。细胞基部位于基膜上，胞核多为圆形。胞质内有丰富的游离核糖体、粗面内质网及高尔基复合体，基底部含有许多大小不一的分泌颗粒，直径在50～500 nm之间。

目前，已知哺乳动物的胃肠激素大约有30种，但目前在组织学上明确定位的仅有10余种。消化管内分泌细胞，一般可分为两种类型。一种是“**开放型**”（**open type**），细胞顶部可抵达管腔；电镜下，开放型内分泌细胞的游离面有微绒毛，能感受管腔内容物、消化液及pH的变化，引起细胞分泌，大多数内分泌细胞属于此种类型。另一种是“**封闭型**”（**closed type**），其细胞的顶部被相邻细胞所遮盖，而不暴露于肠腔；细胞基部常沿基膜伸出突起（图12-14），偶见突起穿过基膜；此类细胞主要是感受局部组织内环境的变化和肠腔压力的刺激。消化管内分泌细胞均有摄取胺前体并使之脱羧转变为胺类物质的能力，是**摄取胺前体脱羧（amine precursor uptake and decarboxylation，APUD）**系统的一个组成部分（见第十一章内分泌系统）。

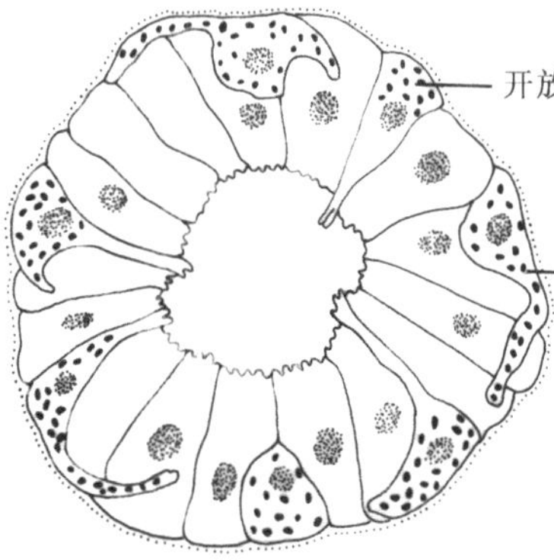

图12-14 胃肠道内分泌细胞模式图
摘自成令忠主编《组织学与胚胎学》

消化管内分泌细胞，常见的分泌方式有3种：一是激素从细胞的基底面直接释放于血液，为经典内分泌方式；二是少数激素以**旁分泌（paracrine）**的方式，作用于邻近的靶细胞；三是还有少部分以**腔分泌（luminal secretion）**的方式，经细胞间隙释放入胃肠腔内。胃肠激素多属肽类激素，主要有以下4个方面的作用：①调节消化腺分泌和消化道运动；②调节其他激素的释放，如抑胃多肽（GIP），有很强的刺激胰岛素分泌的作用；③具有刺激消化道组织的代谢和促生长作用，如胃泌素能刺激胃泌酸部黏膜和十二指肠黏膜细胞合成蛋白质、RNA 和 DNA，从而促进黏膜的生长；④对消化器官有保护作用，如神经降压素、生长抑素、表皮生长因子都具有保护胃肠黏膜和促进损伤修复的作用。消化管主要的内分泌细胞见表 12-2。

表 12-2　消化管主要的内分泌细胞

名称	分布位置	分泌激素	主要功能
D 细胞	胃、小肠、大肠	生长抑素	抑制其他激素的分泌
G 细胞	胃幽门、十二指肠	胃泌素	促进胃酸分泌
EC 细胞	胃、小肠、大肠	5- 羟色胺、P 物质	刺激胃肠蠕动，抑制胃酸分泌
S 细胞	十二指肠、空肠	促胰液素	促进胰导管分泌水和 HCO_3^-
ECL 细胞	胃底腺	组胺	刺激胃酸分泌，扩张血管
K 细胞	空肠、回肠	抑胃多肽	抑制胃酸分泌，促进胰岛素分泌
I 细胞	十二指肠、空肠	胆囊收缩素、促胰液素	促进胆囊收缩和胰液分泌
N 细胞	回肠	神经降压素	抑制胃酸分泌和胃蠕动
D_1 细胞	胃、小肠、结肠	血管活性肠肽	舒张血管
L 细胞	小肠	胃肠动素	促进胃肠蠕动

十、消化管的血管、淋巴管和神经分布

消化管内有丰富的血管、淋巴管和神经，胃肠中血管和神经的分布基本相同。

（一）血管

从肠系膜分支来的小动脉，穿过浆膜、肌层，在黏膜下层内形成黏膜下动脉丛。其分支有三个去向：一是进入黏膜肌层；二是进入固有层，分布于腺体之间；三是进入肠绒毛，在绒毛内形成毛细血管网。黏膜内的毛细血管汇集成黏膜下静脉丛，继而汇合成静脉穿出肌层，与动脉相伴离开消化管。

（二）淋巴管

小肠内的毛细淋巴管，位于固有层的肠腺之间以及肠绒毛内，后者又称中央乳糜管。胃和大肠内的毛细淋巴管，位于固有层腺体之间。毛细淋巴管在黏膜下层和肌层内汇合成淋巴管丛。淋巴管与血管伴行穿过肌层，然后自浆膜回到肠系膜中。

（三）神经

分布到消化管的神经，主要是交感神经和迷走神经。前者的节后纤维，自交感神经节或腹腔神经节发出，其末梢分布于消化管壁内的平滑肌纤维和腺细胞；后者在黏膜下层和

肌层中，分别形成黏膜下神经丛和肌间神经丛。

十一、家禽消化管的组织学特点

家禽消化管包括食管、嗉囊、腺胃、肌胃、小肠、大肠和泄殖腔。

（一）食管

食管腔大而壁薄。以嗉囊为界，分为颈段和胸段。管壁由 4 层构成。

1. 黏膜 较厚，表面形成许多纵行皱襞，鸭、鹅尤为显著。皱襞易于扩张，利于大块食团的吞咽。黏膜表面为角化的复层扁平上皮，上皮的角化程度和厚度因不同家禽而异。一般而言，鸭和家鸽的角化程度较明显，而鸡的上皮则较厚。固有层为结缔组织，其中分布有许多较大的黏液性食管腺。腺泡衬以单层柱状上皮，胞质呈泡沫状，弱嗜碱性。胞核扁平，位于细胞基部。腺体周围常有淋巴组织，在食管与腺胃连接处形成食管扁桃体。黏膜肌层较发达，由纵行的平滑肌束构成。

2. 黏膜下层 较薄，由疏松结缔组织构成，内含神经丛等。

3. 肌层 均为平滑肌，分为内环、外纵两层，前者厚，后者薄。

4. 外膜 颈段为纤维膜，胸段为浆膜。

（二）嗉囊

鸡和鸽的食管，进入胸腔之前，其腹侧形成一个薄壁的囊状膨大，称为**嗉囊（ingluvies）**，为食物的暂时贮存和软化之处。鸭和鹅缺乏真正的嗉囊，仅在食管颈段形成一个纺锤形膨大。鸡和鸽嗉囊的组织结构与食管相似。鸭、鹅食管膨大部的固有层内，有食管腺分布。在黏膜下层与肌层之间，有广泛分布的壁内神经丛。嗉囊内的食物，由于唾液和食管黏液的渗入，可使混有细菌的饲料，保持适当的温度和湿度，利于进一步发酵和软化。若切除嗉囊，则鸡食欲不振，饲料消化率下降，致使未曾很好消化的饲料随粪便排出。

家鸽的嗉囊是两个对称的囊状结构。其黏膜内分布有混合腺，分泌物中有淀粉酶、软化酶和蛋白酶等，对食物具有初步消化的作用。在家鸽抱卵后期和育雏早期，雌鸽和雄鸽嗉囊的黏膜上皮均迅速增生，浅层细胞内聚集大量脂肪后，脱落于嗉囊中，与嗉囊分泌物共同形成鸽乳，通过逆呕，哺乳幼鸽。

（三）腺胃

腺胃（glandularis ventriculi）又称前胃，呈纺锤形，内腔比食管腔略大。黏膜表面有许多上皮和固有层共同突出形成的皱襞。管壁为典型的 4 层结构，由于黏膜内有发达的腺胃腺，故胃壁很厚。

1. 黏膜 表面分布有 30～40 个圆形乳头，肉眼可见。乳头中央是腺管开口，腺管周围有同心圆状排列的黏膜襞和沟，而乳头之间的襞和沟则分布不规则。鸡的腺胃乳头较大，鸭和鹅的较小，但数量较多。黏膜襞由上皮和固有层共同突出形成。

（1）上皮 为单层柱状上皮，上皮细胞的胞核位于近基底部，胞质弱嗜碱性。生理状态下，黏膜上皮有明显的脱落现象。

（2）固有层 此层有两种腺体，即浅层单管状腺和深层复管状腺（图 12-15）。

浅层单管状腺通常很短，衬有单层立方或单层柱状上皮，开口于黏膜皱襞之间的凹陷处，可分泌黏液。

图 12-15 鸡腺胃的纵切面

摘自王树迎，王政富主编《动物组织学与胚胎学》

深层复管状腺相当于家畜的胃底腺，体积大，呈圆形、圆柱形或椭圆形。它们穿入黏膜肌层，将其分成两层。腺上皮细胞的形状与其所处的功能状态有关，从近立方形到柱状均可出现。一般认为，细胞内储存有大量分泌颗粒时，细胞呈立方形，当颗粒排空时则变为柱状。胞核呈球形或卵圆形，位于细胞基部。胞质嗜酸性，着鲜红色，有时可见有大量嗜酸性颗粒。细胞游离端常与邻近细胞互不接触，从而使整个腺体上皮呈锯齿状，细胞之间的缝隙为细胞间分泌小管。电镜下，禽类腺胃深层复管状腺细胞的亚显微结构兼具哺乳动物胃底腺中壁细胞和主细胞的特征，进一步证实了其既能分泌盐酸，又能分泌胃蛋白酶的功能。

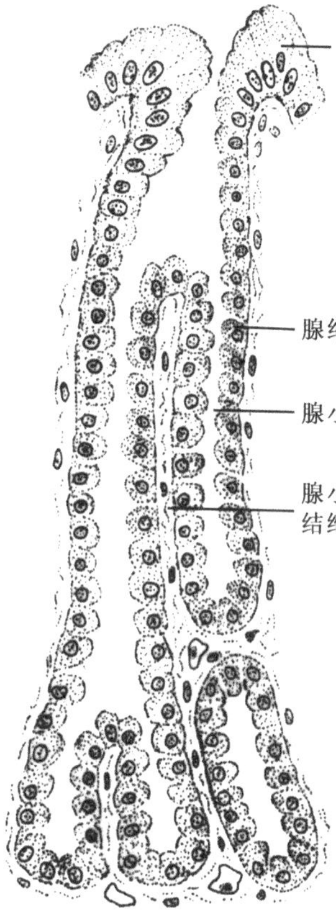

图 12-16　鸡腺胃深层复管状腺

摘自王树迎，王政富主编《动物组织学与胚胎学》

深层复管状腺在不同禽类中稍有不同，主要表现在导管系统上有差异。该腺体在鸭最为简单，为单叶腺。腺上皮组成许多腺小管，腺小管呈辐射状排列在宽大的集合窦周围并开口于其中。集合窦再借导管通向黏膜乳头，开口于腺胃腔。鸡的集合窦和导管均衬有类似黏膜的上皮细胞（图 12-16）。

（3）黏膜肌层　此层主要由两层纵行的平滑肌组成：分布于浅层单管状腺下面的较薄，有时只能看到一些纵行的肌束；分布于深层复管状腺下方的较厚。另外，分布于深层复管状腺周围的平滑肌纤维也来自黏膜肌层。

2. 其他各层的结构特点　黏膜下层很不明显，在局部甚至缺如。肌层较薄，由稍厚的内环肌和很薄的外纵肌组成。外膜为浆膜。

（四）肌胃

肌胃（muscularis ventriculi）为禽类所特有，由于其内常含有许多食入的沙砾，又名**砂囊（gizzard）**。胃壁亦由 4 层构成。

1. 黏膜　仅由上皮和固有层构成，无黏膜肌层。黏膜表面覆有一层比较坚硬的**类角质膜（koilin）**，又称鸡内金或肫皮，正常情况下较易剥离。类角质膜厚约 1 mm，表面有许多纵行皱襞，呈褐绿色或黄褐色，是由肌胃腺的分泌物、黏膜上皮的分泌物和脱落的上皮细胞，共同在酸性环境下，黏合硬化而成的，具有保护胃黏膜的作用。

（1）黏膜上皮　为单层柱状上皮，上皮表面形成许多漏斗形隐窝。隐窝间的上皮细胞经常脱落，参与类角质膜的形成。肌胃与腺胃或与十二指肠的交接处，上皮形态过渡迅速，转变突然。

（2）固有层　为疏松结缔组织，其中含有许多平行排列的单管状腺，腺体细而直，称为**肌胃腺（muscularis ventriculus gland）**，又称**砂囊腺（gizzard gland）**。鸡的肌胃腺由 10～30 个单管状腺组成一簇，共同开口于隐窝的底部。腺上皮呈矮柱状或立方形，胞核圆形，位于细胞基底部，胞质嗜碱性，游离端有许多细小的分泌颗粒。腺腔狭窄，往往被嗜酸性分泌物所充满。分泌物经隐窝排出后，遍布于黏膜表面。腺体底部细胞具有增殖能力，并不断向表面移行，以补充脱落的黏膜上皮。

2. 黏膜下层　很薄，由致密结缔组织构成。有些肌胃腺底部常延伸到黏膜下层内。

3. 肌层　非常发达，仅由环行肌构成，无纵行肌。环行肌有 4 块，即两块很厚的侧肌和两块较薄的中间肌，彼此之间由两侧的中央腱膜（腱镜）相连。肌胃中央部分无肌层存在，黏膜下层直接与腱组织连接。

4. 外膜 为浆膜，浆膜下有神经丛分布。

肌胃因其粗糙而坚硬的类角质膜、胃腔内的沙砾，以及发达的肌层，对食物具有强大的机械性消化作用。

（五）肠和泄殖腔

1. 小肠 小肠分十二指肠、空肠和回肠，各段的组织结构变化不甚明显。其组织结构特点为：①肠绒毛有分支，由前向后逐渐变短，绒毛内无中央乳糜管；②肠腺为短而直的单管状腺；③内分泌细胞主要集中分布于十二指肠前段；④黏膜下层很薄，局部缺如，无十二指肠腺。

2. 大肠 大肠包括一对盲肠和一短而直的直肠。组织结构与小肠相似，其特点为：①盲肠近侧部的肠绒毛比较发达，向后逐渐变少变矮；②杯状细胞较多；③盲肠内有发达的淋巴组织，近侧部形成盲肠扁桃体；④局部缺乏黏膜肌层；⑤肌层较发达，但不同部位其厚度不一。

3. 泄殖腔 **泄殖腔（cloaca）**是肠管末端膨大，为禽类消化、泌尿和生殖系统末端的共同通道。泄殖腔的背侧有腔上囊，腔内有两个不完全的环行皱襞，由前向后将其分为粪道、泄殖道和肛道三部分，以泄殖孔与外界相通。泄殖腔的组织结构特点为：①粪道的肠绒毛为短的指状，在泄殖道为较高的扁叶状，肛道的则最短小；②黏膜上皮为单层柱状，其间夹有大量杯状细胞和少量的基底颗粒细胞，在泄殖孔背唇和腹唇内侧突然转变为复层扁平上皮；③黏膜肌层在泄殖孔附近消失；④肛道的黏膜内有肛腺（黏液腺）；⑤黏膜下层内分布有大量淋巴组织、巨噬细胞和粒细胞；⑥肌层为内环、外纵的平滑肌，在泄殖孔处变为横纹肌。

十二、鱼类消化管的组织学特点

由于进化较低，鱼类消化管较简单，仅包括口咽、食管、胃和肠几个部分。

（一）口腔和咽

鱼的口腔和咽之间，没有明显的分界，称为口咽腔，内有齿、舌和鳃耙，无唾液腺。唇的结构较为简单，表面为复层扁平上皮细胞，之间夹有杯状细胞，有些鱼类尚有味蕾。舌的构造比较简单，大多仅由基舌骨突和表面的黏膜构成。

鱼口咽腔

真骨鱼的口腔和前咽壁由黏膜、黏膜下层和肌层组成，后咽壁的最外面还有一层浆膜。其主要结构特点为：①黏膜表面有皱襞，其形状随鱼的种类不同而异；②黏膜由上皮和固有层组成，无黏膜肌；③黏膜表面的复层扁平上皮中含有杯状细胞和味蕾，有些鱼类还分布有一种大型的黏液分泌细胞，位于上皮的中间层；④固有层为致密结缔组织，其中的胶原纤维在有的鱼类（如草鱼、鲢鱼等）密集形成**结实层（stratum compactum）**；⑤黏膜下层为疏松结缔组织，有的鱼类此层内含有纵行及斜行的骨骼肌束；⑥肌层为骨骼肌。

（二）食管

大多数鱼类的食管很短。其结构特点是：①黏膜上皮为复层上皮，表层细胞间有黏液细胞和味蕾；②肌层较发达，主要由横纹肌构成，分内环、外纵两层；③最外层浆膜由薄层结缔组织及间皮组成。

鱼食管

（三）胃

鱼胃的形状随种类和食性的不同而异，多数鱼的胃呈圆锥形。鲤和鲫鱼等没有胃。

鱼胃壁的结构特点是：①固有层分布有分支管状胃腺，胃腺体部和底部的细胞只有一种浆液性腺细胞，胞质富含酶原颗粒，与哺乳动物的主细胞相似，鱼类胃腺缺乏壁细胞；②肌层由内环、外纵两层平滑肌构成。

鱼胃

（四）肠

真骨鱼类肠各段的区分不明显；草食性鱼类一般分为前肠、中肠和后肠三段；肉食性鱼类分为前肠和后肠，各段之间无明显分界。肠壁一般可分成黏膜、肌层和浆膜三层，但有些鱼类有黏膜下层。肠壁的结构特点是：①黏膜的单层柱状上皮由吸收细胞和杯状细胞两种细胞组成，有些鱼类黏膜上皮内有毛细血管分布，执行一定的呼吸功能；②绝大多数真骨鱼的固有层内没有肠腺；③黏膜下层由疏松结缔组织构成，无腺体分布。

鱼肠

本章内容临床拓展

消化性溃疡可发生在胃、十二指肠，也可发生在食管后段和空肠之间，是黏膜被胃液自身消化而造成的黏膜及黏膜以下组织的损伤。常见病因包括幽门螺杆菌感染、服用非甾体消炎药以及胃酸分泌过多或黏液和碳酸氢盐分泌过少。

动物患出血性肠炎时，肠道黏膜上皮细胞变性、坏死、脱落，黏膜和黏膜下层充血、出血、炎性细胞浸润。

第十三章 消 化 腺

Chapter 13 Digestive Glands

内容概要

消化腺位于消化管的外面，其分泌物通过导管排入消化管，发挥对食物重要的消化作用。消化腺包括唾液腺、肝和胰。

唾液腺包括腮腺、颌下腺和舌下腺。这三种唾液腺表面有结缔组织被膜，被膜的结缔组织深入腺实质内，将实质分隔为若干个小叶。腺实质由腺泡和导管构成，腺泡由黏液性腺细胞或浆液性腺细胞组成。

肝表面覆有结缔组织被膜，结缔组织从肝门进入肝内将肝实质分隔成许多肝小叶。肝小叶是肝的基本结构和功能单位，大约呈六角棱柱体，中央有一条纵贯长轴的中央静脉。肝小叶以中央静脉为中心，肝细胞围绕中央静脉呈放射状排列成肝板，肝板之间为肝血窦。肝小叶外周是门管区。门管区是相邻几个肝小叶之间的区域，主要是结缔组织，其中含有小叶间静脉（门静脉的分支）、小叶间动脉（肝动脉的分支）和小叶间胆管（胆管系统的分支）。胆小管是胆管系统的起始部分，由相邻肝细胞膜相互凹陷形成。

胰由产生消化酶的外分泌部和产生激素的内分泌部组成。外分泌部由大量锥体形细胞围成的腺泡组成。内分泌部即胰岛，是分散在外分泌部腺泡之间的内分泌细胞团。胰岛至少含有四种细胞：A 细胞（分泌胰高血糖素）、B 细胞（分泌胰岛素）、D 细胞（分泌生长抑素）和 PP 细胞（分泌胰多肽）。

消化腺（digestive gland）分壁内腺和壁外腺两种。壁内腺位于消化管各段的壁中，如食管腺、胃腺、肠腺等（见第十二章消化管）。壁外腺位于消化管外，如唾液腺、肝和胰等。本章重点叙述壁外腺的组织结构和功能。

一、大唾液腺

唾液腺有大小之分，小唾液腺位于唇、颊、腭的黏膜内；腮腺、颌下腺、舌下腺等离开消化管壁，独立存在，为大唾液腺。唾液腺分泌的唾液含有消化酶，通过导管将唾液排入口腔，具有润滑食团和对食物进行初步消化的作用。机械、化学、温度、情绪、食物味道等诸因素，都能刺激腺体而影响其分泌。

（一）唾液腺的一般结构

唾液腺属复管泡状腺，由腺实质和间质构成。大唾液腺都有结缔组织被膜包裹，被膜的结缔组织深入腺内，将腺分隔为若干小叶，血管、淋巴管和神经，也随同进入腺实质内，构成腺的间质。腺的实质由腺泡和导管构成。

1. 腺泡 **腺泡（alveoli）**又称腺末房，为腺体的分泌部，呈泡状或管状，由单层立方或锥体形腺细胞围成。腺细胞与基膜之间有肌上皮细胞，肌上皮细胞扁平，有突起，它的收缩有助于腺泡中的分泌物排出（图 13-1）。

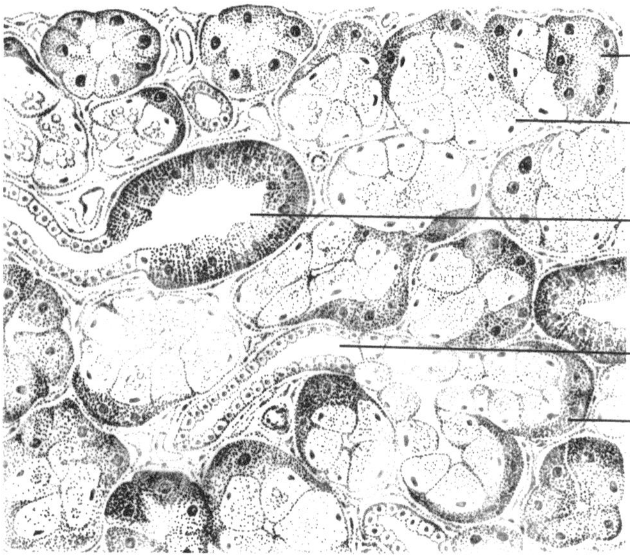

图 13-1　唾液腺的一般结构

2. 导管 **导管（duct）**是输送分泌物的上皮性管道，包括闰管、分泌管和排泄管 3 段。

（1）闰管　**闰管（intercalated duct）**与腺泡相连，细而短，管壁为单层扁平或单层立方上皮。

（2）分泌管　**分泌管（secretory duct）**或称**纹状管（striated duct）**，是闰管的延续，位于小叶内，管壁为单层柱状上皮，上皮细胞的胞质呈较强的嗜酸性，胞核位于细胞顶部，细胞基部有纵纹。分泌管的功能是吸钠排钾及转运水分，因此可调节唾液量和其中的电解质含量。

（3）排泄管　**排泄管（excretory duct）**包括小叶内导管、小叶间导管和总导管。小叶内导管起始于小叶内，与分泌管相连；小叶间导管由小叶内导管汇集而成，行走在小叶间结缔组织内，最后汇集成一条或几条总导管，开口于口腔。管壁上皮由单层矮柱状渐变为假复层柱状，近口腔开口处，移行为复层扁平上皮，并与口腔上皮相连续。

（二）三种唾液腺的结构特点

1. 腮腺 **腮腺（parotid gland）**导管穿过颊部开口于口腔前庭。腮腺一般为纯浆液腺，分泌物稀薄，含淀粉酶多，黏液少。在猪、狗和猫的腮腺中，可见少量黏液性细胞群。

2. 颌下腺 颌下腺（**submandibular gland**）导管开口于舌下。腺泡的类型因动物而异，狗、猫为黏液腺，啮齿类为浆液腺，反刍兽和马为混合腺。闰管较短，分泌管较长。分泌物含淀粉酶少，黏液多，其中含有溶菌酶，溶菌酶可破坏细菌的细胞壁。

颌下腺

3. 舌下腺 舌下腺（**sublingual gland**）导管开口同颌下腺。舌下腺是以黏液性腺泡为主的混合腺，黏液性腺泡占60%左右，狗和猫的闰管和分泌管不发达，但反刍兽、猪和马的相当发达。腺体被膜较薄，小叶界限不清。分泌物以黏液为主，反刍兽、啮齿类和猪的几乎全是黏液。但狗和猫除了典型的黏液性腺泡和少量的浆半月外，尚有浆液性腺泡。

唾液为唾液腺分泌的混合性稀薄液体，24 h 内可达 1 000 mL。唾液内含有淀粉酶和麦芽糖酶，还有溶菌酶、过氧化物酶和抗体 IgA。唾液对保持口腔清洁、防止细菌繁殖、湿润食团、便于食物中化学物质刺激味蕾等，均有重要作用。

唾液腺受交感和副交感神经支配，如交感神经兴奋时，则分泌少量的黏稠唾液，副交感神经兴奋时，可分泌大量的稀薄液体。

二、肝

肝（liver）是动物体内最大的腺体。肝表面大部分被覆有浆膜，其下方为一层富含弹性纤维的致密结缔组织。肝动脉、肝门静脉和肝管随肝门处的结缔组织进入肝内，将肝实质分成许多小叶，称为肝小叶。肝动脉、肝门静脉和肝管的分支在结缔组织内走行，它们在肝小叶之间结缔组织内汇集的部位，称为门管区。

（一）肝小叶

肝小叶（hepatic lobule）是肝的基本结构和功能单位，呈多面棱柱体，长约 2 mm，宽约 1 mm，横断面呈不规则的多边形。肝小叶之间结缔组织的多少因动物而异。结缔组织少的肝小叶分界不明显；反之则小叶分界十分清楚，如猪、猫和骆驼的肝。肝小叶的中央有一条纵贯长轴的中央静脉，其外周是呈放射状相间排列的肝板和肝血窦（图 13-2，图 13-3）。

猪肝脏（低倍镜）

肝板（hepatic plate）是由单行肝细胞互相连接排列而成的细胞板。组织切片上肝板也称肝索。相邻肝板间有分支相吻合，凹凸不平，形成迷路样立体结构网格。肝板具有一定的弹性，常随血窦内血液充盈程度的不同而变形。肝板以中央静脉为中心，向周围呈放射状排列。在肝小叶边缘，肝细胞排列成环行板状结构，称为**界板（limiting plate）**。**肝血窦（liver sinusoid）**位于肝板之间，并通过肝板上的孔而彼此相通。

兔肝脏

1. 中央静脉 中央静脉（**central vein**）位于肝小叶的中央，直径约 50 μm。管壁只由一层内皮和少量的结缔组织构成，外侧无平滑肌。中央静脉在肝小叶内的行程中，有许多肝血窦的开口，故其管壁不完整。

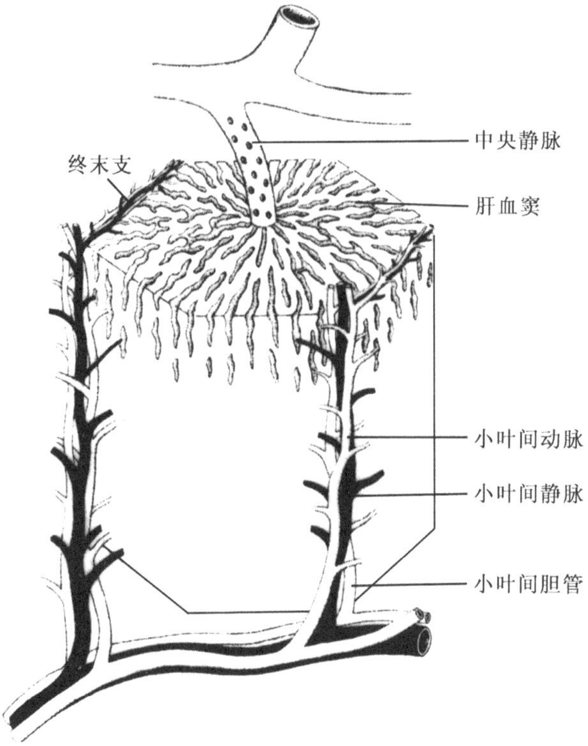

图 13-2 肝小叶模式图

摘自成令忠主编《组织学与胚胎学》

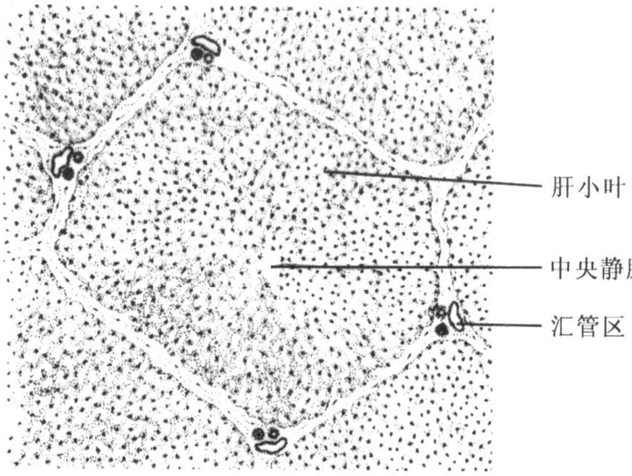

图 13-3 肝小叶横切

摘自成令忠主编《组织学与胚胎学》

2. **肝细胞** 肝细胞（**hepatocyte**）直径 20～30 μm，胞体大，呈多面体（图 13-4）。胞核大而圆，一般为一个，也有双核的，约占 25%。胞核染色浅，核仁 1～2 个。有的肝细胞核大而深染，DNA 含量为多倍体，一般四倍体核占 70%～80%，也有少量八倍体核，一般认为，双核和多倍体细胞的功能比较活跃。肝细胞胞质丰富，多呈嗜酸性，HE 染色染成淡红色。当蛋白质合成旺盛时，胞质内常出现一些散在的嗜碱性小块状物质，此乃粗面内质网所在区。另外，在胞质内有较多的糖原颗粒和少量脂滴，PAS 反应呈阳性。

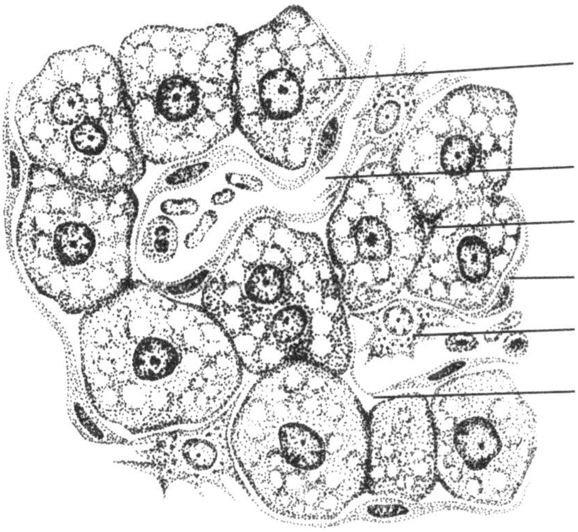

图 13-4 肝索与肝血窦

肝细胞是一种高度分化、功能复杂的细胞。在电镜下，可见肝细胞内含有丰富的细胞器及多种内含物，如线粒体、内质网、高尔基复合体、溶酶体、过氧化物酶体、糖原、脂滴、色素等，这与其复杂功能密切相关，而且肝细胞的结构因功能状态及在肝小叶中的位置不同，可呈现较大差异。

（1）粗面内质网 很发达，多成群分布于胞质内，是合成多种蛋白质的中心，并且合成速度较快。它可合成血浆白蛋白、凝血酶原、纤维蛋白原、补体蛋白和载体蛋白（铁、激素和无机阴离子的载体蛋白）等。

（2）滑面内质网 广泛分布于胞质内，其膜上分布有氧化还原酶、水解酶、转移酶、合成酶等多种酶系。滑面内质网的功能有：①合成胆汁。胆汁是由胆酸和胆红素经转移酶的作用生成的。②参与脂肪代谢。肝细胞摄取的脂肪酸经氧化还原酶的作用产生能量，或再度酯化成甘油三酯与蛋白质结合为脂蛋白。③参与激素的代谢。各种类固醇激素的灭活，是在滑面内质网上进行的。④参与解毒作用。机体代谢的有毒产物或从肠道吸收的药物、腐败产物，在肝细胞的滑面内质网内通过氧化、还原、分解、结合等过程，使其毒性减弱或变成水溶性物质而易于排出体外。

（3）高尔基复合体 较发达，位于核的附近，每个肝细胞约有 50 个。粗面内质网合成的蛋白质转移到高尔基复合体加工包装，然后进入窦周隙内。胆汁的分泌也与高尔基复合体有密切的关系。

（4）溶酶体 多分布于高尔基复合体周围，内含多种水解酶，对外源性物质、衰老的细胞和包涵物等有消化、分解作用，部分产物可被肝细胞利用，作为能源或修复时的原料。溶酶体还参与胆色素的代谢、转运和铁的贮存过程。溶血性疾病时，在溶酶体内有大量的含铁血黄素；在病毒性肝炎、胆汁淤滞、饥饿和缺氧情况下，溶酶体会大量增加。倘若缺乏 α- 葡萄糖苷酶则大量糖原沉积于溶酶体内，称为Ⅱ型糖原沉积症。

（5）线粒体 呈杆状或卵圆形，每个肝细胞约有 2 000 个，广泛分布于细胞内，约占细胞体积的 20%，是肝细胞的能量来源，为肝细胞代谢提供充足的能量。在饥饿、中毒、肝炎或胆汁淤积时，线粒体极度膨胀，出现巨大型线粒体。

（6）过氧化物酶体　圆形，散在分布。内容物为均质状，含过氧化氢酶和过氧化物酶，可将细胞代谢过程中产生的过氧化氢还原成水，以消除过氧化氢对肝细胞的损害。草食家畜和鼠的过氧化物酶体内有核样体，内含尿酸氧化酶，参与尿酸代谢。

（7）内含物　主要为糖原、脂滴和色素等，其含量与机体的生理状态和营养状况密切相关。如糖原在饲喂后增加，饥饿时减少，并且每日间都呈现出明显的规律性变化。

肝细胞既产生胆汁排入胆管，又合成多种蛋白质和脂类物质直接分泌入血。肝细胞具有合成、分解、转化和贮存的功能，因此，肝是物质代谢的重要器官。

3. 肝血窦　**肝血窦（hepatic sinusoid）**是位于肝板之间并相互吻合成网状的毛细血管，窦腔大而不规则，血液从肝小叶边缘经肝血窦汇入中央静脉。电镜下，窦壁由一层内皮细胞构成。其特点是：内皮细胞间有间隙；内皮细胞上有许多小孔，孔上无隔膜覆盖；胞质内有大量吞饮小泡；内皮外无基膜。因此，肝血窦的通透性很大，血浆中除乳糜微粒不可通过外，其他物质均可自由通过，从而有利于肝细胞与血液间进行物质交换。

血窦内或内皮细胞之间有一种巨噬细胞，称为**枯否氏细胞（Kupffer’s cell）**。细胞形态不规则，常伸出伪足附于内皮细胞表面或伸到内皮细胞之间。电镜下，可见其胞质内富含溶酶体，并有吞噬体和残余体等，该细胞属单核吞噬细胞系统的成员之一。枯否氏细胞的功能为：①吞噬和消除由胃肠道进入门静脉的细菌、病毒和异物；②监视、抑制和杀伤体内的肿瘤细胞；③吞噬衰老的红细胞和血小板；④处理和传递抗原。

4. 窦周隙　**窦周隙（perisinusoidal space）**又称**狄氏隙（Disse’s space）**，是血窦内皮细胞与肝细胞之间的微小裂隙，宽约 0.4 μm，其内充满由血窦渗出的血浆成分，肝细胞的微绒毛浸入其中，因而此区是肝细胞与血液间进行物质交换的场所。肝小叶内的窦周隙彼此相通。

狄氏隙

用硝酸银浸染，可显示出狄氏隙内散在的网状纤维和少量的贮脂细胞。网状纤维在狄氏隙内构成细的网状支架。**贮脂细胞（fat-storing cell）**形态不规则，胞体小而有突起，胞质内有大小不等的脂滴。该细胞的主要机能是贮存脂肪和维生素 A，产生基质和网状纤维。在慢性肝病或肝硬化的情况下，贮脂细胞明显增多，并转化为成纤维细胞，合成大量胶原纤维和网状纤维，造成肝的纤维增生性病理变化。

5. 胆小管　**胆小管（bile canaliculi）**由相邻肝细胞间局部细胞膜凹陷并相互对接而成，直径 0.5～1 μm，胆小管在肝板内走行并互相吻合。在 HE 染色的标本中不易辨认，用银染或相关的组织化学染色（如 ATP 酶、碱性磷酸酶等方法）可显示。胆小管以盲端起始于中央静脉周围的肝板内，然后呈放射状连接小叶边缘的**赫令氏管（Herring’s canal）**。后者短而粗，直径约 15 μm，管壁由单层立方上皮构成。

胆小管

电镜下，肝细胞伸出许多微绒毛突入胆小管管腔，胆小管周围相邻的肝细胞膜彼此相贴，形成连接复合体以封闭胆小管，防止胆汁溢于细胞间及狄氏隙内（图 13-5）。在肝变性、坏死或胆道堵塞时，胆汁淤积在胆小管内，使管内压力增大，而破坏连接复合体，导致胆汁溢入狄氏隙，并进入血窦形成黄疸。

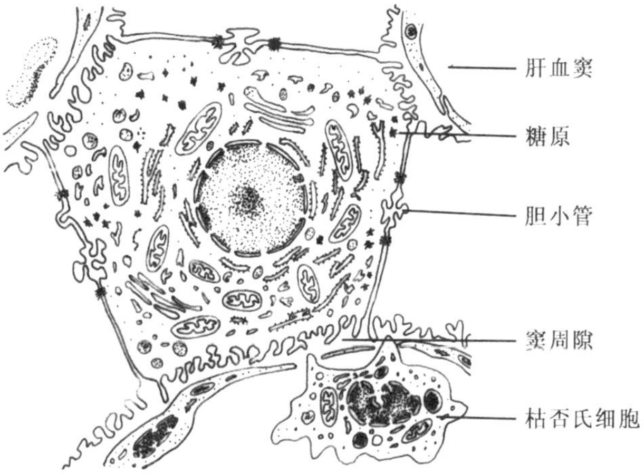

图 13-5 肝细胞、肝血窦及胆小管

（二）门管区

门管区（portal area）也叫汇管区，是相邻几个肝小叶之间的区域，除结缔组织外，还有**小叶间动脉（interlobular arteries）**、**小叶间静脉（interlobular veins）**和**小叶间胆管（interlobular bile duct）**伴行。在肝小叶轮廓不明显时，常以门管区来判定肝小叶的界限。

三种管道的形态特点是：小叶间动脉的管腔小而圆，管壁厚，中膜有数层环行平滑肌纤维；小叶间静脉的管腔大而不规则，管壁薄，腔内常有血液存在，管壁内皮外有少量散在平滑肌；小叶间胆管的管腔小而圆，管径与小叶间动脉相近，管壁由单层立方上皮构成。

门管区

在门管区内还有淋巴管和神经伴行。

（三）肝的血液循环

肝的血液供应丰富，接受肝门静脉和肝动脉的双重供血。

1. 门静脉 是肝的功能性血管，约占肝总血流量的 75%，主要汇集来自胃、肠、脾、胰等器官的静脉血，其中含有丰富的营养物质，供肝细胞代谢、加工、贮存和转化。门静脉经肝门入肝，在小叶间结缔组织中反复分支，形成小叶间静脉，最终分支注入肝血窦。

2. 肝动脉 为肝的营养性血管，由腹腔动脉分支而来，血中含氧量高。肝动脉在小叶间结缔组织内分支成小叶间动脉，最终分支也注入肝血窦，所以肝血窦内含肝动脉和门静脉来的混合血。肝动脉还发出一些小分支到被膜。

肝动脉 → 小叶间动脉
↘
肝血窦 → 中央静脉 → 小叶下静脉 → 肝静脉
↗
门静脉 → 小叶间静脉

（四）胆汁排出途径

肝细胞分泌的胆汁进入胆小管，自肝小叶中央向周边流动，在肝小叶边缘汇入赫令氏管，然后输入小叶间胆管，在肝门处汇集成肝管出肝，肝管与胆囊管（有胆囊动物）汇合成总胆管，开口于十二指肠。其排泄途径如下：

胆囊管 ←→ 胆囊
↘
胆小管 → 闰管 → 赫令氏管 → 小叶间胆管 → 左右肝管 → 总肝管 → 总胆管 → 小肠

（五）肝的淋巴与神经

肝被膜内及小叶间有丰富的淋巴管，但在肝小叶内无淋巴管。淋巴管在肝被膜和间质中沿血管周围分布，形成淋巴丛。窦周隙内的液体，在小叶周边被吸收入小叶间淋巴管内。淋巴液富含蛋白质，成分与血浆相近。肝组织产生的淋巴液，一部分从肝门淋巴管导出，绝大部分从肝静脉周围的淋巴管出肝。窦周隙内血浆中的大部分物质经淋巴出肝，故淋巴管也是肝细胞分泌产物排出途径之一。淋巴内也可见许多淋巴细胞和血小板，它们是从肝血窦逸出至窦周隙后进入淋巴的。

肝动脉和门静脉周围有丰富的交感及副交感神经丛，它们来自内脏的腹腔神经丛及迷走神经的分支和部分膈神经分支。神经纤维随血管分支入肝，在门管区三种管道的外鞘内形成丛，纤维分支穿入管壁内，终止于平滑肌细胞，调节血管运动及肝的血流。近年观察证实，肝小叶内也存在神经终末支，少量神经纤维终末支止于门管区附近的血窦壁及肝细胞上，但肝内神经分布的种间差异甚大。目前已经肯定，包括灵长类在内的多数动物，肝实质内有单胺类神经终末支，分布在肝细胞上，而胆碱能神经仅见于门管区，肝小叶内尚未发现。

（六）门管小叶与肝腺泡

组织学的教学中，习惯上以中央静脉为中轴划分肝小叶。但关于肝脏基本结构有多种学说，首先是经典肝小叶结构的提出，而后马尔（Mall）在1906年提出**门管小叶（portal lobule）**的概念，拉帕波特（Rappaport）于1954年又提出**肝腺泡（hepatic acinus）**学说，这可以进一步补充解释肝的生理和病理学特点。

门管小叶和肝腺泡

1. 门管小叶 是指以门管区为中心，相邻三个中央静脉的连线为边界所构成的三角形棱柱体，其长轴与肝小叶一致（图13-6）。肝细胞分泌的胆汁自门管小叶的周边流向中央的小叶间胆管。故门管小叶的概念是强调肝的外分泌功能。

2. 肝腺泡 是指以相邻两个肝小叶之间的小叶间动脉、小叶间静脉及小叶间胆管的终末分支为中轴，两对角为中央静脉所构成的卵圆形柱状体。从中轴至一侧中央静脉的肝板断面，约有几十个肝细胞排列组成，其立体形态似橄榄，平面呈卵圆形。肝腺泡内不同部位的肝细胞，其结构、代谢、酶活性都存在差异，称为结构和功能梯度差异。根据血流方向和肝细胞获得营养的先后可将肝腺泡分为三个带。近中轴血管的部分为Ⅰ带，肝细胞最先获得富于氧和营养物质的血液，细胞代谢旺盛，细胞内线粒体体积大，肝细胞富含琥珀酸脱氢酶、ATP 酶、转氨酶等酶类，为主要的蛋白和糖原合成部位；靠近中央静脉的肝腺泡两端部分为Ⅲ带，肝细胞营养条件较差，代谢和再生能力也较弱，主要为脂肪、色素、药物等代谢部位；介于Ⅰ带和Ⅲ带之间的部分为Ⅱ带，肝细胞的营养和代谢能力介于Ⅰ、Ⅲ带之间。肝腺泡的分带，不仅有助于理解各带中肝细胞的生理特点，同时又可解释不同病理条件下对肝实质损害的梯度差异。如营养不良、缺氧、循环障碍性缺血及药物中毒时先破坏Ⅲ带，使肝细胞变性坏死，而磷中毒时则先危及Ⅰ带。肝腺泡的概念主要反映肝内血流方向以及肝细胞获得营养的次序。

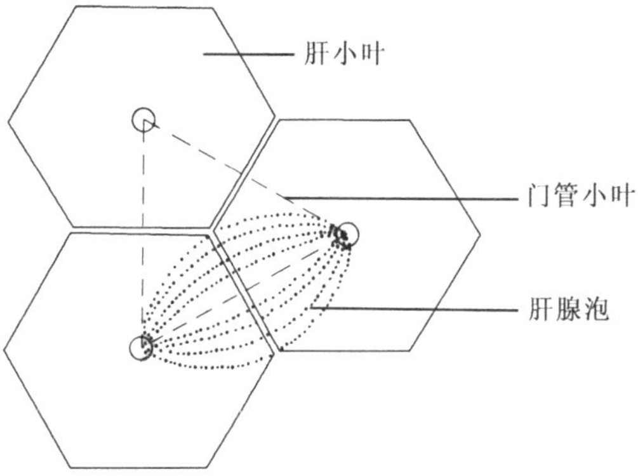

图 13-6 肝小叶、门管小叶和肝腺泡示意图

（七）肝的再生

肝具有极强的再生和恢复的能力，各种致病因素对肝都有不同程度的损伤，但由于肝具有强大的储备功能，所以直到严重受损时，才会出现一系列临床表现。动物实验表明，肝切除 80% 的动物仍可存活，肝组织可在短期内迅速再生。小鼠肝被切掉一半或者受到严重的创伤，小鼠照常进食并且仍活泼健康地活着，残留的正常肝细胞，仍然能够从事正常的工作，检查肝功能指标往往仍正常。在人类，在某些肝癌和肝脓肿病人，以及肝硬变代偿期患者，虽然肝组织遭受严重破坏，病理变化非常明显，但只要这些占位性病变不压迫门管区，只要尚存在 300 g 以上健康的肝组织，肝功能也会无太大的异常。由此可见，肝脏有其他器官无法比拟的旺盛的再生和恢复的能力。

（八）肝的生理功能

肝的功能十分复杂，远远超过了消化的范畴。其主要功能有如下 6 种。

1. 合成功能 肝细胞吸收来自于消化道的营养物质，合成糖原、胆固醇、胆盐、脂蛋白和血浆蛋白（包括白蛋白、球蛋白、纤维蛋白原和凝血酶原）。

2. 贮存功能 肝细胞可贮存糖原、脂滴以及维生素 A、维生素 D、维生素 E 和 B 族维生素。

3. 分泌功能 肝细胞可吸收血液中不溶性的胆红素（血红蛋白分解产物），形成与葡萄糖醛酸结合的可溶性胆红素。这些可溶性胆红素，一部分进入血液经肾脏排出，另一部分进入胆小管内，与胆盐、胆固醇等组成胆汁，排入十二指肠。其中的胆盐有助于脂肪的消化和吸收。

4. 解毒功能 从小肠吸收的毒物或外源性药物、机体代谢过程中所产生的内源性有毒物质，被肝细胞吸收后，经转化和结合作用，使其毒性减弱或变成无毒，并转化为可溶性的物质便于排泄。此外，肝细胞还可将氨基酸代谢产生的氨，经酶的作用变为无毒的尿素，再经肾排出。

5. 防御功能 肝血窦内的枯否氏细胞具有很强的吞噬作用，经肠道吸收而来的微生物和异物等，均可被枯否氏细胞清除。

6. 造血功能 胚胎时期肝可造血，出生后造血功能停止，但仍保持造血潜力，在某些病理情况下，仍可恢复造血功能。

三、胆囊与胆管

（一）胆囊

胆囊（gall bladder）是贮存、浓缩和酸化胆汁的囊状器官。胆囊壁由黏膜、肌层和外膜三层组成。

1. 黏膜 胆囊空虚时，黏膜形成许多高而有分支的皱襞，当充盈时，皱襞变小或消失。皱襞间的上皮向固有层内凹陷，形成黏膜憩室。黏膜上皮为单层柱状，游离面的纹状缘不明显（图 13-7）。牛胆囊的柱状细胞之间常夹有杯状细胞和散在的内分泌细胞。黏膜上皮的主要功能是吸收胆汁中的水分和无机盐类，此外，尚分泌一定的黏液。固有层为薄层疏松结缔组织，内含淋巴小结和盘曲的管状腺。牛的腺体较多，而猪和肉食兽的较少。根据动物的种类、个体以及在黏膜上所处的位置不同，腺体可能是浆液性的，也可能是黏液性的。

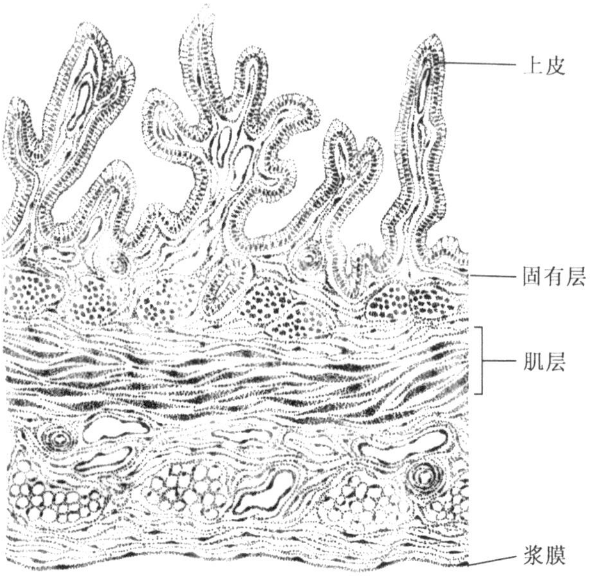

图 13-7 胆囊

2. 肌层 较薄，主要为环行平滑肌。

3. 外膜 除与肝的连接部为纤维膜外，其余均为浆膜。

（二）胆管

胆管的结构与胆囊近似，管壁有黏膜、肌层和外膜之分。黏膜均由单层柱状上皮覆盖，上皮比较规则，有皱褶形成，但无杯状细胞，胆管上皮含有硫酸化黏液。黏膜上皮下的固有层，由富含胶原纤维和弹性纤维的结缔组织组成，其内的腺体腔内充满黏液。肌层由排列不整齐的平滑肌组成。外膜为一薄层结缔组织，含有血管、淋巴管和神经等。

四、胰

胰（pancreas）由外分泌部和内分泌部构成。外分泌部是重要的消化腺，分泌胰液，内含胰淀粉酶、胰脂肪酶和胰蛋白酶等多种消化酶，有重要的消化作用。内分泌部分泌激素，参与调节体内的糖代谢。

胰表面覆有一薄层结缔组织被膜。结缔组织伸入实质，将胰分隔成许多界限不明显的小叶。血管、神经和淋巴管随结缔组织进入胰实质内并反复分支，行走于小叶间。

（一）外分泌部

外分泌部（exocrine portion）构成胰实质的绝大部分，为浆液性的复管泡状腺，由腺泡和导管组成。

胰腺

1. 腺泡 **腺泡（acinus）**呈管状或泡状，由一层锥形的腺泡细胞围成（图 13-8）。腺泡细胞的底部位于基膜上，基膜与腺泡细胞之间无肌上皮细胞。腺泡细胞核大而圆，位于细胞基部。基部胞质内含有丰富的粗面内质网和核糖体，显示较强的嗜碱性；胞质顶部有许多圆形或卵圆形的酶原颗粒（图 13-9），呈嗜酸性。酶原颗粒的数量随细胞的功能活动而变化，进食后细胞分泌旺盛，颗粒减少甚至消失；饥饿时则颗粒增多。腺泡腔很小，腔内有一些延伸到其中的闰管上皮细胞，该细胞扁平状，胞质淡染，胞核卵圆形，称为**泡心细胞（centroacinar cell）**。

2. 导管 **导管（duct）**为输送胰液至十二指肠的管道，包括闰管、小叶内导管、小叶间导管和胰管。闰管长而细，由单层扁平上皮围成，起始于腺泡。小叶内导管变粗，管壁为单层立方上皮。在小叶间结缔组织内，若干小叶内导管汇成小叶间导管，最后形成一条粗大的胰管，开口于十二指肠。管壁上皮也由单层低柱状变为高柱状，并夹有散在的杯状细胞和内分泌细胞。导管上皮能分泌大量的水和钠、钾、重碳酸盐等电解质。

（二）内分泌部

内分泌部（endocrine portion）即**胰岛（pancreas islet）**，是分散在外分泌部腺泡之间的内分泌细胞团，胰尾部分布的较多。其大小不一，小者仅几个细胞，大者由数百个细胞组成。胰岛细胞之间有丰富的有孔毛细血管，利于激素的通过。胰岛细胞在 HE 染色标本中，着色浅，各类细胞不易区分，用特殊染色法（如 Mallory-Azan 法）或电镜观察，可以显示以下几种细胞。

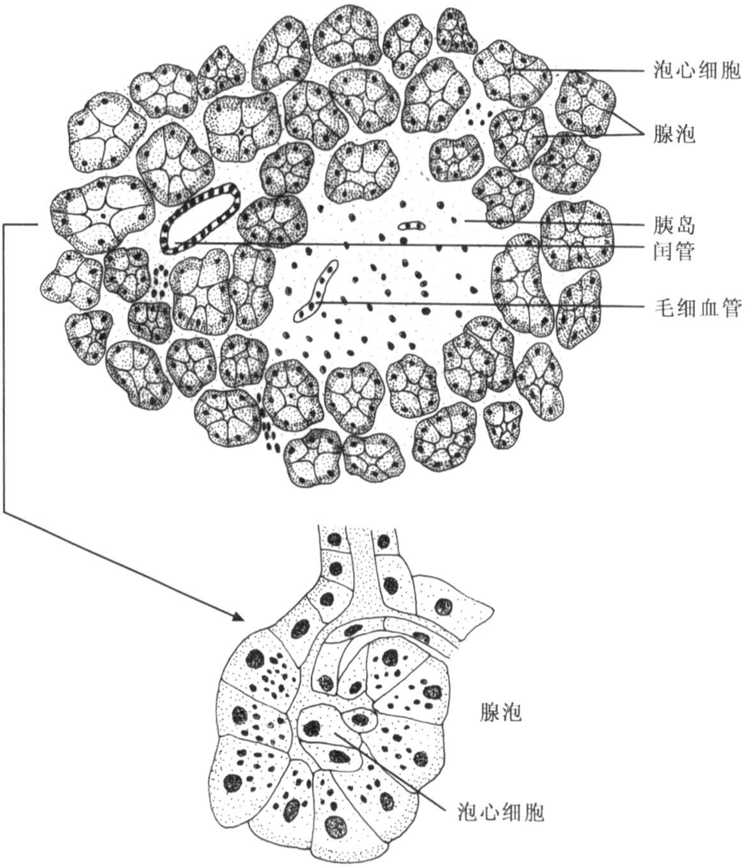

图 13-8　胰腺

1. **A 细胞（甲细胞）** 占胰岛细胞总数的 10%～30%。初生仔猪的 A 细胞多，可达 50%，成年时减少，为 8%～20%。A 细胞体积较大，主要位于胰岛的外周部，马的则主

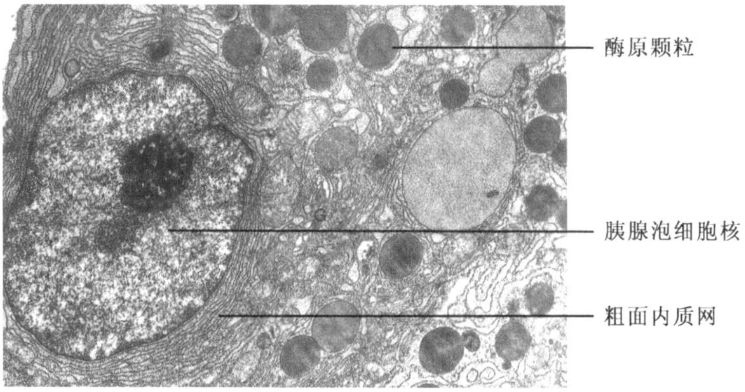

图 13-9　胰腺泡细胞

摘自李德雪，尹昕主编《动物组织学彩色图谱》

要分布于中央部。但狗的胰岛内无 A 细胞（胰钩突内的胰岛没有）。

A 细胞胞质内的分泌颗粒较大，其颗粒不易被酒精溶解，用 Mallory-Azan 法染色呈鲜红色。电镜下，可见分泌颗粒呈圆形或卵圆形，外包界膜，内有电子密度高的致密核芯，膜与芯之间为明亮的间隙。

A 细胞分泌**胰高血糖素（glucagon）**。胰高血糖素是含有 29 个氨基酸的多肽，它能促进肝细胞和肌细胞内的糖原分解为葡萄糖，并抑制糖原合成，从而使血糖升高。

2. B 细胞（乙细胞） 数量最多，约占胰岛细胞的 80%（绵羊的高达 98%），多位于胰岛的中央，马的则主要位于外周部。B 细胞较小，经 Mallory-Azan 法染色，其胞质内的颗粒染成大小不一的橘黄色，该颗粒易被酒精溶解。电镜观察，动物不同分泌颗粒的形态和内部结构也不同。狗、猫及其他一些动物的分泌颗粒内有形状各异的类晶体。

B 细胞分泌**胰岛素（insulin）**。胰岛素为含有 51 个氨基酸的多肽，能促进肝细胞、肌细胞和脂肪细胞合成糖原或将葡萄糖转化为脂肪，使血糖降低。在生理功能上，胰岛素和胰高血糖素相互协同，共同调节和维持机体血糖浓度的相对恒定。

胰岛

3. D 细胞（丁细胞） 数量较少，约占胰岛细胞总数的 5%，多散在于 A、B 细胞之间。Mallory-Azan 法染色，可见其胞质内含大量染成蓝色的颗粒。

D 细胞分泌**生长抑素（somatostatin）**，它能抑制 A、B 细胞和 PP 细胞的分泌。

4. PP 细胞 数量很少，但随年龄增长而有所增加。胞质中的分泌颗粒也较少，经 Mallory-Azan 法染色呈蓝色，光镜下只能用免疫细胞化学方法才能辨认出该细胞。近年发现，此细胞分泌**胰多肽（pancreatic polypeptide）**，具有抑制胰液分泌和胃肠蠕动的作用。

除上述 4 种主要细胞外，胰岛内还有少量的其他细胞，如 C 细胞、D_1 细胞等。C 细胞内无分泌颗粒，目前认为它是一种未分化细胞，为胰岛内其他内分泌细胞的前身。D_1 细胞数量很少，光镜下不易辨认，该细胞可分泌血管活性肠肽。

五、家禽消化腺的组织学特点

（一）肝

禽类的肝位于胸腔，与哺乳动物肝的位置不同。肝没有胆囊，呈红褐色，分叶明显，可分为左右两大叶，在心脏两边各一叶。肝脏的脏面凹，在脏面的中下部有明显的胃压迹，与胃相邻。在肝的脏面中部有肝门，肝管、肝动脉、淋巴管、神经和肝门静脉经此进出肝脏。

肝由被膜和实质两部分组成。被膜由表面浆膜和深层结缔组织构成，后者伸入肝实质内，将其分成大小不同的肝小叶，因小叶间结缔组织不很发达（但鸭的较为发达，肝小叶界限较为清晰），故界限不明显，只有靠中央静脉和门管区来判断肝小叶的界限。几个肝小叶相邻处有较多结缔组织，且含有小叶间动脉、小叶间静脉、肝淋巴管、小叶间胆管，为门管区。小叶间动脉管径细、管壁厚、管腔狭小；小叶间静脉管径粗、管壁薄、管腔大且不规则；小

鸡肝脏

叶间胆管管壁由单层立方上皮构成。

禽类的肝板是由两排并行的肝细胞组成的，排列成索状（图 13-10）。相邻的肝细胞索，排列形成肝细胞管，以中央静脉为轴向四周呈放射状，但排列较乱。肝细胞板之间的腔隙为肝血窦，血窦内皮是不连续的，内皮细胞间孔较大且无基膜，小孔可使大分子物质进入狄氏隙，进而提供营养物质。血窦内可见红细胞和淋巴细胞。肝细胞形态同哺乳动物，胞核大而圆，位于肝细胞靠肝血窦的边缘，核仁 1~3 个不等。肝细胞的两侧边缘又围成胆小管。胆小管遍布于肝脏实质中，由相邻肝细胞互相接触的细胞膜构成。

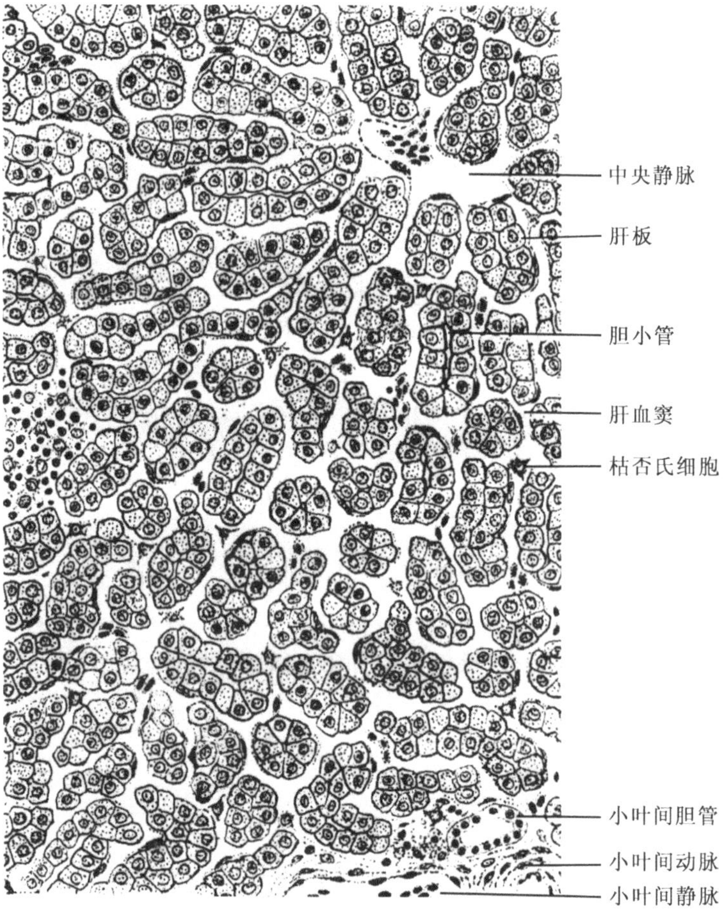

图 13-10　鸡肝

摘自王树迎，王政富主编《动物组织学与胚胎学》

禽类肝内淋巴组织较丰富，在小叶间结缔组织和肝小叶内常见弥散淋巴组织或淋巴小结。

（二）胰腺

禽类胰腺表面覆有薄层疏松结缔组织被膜，被膜深入实质，将腺实质分成许多分界不清的小叶。胰腺实质也是由内分泌部和外分泌部组成的。

外分泌部结构与家畜相近。内分泌部即胰岛，散在于胰腺外分泌部之间。

1. 胰岛细胞 也有 A、B 和 D 三种细胞。

（1）A 细胞 数量最多，在胰岛内常呈多边形、新月形，分布在胰岛内及四周；A 细胞在外分泌部有散在分布，呈三角形、圆形，位于腺泡及导管上皮细胞之间或结缔组织中。

（2）B 细胞 数量最少，排列紧密成团，故细胞界限不清，一般为圆形、卵圆形或多面形，位于各叶的胰岛内及中央，但在外分泌部未见分布。

（3）D 细胞 在胰各叶内均见有较多的 D 细胞。D 细胞的形态及在外分泌部内的分布与 A 细胞相似。

另外，禽类构成胰岛的细胞，在外分泌部的分布情况，在不同发育阶段会有一些变化。如绍鸭在 1 周龄胰的外分泌部，均有较多散在的 A、D 细胞，而在成年期则明显减少。

2. 胰岛的分型 禽类胰岛与哺乳类的不同之处在于除有与哺乳类相同的混合型胰岛外，还有以 A 细胞为主的 A 胰岛和以 B 细胞为主的 B 胰岛。禽类胰岛类型是因细胞分布不均而划分的。早期认为，鸭胰岛分亮、暗两型（即 B 胰岛和 A 胰岛），近年研究结果证实，鸽子、日本鹌鹑、鸡、绍鸭的胰岛均分为 B 胰岛、A 胰岛和混合型胰岛三个类型。三种胰岛分布于胰的各叶，其中以脾胰叶的各型胰岛分布最密，相对数量最多；背胰叶次之；腹胰叶最少。

（1）A 胰岛 由大量 A 细胞和散在分布其间的 D 细胞组成，体积最大，形态极不规则，与外分泌部间无明显界限，但在交界处 A 细胞排列紧密。

（2）B 胰岛 体积最小，常呈圆形或椭圆形团块状，外有少量结缔组织包绕，界限清楚。最小的仅 1～2 个腺泡大，常位于大的 A 胰岛内，多数 B 胰岛内有毛细血管穿越其间。由 A、B 和 D 细胞组成。以 B 细胞为主，呈团块状位于胰岛中央，其外有 1～3 层 D 细胞，在 D 细胞间有散在分布的 A 细胞。

（3）混合型胰岛 分布于胰的各叶，其大小及分布位置在背、腹叶与脾叶各不相同。脾叶内的胰岛多而大，且多位于脾叶的四周，尤以柄部最为丰富。在此处内分泌部大于外分泌部，常常是大量 A 胰岛位于被膜下方，而圆形的 B 胰岛和混合型胰岛位于内、外分泌部的交界处，中央为外分泌部。

六、鱼类消化腺的组织学特点

鱼类消化腺主要是肝和胰，真骨鱼的肝和胰一般混合在一起，统称为肝胰腺（图 13-11）。

（一）胰腺

鱼类的胰腺也分为外分泌部和内分泌部。其中外分泌部为主要部分，分泌胰液；内分泌部为胰岛，分泌胰岛素等激素。

真骨鱼类的胰腺呈弥散性分布，一般沿门静脉向肝脏内分布。其分泌物由独立的导管输送。真骨鱼类的胰岛有 A、B 和 D 三种内分泌细胞，分泌的激素与哺乳动物相同。

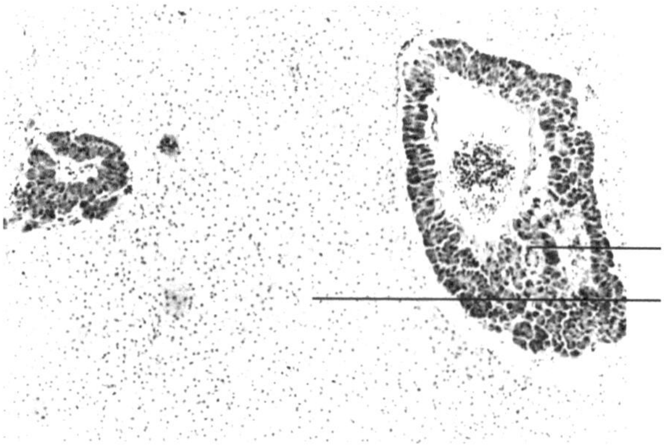

图 13-11　鲤鱼肝胰腺

广西大学房慧伶提供

（二）肝

鱼的肝位于体腔前部，其形状多样，随鱼的种类甚至个体不同而异，是体内最大的消化腺。鱼肝的结构较复杂，组织学上常称之为网管腺。与哺乳动物相比，鱼肝主要有以下特征：①肝小叶之间的结缔组织不发达，不形成完整的肝小叶；②肝小叶周围的肝细胞板排列不规律；③肝血窦极其狭窄，难以辨别；④汇管区中小叶间动脉、小叶间静脉和小叶间胆管分布不集中。

本章内容临床拓展

当肝脏受到一些因素（病原微生物、药物、酒精中毒等）的影响时，肝细胞的结构会受到破坏（肝炎），肝细胞中的一些酶（如谷丙转氨酶和谷草转氨酶、γ- 谷氨酰转肽酶、碱性磷酸酶）释放到血液中。由于肝细胞广泛与血浆接触，所以只要有少量肝细胞受损，血液中也可检测出这些指标的变化。在临床上已将这些指标作为肝功能检查项目。

第十四章　呼吸系统
Chapter 14　Respiratory System

内容概要

呼吸系统由鼻、咽、喉、气管、支气管和肺等组成。从鼻腔到肺内终末细支气管为导气部，肺内其余管道和肺泡为呼吸部。呼吸系统的主要功能是进行气体交换。

鼻腔包括前庭部、呼吸部和嗅部。前庭部为鼻腔入口处的膨大部，表面有鼻毛，可阻挡空气中的灰尘和异物进入鼻腔。呼吸部占鼻腔大部分，正常时黏膜呈粉红色。嗅部位于鼻腔后上方。

气管和支气管管壁由黏膜、黏膜下层和外膜组成。黏膜主要由含有较多杯状细胞的假复层纤毛柱状上皮构成。黏膜下层为疏松结缔组织。外膜由透明软骨环和纤维性结缔组织构成。

肺表面覆以浆膜（胸膜脏层），亦称肺胸膜。肺组织分为实质和间质，实质即肺内支气管的各级分支及终末的肺泡，间质为结缔组织及其内的血管、淋巴管和神经等。肺实质分为导气部和呼吸部。导气部包括叶支气管、段支气管、小支气管、细支气管和终末细支气管。呼吸部包括呼吸性细支气管、肺泡管、肺泡囊和肺泡。为了适应各段功能的变化，肺内支气管黏膜上皮变化很大，从支气管的假复层纤毛柱状上皮变为终末细支气管的单层纤毛柱状上皮或单层纤毛立方上皮。肺泡是呼吸部最后的分支部分，是进行 O_2 和 CO_2 气体交换的场所。肺泡上皮由肺泡Ⅰ型上皮和肺泡Ⅱ型上皮组成。肺泡Ⅰ型上皮为扁平上皮细胞，形成肺泡 97% 的交换面积。肺泡Ⅱ型上皮为立方上皮，形成肺泡 3% 的交换面积，这些上皮可分泌表面活性物质，降低肺泡的表面张力。

呼吸系统（respiratory system）由鼻、咽、喉、气管、支气管和肺等组成。从鼻腔到肺内终末细支气管主要是输送气体、温暖和净化空气。肺内呼吸性细支气管至终端的肺泡主要进行气体交换。此外，鼻还有嗅觉功能，喉与发音有关，肺还参与多种生物活性物质的合成与代谢过程。

一、鼻腔

鼻腔（nasal cavity）以软骨和骨构成支架，内表面覆以黏膜。黏膜由上皮和固有层组成。根据其结构和功能的不同，分为前庭部、呼吸部和嗅部。

（一）前庭部

前庭部（vestibular region）为鼻腔入口处的膨大部，表面有鼻毛，可以阻挡空气中的灰尘和异物进入鼻腔。

1. 上皮 鼻孔边缘是角化的复层扁平上皮，向内逐渐过渡为未角化的复层扁平上皮。

2. 固有层 由致密结缔组织构成，其中含有毛囊、皮脂腺、血管、神经、浆液腺和弥散性淋巴组织等。

（二）呼吸部

呼吸部（respiratory region）面积较大，生活状态下黏膜呈粉红色。

1. 上皮 为假复层纤毛柱状上皮。

2. 固有层 由疏松结缔组织构成，其中含有毛细血管和静脉丛，可温暖吸入的冷空气。另外还有黏液腺、浆液腺和混合腺。腺体分泌鼻液，可湿润鼻黏膜、黏附吸入空气中的灰尘和异物。狗鼻腔呼吸部腺体发达，在夏季或剧烈运动后，可通过分泌物中水分蒸发，达到降温目的。

（三）嗅部

嗅部（olfactory region）位于鼻腔后上方。黏膜颜色随不同动物而异，如生活状态时，黏膜颜色在牛、马呈浅黄色，山羊呈黑色，绵羊呈黄色，猪呈棕色，肉食兽呈灰白色。

1. 上皮 为假复层纤毛柱状上皮。

（1）支持细胞 **支持细胞（sustentacular cell）**呈高柱状，基部较细，常有分支。核呈椭圆形，位于细胞上部。细胞游离面有许多微绒毛。细胞质内含有黄色素颗粒。支持细胞包绕嗅细胞，两者之间形成连接复合体，对嗅细胞起支持和营养作用。

狗嗅上皮

（2）嗅细胞 **嗅细胞（olfactory cell）**为双极感觉神经元，执行嗅觉机能。细胞呈梭形，核为圆形，位于细胞中部，核仁明显。树突伸向上皮表面，末端膨大，称为**嗅泡（olfactory vesicle）**。从嗅泡发出数条纤毛，称为**嗅毛（olfactory cilia）**（图 14-1）。嗅毛是静止的，能感受有气味物质的刺激。从细胞基部伸出一条细长轴突，穿过基膜，在固有层内形成无髓神经纤维，组成嗅神经。嗅神经集合成若干小束，称为嗅丝。嗅丝通过筛孔进入颅腔，与嗅球相连。狗的嗅黏膜表面有许多皱褶，其面积约为人类的 4 倍；嗅黏膜内约有 2 亿个嗅细胞，为人类的 40 倍；嗅细胞表面有许多微绒毛，大大增加了与气味物质的接触面积。因此，狗的嗅觉非常灵敏，而且辨别气味的能力相当强，可在

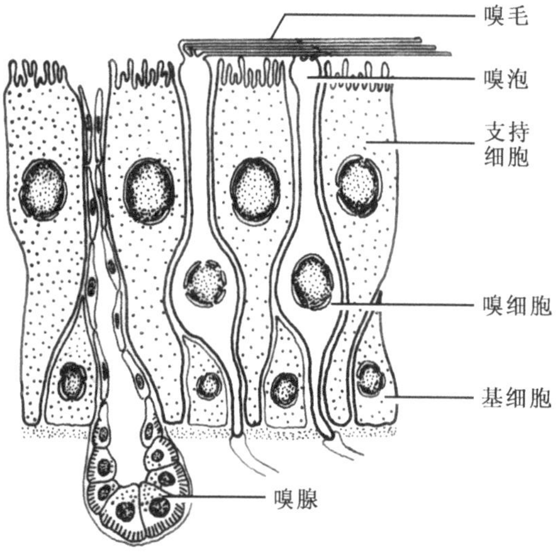

图 14-1 嗅黏膜上皮超微结构

诸多的气味中嗅出特定的味道。警犬能辨别 10 万种以上的不同气味。

（3）基细胞　**基细胞（basal cell）**呈锥形或圆形，位于上皮深部。核小，呈圆形。细胞有许多突起。基细胞有分裂和分化能力，能分裂分化成支持细胞和嗅细胞。

2. 固有层　为薄层结缔组织，与深部骨膜相连续。内含丰富的毛细血管、淋巴管、神经和弥散性淋巴组织等，并含有许多浆液性嗅腺。嗅腺的分泌物，经导管排至黏膜表面，以溶解空气中有气味的化学物质，刺激嗅毛。嗅腺不断分泌浆液，以清洗上皮表面，从而保持嗅觉的敏感性。

二、咽和喉

（一）咽

见第十二章消化管（第 157 页“三、咽”）。

（二）喉

喉（larynx）既是呼吸器官，又是发音器官。前接咽腔，后接气管。喉以软骨为支架，软骨之间以韧带、肌肉或关节相连。

喉黏膜由上皮和固有层构成。黏膜上皮大部分为假复层纤毛柱状上皮。会厌及声带部分为复层扁平上皮。马的喉侧室上皮为假复层纤毛柱状上皮，猪和肉食兽则为复层扁平上皮。固有层由结缔组织构成，内含丰富的弹性纤维、混合腺、淋巴组织和淋巴小结，在反刍兽淋巴小结特别多。

三、气管和支气管

气管（trachea）和**支气管（bronchus）**两者结构相似，管壁由内向外为黏膜、黏膜下层和外膜（图 14-2）。

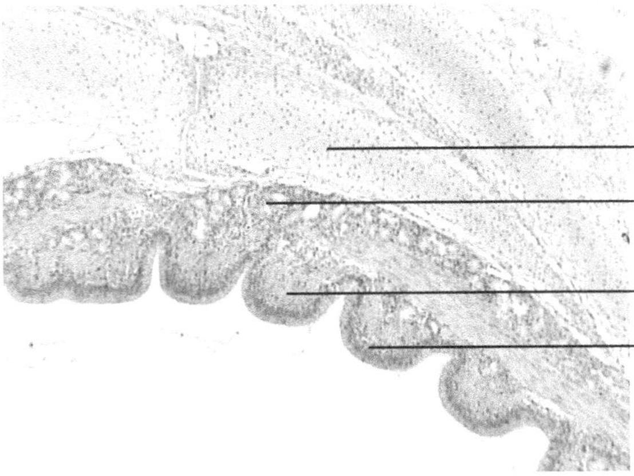

图 14-2　气管（猪）

南京农业大学杨倩提供

（一）黏膜

黏膜由上皮和固有层构成。

1. **上皮**　为假复层纤毛柱状上皮，电镜下可见 5 种细胞。

牛纤毛细胞

（1）纤毛细胞　**纤毛细胞（ciliated cell）**数量最多，呈柱状，游离面有许多纤毛和微绒毛（图 14-3），核卵圆形，位于细胞中部。纤毛向咽部作定向节律性摆动，将黏膜表面的黏液、尘埃等推向喉部，以吐痰的方式排出体外，使吸入的空气得以净化。机体在遭受细菌、病毒侵害或吸入有害气体时，纤毛变形、膨胀或消失，痰液不能及时排出，阻塞气道，导致呼吸困难。

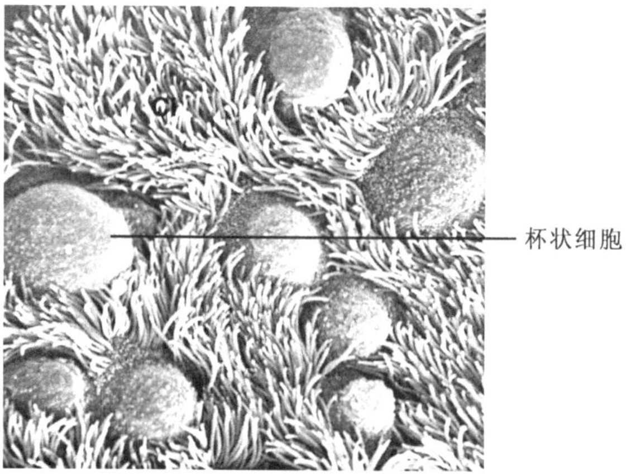

图 14-3　气管上皮表面（扫描电镜）

摘自 Harvey Lodish et al. 主编 *Molecular Cell Biology*

（2）杯状细胞　**杯状细胞（goblet cell）**数量较多，夹在纤毛细胞之间。杯状细胞顶部胞质内含有大量黏原颗粒，分泌后涂布于黏膜表面，形成一层黏液性屏障，黏附吸入空气中的异物，溶解吸入的 CO、SO_2 等有害气体。

（3）基细胞　**基细胞（basal cell）**体积较小，呈锥形或三棱形，沿基膜排列，顶部不到达腔面（图 14-4）。核大，核仁明显。细胞之间以桥粒相连。该细胞是一种低分化细胞，可分化成纤毛柱状细胞和杯状细胞。在一定条件下，可使黏膜上皮转变为复层扁平上皮。

气管黏膜上皮的基细胞

（4）刷细胞　**刷细胞（brush cell）**呈柱状，自基膜达腔面。光镜下难以分辨，电镜下细胞游离面有紧密排列、形如毛刷状的微绒毛。细胞基部有与感觉神经末梢形成的突触，可能有感受刺激的作用。

（5）小颗粒细胞　**小颗粒细胞（small granule cell）**数量少，属 APUD 系统（见第十一章内分泌系统）。细胞呈锥体形，单个或成群分布在上皮深部（图 14-4），也称 K 细胞或内分泌细胞。广泛存在于呼吸系统的上皮和腺体内。在基部胞质内有嗜银颗粒，内含多种胺类或肽类物质，如 5- 羟色胺等。其分泌物参与调节呼吸道平滑肌和肺血管平滑肌的收缩以及腺体的分泌。

气管黏膜上皮的小颗粒细胞

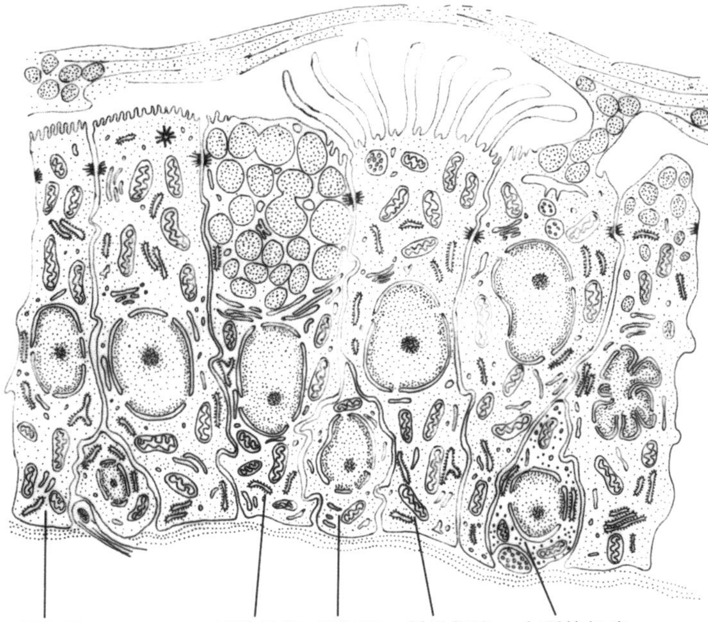

图 14-4　气管上皮超微结构模式图

2. **固有层**　由疏松结缔组织构成，与上皮细胞之间有明显的基膜，其中含有较多的弹性纤维、弥散性淋巴组织、浆细胞等。在抗原刺激下，浆细胞可产生免疫球蛋白，经黏膜上皮排入气管腔后，称为分泌性免疫球蛋白，具有局部免疫功能，可抑制病原微生物的繁殖。

（二）黏膜下层

黏膜下层为疏松结缔组织，与固有层和外膜无明显分界。内含较多的胶原纤维、血管、淋巴管、神经、气管腺（混合腺）。腺体经导管开口于黏膜表面，腺细胞分泌的黏液，涂布于黏膜表面，使黏膜表面保持湿润，同时还分泌溶菌酶，具有溶菌、抑菌作用。当气管发生炎症时，黏液性腺体数量增多，分泌量增加。气管腺浆液性腺泡分泌稀薄水样成分，分布于黏液层下方，有利于纤毛摆动。

（三）外膜

外膜由 C 形透明软骨环和纤维性结缔组织构成。软骨环为支架结构，可保持气管畅通。软骨之间以环状韧带相连接。在软骨环缺口处有富含弹性纤维的结缔组织相连，内含平滑肌束，可调节气管的管径。肉食动物的平滑肌位于软骨环缺口的外侧，反刍动物、马和猪的则位于内侧。

四、肺

肺（lung）表面覆以浆膜（胸膜脏层），亦称肺胸膜。浆膜表面光滑、湿润，有利于呼吸运动，减少肺在呼吸运动时的摩擦。肺组织分为实质和间质，实质即肺内支气管的各级分支及终末大量的肺泡，间质为分布于实质之间的结缔组织及其内的血管、淋巴管和神经等。

肺实质按其功能分为导气部和呼吸部。左右支气管自肺门入肺后，分支成叶支气管、段支气管、小支气管。当其管径在 1 mm 以下时，称为细支气管。细支气管再分支至管径在 0.5 mm 以下时，称为终末细支气管。从叶支气管到终末细支气管，均为肺内气体进出的通道，故称导气部。终末细支气管继续分支，依次为呼吸性细支气管、肺泡管、肺泡囊和肺泡。其各级结构均有肺泡开口，可进行气体交换，故称呼吸部。肺内支气管的一系列呈树枝状的反复分支，称为**支气管树**（**bronchial tree**）。

每个细支气管连同其所属分支和终末的肺泡构成一个**肺小叶**（**pulmonary lobule**）。肺小叶是肺的结构单位，呈锥体形，锥尖指向肺门，锥底朝向肺表面。临床上的小叶性肺炎即肺小叶的局部性炎症。肺小叶周围的结缔组织，称为小叶间结缔组织。牛、猪、绵羊的小叶间结缔组织较发达，马的次之，肉食动物的较少。

（一）肺导气部

肺内导气部随着不断分支，其管径逐渐变细，管壁逐渐变薄，结构由复杂变简单。

1. 叶支气管至小支气管　叶支气管（**lobar bronchi**）和小支气管（**smaller bronchi**）的结构与支气管相似，但杯状细胞和腺体逐渐减少。固有层内含有较多的弹性纤维和淋巴组织。平滑肌相对增多，形成一层环形平滑肌。外膜的软骨环逐渐变成软骨片，并且逐渐减少。

2. 细支气管　细支气管（**bronchiole**）的上皮由假复层纤毛柱状上皮逐渐变为单层纤毛柱状上皮。管壁的三层结构不明显，杯状细胞、腺体和软骨片逐渐减少，甚至消失。环行平滑肌则相对增多，因此，黏膜皱襞较多。

3. 终末细支气管　终末细支气管（**terminal bronchiole**）的上皮为单层纤毛柱状上皮，杯状细胞、腺体和软骨片均消失。环行平滑肌增多形成完整的肌层，因此，黏膜皱襞非常明显（图 14-5）。

牛细支气管

电镜下，细支气管和终末细支气管的上皮中，除少量纤毛柱状细胞外，主要为无纤毛的分泌细胞，又称**克拉勒细胞**（**Clara cell**）。该细胞呈柱状，细胞顶部呈圆顶状凸向管腔，内含较多的分泌颗粒，其分泌物中含有蛋白水解酶，可分解管腔内的黏液，从而降低呼吸道中分泌物的黏度，有利于黏液排出，以保持气道通畅。细胞内还含有较多的氧化酶系，可对吸收的毒物、某些药物进行生物转化，使其毒性减弱，便于排出。细胞游离面有少量微绒毛，细胞器发达。在纤毛柱状上皮或柱状上皮受到损害时，这种分泌细胞可转变成纤毛柱状细胞或其他细胞。

由于细支气管和终末细支气管失去软骨的支撑，管壁平滑肌的舒缩可改变管径的大小，以此调节进出肺泡的气流量。正常情况下，吸气时，平滑肌松弛，管腔扩大；呼气时，平滑肌收缩，管腔变小。在支气管哮喘等病理情况下，平滑肌发生痉挛性收缩，加上黏膜水肿，分泌物增多，使管腔狭窄，造成呼吸困难。

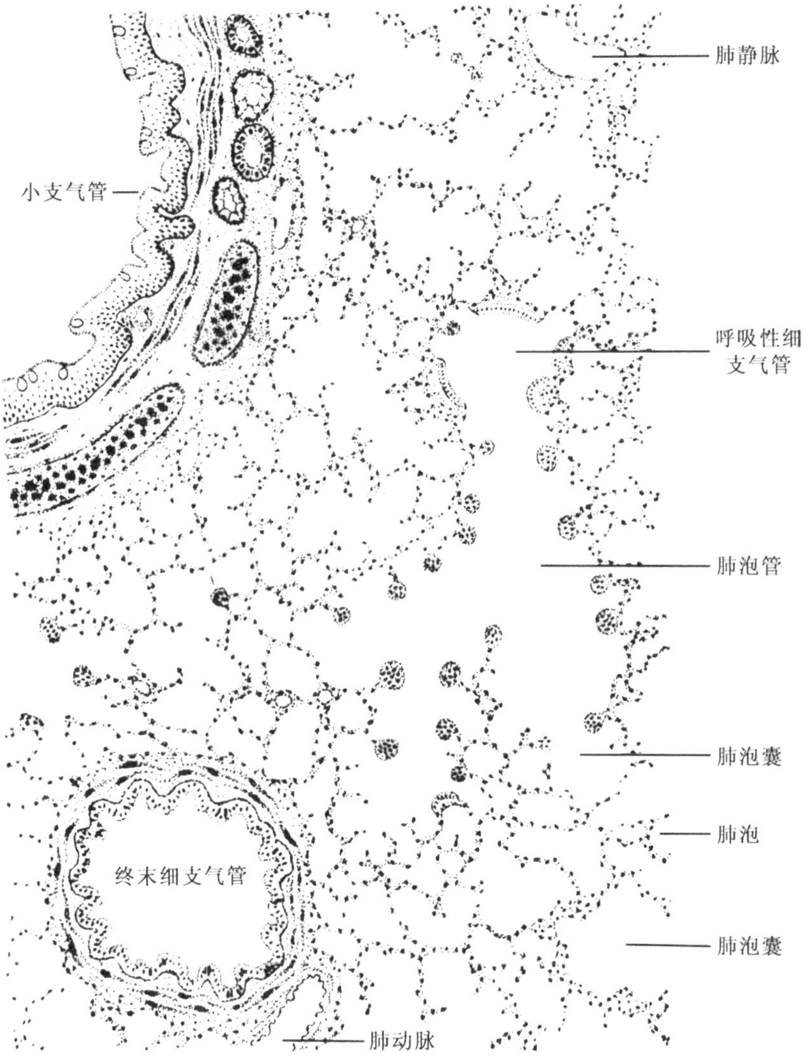

图 14-5 肺

摘自成令忠主编《组织学与胚胎学》

（二）肺呼吸部

肺呼吸部（respiratory region）是肺内气体交换的功能部位，包括呼吸性细支气管、肺泡管、肺泡囊和肺泡（图 14-5）。

1. 呼吸性细支气管 呼吸性细支气管（respiratory bronchiole）为终末细支气管的分支，很短，管腔较小。结构特点为管壁上出现少量肺泡，故具有换气功能。管壁上皮由单层纤毛柱状上皮逐渐移行为单层立方上皮，近肺泡开口处，移行为单层扁平上皮。上皮下结缔组织内有少量环行平滑肌，黏膜皱襞消失。狗的呼吸性细支气管很发达，而牛、马、猪的呼吸性细支气管较少，常以终末细支气管直接连在肺泡管上。

2. 肺泡管 肺泡管（alveolar duct）是呼吸性细支气管的分支，管壁上有许多肺泡和肺泡囊的开口，管壁极不完整，仅存在于相邻肺泡开口之间。切片上，肺泡管呈现为一系列结节状膨大，表面有单层立方上皮或单层扁平上皮，上皮下方有薄层结缔组织和少量环绕肺泡开口的平滑肌纤维。

3. 肺泡囊 肺泡囊（alveolar sac）与肺泡管相连续，是若干肺泡共同开口所围成的囊状结构。在相邻肺泡之间为薄层结缔组织，此处无环行平滑肌，有较多的胶原纤维和弹性纤维，故在相邻肺泡开口处无结节状膨大。

4. 肺泡 肺泡（pulmonary alveoli）为半球形，直接开口于肺泡囊、肺泡管和呼吸性细支气管。肺泡是进行气体交换的场所。肺泡壁由单层肺泡上皮和基膜构成。相邻肺泡之间有薄层结缔组织，称为肺泡隔。

（1）肺泡上皮 由Ⅰ型肺泡细胞（扁平细胞）和Ⅱ型肺泡细胞（分泌细胞）构成（图 14-6）。

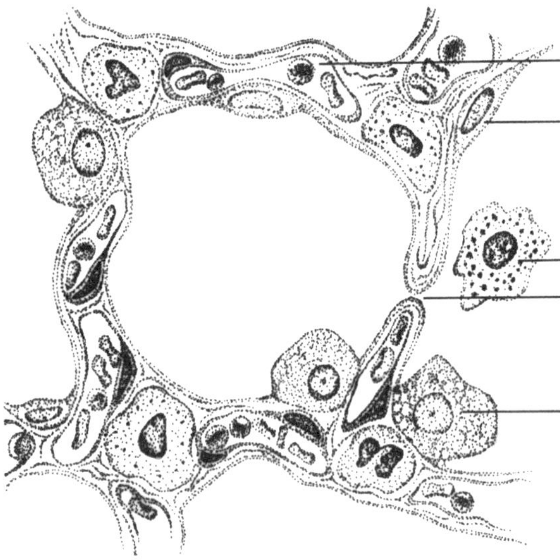

图 14-6 肺泡与肺泡隔

Ⅰ型肺泡细胞（type Ⅰ alveolar cell）呈扁平状，又称扁平细胞。表面光滑，无核部分极薄，光镜下不易分辨。有核部分略厚，核扁圆形，突入肺泡腔内。细胞质内细胞器不发达，含吞饮小泡较多。相邻Ⅰ型肺泡细胞之间有紧密连接，可防止组织液渗入肺泡腔内。Ⅰ型肺泡细胞覆盖肺泡表面的绝大部分，主要参与构成血气屏障，进行气体交换；还可吞入微小粉尘和表面活性物质，转运到间质内清除。Ⅰ型肺泡细胞损伤后由Ⅱ型肺泡细胞增殖分化补充。

Ⅱ型肺泡细胞（type Ⅱ alveolar cell）呈圆形或立方形，又称立方细胞。嵌于Ⅰ型肺泡细胞之间。细胞凸向肺泡腔，核圆形，细胞质着色浅，呈泡沫状。电镜下，Ⅱ型肺泡细胞的主要特征是细胞质内含有许多电子密度高的分泌颗粒，颗粒大小不等，其中含有呈同心圆状排列或平行排列的板层状结构，称为**嗜锇性板层小体（osmiophilic lamellar body）**。小体内的主要化学成分为磷脂、蛋白质和糖胺多糖等。细胞以胞吐方式将颗粒内容物排出，分泌物中的磷脂（主要是二棕榈酰卵磷脂）涂布于肺泡腔表面，形成一层薄膜，称为**表面活性物质（surfactant）**。该物质具有降低肺泡表面张力，稳定肺泡直径的作用。当吸气时，肺泡扩张，肺泡表面活性物质分布稀薄，降低表面张力的作用减小，肺泡表面张力增大，促使肺泡回缩。呼气末时，肺泡缩小，单位面积内的表面活性物质增厚，降低表面张力的作用增强，肺泡回缩力减小，避免肺泡塌陷。当机体发生创伤、休克或中毒时，表面活性物质的合成与分泌受到抑制或破坏，可导致肺泡萎缩。某些早产儿因Ⅱ型肺泡细胞尚未发育完善，不能产生表面活性物质，出生后肺泡不能扩张，则出现新生儿呼吸窘迫症（透明膜病），常致夭折。Ⅱ型肺泡细胞可增殖分化为Ⅰ型肺泡细胞，起修复作用。

有学者在少数动物的肺泡上皮中发现了Ⅲ型肺泡细胞，其功能尚不清楚。

（2）肺泡隔　**肺泡隔（alveolar septum）**是指相邻肺泡之间的薄层结缔组织，其中含有丰富的毛细血管网（图 14-6）。这些毛细血管是连续型的，紧贴肺泡上皮，有利于肺泡腔中的气体与血液内的气体进行交换。肺泡隔内还含有大量的弹性纤维、巨噬细胞、肥大细胞和少量的网状纤维、胶原纤维等。大量的弹性纤维与肺泡扩张后的回缩有关，若弹性纤维发生变性或断裂，则会影响肺泡回缩而持续处于扩张状态，导致肺气肿。

肺巨噬细胞（pulmonary macrophage）由单核细胞分化而来，广泛分布于肺间质中，尤以肺泡隔内较多。有的巨噬细胞可游走进入肺泡腔内，称为**肺泡巨噬细胞（alveolar macrophage）**。肺泡巨噬细胞可大量吞噬进入肺内的灰尘、病菌、异物及渗出的红细胞等。吞入了大量尘粒后的巨噬细胞又称**尘细胞（dust cell）**（图 14-6）。尘细胞常游走到导气部，随纤毛摆动被排出体外，也可经淋巴管进入肺门淋巴结，或沉积于肺间质。随着动物年龄的增大，肺间质灰尘增多，肺颜色变为暗红色。当动物患心力衰竭而出现肺淤血时，大量的红细胞从毛细血管溢出，被巨噬细胞吞噬后，在其细胞质内出现许多血红蛋白的分解产物含铁血黄素颗粒，这种细胞又称**心力衰竭细胞（heart failure cell）**。

（3）肺泡孔　**肺泡孔（alveolar pore）**是位于相邻肺泡之间的小孔（图 14-6），直径 10～15 μm。一个肺泡可有一至数个肺泡孔。肺泡孔可以沟通相邻肺泡，平衡肺泡间气压。当局部终末细支气管或呼吸性细支气管阻塞时，肺泡孔可作为气体的侧支通道。但当肺部受感染时，病原微生物亦可经肺泡孔扩散，使炎症蔓延。牛的肺泡孔小而且数量很少，故侧支通气量有限。

（4）血气屏障　**血气屏障（blood air barrier）**又称**呼吸膜（respiratory membrane）**，是肺泡与肺泡隔内毛细血管之间进行气体交换所通过的屏障结构，包括肺泡表面活性物质、Ⅰ型肺泡细胞与基膜、薄层结缔组织、毛细血管基膜与内皮。大部分区域肺泡上皮与血管内皮之间无结缔组织，两层基膜直接融合。血气屏障很薄，厚 0.2～0.5 μm，若结构中任何一层发生病变，均会影响气体交换，如间质性肺炎、肺水肿等可导致血气屏障增厚，从而降低气体交换速率。

（三）肺的血管

肺有两组血液循环的管道，即肺循环和支气管循环。

1. 肺循环　是指肺的功能性血循环。包括肺动脉与肺静脉及其间的血液循环。肺动脉为弹性动脉，自肺门入肺，将含有大量 CO_2 的血液输送到肺内。肺动脉入肺后不断分支，与各级支气管伴行，至呼吸性细支气管以下，在肺泡隔内形成密集的毛细血管网，分布于肺泡周围，通过血气屏障，进行气体交换，即肺动脉血液中的 CO_2 进入肺泡腔，肺泡腔中的氧气进入血液。此后，含 O_2 高的血液汇入小叶间静脉，最后汇入肺静脉自肺门出肺。

2. 支气管循环 是肺的营养性血循环。包括支气管动脉与支气管静脉及其间的血液循环。支气管动脉分布在支气管壁中，自胸主动脉分支，与支气管伴行入肺，沿各级支气管分支至呼吸性细支气管时，形成毛细血管网，将营养物质输送给肺组织。支气管动脉也有分支参与形成肺泡隔内的毛细血管网。然后，一部分毛细血管汇入肺静脉，另一部分汇入支气管静脉自肺门出肺。

机体全身血液均通过肺循环血管，因此肺血管内皮细胞的代谢作用对机体的影响很大，内皮细胞具有激活、合成和灭活流经肺循环的各种生物活性物质的作用。

五、家禽呼吸系统的组织学特点

家禽呼吸系统也主要由气管和肺组成，但与家畜不同的是，家禽具有气囊。肺内各级支气管形成相互通连的迷路状结构，与气囊相通。

（一）气管

气管由黏膜、黏膜下层和外膜构成。但黏膜的假复层纤毛柱状上皮有规律地下陷，形成许多间隔分布的单泡状黏液腺，幼禽较少，老龄禽较多。固有层内有许多弹性纤维和淋巴组织。外膜主要由透明软骨环和纤维结缔组织构成。幼禽的气管软骨呈片状，成禽呈环状。老龄鸡的软骨环部分骨化，老龄鸭和鹅的几乎全部骨化。由于禽类气管环前后相互重叠，故在气管的横切面上常见有两层软骨片。

（二）肺

禽肺不分叶，紧贴胸腔背侧，肺的背侧面嵌入肋间隙，使肺的扩张受到限制。正常肺呈鲜红色，相对体积小，弹性较差。其结构与家畜的不同，肺内各级支气管不形成支气管树，而是形成相互通连的迷路状结构，并与气囊相通。

1. 被膜 肺表面有一层浆膜，内含较多弹性纤维。浆膜内的结缔组织伸入肺实质，形成小叶间结缔组织和呼吸毛细管间结缔组织及肺的支架。

2. 实质 分导气部和呼吸部，由各级支气管、肺房和呼吸毛细管组成。支气管入肺后形成纵贯全肺的初级支气管，其管径逐渐变细，末端与腹气囊相通。初级支气管沿途发出 4 组粗细不等的次级支气管，次级支气管除了与颈部和胸部的气囊相通外，还发出许多分支，称为三级支气管。三级支气管遍布全肺，相互吻合，与次级支气管相通，少数直接与初级支气管相通。三级支气管还与周围呈辐射状排列的肺房相通，每一肺房又连着很多个呼吸毛细管。三级支气管与肺房、呼吸毛细管共同组成肺小叶（图 14-7）。肺小叶是肺的结构单位，横断面呈多边形，中央是三级支气管的管腔，管壁不完整，周围有许多肺房开口。因相邻肺小叶的呼吸毛细管互相吻合，致使小叶间结缔组织不完整。

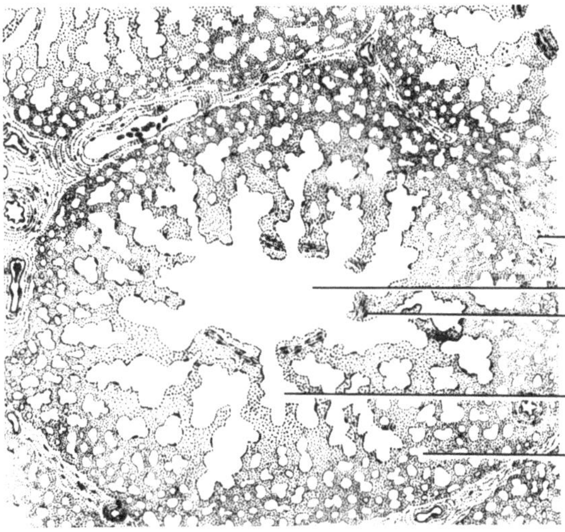

图 14-7　鸡的肺小叶

摘自王树迎，王政富主编《动物组织学与胚胎学》

（1）初级支气管　**初级支气管（primary bronchus）**由上皮和固有层构成，黏膜形成许多永久性皱襞，表面为假复层纤毛柱状上皮，其中含有杯状细胞和泡状黏液腺，腺体随管径变细而减少，而杯状细胞逐渐增多。固有层含有大量弹性纤维和淋巴组织，有时可见淋巴小结。起始部含有软骨片，向后逐渐消失。

（2）次级支气管　**次级支气管（secondary bronchus）**的黏膜上皮逐渐移行为单层纤毛柱状上皮，腺体减少至消失，杯状细胞与淋巴组织均减少。平滑肌逐渐增多，呈螺旋状交织排列，至后段形成完整的一层。

（3）三级支气管　**三级支气管（tertiary bronchus）**亦称**副支气管（parabronchus）**，相当于家畜的肺泡管。上皮为单层立方或单层扁平上皮。固有层内主要是弹性纤维。在肺房开口处，有短肌束环绕。据统计，鸡肺中有 300～500 条三级支气管，鸭的更多。

各级支气管及肺房开口处平滑肌的舒缩，能改变其管径的大小，从而改变肺内气流量及流程。

（4）肺房　**肺房（atrium）**的直径 100～200 μm，相当于家畜的肺泡囊。上皮为单层扁平上皮，外包弹性纤维网，可使肺房被动扩大和缩小。肺房底部形成 2～3 个漏斗，与呼吸毛细管相通。

（5）呼吸毛细管　**呼吸毛细管（respiratory capillary）**的直径 7～12 μm，相当于家畜的肺泡，是气体交换的场所（图 14-8）。呼吸毛细管上皮为单层扁平上皮，上皮外为网状纤维和大量毛细血管，有利于气体交换。

家禽的血气屏障较薄（0.1～0.2 μm），由呼吸毛细管上皮、毛细血管内皮及共同的基膜构成。组织化学和电镜研究证明，三级支气管、肺房和呼吸毛细管的上皮中均有嗜锇性板层小体，可分泌表面活性物质，其功能与家畜的肺表面活性物质相同。

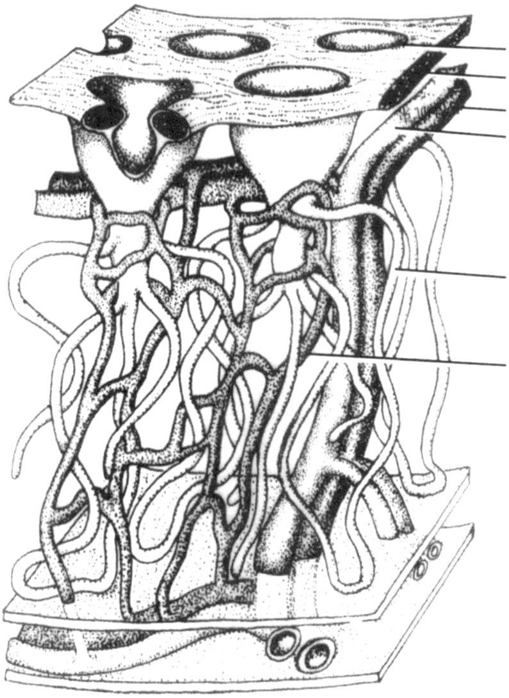

图 14-8　鸡肺呼吸毛细管与毛细血管

摘自王树迎，王政富主编《动物组织学与胚胎学》

六、鱼类呼吸系统的组织学特点

鱼类的主要呼吸器官是**鳃（gill）**。此外，有些鱼类还有辅助呼吸器官，如皮肤、假鳃、后肠、鳔等。

（一）鳃

1. 鳃的一般结构　鱼类的鳃裂成对地由前向后排列，鳃裂数目因鱼种各异，七鳃鳗有 7 对，盲鳗目有 1～14 对，鲨鱼一般为 5 对，少数 6～7 对。

相邻鳃裂以鳃间隔分隔。鳃间隔的前后两侧，生出鳃片，又称鳃瓣。鳃片由很多**鳃丝（gill filament）**组成，鳃丝的一端固着在**鳃弓（gill arch）**上，另一端游离，使鳃片呈梳状（图 14-9）。每一鳃丝向上下两侧伸出许多细小的片状突起，称为**鳃小片（branch leaf）**。鳃小片是与外界环境进行气体交换的场所。由于鳃小片细小而排列紧密，故不为肉眼所察觉。鳃小片表面的上皮很薄，内部含有丰富的毛细血管，因此鲜活鱼的鳃呈鲜红色。

豹斑脂鲶鳃的结构

鳃的表面积很大，例如一尾体重 10 g 的鲫鱼，其鳃片的总面积约为 1 696 mm^2。

2. 鳃的细微结构　鱼类的鳃由鳃弓和鳃丝两部分构成，鳃弓由骨骼支持着。

（1）鳃弓　鳃弓的横断面呈半椭圆形，两片鳃丝固着在鳃弓上，鳃弓骨骼呈圆弧形，其下方有两支血管，即背面的鳃弓静脉和腹面的鳃弓动脉，它们的分支伸入鳃丝。鳃弓的表面为复层上皮。在鳃弓骨骼和血管周围分布有结缔组织。纵面观，鳃弓骨骼呈长条状，其下方有平行走向的出鳃动脉和入鳃动脉。

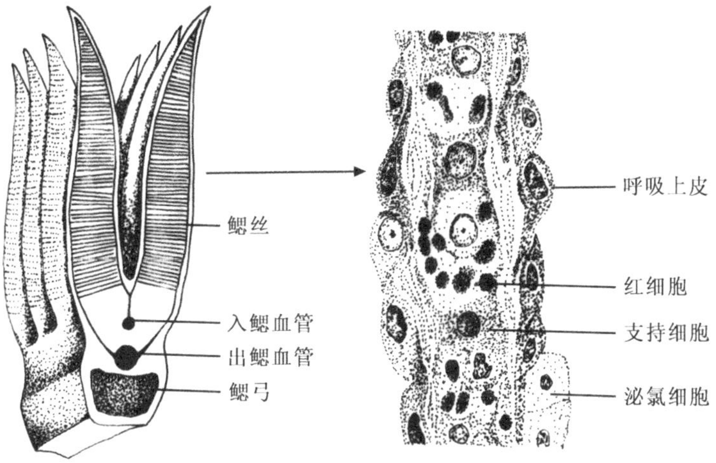

图 14-9 鳃（左）和鳃小片（右）模式图

（2）鳃丝 鳃丝内外侧的表面为复层上皮，上皮与鳃弓的上皮相连续。鳃丝靠鳃丝软骨支持。鳃丝两侧近边缘处各有一支血管，内侧的是鳃丝动脉，外侧的是鳃丝静脉，并分别与出鳃动脉和入鳃动脉相连。它们的分支进入鳃小片，并在鳃小片形成毛细血管网，称为窦状隙。

在入鳃动脉两侧近鳃丝基部，各有一横纹肌束，与对侧鳃丝内的鳃丝软骨相联系。当横纹肌收缩时，可牵动鳃丝软骨，使鳃丝分开或靠拢；还可牵动入鳃动脉，使血流畅通。横纹肌纤维束有节律地收缩，起着“鳃心”的作用。

鳃小片是与外界进行气体交换的场所，由上下两层呼吸上皮及支持细胞构成（图 14-9）。呼吸上皮细胞的基底面没有基膜。在鳃小片两层呼吸上皮和支持细胞之间的腔隙为窦状隙。

鳃小片的基部为复层上皮。上皮细胞之间有黏液细胞、腺细胞和泌氯细胞。泌氯细胞与哺乳动物胃腺中的盐酸细胞功能相同，形态和染色反应也相似。

（二）辅助呼吸器官

1. 皮肤 鱼类的皮肤具有呼吸作用，表皮的细胞层数较少，真皮的毛细血管穿过复层上皮的基底层细胞，到达表层的鳞状上皮细胞的基底面，并形成许多分支。这种结构有利于同外界进行气体交换。

2. 假鳃 真骨鱼类的假鳃位于鳃盖内面，假鳃内含丰富的毛细血管和嗜酸性细胞。嗜酸性细胞和泌氯细胞一样含有碳酸酐酶，可能与二氧化碳的排出有关。

3. 后肠 有些鱼类如泥鳅在高温季节，当水中氧气含量低或二氧化碳含量提高时，可利用肠黏膜进行气体交换。此时，泥鳅后肠的黏膜上皮变为扁平，上皮下方固有层的结缔组织中，含有丰富的毛细血管，以利于气体交换。一般在夏季高温时期，泥鳅不摄食，游到水的表层，将口张开伸出水面，吞入空气至后肠进行气体交换，废气从肛门排出。

（三）鳔

绝大多数真骨鱼消化管背侧有一个白色的中空囊状器官，囊内充满了氧气、二氧化碳等气体，这就是**鳔（swim bladder）**。鳔有一细长的鳔管与食管相连。

1. 鳔壁 其结构由内向外分为黏膜、肌层和外膜三层。

黏膜由上皮和固有层组成。有些鱼类的鳔壁黏膜向管腔隆起形成皱襞。黏膜上皮随不同的鱼类而异。鲤科、鳕科等鱼类为单层鳞状上皮。红鳟、鲟鱼等是单层纤毛低柱状上皮，并有很多黏液细胞。在气腺（气腺是鳔的前腹面内壁黏膜层的上皮向深部凹陷形成的，含丰富的毛细血管，新鲜时呈红色，又称红腺）处的上皮为立方形。上皮细胞的基底面联系着丰富的毛细血管。固有层为疏松结缔组织。肌层由内环外纵两层平滑肌组成。鲤鱼的肌层集中形成肌带。外膜由纤维性组织构成，又称外纤维层，在鳔的腹面，外纤维层的外面为间皮，形成浆膜。

2. 鳔管 其结构与食管相似，由黏膜、黏膜下层、肌层和外膜组成。

鳔管前端和后端的黏膜向腔面突出形成高的纵行皱襞，鳔管中段的皱襞低平。黏膜上皮在鲤鱼是单层柱状上皮，在红鳟鱼是单层纤毛柱状上皮。固有层为致密结缔组织。黏膜下层由疏松结缔组织构成，含有血管和神经纤维。有些鳔管外膜的结缔组织外面覆盖着一层间皮。

鳔的功能是多样化的，例如肺鱼、多鳍鱼、弓鳍鱼等的鳔能起肺的作用，具有呼吸功能。此外，还有比重调节、感受声波和水压以及发声等功能。

本章内容临床拓展

肺气肿是慢性阻塞性肺病，其特征是终末细支气管远端的气道弹性减退，过度膨胀、充气和肺容积增大或同时伴有气道壁破坏的病理状态。哮喘主要是由于细支气管（缺乏软骨支撑）的平滑肌异常收缩和支气管中黏液分泌过多导致。

第十五章　泌尿系统
Chapter 15　Urinary System

内容概要

泌尿系统由肾、输尿管、膀胱及尿道等组成。肾的表面有一层由结缔组织构成的被膜，实质可分为皮质和髓质两部分。肾主要由泌尿小管组成。泌尿小管包括肾单位和集合小管。肾单位由肾小体和肾小管组成。肾小体由血管球和肾小囊（鲍曼氏囊）组成。每个肾小体的一端是入球微动脉和出球微动脉进出之处，称为血管极。在血管极的对侧是肾小囊与肾小管相通连处，称为尿极。肾小管由相连续的、形态和功能不同的近端小管、细段、远端小管组成。集合小管由弓形集合小管、直集合小管、乳头管组成。肾小球旁器（近血管球复合体）是指靠近肾小体的几种结构，包括近血管球细胞、致密斑和球外系膜细胞，其主要功能是通过产生激素维持血压的平衡。

排尿管道包括肾盏、肾盂、输尿管、膀胱和尿道，可储存尿液，并将其排出体外。除尿道外，其他排尿管道都具有相似的结构，其管壁由黏膜、肌层和外膜组成。

泌尿系统（urinary system）由肾、输尿管、膀胱和尿道等器官组成。肾经过滤过、主动和被动重吸收以及分泌等复杂过程，将体内各种不同的代谢产物加工成尿液，经由输尿管、膀胱和尿道等组成的排尿管道排出体外，从而维持机体内的动态平衡。肾作为调节机体体液和电解质平衡的器官，同时还合成和分泌肾素，通过肾素 - 血管紧张素系统参与血压的调节。肾内还产生促红细胞生成素，具有刺激红细胞生成和使维生素 D_3 活化的功能。

一、肾

肾（kidney）为外包被膜的实质性器官，其形态随动物的种类不同而异，如在牛为表面有沟的多乳头肾，猪为表面平滑的多乳头肾，羊、狗为表面平滑的单乳头肾。肾的内侧缘中部凹入称为肾门，是血管、淋巴管、神经和输尿管出入肾的通道。

（一）肾的一般结构

肾被膜由结缔组织构成，分为内、外两层。外层致密，含较多的胶原纤维；内层疏松，含纤细的网状纤维和平滑肌纤维。马和猪肾被膜内层的平滑肌纤维散在分布，而反刍动物则形成平滑肌层。被膜由肾门入肾，构成肾盂外膜，少量伸入肾实质形成肾的间质。

肾实质分为皮质和髓质两部分，一般用肉眼即可分辨。**皮质（renal cortex）**呈红褐色，主要位于肾的外周，由髓放线和皮质迷路组成（图 15-1）。**髓质（renal medulla）**呈浅红色条纹状，位于肾的深部，由若干肾锥体组成。**肾锥体（renal pyramid）**底部宽大，与皮质相连，连接处分界不清，尖端钝圆，突入肾盏内，称为**肾乳头（renal papilla）**。牛和猪的肾锥体较明显，而马和羊的则不明显。肾锥体之间有皮质伸入，称为**肾柱（renal column）**。肾锥体底部呈辐射状伸入皮质的条纹，称为**髓放线（medullary ray）**。位于髓放线之间的皮质称为**皮质迷路（cortical labyrinth）**。每条髓放线及周围的皮质迷路组成一个**肾小叶（renal lobule）**，有小叶间血管走行其间，但结缔组织分隔并不明显。每个肾锥体与其所连的皮质组成**肾叶（renal lobe）**，之间有叶间血管走行。

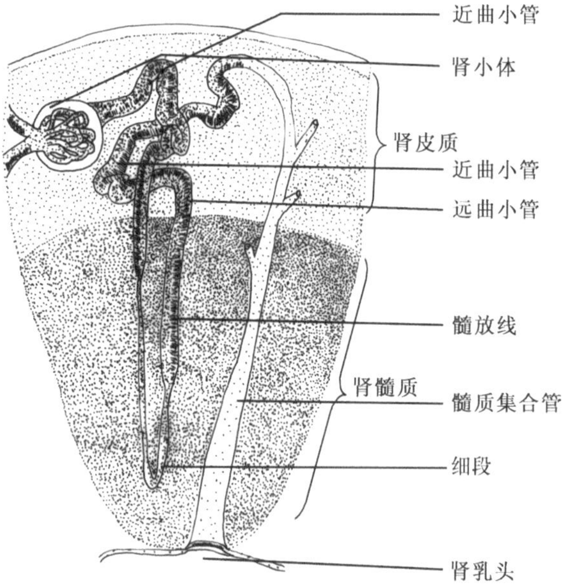

图 15-1 肾纵断面模式图

狗肾脏

（二）泌尿小管

肾实质主要由大量弯曲的**泌尿小管（uriniferous tubule）**组成，其间有由少量结缔组织、血管和神经等构成的肾间质。泌尿小管包括肾单位和集合小管两部分（图 15-2，表 15-1）。肾小管的起始盲端膨大凹陷形成双层的囊状结构称为肾小囊，与紧包于其内的血管球共同形成**肾小体（renal corpuscle）**。每个肾小体和与它相连的肾小管组成肾单位，是形成尿液的结构和功能单位，主要位于皮质迷路。肾小管可以明显区分为近端小管、细段和远端小管三段。近端小管的起始段在肾小体附近盘曲绕行，称为近端小管曲部或近曲小管。继而离开皮质迷路，形成直行小管沿髓放线进入髓质，称为近端小管直部或近直小管。而后管径骤然变细，称为细段。与细段相连续的为远端小管，其管径又骤然变粗，并折返向上从髓质直行进入髓放线

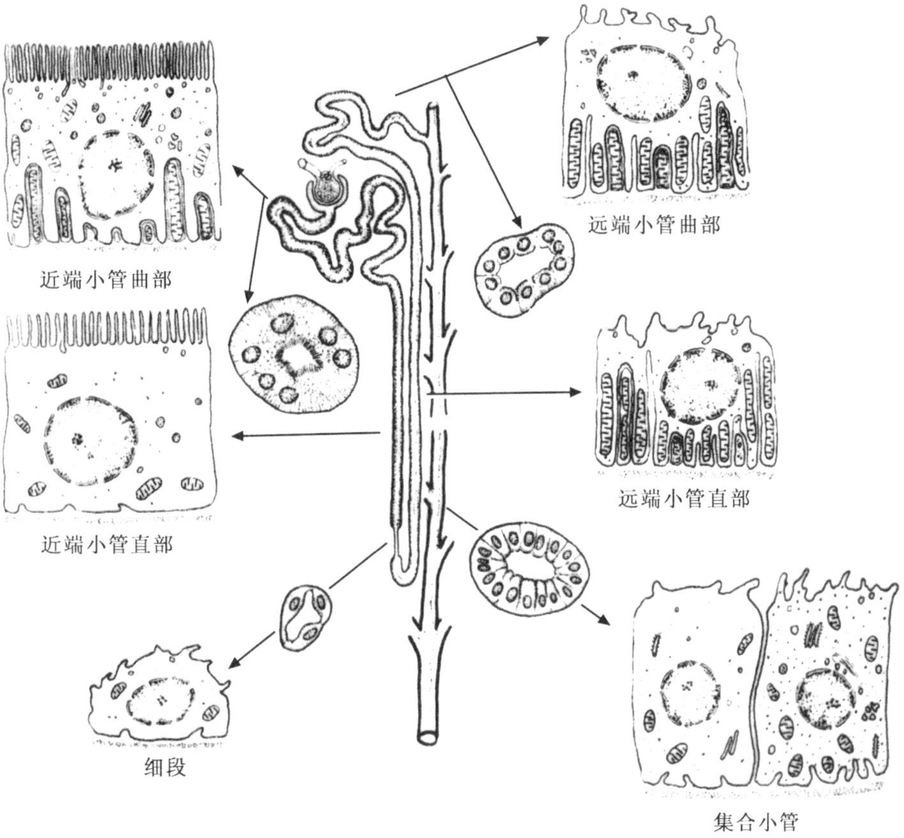

图 15-2　泌尿小管各段上皮细胞结构模式图

摘自成令忠主编《组织学与胚胎学》

表 15-1　泌尿小管的组成与分布

泌尿小管的组成						各段的分布位置
泌尿小管	肾单位	肾小体	血管球			皮质迷路、肾柱
			肾小囊			
		肾小管	近端小管	近端小管曲部（近曲小管）		皮质迷路、肾柱
				近端小管直部（近直小管）	髓袢	髓放线、肾锥体
			细段		髓袢	
			远端小管	远端小管直部（远直小管）	髓袢	
				远端小管曲部（远曲小管）		皮质迷路、肾柱
	集合小管系	弓形集合小管				皮质迷路
		直集合小管				髓放线、肾锥体
		乳头管				肾锥体

内，此段称为远端小管直部或远直小管。近端小管直部、细段和远端小管直部三者构成一个U形的袢，称为**髓袢**（**medullary loop**）或**肾单位袢**（**nephron loop**），又称**亨利氏袢**（**Henle's loop**），其中由皮质向髓质方向下行的一段称为**髓袢降支**（**descending limb**），而由髓质向皮质方向上行的一段称为**髓袢升支**（**ascending limb**）。远端小管直部离开髓放线复又进入皮质迷路，盘曲走行于原肾小体附近，称为远端小管曲部或远曲小管，其末端进入髓放线汇入此处直行的集合小管。集合小管从皮质髓放线直行进入髓质，逐级汇合，管径由细变粗，末段为乳头管，开口于肾乳头。

1. 肾单位　**肾单位**（**nephron**）由肾小体和与它相连的肾小管组成。肾单位的数量随动物的种属不同而异，少者每肾数十万个，多者在100万个以上。根据肾小体在皮质内分布的部位不同，可将肾单位分成浅表肾单位和髓旁肾单位。**浅表肾单位**（**superficial nephron**）的肾小体位于皮质浅部，故又称皮质肾单位，数量多，肾小体体积较小，髓袢较短，往往只伸到髓质外区甚至不进入髓质，细段很短或缺如，也称短袢肾单位；**髓旁肾单位**（**juxtamedullary nephron**）的肾小体位于皮质深部，数量较少，肾小体体积较大，髓袢和细段较长，也称长袢肾单位，对尿液浓缩具有重要的生理意义。

（1）肾小体　**肾小体**（**renal corpuscle**）又称肾小球，由血管球和肾小囊组成，呈球形，是机体形成原尿的部位。肾小体有动脉出入的一端称为**血管极**（**vascular pole**）。在血管极的对侧是肾小囊与肾小管相通连处，称为**尿极**（**urinary pole**）（图15-3）。

幼犬肾小体

血管球（**renal glomerulus**）是一团盘曲的毛细血管簇，位于肾小囊内。**入球微动脉**（**afferent arteriole**）从血管极处进入肾小囊内，即分成数根初级分支，每根再分出数个分支形成网状的相互吻合盘绕的毛细血管袢，称为毛细血管小叶。小叶中轴有球内系膜支持。而后小叶的毛细血管又逐步汇合成一条**出球微动脉**（**efferent arteriole**），仍由血管极离开肾小体。通常入球微动脉的管径比出球微动脉粗，故血管球内保持了较高的血压，有利于血液中的一部分水、糖类、无机盐和代谢产物等通过毛细血管滤出到肾小囊腔内，形成原尿。

血管球毛细血管为有孔毛细血管。内皮细胞呈扁平梭形，含核部位较厚，突向管腔，无核部位极薄，上有许多圆形或不规则的小孔，孔上无隔膜覆盖。毛细血管内皮细胞外有薄层基膜。血管球的毛细血管袢之间有血管系膜和少量结缔组织支持。**血管系膜**（**mesangium**）主要由系膜细胞和系膜基质组成。**系膜细胞**（**mesangial cell**）又称**球内系膜细胞**（**intraglomerular mesangial cell**），为一些星形多突起的细胞，细胞核小而圆，具有吞噬异物及清除沉积在血管球基膜上的免疫复合物，维持基膜通透性的作用，并参与基膜的更新与修复。

肾小囊（**renal capsule**）又称**鲍曼氏囊**（**Bowman's capsule**），是肾小管起始部膨大凹陷而成的双层盲囊，形似杯状，囊内有血管球。肾小囊壁由壁层和脏层两层上皮构成，两层之间狭窄的腔隙称为**肾小囊腔**（**capsular space**），与近曲小管相连通。壁层为单层扁平上皮，外有基膜包绕，在肾小体尿极处与近曲小管上皮相连续，至血管极处反折为囊壁脏层，由形态特殊的足细胞构成。**足细胞**（**podocyte**）是一种多突起的细胞，胞体体积较大，突向肾小囊腔，由胞体伸出许多大小不等的突起包裹在血管球基膜的外面。电镜下可

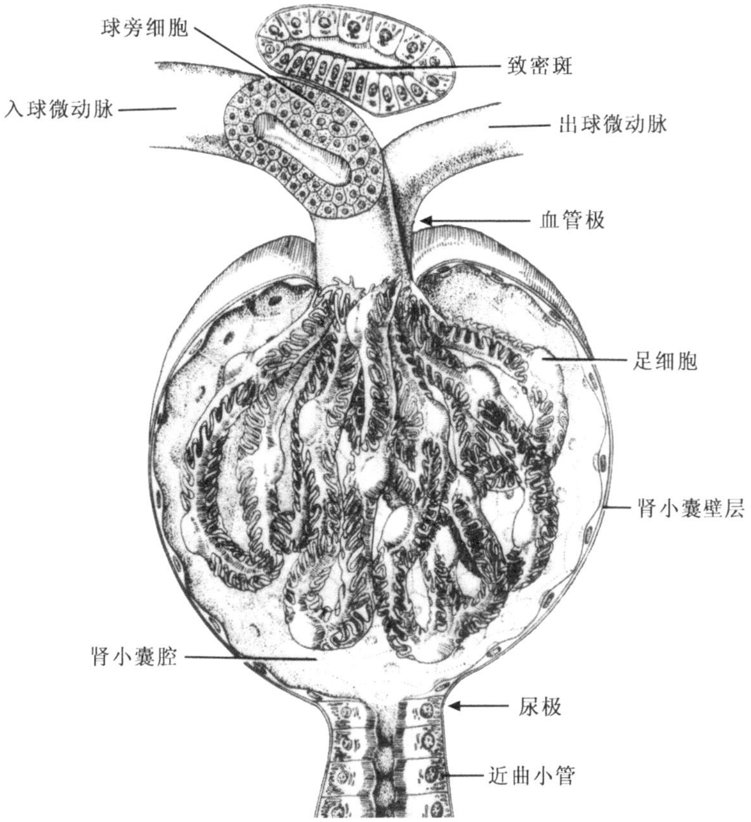

图 15-3　肾小体与近血管球复合体立体模式图

摘自成令忠主编《组织学与胚胎学》

见足细胞先由胞体伸出几个大的初级突起，从初级突起上又发出许多指状的次级突起（图 15-4），也称**足突（foot process）**，有的次级突起还能继续形成三级分支。相邻的次级突起相互穿插嵌合成栅栏状，末端膨大紧贴于毛细血管基膜外。相互嵌合的突起间有宽 20～40 nm 的间隙，称为**裂孔（slit pore）**，孔上覆有一层 4～6 nm 的**裂孔隔膜（slit diaphragm）**。足细胞内含有丰富的微管、微丝和中间丝，形成发达的细胞骨架。其功能主要有：①参与毛细血管基膜的形成和更新；②对血管球毛细血管起支持作用；③具有活跃的吞噬功能，能以胞吞的方式从滤液中吞饮蛋白质等；④是滤过屏障的重要组成部分，可以通过足突的收缩改变滤孔大小，从而影响血管球滤过率。

肾小体在血管球血液和肾小囊腔之间形成的结构，类似于一个滤器。这个滤器由有孔毛细血管内皮、内皮基膜和足细胞裂孔膜三层结构组成，形成**滤过屏障（filtration barrier）**或**滤过膜（filtration membrane）**。滤过膜的三层结构对血浆具有选择性的通透作用，这种选择性受被滤过成分的大小和所带电荷双重影响。血浆中的水、溶质和小分子物质，很容易通过滤过膜，而一些大分子物质则不易通过或被选择性的滤过，这与大分子物质的分子半径、所带电荷和分子的形状等因素有关。血液通过滤过膜滤入肾小囊腔形成的原尿，除不含大分子蛋白质外，其成分与血浆相似。正常情况下，毛细血管内皮细胞上的孔，对血浆中大部分大分子物质的滤过并无阻碍作用，分子量大于 40 万的物质能通过

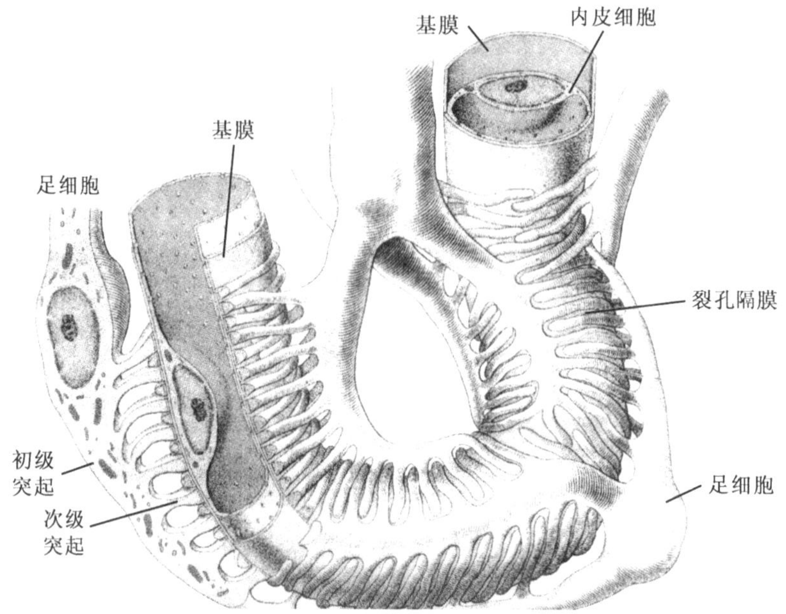

图 15-4　肾血管球毛细血管、基膜和足细胞超微结构模式图

内皮的孔，但受基膜所阻；分子量小于 7 万的物质能通过滤过屏障；分子量介于其中的许多物质往往能透过基膜，但不能透过裂孔膜。足细胞还可以通过调节裂孔的大小，控制物质的滤过。滤过膜受损可引起血浆内大分子蛋白质甚至血细胞漏出，出现蛋白尿或血尿。滤过膜上带电荷的成分，是电解质选择性通透的结构基础，在毛细血管内皮细胞表面、足细胞突起及裂孔隔膜表面，均覆盖带负电荷的唾液酸糖蛋白，且构成内皮基膜的硫酸肝素蛋白多糖也富含阴离子，使得带阳离子的物质更易于通过。

（2）肾小管　**肾小管（renal tubule）**是由单层上皮围成的小管。肾小管分为近端小管、细段和远端小管三段，各段的长度、管径和细胞的形态结构，有比较明显的区别（图 15-2），以适应于其功能上的侧重。肾小管的功能是重吸收原尿中的大部分营养成分和排泌等作用。

马肾皮质

近端小管（proximal tubule）是肾小管中最长和最粗的一段，其长度约为肾小管总长度的一半，直径 50～60 μm。**近端小管曲部（proximal convoluted tubule）**管径较粗且不规则，管壁细胞为较大的锥体形或立方形上皮细胞（图 15-5），体积较大，细胞间界限不清，胞质强嗜酸性。胞核呈球形，较大，着色浅而核仁明显，偏于细胞基底面。细胞游离面有**刷状缘（brush border）**，基部有纵纹。常规方法固定的肾标本上，近曲小管的管腔常常缩小或呈封闭状态。电镜下可见，光镜下所观察到的刷状缘是由大量密集且排列整齐的微绒毛构成的（图 15-6），它使细胞表面的吸收面积扩大约 36 倍。微绒毛基部内陷，形成顶小管和顶质小泡，表明肾小管上皮细胞以胞饮或胞吞的方式，重吸收原尿内的蛋白质等分子量较大的物质。细胞的侧面有许多侧突，相邻细胞的侧突相互嵌合，或伸入相邻细胞的质膜内褶的空隙内，故光镜下细胞分界不清。细胞基底面质膜内陷，形成发达的质膜内褶，内褶之间的胞质内有许多纵向排列的杆状线粒体，线粒体和质膜内褶共同形成光镜下所见的纵纹。

侧突和质膜内褶的细胞膜上，富含 Na^+、K^+-ATP 酶，即钠泵，分布于此处的大量线粒体可为钠泵提供能量。侧突和纵纹使得细胞基部的表面积明显扩大，有利于 Na^+ 和水的迅速转运。**近端小管直部（proximal straight tubule）**的结构与近曲小管相似，细胞略矮小，微绒毛较短，管腔略大，侧突和质膜内褶不如曲部发达，线粒体多而小，并分散于胞质内。

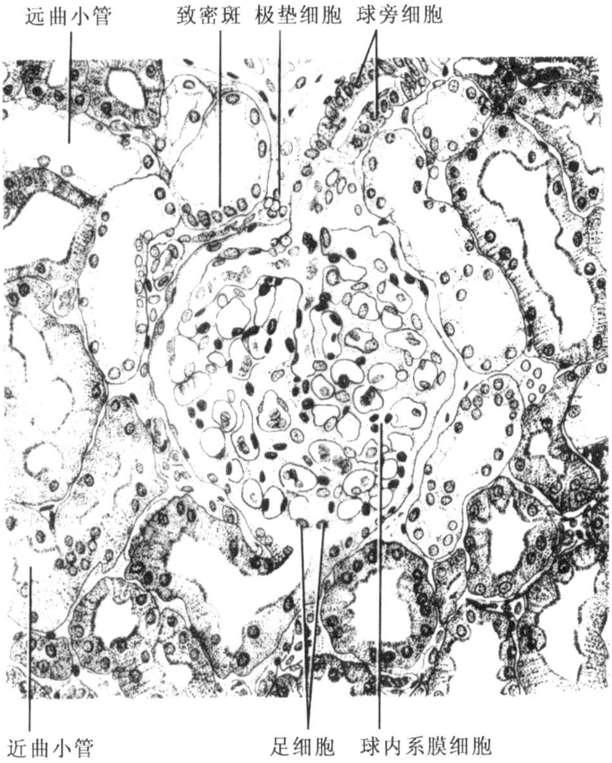

图 15-5　肾皮质（高倍）

摘自成令忠主编《组织学与胚胎学》

图 15-6　近曲小管上皮细胞超微结构立体模式图

摘自成令忠主编《组织学与胚胎学》

近端小管的结构特点与其良好的重吸收功能是相适应的，它是原尿重吸收的主要场所。原尿中几乎全部的葡萄糖、氨基酸和蛋白质，以及大部分水、离子和尿素等，均在此被重吸收。此外，近端小管还可以通过分泌或排泄的方式，将体内的一些代谢终产物排入滤液，如肌酐、肌酸和马尿酸等，既可以由血管球滤过，又可以由近端小管排泄；血液中的酚红和青霉素等药物，可以通过近端小管上皮细胞直接分泌进入尿液。近端小管的损害可严重影响机体的排尿功能。

细段（thin segment）为直行的上皮样细管，管径细，直径 12～15 μm，管壁由单层扁平上皮构成。细胞着色淡，胞质少，核扁圆形凸向管腔。电镜下，上皮细胞游离面有少量微绒毛，基底面形成少量质膜内褶，胞质内含细胞器少。细段上皮很薄，有利于离子和水通透，起到浓缩尿液的作用。

远端小管（distal tubule）较短，故切片中断面数量较少，其管径也较近端小管细，在 20～50 μm 之间。上皮细胞矮小，大致呈立方形，所以管腔相对较大且较为规则；细胞着色浅，细胞之间界限清晰；细胞核圆形靠近细胞腔面；游离面无刷状缘，但基底部纵纹明显。**远端小管直部（distal straight tubule）**是组成髓袢升支的主要部分，经髓质肾锥体沿髓放线上行至皮质。电镜下，可见细胞表面微绒毛少而短，基部质膜内褶发达，侧面近基部的侧突也很多，褶间胞质和侧突内有丰富的线粒体，形状细而长。远直小管游离面和侧面的细胞膜上含有凝胶状的酸性糖蛋白，可能作为水的通透屏障，阻碍水在管腔和间质之间自由交换。远直小管通过褶膜和侧突膜上较强的 Na^+、K^+-ATP 酶活性，主动向间质转运 Na^+，使得自肾锥体底部到肾乳头的间质内渗透压逐步升高，这种间质内形成的渗透压梯度，有利于集合小管重吸收水分，促使尿液进一步浓缩。

远端小管曲部（distal convoluted tubule）的结构与直部相似，细胞略高，质膜内褶和侧突广泛存在，但不如直部发达。远曲小管的功能是进行离子交换，其细胞基底面和侧面的膜上均有丰富的 Na^+、K^+-ATP 酶和 Ca^{2+}、Mg^{2+}-ATP 酶，能重吸收水、Na^+、Cl^- 和 Ca^{2+} 等，同时向管腔内分泌 K^+、H^+ 和 NH_3 等，在维持体液酸碱平衡中起重要作用。远曲小管吸钠排钾的作用受体内一些激素的影响，如肾上腺皮质分泌的醛固酮，能促进该段细胞吸收 Na^+ 和排出 K^+，而来自下丘脑的抗利尿激素，则能促进其对水的重吸收，使尿液进一步浓缩。

2. 集合小管系　集合小管系（collecting tubule system）包括弓形集合小管、直集合小管和乳头管三段。弓形集合小管较短，与远曲小管相连，自皮质迷路呈弧形走向髓放线，汇集于直集合小管。直集合小管沿髓放线直行向下进入髓质，在肾锥体乳头部汇成乳头管，开口于肾乳头。直集合小管下行途中，有许多远曲小管汇入，集合小管的管径也由细渐粗，管壁上皮由单层立方逐渐增高为单层柱状，至乳头管开口处，移行为变移上皮。集合小管的上皮细胞较大，核圆形位于中央，胞质着色淡而明亮，细胞分界清晰（图 15-7）。细胞的超微结构较简单，细胞器少，胞质中可见少量线粒体，游离面仅有少量微绒毛，基部有很浅的质膜内褶，相邻细胞间隙清晰。

马肾髓质

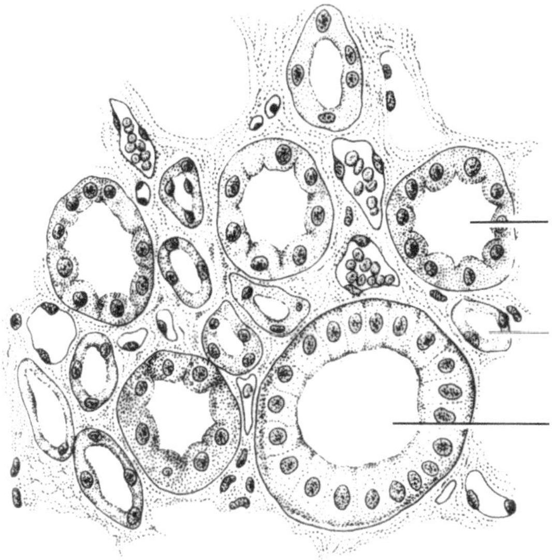

图 15-7　肾髓质（高倍）

摘自成令忠主编《组织学与胚胎学》

集合小管的上皮可区分为集合管细胞和闰细胞，前者微绒毛少，游离面质膜上有 Na^+ 通道和水通道蛋白，有重吸收 Na^+ 和水的功能，使尿液浓缩；后者微绒毛较前者多，游离面质膜上有 H^+-ATP 酶活性，侧面近基底部细胞膜上有 Cl^-/HCO_3^- 交换载体，与 H^+ 的分泌和 HCO_3^- 的重吸收有关。集合小管能进一步重吸收水分，并进行离子交换，使尿液进一步浓缩并酸化，其功能也受醛固酮和抗利尿激素的调节。

（三）近血管球复合体

近血管球复合体（juxtaglomerular complex）亦称**肾小球旁器（juxtaglomerular apparatus）**，由近血管球细胞、致密斑和球外系膜细胞组成（图 15-3，图 15-5），在肾小体血管极处构成一个三角形的区域，具有调节机体血压、血容量和电解质平衡的功能。

1. 近血管球细胞　入球微动脉行至肾小体血管极处，管壁中膜的平滑肌细胞转变为上皮样细胞，称为**近血管球细胞（juxtaglomerular cell）**或球旁细胞。出球微动脉的管壁内，也能观察到类似的细胞，但比较少见。近血管球细胞体积较大，呈立方形或多边形，核大而圆，着色浅，胞质丰富，弱嗜碱性。电镜下，可见胞质内有发达的高尔基复合体、丰富的粗面内质网和大量的分泌颗粒，分泌颗粒内含有**肾素（renin）**。

肾素是一种蛋白水解酶，能使血浆中的血管紧张素原转变为血管紧张素Ⅰ，后者可在内皮细胞表面的转换酶的作用下，转变为血管紧张素Ⅱ。血管紧张素Ⅱ具有较强的缩血管作用，能使血压升高。肾素同时还能刺激肾上腺分泌醛固酮，从而间接对远曲小管和集合管的离子交换和水的重吸收进行调节，促进 Na^+ 和水的重吸收，排出 K^+。因此，近血管球细胞分泌肾素，进入血液循环，通过肾素 - 血管紧张素系统的作用，调节机体的血压、血容量和电解质的平衡。该细胞还可产生肾性促红细胞生成因子，刺激骨髓生成红细胞。

2. 致密斑　在血管极处的远直小管末端，朝向肾小体一侧的上皮细胞增高变窄呈高柱状，在小管壁上形成一个椭圆形的斑状隆起，称为**致密斑（macula densa）**。细胞排列紧密、整齐，核椭圆形，互相紧密靠拢，位于近细胞的游离端，胞质着色较浅。电镜观察发现，致密斑细胞游离面有许多微绒毛或微皱褶，细胞间有广泛的细胞间隙，侧面细胞膜形成许多侧突伸入间隙，相邻细胞的侧突以桥粒相连，细胞基部形成许多分支突起，可伸至球外系膜细胞或球旁细胞。致密斑的细胞基部绝大多数与球外系膜细胞接触，少部分可以与入球微动脉和出球微动脉直接接触。

致密斑是一个化学感受器，能敏锐地感受远端小管内滤液中 Na^+ 浓度的变化，当远端小管中 Na^+ 浓度下降时，致密斑对 Na^+ 的转运率下降，细胞便产生一氧化氮（NO）和前列腺素，通过旁分泌作用，直接或间接促进近血管球细胞分泌肾素；反之，则减少肾素的分泌。

3. 球外系膜细胞　**球外系膜细胞（extraglomerular mesangial cell）**也称**极垫细胞（polar cushion cell）**，填充在入球微动脉、出球微动脉和致密斑三者构成的三角区域内，与球内系膜细胞相延续，两者形态相似。球外系膜细胞排列稀疏，胞质着色浅，内含颗粒。电镜下，可见球外系膜细胞与近血管球细胞、球内系膜细胞之间有缝隙连接，因此认为它在近血管球复合体的功能活动中，担负着“信息”传递的作用，可能是将致密斑传来的“信息”转变为某种“信号”，并扩散到近血管球细胞。

（四）肾间质

肾间质（renal interstitium）为分布于泌尿小管之间的结缔组织，皮质较少而髓质深部较多。间质细胞为少量的成纤维细胞和巨噬细胞。此外，还含有一种特殊的**载脂间质细胞（lipid-laden interstitial cell）**，能产生前列腺素，并参与髓质间质内的纤维和基质形成。

（五）肾的血液循环

肾动脉直接由腹主动脉分支而来，经肾门入肾分为数支**叶间动脉（interlobar arteries）**，在肾柱内上行至皮质与髓质交界处，分支成**弓形动脉（arcuate arteries）**。弓形动脉分支较多，其中与肾表面垂直分布的称为**小叶间动脉（interlobular arteries）**，小叶间动脉除部分直达被膜下形成毛细血管网外，主要向周围沿皮质迷路发出许多入球微动脉进入肾小体，形成血管球，再汇集成出球微动脉。浅表肾单位的出球微动脉离开肾小体后，再次分支形成球后毛细血管网，分布于肾小管周围，而后依次汇合成小叶间静脉、弓形静脉和叶间静脉，与相应的动脉伴行，最后形成肾静脉出肾；髓旁肾单位的出球微动脉不仅形成球后毛细血管网，而且还发出许多分支由皮质进入髓质，与弓形动脉和小叶间动脉向髓质分出的小动脉，统称为**直小动脉（arteriolae rectae）**。直小动脉在髓质的不同深度折返直行向上称为直小静脉，伴随肾单位袢形成了一个 U 形的血管袢。被膜的毛细血管汇集为**星形静脉（stellate vein）**进入皮质，汇入小叶间静脉。（图 15-8）

肾血液循环的特点，与肾的泌尿功能密切相关。肾动脉直接分支于腹主动脉，短而粗，血流量大，约占心输出量的 1/4，每隔 4～5 min，机体内的血液全部流经肾而被滤过；肾小体血管球两端的血管皆为动脉，而且入球微动脉的管径比出球微动脉的管径大，使血管球内保持较高的血压，利于滤过；入球微动脉和出球微动脉平滑肌的收缩状态，还可调节和控制血管球内毛细血管的压力；肾内血管通路中，形成两次毛细血管网，适应于其滤过和重吸收的功能；此外，髓质内直小血管与髓袢及集合小管伴行，也有利于肾小管和集合小管的重吸收和尿液的浓缩。

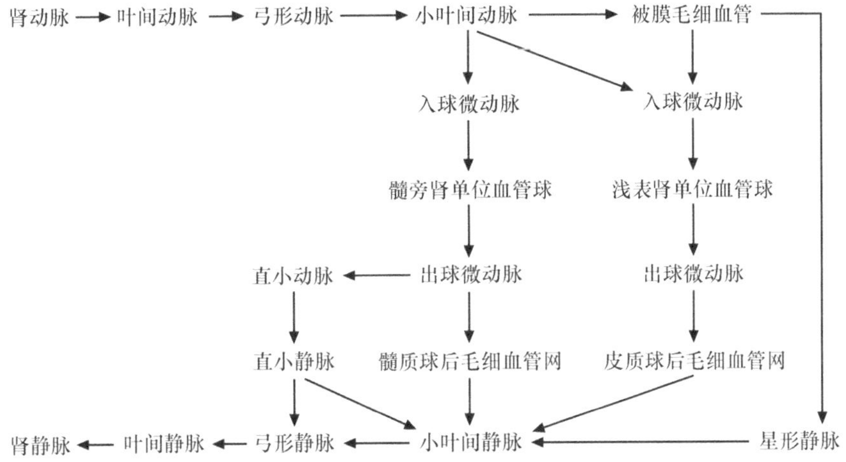

图 15-8　肾的血液循环

二、排尿管道

排尿管道包括肾盏、肾盂、输尿管、膀胱和尿道。其功能是将肾产生的尿液排出体外。除尿道外，它们的结构大致相同，都由黏膜、肌层和外膜构成。从肾盏到膀胱，这三层结构逐渐增厚。

（一）肾盏和肾盂

肾盏（calyces renalis）和**肾盂（pelvis renalis）**是输尿管起始的膨大部。黏膜上皮较薄，为变移上皮，固有层由疏松结缔组织构成，缺黏膜下层。马的固有层内有较多的管泡状黏液腺。肌层为平滑肌，肾盏的平滑肌较少，而肾盂的平滑肌已能分层，如牛和马可分为内纵肌、中环肌和外纵肌三层。外膜为含血管、神经和脂肪细胞的薄层结缔组织。

（二）输尿管

马输尿管

输尿管（ureter）起于肾盂，终于膀胱，为细长的肌性管道。管壁结构也分为三层。黏膜形成明显的纵行皱襞，使管腔呈星形。黏膜上皮较厚，属变移上皮（图 15-9）。固有层由细密的疏松结缔组织构成。马输尿管的中段至后段的固有层内，含有腺腔较宽大的管泡状黏液腺。肌层主要由内纵、外环两层平滑肌组成，其下 1/3 段在环形肌外出现一层较薄而分散的纵行平滑肌。环肌层在输尿管穿入膀胱时消失，纵行肌层继续抵达膀胱壁，其收缩能协助管口开放。外膜是纤维膜，与周围结缔组织相粘连。

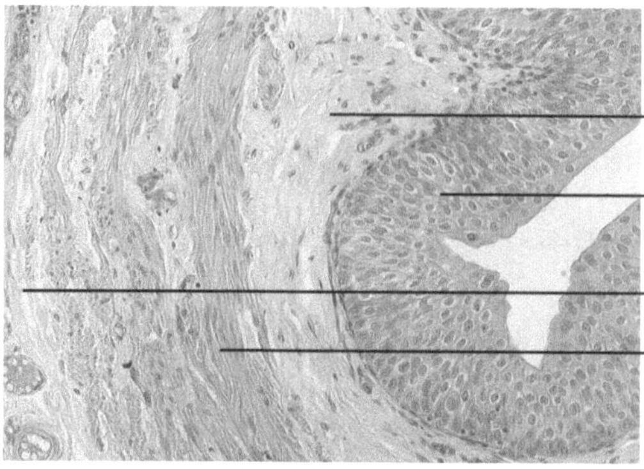

图 15-9　输尿管（猴）

摘自李德雪，尹昕主编《动物组织学彩色图谱》

（三）膀胱

膀胱（urinary bladder）壁的结构与输尿管大体相同，但肌层特别厚。黏膜形成许多皱襞，当膀胱扩张时减少或消失。黏膜上皮为变移上皮，其厚度与细胞层数，随膀胱的机能状态不同而改变。膀胱收缩时，上皮很厚，细胞层数可达 8～10 层，表层细胞体积大，呈立方形，游离端胞质浓密；膀胱扩张时，上皮变薄，仅 3～4 层，表层细胞呈扁平状。电镜下观察，可见表层细胞游离面的细胞膜内陷，形成许多囊泡，因而扩张时可伸展。表层细胞侧面有发达的紧密连接和桥粒，起防止尿液成分渗透和加强细胞连接的作用。固有层为细而密的结缔组织，血管丰富，可见弥散的淋巴组织和淋巴小结。黏膜肌层因家畜不同而异，猪、牛和羊的较薄，可见分散的平滑肌纤维，马的则成束分布在固有层深层。肌层很厚，由许多螺旋形的平滑肌束组成。肌层之间肌纤维相互交错，分界不清，大致可分为内纵、中环和外纵三层，中层环形肌在尿道内口处增厚为括约肌。外膜由疏松结缔组织构成，膀胱顶部和体部为浆膜，颈部为纤维膜。

山羊膀胱

三、家禽泌尿系统的组织学特点

家禽的泌尿系统包括肾和输尿管两个器官。禽肾呈长条豆荚状，分前、中、后三部分，位于腰荐骨与髂骨形成的肾窝内。肾表面被膜不完整，无脂肪囊，不能区分肾门。血管、神经和输尿管从不同部位进出。无肾盏和肾盂，输尿管在肾内形成二级分支直接将尿液导出，排入泄殖腔。

（一）禽肾的组织结构

肾表面有极薄的结缔组织被膜，部分表面覆有浆膜。被膜结缔组织深入实质，形成不发达的小叶间和肾小管间结缔组织，内含淋巴组织和丰富的毛细血管。家禽的肾没有典型的肾叶结构，也不能区分皮质和髓质，其实质由许多皮质肾小叶和髓质肾小叶构成（图 15-10）。

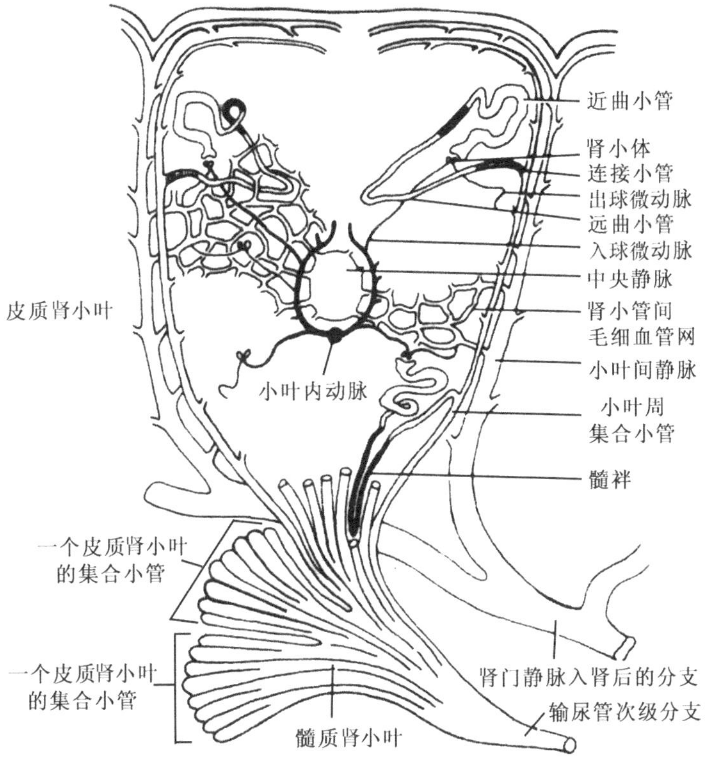

图 15-10 家禽肾小叶结构

摘自王树迎，王政富主编《动物组织学与胚胎学》

鸡肾髓质

1. 皮质肾小叶 **皮质肾小叶（cortical lobule）**形似梨形，可分为浅部较宽大的皮质和深部狭小的髓质。相邻的皮质肾小叶被小叶间静脉形成的复杂网络隔开。皮质中央为一条纵贯的中央静脉。每个小叶周围都包绕有纵向的小叶周集合小管，由皮质向髓质走行，沿途汇入许多连接小管，管径由细渐粗。中央静脉与小叶周集合小管之间的实质，分布有大量的肾单位，可分为两种类型，即皮质型肾单位和髓质型肾单位，其结构上的主要区别在于前者没有髓袢。**皮质型肾单位（cortical nephron）**数量较多，长 6～8 mm，全部盘曲于皮质部，由肾小体、近曲小管、中间段和远曲小管组成，不形成髓袢结构。肾小体球形，体积小，直径约 65 μm。入球微动脉和出球微动脉的管径无明显差异。血管球的毛细血管分支少且彼此间吻合较少。近曲小管较长，管径大小与肾小体直径相近，构成其管壁的单层立方上皮具有与哺乳动物相似的特点；中间段短且管径小，约 30 μm，上皮细胞矮小；远曲小管的管径介于前两者之间，其末端与粗细相近的连接小管通连，而后开口于小叶周集合小管。**髓质型肾单位（medullary nephron）**数量较少，长约 15 mm。其肾小体体积较大，直径约 100 μm。中间段较长，有 3～4 mm，并形成髓袢进入髓质。髓袢由薄壁段和厚壁段组成。薄壁段与近曲小管相连，直行延伸入髓质部并过渡为厚壁段；厚壁段折返形成袢状向皮质直行，与皮质的远曲小管相连，而后同样通过连接小管，汇入小叶周集合小管。髓袢的薄壁段衬以低立方形上皮，管径最细，约 18 μm；厚壁段由立方形上皮构成，管径增粗，管壁也较厚。两种不同类型肾单位的肾小体，有规律地分布于皮质肾小叶半径的 1/2 处，绕中央静脉排列成马蹄形。

2. 髓质肾小叶　髓质肾小叶（medullary lobule）是由相邻的多个皮质肾小叶的髓质部聚拢在一起，周围包以结缔组织而成（图 15-10）。呈锥体形，其组织结构相当于家畜的肾锥体部分。由于皮质肾小叶的分布深浅各异，使得髓质肾小叶的排列也参差不齐。髓质肾小叶的集合小管也逐级汇合，管径逐渐增大，最后形成少量管道穿出小叶，与相邻髓质肾小叶的集合小管进一步汇合，形成输尿管的二级分支，二级分支继续合并成几条一级分支开口于输尿管。

构成集合小管的上皮起初为单层立方上皮，在不断汇合中，逐渐过渡成单层柱状上皮，在接近输尿管时，变为假复层柱状上皮。集合小管上皮细胞内含有许多 PAS 反应阳性的酸性黏多糖颗粒，分泌后能润滑导管系统，防止不溶性尿酸盐沉积，保证尿路畅通，因此，在家禽的肾病中，很少见有尿结石发生。

（二）禽肾的血液循环

禽肾有肾门静脉和肾动脉双重供血通路，最后均汇入肾静脉出肾。肾门静脉来自髂外静脉，入肾后反复分支，形成包绕于皮质肾小叶周围的小叶间静脉，小叶间静脉继续分支进入皮质肾小叶，形成肾小管间的毛细血管网，而后汇集成中央静脉。中央静脉出皮质肾小叶后，与肾动脉的分支伴行，并与其他来自皮质肾小叶中央静脉的血管汇合，最后形成两条肾静脉出肾，经髂总静脉汇入后腔静脉。肾动脉入肾后反复分支，形成小叶间动脉，然后进入小叶形成多条小叶内动脉，伴行于中央静脉周围，沿途发出许多入球微动脉，进入肾小囊形成血管球，而后汇成出球微动脉。出球微动脉一部分分支进入髓质，形成毛细血管网，营养髓袢和集合小管；另一部分分支汇入肾小管间毛细血管网。故肾皮质内小叶内流动的是以静脉血为主的混合血液。

鸡输尿管

四、鱼类泌尿系统的组织学特点

鱼类的泌尿系统包括中肾、输尿管和膀胱等器官。鱼肾的发育过程只有两个阶段，即前肾和中肾。**前肾（pronephros）**是胚胎时期的主要泌尿器官，成体后变为淋巴样组织，主要负责免疫和造血功能（其结构见第十章免疫系统）。**中肾（mesonephros）**是真骨鱼类成体后的泌尿器官。

中肾位于第四、五脊椎之下，向后延伸直达尾部。中肾结构简单，表面有被膜覆盖，被膜结缔组织由肾门处进入肾实质，形成间质。肾实质由泌尿部分、排尿部分和含有造血组织的肾间质组成。在造血组织中，还常见有淋巴细胞。

泌尿部分由肾小体和肾小管组成。同家畜家禽类似，肾小体由肾小球和肾小囊组成，但肾小体的数量远远少于哺乳动物，肾小体较大，常多个聚集在一起呈葡萄状分布，共用一根动脉血管。肾小管包括颈部、近曲小管和远曲小管，无细段和髓袢。颈部为肾小管的起始端，通常位于肾小囊附近，管径小，管腔内容物黏稠，管壁由 5～8 个锥状细胞围成，细胞顶部有密集的刷状缘（微绒毛）。近曲小管为肾小管中最长且最粗的一段，管壁上皮细胞呈锥状，细胞之间分界不清，游离面有刷状缘。近曲小管是肾小管具有重吸收功能的主要部位。远曲小管的数量较少，管径较细，管壁上皮为单层立方上皮。

排尿部包括集合管、中肾管两个部分。集合管由远曲小管互相汇合形成，管壁上皮为单层立方上皮（图 15-11），集合管进一步汇集成中肾管（又称输尿管）。两侧中肾管在接近末端合并为一，并稍扩大形成膀胱，再经泄殖腔开口于体外。

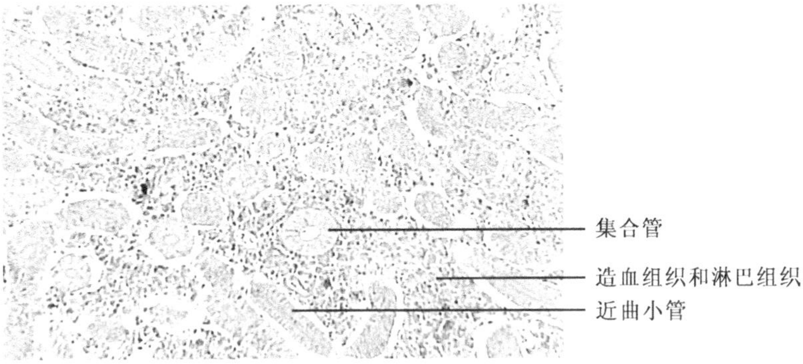

图 15-11　鲤鱼中肾

南京农业大学杨倩提供

某些鱼类的中肾只有肾小管，而没有肾小球的结构，其肾小球的功能为肾小管所取代，依靠肾小管的分泌作用，来完成泌尿过程。在繁殖期，一些鱼类的肾小管还可分泌黏性物质，把水生植物粘在一起筑成巢穴，以便进行营巢生殖。

本章内容临床拓展

机体大出血导致血压降低，血管紧张素Ⅱ可通过调节动脉的收缩和刺激肾上腺皮质激素醛固酮的分泌增加血压。醛固酮主要作用于远端小管，从而加强从肾小球滤液中重吸收钠离子和氯离子，通过增加血液量达到提高血压的目的。发生肾小球肾炎时，蛋白的渗透性增加进入尿液，从而导致蛋白尿的形成。

第十六章 雄性生殖系统
Chapter 16 Male Reproductive System

内容概要

雄性生殖系统由睾丸、生殖管道、附属腺和外生殖器组成。睾丸是雄性动物的性腺，具有产生精子和分泌雄性激素的功能。睾丸的外面包有一层由致密结缔组织构成的白膜。白膜的结缔组织伸入睾丸内形成睾丸纵隔及睾丸小隔，将睾丸实质分成许多睾丸小叶。每个小叶内有1~4条弯曲细长的生精小管，每条生精小管在近睾丸纵隔处变为直精小管，后者进入睾丸纵隔形成睾丸网。所以，睾丸的实质由生精小管、直精小管和睾丸网构成。生精小管是精子形成的场所，主要由生精上皮构成。生精上皮由支持细胞和生精细胞组成。生精细胞包括精原细胞、初级精母细胞、次级精母细胞、精子细胞和精子。从精原细胞到形成精子的过程称为精子发生。填充于实质之间的疏松结缔组织为睾丸间质。睾丸间质内分布有睾丸间质细胞，可分泌雄激素。

附睾位于睾丸的一侧，分头、体、尾三部分。其表面也被覆由致密结缔组织构成的白膜，实质主要由输出小管和附睾管组成。附睾管长而盘曲，末端通连输精管，管壁上皮细胞的分泌物对精子发育及成熟具有不可或缺的作用。

雄性生殖系统（**male reproductive system**）由睾丸、生殖管道、附属腺和外生殖器组成。睾丸是产生精子和分泌雄性激素的器官。生殖管道包括附睾、输精管、射精管和尿生殖道，具有促进精子成熟，营养、贮存和运输精子的作用。附属腺有精囊腺、前列腺和尿道球腺，它们和生殖管道产生的分泌物构成精浆，精浆与精子组成精液。外生殖器包括阴囊和阴茎。

一、睾丸

睾丸（**testis**）表面被覆以浆膜，即鞘膜脏层，浆膜深层为**白膜**（**tunica albuginea**），白膜由致密结缔组织构成，内有较多的胶原纤维和少量的弹性纤维，马的白膜中还有散在的平滑肌纤维。许多种动物的睾丸动、静脉分支集中在白膜内并形成血管层，马和猪的血管层位于白膜深层，而羊和狗的则位于浅层。

猪睾丸

（一）睾丸的一般结构

在睾丸头处，白膜的结缔组织伸入睾丸内形成**睾丸纵隔**（**mediastinum**

testis）。马的睾丸纵隔仅位于睾丸头部，其他动物的可贯通睾丸长轴。睾丸纵隔的结缔组织呈放射状向周边伸出，形成**睾丸小隔**（**septula testis**），将睾丸实质分成许多**睾丸小叶**（**lobuli testis**）。每个睾丸小叶内有 1～4 条弯曲细长的生精小管，每条生精小管在近睾丸纵隔处变为短而直的直精小管，后者进入睾丸纵隔相互吻合形成睾丸网（图 16-1）。所以，睾丸的实质由生精小管、直精小管和睾丸网构成。填充于上述小管之间的疏松结缔组织为睾丸间质。

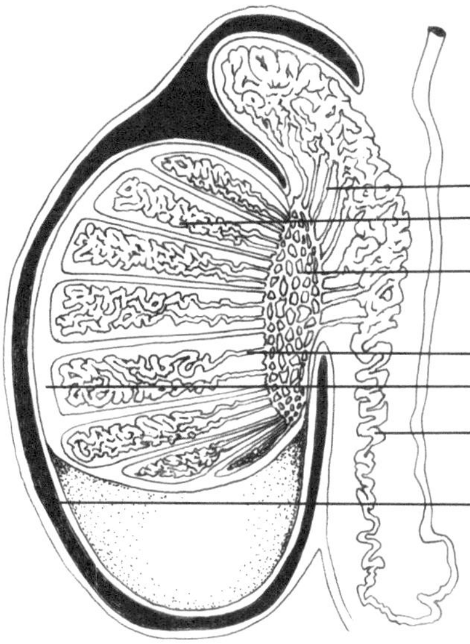

图 16-1　睾丸与附睾模式图

（二）生精小管

生精小管（**seminiferous tubule**）亦称曲精小管或曲细精管，是精子发生的场所。每条生精小管的一端为盲端，另一端与直精小管相通连，或是两端皆汇入直精小管。生精小管长 30～80 cm，直径 150～250 μm，管壁厚 60～80 μm，主要由生精上皮构成。**生精上皮**（**spermatogenic epithelium**）由支持细胞和 5～8 层生精细胞组成，上皮外有一层基膜，基膜外有胶原纤维和梭形的肌样细胞环绕，肌样细胞的收缩有助于精子排出。

狗生精小管

1. 生精细胞　自生精小管的基底部至管腔面，**生精细胞**（**spermatogenic cell**）依次有精原细胞、初级精母细胞、次级精母细胞、精子细胞和精子（图 16-2）。从精原细胞到形成精子的过程称为**精子发生**（**spermatogenesis**），牛约需 60 天，马约需 50 天，猪约需 45 天，历经精原细胞的增殖、精母细胞的生长与减数分裂以及精子形成等阶段。

（1）精原细胞　**精原细胞**（**spermatogonium**）紧贴基膜，呈圆形或椭圆形，直径约 12 μm，核圆形，染色质粗细不一。精原细胞分 A、B 两型，A 型精原细胞是生精细胞中的干细胞，可不断分裂增殖，形成的一部分子细胞继续作为干细胞，另一部分分化为 B 型精原细胞。B 型精原细胞经过数次分裂分化后成为初级精母细胞。

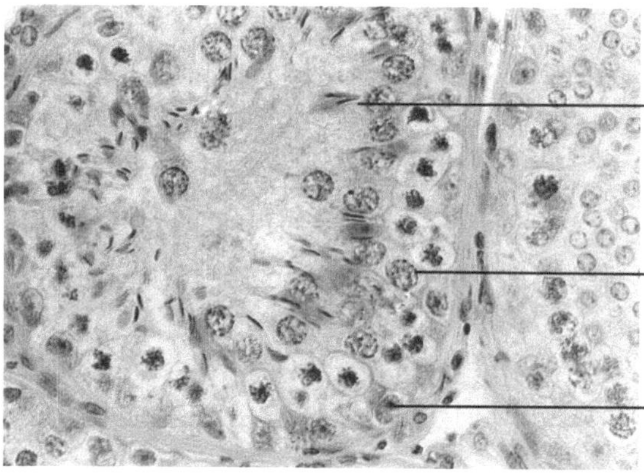

图 16-2　睾丸曲细精管（细毛羊）

摘自李德雪，尹昕主编《动物组织学彩色图谱》

（2）初级精母细胞　**初级精母细胞（primary spermatocyte）**位于精原细胞的内侧，圆形，体积较大，直径约 18 μm，核大而圆，核内染色质丝显见。每个初级精母细胞经过第一次成熟分裂，形成两个次级精母细胞。由于第一次成熟分裂的分裂前期历时较长，所以在生精小管的切面中可见较多的初级精母细胞。

（3）次级精母细胞　**次级精母细胞（secondary spermatocyte）**位置靠近腔面，胞体圆形，直径约 12 μm，核圆形，染色较深。次级精母细胞经过第二次成熟分裂，形成两个精子细胞。由于次级精母细胞存在时间很短，故在生精小管的切面中很少见到。

成熟分裂亦称**减数分裂（meiosis）**，仅发生于生殖细胞。在第一次成熟分裂开始前，初级精母细胞经过 DNA 复制（$4n$ DNA）。在分裂过程中，同源染色体之间进行联会和基因交换，由此使配子获得不同的基因组合，然后同源染色体分离，形成两个单倍体的次级精母细胞。次级精母细胞未进行 DNA 复制（$2n$ DNA）即进入第二次成熟分裂，每条染色体的姊妹染色单体分离，分配到两个精子细胞。经过两次成熟分裂，1 个初级精母细胞形成 4 个精子细胞，核内染色体数目和 DNA 含量均为体细胞的 1/2，即为单倍体（$1n$ DNA）。

（4）精子细胞　**精子细胞（spermatid）**位于腔面，数量较多，常排成数层，胞体小而圆，直径约 8 μm，核圆，染色质致密。精子细胞不再分裂，经过复杂的变态，逐渐分化转变成精子，这一过程称为**精子形成（spermiogenesis）**。

（5）精子　**精子（spermatozoon）**形似蝌蚪，其长度视不同动物而异。刚形成的精子多成群聚集于支持细胞的游离端，头部嵌入支持细胞顶部的胞质中，尾部游离于腔内。精子形成后，脱离支持细胞进入管腔。

在精子发生过程中，一个精原细胞增殖分化所产生的各级生精细胞，其胞质并未完全分开，相邻细胞间有**胞质桥（intercellular cytoplasmic bridge）**相连，形成同步发育的同源细胞群。在生精小管的不同节段，精子的发生是不同步的，因此生精小管可持续不断地产生精子。在睾丸的组织切片上，可见生精小管的不同断面呈现不同发育阶段的生精细胞组合。

2. 支持细胞　支持细胞（sustentacular cell）亦称 Sertoli 细胞，胞体呈不规则的长锥形，底部附着在生精小管的基膜上，顶部伸达腔面。在相邻支持细胞的侧面，镶嵌着各级生精细胞，致使胞体轮廓不清（图 16-3）。胞核呈椭圆形或不规则形，染色浅，核仁明显。电镜下，可见胞质内有大量的滑面内质网和其他细胞器，还有许多脂滴和糖原。支持细胞与生精细胞的结构关系，好似一个去皮的玉米果穗，其穗轴喻为支持细胞，在其周围镶嵌的玉米粒为各级生精细胞，穗轴顶端的花丝似游离在管腔内的精子尾部。

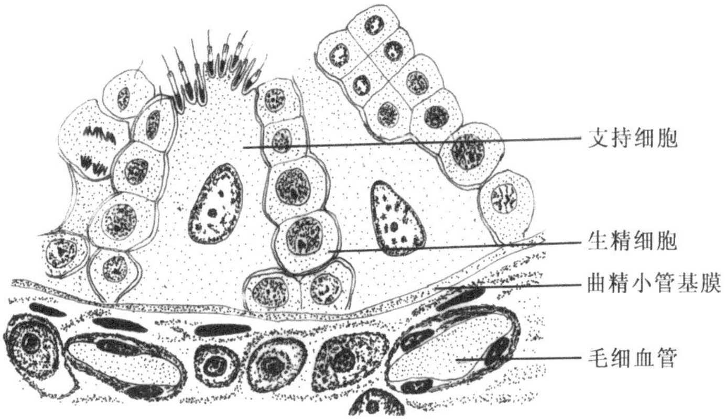

图 16-3　支持细胞和生精细胞关系模式图

支持细胞的功能有：①支持与营养生精细胞；②合成与分泌**雄激素结合蛋白（androgen binding protein, ABP）**，可与雄激素结合，以保持生精小管内有较高的雄激素水平，促进精子的发生；③胞质内微丝和微管的收缩，可使不断成熟的生精细胞移动和精子释放入管腔；④可分泌少量液体进入管腔，成为睾丸液，有助于精子的运送；⑤吞噬和消化在精子形成过程中遗弃的残余胞质；⑥参与血 - 睾屏障的形成。

血 - 睾屏障（blood-testis barrier）是存在于生精小管与血液之间的屏障结构。电镜下，相邻支持细胞侧面近基部的细胞膜形成紧密连接。**基底室（basal compartment）**位于生精上皮基膜和支持细胞紧密连接之间，内有精原细胞；**近腔室（abluminal compartment）**位于紧密连接的近腔面，内有精母细胞、精子细胞和精子。由紧密连接将精原细胞和其他生精细胞分隔在不同环境中。血 睾屏障的结构包括毛细血管内皮及基膜、结缔组织、生精上皮基膜和支持细胞的紧密连接，其中紧密连接的结构尤为重要。当精原细胞转化为初级精母细胞时，紧密连接会暂时开放，让其通过后又及时恢复原来的结构。血 - 睾屏障可阻止血液内某些物质进入生精小管，形成并维持有利于精子发生的微环境，同时可防止精子抗原物质逸出到生精小管外，而导致自体免疫。

（三）直精小管和睾丸网

1. 直精小管　直精小管（tubulus rectus）短而细，行走于睾丸纵隔处。管壁衬以单层立方或低柱状上皮，细胞游离面有微绒毛和纤毛。管壁内无生精细胞，牛的管壁内有许多巨噬细胞和淋巴细胞。

马睾丸网

2. 睾丸网　睾丸网（rete testis）是位于睾丸纵隔内相互通连的管道结构，管腔不规则，大小不等。管壁衬以单层立方或低柱状上皮，有一定的分泌功能，上皮基底面有完整的基膜。睾丸网最后汇合成数条睾丸输出小管，进而汇合成一条附睾管出睾丸。

（四）睾丸间质

睾丸间质（testicular interstitium）的疏松结缔组织内，除含有血管、淋巴管、神经之外，还分布有一种特殊的**睾丸间质细胞（testicular interstitial cell）**，亦称 Leydig 细胞。该细胞胞体较大，呈圆形或多边形，多成群出现。核圆居中，胞质嗜酸性（图 16-4），具有分泌类固醇激素细胞的超微结构特征。睾丸间质细胞可分泌**雄激素（androgen）**，具有促进精子发生和雄性生殖器官发育、维持第二性征和性功能等作用。

羊睾丸间质

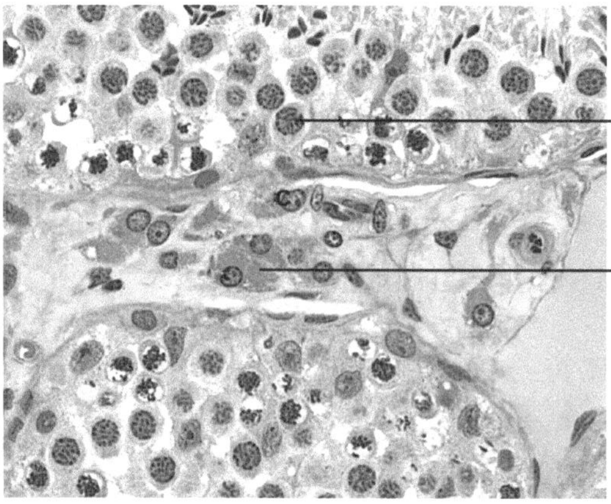

图 16-4　睾丸间质

摘自 Leslie P. Gartner 主编 *Color Atlas of Histology*

（五）睾丸功能的内分泌调节

睾丸的结构和功能具有明显的年龄性变化。幼年动物的生精小管较细，排列紧密，管腔狭窄，甚至无管腔，管壁由支持细胞和精原细胞组成。睾丸间质成分很少，内无典型的睾丸间质细胞。随着性成熟的开始，由于受下丘脑分泌的 GnRH 的作用，垂体释放 FSH 和 LH。FSH 作用于睾丸生精小管内的支持细胞，促使其产生雄激素结合蛋白（ABP）和生精小管生长因子（SGF）等物质，LH 可刺激睾丸间质细胞合成与分泌雄激素，它们共同促进精子发生。

二、生殖管道

精子在睾丸中生成后经特有的生殖管道附睾和输精管排出。

（一）附睾

附睾（epididymis）位于睾丸的一侧，分头、体、尾三部分。其表面被覆以致密结缔组织构成的白膜，实质主要由输出小管和附睾管组成，在小管间填充有结缔组织。

马附睾输出小管

1. 输出小管 输出小管（**efferent duct**）是与睾丸网相连接的 6～20 条弯曲小管，构成附睾头部。管壁上皮由高柱状纤毛细胞和低柱状无纤毛细胞相间排列组成，致使管腔面高低不平。上皮基膜明显，基膜外有薄层环行平滑肌。高柱状细胞纤毛的摆动和管壁平滑肌的节律性收缩，可推动精子向附睾管方向移动。

马附睾管

2. 附睾管 附睾管（**epididymal duct**）是由输出小管汇合而成的一条长而高度盘曲的小管，其末端通连输精管。附睾管的长度在不同动物差异较大，牛和猪的长约 40 m，马的可长达 70 m。附睾管管腔规则，其内充满精子和分泌物，管壁为假复层柱状上皮，主要由主细胞和基细胞组成（图 16-5）。主细胞为附睾管的主要细胞成分，胞体呈柱状，游离面有密集而细长的微绒毛，亦称**静纤毛**（**stereocilium**），具有吸收和分泌作用。基细胞位于主细胞的基部之间，呈扁平形。在管壁周围有薄层平滑肌和富含血管的疏松结缔组织。当精子离开生精小管时，并不具备受精能力，也没有运动能力。精子必须在附睾内停留一定时间，并经历一系列分化，才能达到机能上的成熟。这不仅依赖于附睾管内雄激素的存在，同时与附睾上皮细胞分泌的肉毒碱、甘油磷酸胆碱和唾液酸等密切相关。

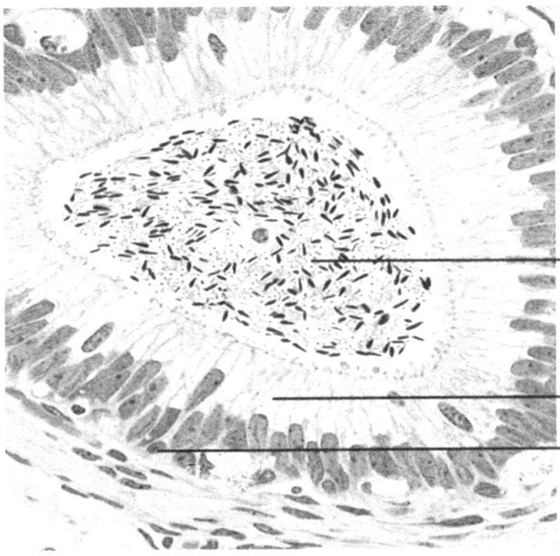

图 16-5 附睾管（猴）

摘自 Leslie P. Gartner 主编 *Color Atlas of Histology*

（二）输精管

输精管（**ductus deferens**）为壁厚腔小的肌性管道，管壁由黏膜、肌层和外膜组成。黏膜表面有许多纵行皱襞，上皮由假复层柱状过渡为单层柱状，固有层内富含弹性纤维。肌层由发达的平滑肌组成，马、牛、猪分内环、中斜、外纵三层，羊只有内环、外纵两层。由于肌层的有力收缩，可使射精时快速排出精子。前段的外膜为浆膜，末段的为纤维膜。

马输精管

三、附属腺

附属腺又称**附腺**（**accessory glands**），包括成对的精囊腺、前列腺和尿道球腺。

（一）精囊腺

精囊腺（vesicular gland）为成对的腺体。马的精囊腺呈囊状，囊壁分三层，即黏膜、肌层和外膜。黏膜表面有许多皱襞，固有层内有分支管状腺，借导管开口于囊腔。肌层由薄层不规则的平滑肌构成。外膜为纤维膜。猪、牛、羊的精囊腺均为实质性腺体，腺体表面有被膜，被膜的结缔组织伸入实质，将其分隔成许多腺小叶。腺上皮为假复层柱状，由高柱状细胞和基底细胞组成。肉食兽缺精囊腺。精囊腺的分泌物为黄白色的胶状液体，呈弱碱性，内含丰富的果糖，具有营养和稀释精子的作用。

羊精囊腺

（二）前列腺

前列腺（prostate gland）为复管泡状腺（反刍兽）或复管状腺。腺体外周有较厚的被膜，被膜的结缔组织伸入内部，将腺实质分成许多小叶。被膜和叶间结缔组织内富含平滑肌纤维。腺泡的形状不规则，大小不一，腺腔较大。腺上皮由单层扁平、立方、柱状至假复层柱状多种上皮构成。在腺腔内常见由分泌物浓缩形成的圆形或卵圆形的凝固体。前列腺的分泌物为稍黏稠的蛋白样液体，有特殊腥味，呈弱碱性，可刺激精子活动和中和酸性的阴道液。

狗前列腺

（三）尿道球腺

尿道球腺（bulbourethral gland）为复管状腺（猪）或复管泡状腺（马、牛、羊等）。腺体外有被膜，被膜的结缔组织伸入内部，将实质分成若干小叶。腺泡由单层柱状上皮构成。

尿道球腺的分泌物为黏性的蛋白样液体，具有冲洗和润滑尿道的作用。

猪尿道球腺

四、阴茎

阴茎（penis）表面被覆无毛的皮肤，内部主要由三个纵行的海绵体构成。有两个位于背侧的阴茎海绵体和一个位于腹侧的尿道海绵体（中央有尿道贯通），每个海绵体的周围均有致密结缔组织构成的白膜。海绵体为勃起组织，内有许多小梁穿行，小梁的结缔组织内富含胶原纤维、弹性纤维和平滑肌纤维。在小梁之间分布有大量形态不规则的血窦，阴茎动脉的分支穿行于小梁中，且与血窦相通。静脉多位于海绵体周边的白膜下方。一般情况下，流入血窦的血液很少，海绵体呈柔软状态。当性兴奋时，位于小梁中的动脉平滑肌舒张，血管扩张，大量血液流入血窦，质地坚硬的白膜则压迫静脉，使血液回流受阻，海绵体变硬，阴茎勃起。

五、家禽雄性生殖器官的组织学特点

家禽雄性生殖器官包括睾丸、附睾、输精管和交媾器等，缺附属腺、精索和阴囊。

（一）睾丸

1. 睾丸的一般结构　睾丸位于腹腔内，借短的系膜悬于腹腔顶壁肾前端的腹侧面，紧贴腹气囊，其温度稍低于腹腔温度，以利于精子的发生。睾丸在性成熟前体积很小，呈淡红色或深黄色，性成熟后变为乳白色。其表面被覆浆膜和薄层白膜，白膜的结缔组织伸入内部，分布于生精小管之间，形成不发达的间质。睾丸内无睾丸纵隔和睾丸小隔，因此也无睾丸小叶结构，加之生精小管的管腔较大，内含较多的液态物质，故睾丸质地较软。

鸡睾丸

2. 睾丸的组织结构　生精小管长而高度弯曲，有分支，且相互吻合，故其断面的形状有的不规则。性成熟后生精小管的细胞成分与哺乳动物相同，结构特点是在每个支持细胞的顶端，有许多精子的头部插入，其周围有各级生精细胞相嵌，形成一条条垂直于基膜且界限较为明显的细胞柱。每个细胞柱均可独立进行精子发生。生精小管的末端延续为直精小管，其管壁衬以支持细胞。直精小管与位于纤维性结缔组织内的睾丸网相通连。睾丸网的管壁由单层低立方或单层扁平上皮构成。由于生精小管排列紧密，致使睾丸间质的成分较少，间质细胞多呈散在分布。

（二）附睾

附睾位于睾丸背内侧缘，呈纺锤形隆起，无头、体、尾之分，由输出小管、连接小管和附睾管组成。上述三种管道连同睾丸网称为**睾丸旁导管系统（juxtatesticular duct system）**。输出小管由睾丸网发出，数量较多，高度盘曲，管径较大，管腔面形成许多纵行皱襞，管壁衬以单层纤毛柱状上皮或假复层纤毛柱状上皮。由输出小管汇合成多条较细的连接小管，其腔面平整，管壁衬以假复层柱状上皮，很少见有纤毛。连接小管汇合成一条短而粗的附睾管，管径可达 300～400 μm，管壁衬以假复层柱状上皮，无纤毛。附睾管的末端连接输精管。

鸡附睾

六、鱼类雄性生殖器官的组织学特点

鱼类睾丸一般称为精巢。鲤鱼左右精巢在尾端合并成 Y 字形后，合并为一条短的输精管汇入泄殖窦，通过泄殖孔与外界相通。鲤鱼的精巢呈乳白色。在性未成熟时，精巢较小，表面光滑，呈细线状；性成熟后，则呈不规则的盘曲状，表面也有很多皱褶。精巢壁由两层被膜构成，外层为腹膜，内层为白膜。腹膜上有一层间皮。白膜伸入实质，将精巢分成许多小叶，称为精小叶。精小叶之间的结缔组织，称为间介组织。不同部位的精小叶直径大小不一，直径较小的部位称为精细管，呈圆形；直径较大的部位称为壶腹，呈不规则形。随着生长发育和性成熟，精小叶逐渐变大，结构也变得较为复杂。鲤鱼精小叶的排列呈不规则形，也称为壶腹型精巢。精小叶的中央为空腔，每个小叶周边内侧，分布有由生殖细胞聚集而成的精小囊或称胞囊（图 16-6）。在精小囊的外面，覆盖着一层薄的滤泡细胞。精小囊中的精子发育形成后，精小囊破裂，成熟的精子便进入精小叶腔中。

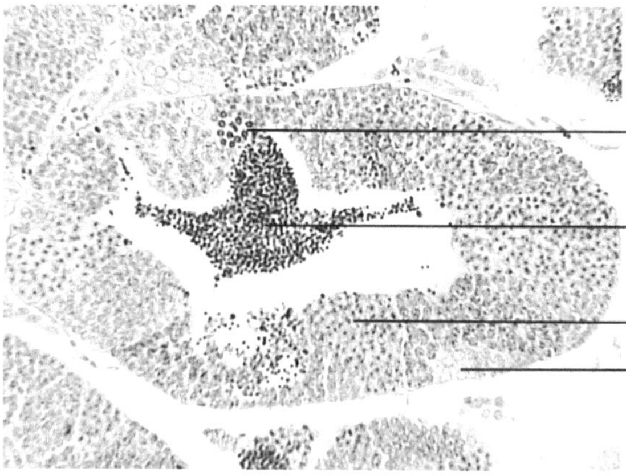

图 16-6　鲤鱼成熟精巢

南京农业大学杨倩提供

和哺乳动物一样，鱼类精子的发生经过增殖、生长、成熟和变态几个连续的时期。在生殖周期中，精巢的发育也可分为几个时期。

本章内容临床拓展

睾酮的分泌受下丘脑-垂体-性腺轴的调节，即下丘脑的促性腺激素释放激素（GnRH）可促进垂体促黄体激素和卵泡刺激素的分泌和释放，进而影响睾丸中内分泌和生殖细胞的发育。应用 GnRH 作为免疫原（疫苗）免疫动物（产生抗 GnRH 的特异性抗体，与内源性的 GnRH 结合）可达到抑制动物生殖的目的，使动物的性腺发生退行性变化，最终使其失去生理功能，达到免疫去势的目的。

第十七章 雌性生殖系统
Chapter 17 Female Reproductive System

内容概要

雌性生殖系统由卵巢、生殖管道和外生殖器组成。卵巢是雌性动物的性腺，具有产生卵细胞和分泌雌性激素的功能。卵巢的表面被覆单层的表面上皮，上皮下方为致密结缔组织构成的白膜，实质分为周边的皮质和中央的髓质，但马属动物的皮、髓质位置相反。皮质内有许多不同发育阶段的卵泡以及黄体和闭锁卵泡等；髓质由疏松结缔组织构成，内有较多的血管、淋巴管和神经等。卵泡是卵细胞发生的场所，可分为原始卵泡、生长卵泡和成熟卵泡，其中生长卵泡又可分为早期的初级卵泡和晚期的次级卵泡。卵泡排卵后的剩余结构形成黄体。黄体由卵泡壁的颗粒细胞和卵泡膜的内膜细胞共同增殖分化形成，为一个富含血管的内分泌细胞团，主要分泌孕酮和雌激素。发育不同阶段退化的卵泡称为闭锁卵泡。

子宫是孕育胎儿的器官，包括子宫角、子宫体和子宫颈三部分。子宫壁分为内膜、肌层和外膜三层，内膜的固有层内含有子宫腺。子宫内膜的结构随动物的性周期而变化。

雌性生殖系统（female reproductive system）由卵巢、生殖管道和外生殖器组成。卵巢是产生卵细胞和分泌雌性激素的器官。生殖管道包括输卵管、子宫和阴道。输卵管具有输送卵细胞的作用，也是受精的场所。子宫是孕育胎儿的器官。外生殖器包括尿生殖前庭、阴门和阴蒂。

一、卵巢

（一）卵巢的一般结构

卵巢（ovary）的表面被覆单层扁平或立方上皮，称**生殖上皮（germinal epithelium）**，上皮下方为薄层致密结缔组织构成的白膜。卵巢的实质由周边的皮质和中央的髓质构成，两者无明显界线。皮质较厚，内有许多不同发育阶段的卵泡、黄体以及退化的闭锁卵泡等，在上述结构之间填充有结缔组织，内含许多梭形的**基质细胞（stroma cell）**和网状纤维。髓质的范围较小，由疏松结缔组织构成，内含较多的血管、淋巴管和神经等。近卵巢门处，有少量的平滑肌束和门细胞，卵巢的血管、淋巴管和神经由此出入。**门细胞（hilus cell）**常成群分布，其结构和功能类似睾丸间质细胞，可分泌雄激素。马属动物卵巢的皮质与髓质位置相反，即皮质在中央，髓质在外周，仅在排卵窝处分布有表面上皮，其余的表面被覆浆膜。

（二）卵泡的发育与成熟

卵泡（ovarian follicle）是卵细胞发生的场所，其发育是一个连续的生长过程，根据结构变化，可分为原始卵泡、生长卵泡和成熟卵泡三个阶段（图 17-1）。原始卵泡于胚胎时期已开始形成，动物出生时两侧卵巢内约有数百万个，以后则逐渐退化，至性成熟时仅有数万个。从性成熟开始，在垂体分泌的促性腺激素的影响下，每个性周期内，有多个原始卵泡发育，进入生长卵泡阶段，而最后只有一个（单胎动物）或多个（多胎动物）卵泡发育成熟并排卵，其余则在发育过程中退化。

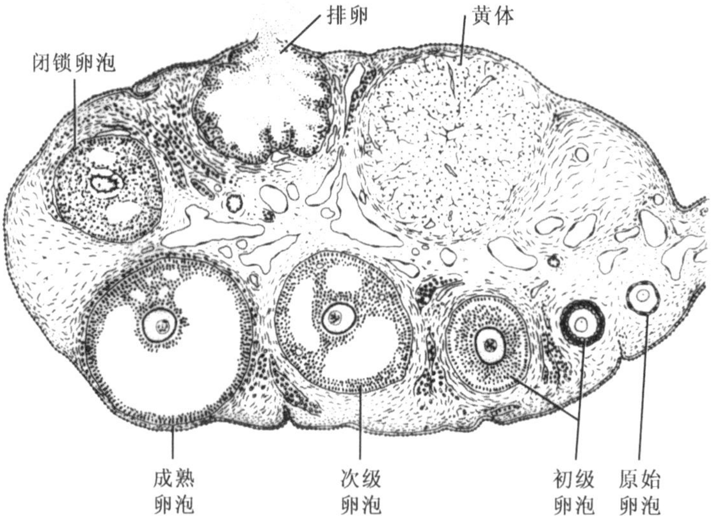

图 17-1　卵巢

摘自成令忠主编《组织学与胚胎学》

1. **原始卵泡**　**原始卵泡（primordial follicle）**呈球形，位于皮质浅层，数量多，体积小，猪和牛的呈散在分布，而肉食兽多成群出现。每个原始卵泡，由中央一个初级卵母细胞和周围一层扁平的卵泡细胞构成（图 17-2）。**初级卵母细胞（primary oocyte）**体积较大，呈圆形，直径 30～40 μm，胞质嗜酸性，核大而圆，染色质稀疏，核仁明显。电镜下，可见胞质内有较多的线粒体和呈板层状排列的滑面内质网等。初级卵母细胞是在胚胎时期由**卵原细胞（oogonium）**分裂分化形成的，并长期停滞在第一次成熟分裂前期，直至排卵前才完成第一次成熟分裂（马和狗例外）。**卵泡细胞（follicular cell）**胞体小，核扁圆，着色深，其外周有基膜与结缔组织为界。卵泡细胞对卵母细胞具有支持和营养作用，两者之间有缝隙连接。

狗原始卵泡

2. **生长卵泡**　**生长卵泡（growing follicle）**的主要变化是卵母细胞体积增大，卵泡细胞增生和卵泡周围的结缔组织分化，卵泡的位置逐渐向皮质深部移行。生长卵泡可分为早期的初级卵泡和晚期的次级卵泡，两者之间的主要区别是有无卵泡腔。

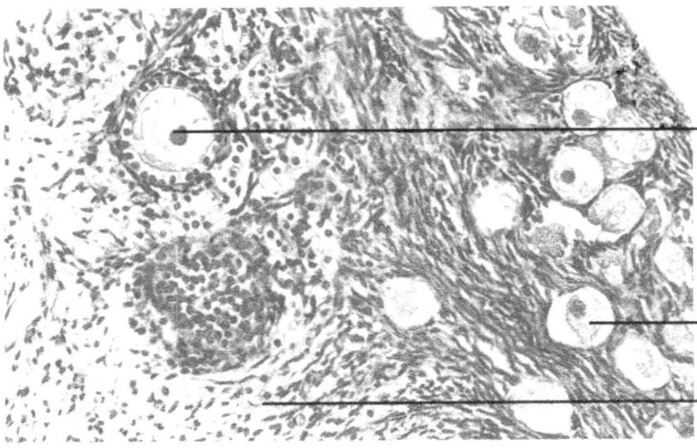

图 17-2　卵巢皮质（猫）

摘自 William J. Bacha 主编 *Color Atlas of Veterinary Histology*
见陈耀星主译《兽医组织学彩色图谱》第 2 版

狗初级卵泡

（1）初级卵泡　自动物性成熟后，原始卵泡开始分期分批地生长发育，即为**初级卵泡（primary follicle）**。主要结构变化有：①初级卵母细胞体积不断增大，胞质内粗面内质网、高尔基复合体和游离核糖体等增多，在靠近质膜处出现许多溶酶体，称为皮质颗粒；细胞核也逐渐增大，呈泡沫状，核仁大而深染。②卵泡细胞由单层扁平变为立方至柱状，进而由单层增殖为多层（可多达 5～6 层）。③在初级卵母细胞与卵泡细胞之间出现一层均质状的嗜酸性膜，称为**透明带（zona pellucida）**，是由卵泡细胞和初级卵母细胞共同分泌形成的，主要成分是糖蛋白。电镜下，可见初级卵母细胞表面的微绒毛和内层卵泡细胞的突起，均伸入到透明带内，两者之间有缝隙连接（图 17-3），这些结构有利于卵母细胞从卵泡细胞获取营养物质及彼此之间的物质交换。在受精过程中，透明带对精子与卵细胞间的相互识别和特异性结合具有重要意义。④随着初级卵泡的不断增大，卵泡周围的结缔组织开始分化，形成薄的**卵泡膜（follicular theca）**，它与卵泡细胞之间隔以基膜。

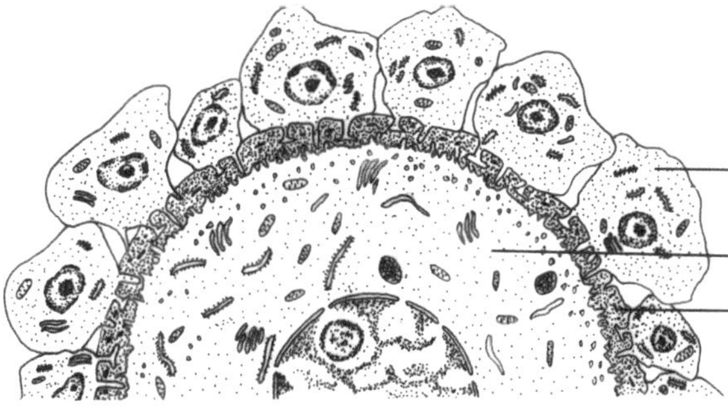

图 17-3　卵母细胞、透明带与卵泡细胞关系模式图

（2）次级卵泡　初级卵泡继续发育，当在卵泡细胞之间出现腔隙时，即为**次级卵泡（secondary follicle）**。主要结构变化有：①当卵泡细胞增至 6～12 层时，在细胞间出现一些大小不等的腔隙，并逐渐融合成一个半月形的腔，称为**卵泡腔（follicular antrum）**，腔内充满**卵泡液（follicular fluid）**。卵泡液由卵泡细胞的分泌物和卵泡膜的血管渗出液组成，除含有营养成分，还有雌激素、透明质酸酶等多种生物活性物质，对卵泡的发育成熟有重要影响。②由于卵泡腔的不断扩大和卵泡液的增多，初级卵母细胞与其周围的透明带及卵泡细胞位于卵泡腔的一侧，形成一个凸入卵泡腔的丘状隆起，称为**卵丘（cumulus oophorus）**（图 17-4）。此时的初级卵母细胞直径可达 100 μm 以上，紧贴透明带的一层卵泡细胞增高呈柱状，作放射状排列，称为**放射冠（corona radiata）**（图 17-5）。③分布在卵泡腔周围的卵泡细胞体积较小，密集排列成数层，称为**颗粒层（stratum granulosum）**，构成卵泡壁，此时的卵泡细胞改称**颗粒细胞（granulosa cell）**。在颗粒层外有完整的基膜。④卵泡周围的卵泡膜进一步分化成内外两层。内层含有较多的由基质细胞分化而来的呈多边形或梭形的**膜细胞（theca cell）**和丰富的毛细血管。膜细胞具有分泌类固醇激素细胞的结构特征。外层主要由许多环行排列的胶原纤维和少许平滑肌纤维构成，细胞及毛细血管较少，与周围的结缔组织无明显分界。具有较大卵泡腔的次级卵泡和成熟卵泡亦称**囊状卵泡（vesicular follicle）**。

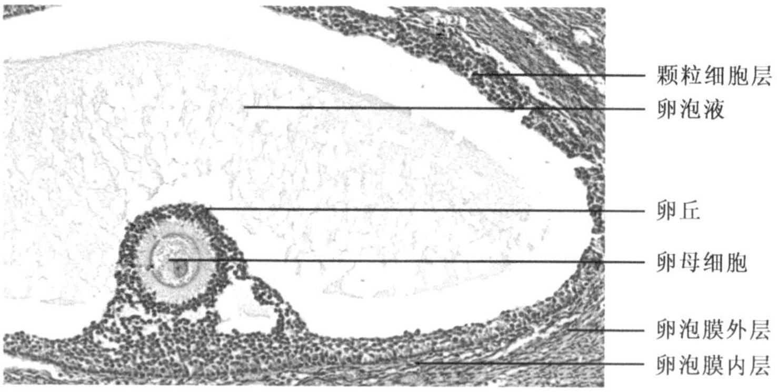

图 17-4　卵巢次级卵泡（狗）

摘自 William J. Bacha 主编 *Color Atlas of Veterinary Histology*

见陈耀星主译《兽医组织学彩色图谱》第 2 版

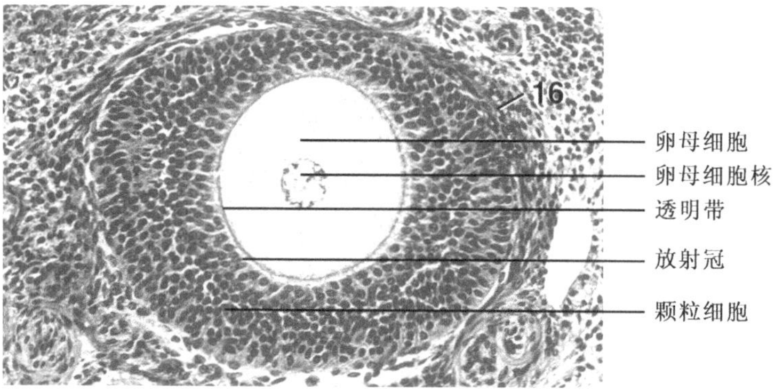

图 17-5　卵巢次级卵泡（狗）

摘自 William J. Bacha 主编 *Color Atlas of Veterinary Histology*

见陈耀星主译《兽医组织学彩色图谱》第 2 版

狗成熟卵泡

3. **成熟卵泡**　次级卵泡继续发育，卵泡液急剧增多，卵泡体积显著增大，并突出于卵巢表面，即为**成熟卵泡**（**mature follicle**）。此时颗粒细胞停止增殖，卵泡壁变薄。不同动物的成熟卵泡大小不一，牛的直径12～20 mm，猪和羊的约10 mm，狗的4～5 mm，猫的2～3 mm，马的可达50～70 mm。多数动物在成熟卵泡阶段，初级卵母细胞恢复分裂活动，并在排卵前完成第一次成熟分裂，形成一个较大的**次级卵母细胞**（**secondary oocyte**）和一个很小的**第一极体**（**first polar body**）。第一极体含细胞核与极少量的细胞质，位于次级卵母细胞与透明带之间的卵周隙内，大多数很快退化消失。次级卵母细胞随即进入第二次成熟分裂，并停留在分裂中期。马和狗的两次成熟分裂均是在排卵后完成的。

（三）排卵

成熟卵泡破裂，卵母细胞自卵巢排出的过程称为**排卵**（**ovulation**）。在排卵前，成熟卵泡显著突出于卵巢表面，在隆起顶端的卵泡壁、卵泡膜以及卵巢的表面上皮和白膜均变薄，致使局部缺血，形成透明的**卵泡小斑**（**follicular stigma**）。此处的结缔组织被胶原酶和透明质酸酶等解聚、消化，加之卵泡膜外层的平滑肌收缩，导致卵泡破裂。从卵泡壁脱落的卵母细胞连同周围的透明带、放射冠与卵泡液一起排出，经腹膜腔进入输卵管。排卵时，由于局部毛细血管破裂而引起出血，马、猪、牛出血较多，在卵泡腔内形成血凝块，称为**血体**（**corpus hemorrhagicum**），羊和肉食兽排卵时出血较少。在马、牛等单胎动物，虽然每个发情周期有一批卵泡发育，但一般只有一个卵泡发育成熟，每次排出一个卵细胞，而猪等多胎动物每个发情周期有一批卵泡发育成熟，可排出多个卵细胞。

多数动物排出的卵母细胞具有受精能力的时间约为24 h，在输卵管的壶腹部，若遇到精子可发生受精，并很快完成第二次成熟分裂，形成一个成熟的“卵细胞”和一个**第二极体**（**secondary polar body**）。卵母细胞经两次成熟分裂形成的卵细胞称为**卵子**（**ovum**），为单倍体细胞（1*n* DNA）。如果排出的卵母细胞未受精，则在输卵管中退化消失。

（四）黄体

排卵后，卵泡壁和卵泡膜向卵泡腔塌陷，在LH的作用下，颗粒细胞和膜细胞逐渐增殖分化形成一个富含血管的内分泌细胞团，新鲜时呈黄色，称为**黄体**（**corpus luteum**）。猪和羊的黄体细胞内因缺少黄色脂色素，新鲜时呈肉色。由颗粒细胞分化成**颗粒黄体细胞**（**granular lutein cell**）（图17-6），其数量多，体积大，染色浅，多位于黄体中央，主要分泌孕激素和松弛素。由膜细胞分化成**膜黄体细胞**（**theca lutein cell**），其数量少，体积小，胞质和核染色较深，主要位于黄体周边，可分泌雌激素。两种黄体细胞均具有分泌类固醇激素细胞的结构特征。

猪黄体

黄体的发育和存在时间长短，取决于排出的卵细胞是否受精与妊娠。如未受精，形成的黄体仅维持两周左右即退化，称为**假黄体**（**corpus luteum spurium**）。若动物妊娠，在胎盘分泌的绒毛膜促性腺激素的作用下，黄体继续发育增大，称为**真黄体**（**corpus luteum verum**），亦称**妊娠黄体**

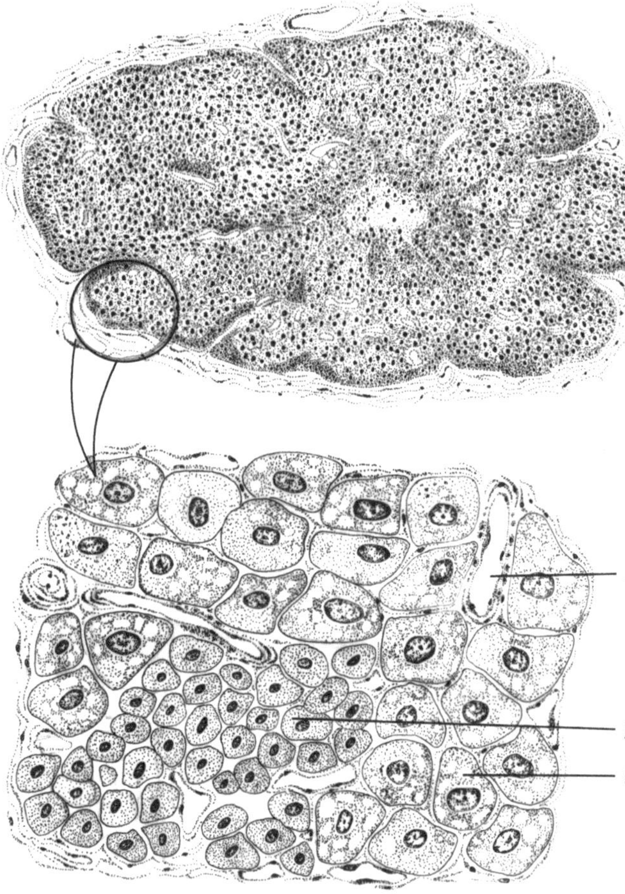

图 17-6　黄体的结构

(corpus luteum of pregnancy)，可维持几个月。马的妊娠黄体约维持 40 天即退化，然后在胎盘分泌的促性腺激素的作用下，卵巢内有卵泡发育并排卵，后者形成继发黄体并分泌激素，可持续到 180 天，然后也退化。妊娠后期靠胎盘分泌的激素来维持。黄体最终退化，被致密结缔组织取代所形成的瘢痕样结构称为**白体**(**corpus albicans**)。白体需经数月甚至数年后被周围结缔组织吸收。

（五）卵泡闭锁与间质腺

退化的卵泡称为**闭锁卵泡**(**atretic follicle**)。卵泡闭锁是一种细胞凋亡过程，可发生在卵泡发育的任何阶段，闭锁卵泡的形态结构也因卵泡发育的大小而不同。大多数卵泡的退化发生在原始卵泡阶段，表现为卵母细胞和卵泡细胞变性、自溶而消失，不留痕迹。初级卵泡和早期的次级卵泡退化的演变过程与原始卵泡相似，并可见卵泡中有皱缩的透明带和较多的巨噬细胞及中性粒细胞。晚期的次级卵泡退化过程，首先出现卵母细胞死亡消失，随后卵泡壁塌陷，卵泡膜的结缔组织和血管伸入颗粒层细胞之间，膜细胞增大，形成多边形的上皮样细胞，胞质中充满脂滴，形似黄体细胞，

狗闭锁卵泡

被结缔组织和血管分隔成散在的细胞团索，称为**间质腺（interstitial gland）**。间质腺在啮齿类和食肉类动物较多见，可分泌雌激素，退化后由结缔组织取代。

二、生殖管道

卵巢中的卵泡成熟后破裂，将卵排到输卵管中。如果排出的卵母细胞受精，受精卵则分别在输卵管、子宫逐渐发育成胎儿，最后通过阴道排出体外。

（一）输卵管

输卵管（oviduct）长而弯曲。分**漏斗部（infundibulum）**、**壶腹部（ampulla）**和**峡部（isthmus）**，管壁由内向外依次为黏膜层、肌层和外膜。

牛输卵管壶腹部

黏膜层由单层柱状上皮和固有层构成。由黏膜形成许多纵行有分支的皱襞，致使管腔不规则，其中以壶腹部的高且分支多，马和猪的最明显。上皮由纤毛细胞和分泌细胞组成。由于纤毛的摆动，有助于卵细胞（合子）向子宫方向运送。当精子进入输卵管，因受纤毛摆动所产生的阻力，只有少数运动能力强的精子才能到达壶腹部。分泌细胞散在分布于纤毛细胞之间，游离面有大量微绒毛，其分泌物构成输卵管液，对卵细胞具有营养作用，并可防止病原微生物从子宫经输卵管进入腹腔。固有层为薄层细密的结缔组织，富含毛细血管和散在的平滑肌纤维。肌层由内环、外纵两层平滑肌组成，以峡部最厚。外膜为浆膜，由间皮和富含血管的疏松结缔组织构成。

（二）子宫

子宫（uterus）是中空的肌性器官，包括子宫角、子宫体和子宫颈三部分。子宫壁较厚，由内向外依次为内膜、肌层和外膜。

1. 内膜 由上皮和固有层构成。上皮为单层柱状，由分泌细胞和散在的纤毛细胞组成。固有层较厚，可分深浅两层。浅层的结缔组织内富含成纤维细胞、子宫腺的导管及少量的巨噬细胞、肥大细胞、中性粒细胞和浆细胞等。深层的结缔组织内，细胞成分较少，但有大量的子宫腺分布。**子宫腺（uterine gland）**为分支管状腺，由内膜上皮下陷形成，腺上皮由分泌黏液的柱状细胞构成，其分泌物可供给早期胚胎发育所需营养。

狗子宫角

反刍动物的子宫内膜表面有许多隆起样结构称为**子宫肉阜（caruncle）**，是由内膜突向宫腔形成的，内有大量的成纤维细胞和丰富的血管，但无子宫腺。羊的子宫肉阜中心凹陷，呈杯状，而牛的子宫肉阜形成隆突，呈圆屋顶状。

2. 肌层 肌层由内环、外纵两层平滑肌构成，内环肌较厚，外纵肌较薄。在两层平滑肌之间有血管层分布，子宫肉阜下方的肌层间血管层尤为发达，猪和牛的血管层有的位于环行肌内。在妊娠期，子宫的平滑肌纤维数量增多，体积增大，肌层显著增厚，结缔组织中的间充质细胞也可增殖分化为平滑肌纤维。分娩后，肌纤维又恢复如常。

3. 外膜 外膜为浆膜。

（三）阴道

阴道壁由黏膜、肌层和外膜构成。

黏膜由上皮和固有层构成。黏膜形成许多纵行皱襞，其表面为复层扁平上皮。上皮细胞内含有大量糖原，表层细胞脱落后，糖原被阴道内的乳酸杆菌分解成乳酸，使阴道液呈酸性，可抑制微生物生长与繁殖。固有层由疏松结缔组织构成，内无腺体，但有丰富的毛细血管、弹性纤维和弥散淋巴组织。肌层由相互交织呈螺旋状排列的平滑肌束构成，肌束间有许多弹性纤维。在阴道外口处由环行骨骼肌形成阴道括约肌。外膜为纤维膜。

狗阴道上皮

三、家禽雌性生殖器官的组织学特点

家禽的雌性生殖器官包括卵巢和输卵管，且只有左侧的发育正常，右侧于胚胎时期已退化。家禽没有单独的子宫，输卵管的子宫部和阴道部直接与泄殖腔相连。

（一）卵巢

卵巢位于左肾前端的腹面，借短的卵巢系膜悬吊于腰椎腹侧。性成熟前的卵巢表面呈桑葚状。产卵期的卵巢体积很大，表面常见有4～6个体积依次递增的呈黄色或橙色的大卵泡和许多呈白色的小卵泡，形似葡萄。产卵停止后卵巢回缩，又恢复到产卵前的形状及大小。家禽出壳时，卵巢内有上百万个原始卵泡，但仅有少数发育成熟并排卵，其余则在不同时期退化。

家禽卵巢的组织结构与哺乳动物的相似。其周边被覆表面上皮，上皮细胞的形态有立方、低柱状、柱状、假复层柱状等，即使在同一卵巢的表面也可有不同的细胞形态。表面上皮的下方，由致密结缔组织构成白膜。卵巢的实质分为周边的皮质和中央的髓质，两者分界不清。皮质内含有不同发育阶段的卵泡和闭锁卵泡等；髓质内含有丰富的血管、许多粗大的胶原纤维束和平滑肌纤维。

鸡卵巢皮质

家禽的卵巢有以下结构特点：①表面上皮向实质内凹陷形成许多深浅不一的沟，在沟的底部有的可见分支。②在育成期和产卵期形成隆起的卵巢小叶，致使卵巢的表面凹凸不平。每个卵巢小叶的表层为表面上皮和白膜，内部的周边是皮质，中间为髓质。不同小叶的髓质与卵巢中央的髓质相通连。③卵泡内无卵泡腔、卵泡液、放射冠和卵丘，也无明显的透明带。④晚期次级卵泡和成熟卵泡突出于卵巢表面，借卵泡柄与其相连。⑤排卵后的卵泡壁很快退化，无黄体形成。⑥卵巢皮质的基质内有间质细胞，髓质内有弥散淋巴组织或淋巴小结。

1. 卵泡的发育 卵泡亦分为原始卵泡、生长卵泡和成熟卵泡，生长卵泡分前期的初级卵泡和后期的次级卵泡，而次级卵泡又可进一步分成早期次级卵泡和晚期次级卵泡。

（1）原始卵泡 于胚胎时期即形成，位于皮质深层，由中央一个大的初级卵母细胞和周围一层扁平的卵泡细胞构成，周围有基膜。雏禽的原始卵泡数量较多，随着卵巢的发育，由于生长卵泡的急剧增多和所占位置的不断扩展，致使原始卵泡显著减少。

（2）生长卵泡　初级卵泡发生早，于出壳时即可见到，位于皮质浅层。初级卵母细胞的体积不断增大，在核周围的胞质内出现少量卵黄物质，并随卵泡的发育逐渐增多。周围的卵泡细胞变为单层立方至柱状。在**卵黄膜**（**vitelline membrane**）与卵泡细胞之间有一层均质状结构称为**卵黄周膜**（**perivitelline membrane**），相当于哺乳动物的透明带，由卵泡细胞的分泌物形成。卵母细胞的卵黄膜连同部分胞质形成许多暂时性的微细突起称为**放射带**（**zone radiate**），此结构不同于哺乳动物的放射冠，它是卵母细胞结构的一部分。放射带伸入卵黄周膜内，将营养物质摄入卵母细胞内，参与卵黄物质的形成。在接近排卵时放射带消失。在卵泡细胞的游离面形成许多细长的突起，伸入放射带的凹陷部。卵泡周围的基膜明显，在基膜外有一层类肌细胞环绕，无卵泡膜。

当卵泡周围的卵泡细胞由单层增殖为复层时，即为早期次级卵泡，雏鸭和雏鹅于10日龄时就可见到。此时卵泡又移行至皮质深层，卵黄物质进一步增多。卵泡细胞增至2～3层，细胞呈立方形，其结构称为颗粒层，卵泡细胞亦称颗粒细胞。卵泡周围的结缔组织分化形成薄的卵泡膜。晚期次级卵泡的体积显著增大，并逐渐移向皮质浅层乃至突出于卵巢表面。

（3）成熟卵泡　晚期次级卵泡继续发育，体积不断增大，卵泡移行并突出于卵巢表面，借一细小的卵泡柄与卵巢相连，即为成熟卵泡。在成熟卵泡的卵泡柄相对的另一端，卵泡的表面有一个2～3 mm宽的淡色带，称为**卵泡带**（**stigma**），此处无白膜和卵泡膜外层，故较薄。排卵时，卵泡带裂开，卵母细胞从此排出，即一般所见的鸡蛋中的卵黄。初级卵母细胞于排卵前完成第一次成熟分裂，卵巢排出的是次级卵母细胞。第二次成熟分裂待受精后完成。

2. 卵泡闭锁　卵泡在发育的各个阶段均可发生闭锁，尤其在育成期较多发生。原始卵泡和较小的初级卵泡闭锁过程较为简单，表现为卵母细胞解体，卵泡细胞萎缩，然后被周围的结缔组织取代。较大的初级卵泡和次级卵泡闭锁时，首先卵母细胞固缩，细胞核消失，卵黄物质逐渐被吸收。卵泡壁裂解，卵泡细胞聚集成团，外有基膜包绕，细胞分化成多边形的嗜酸性细胞，称为间质细胞，随后逐渐分开，三五成群分布于皮质的基质内。间质细胞在育成期多见，可分泌雄激素，与体格发育有关。次级卵泡的膜细胞也成团出现，外无基膜，但周围的结缔组织内有较多的毛细血管。膜细胞进一步分化为卵泡外腺细胞，单个或成群分布于皮质内，在性成熟前期和产卵期多见，胞体较大，呈圆形或卵圆形，胞核圆形，色浅，核仁明显，胞质清亮。该细胞可分泌雌激素。

（二）输卵管

输卵管比哺乳动物的更长而弯曲。产蛋期的长且粗，管壁厚，休产期的较短且细。根据输卵管的结构和功能不同，可将其分为5段，从前向后依次为漏斗部、膨大部、峡部、子宫部和阴道部。管壁结构均分黏膜、肌层和外膜三层。黏膜由上皮和固有层构成，缺黏膜肌，上皮表面有纤毛，黏膜表面有皱襞。肌层由平滑肌构成，多为内环外纵。外膜为浆膜。

1. 漏斗部　漏斗部为输卵管的起始部。前端扩展成漏斗状，称为输卵管伞，其游离缘有薄而柔软的皱襞。向后逐渐过渡为狭窄的漏斗管，黏膜表面形成纵行皱襞，可出现次级及三级皱襞。漏斗的中央为输卵管的腹腔口，当卵细胞自卵巢排出时，伞部可将其卷入，并在此受精。不管受精与否，蛋均可形成。漏斗部的黏膜被覆单层纤毛柱状上皮，由纤毛细胞和分泌细胞组成。漏斗管的固有层内有管状腺，其分泌物参与系带的形成。伞部的肌层为平滑肌束，至漏斗管形成内环、外纵两层。

鸡输卵管
漏斗部

2. 膨大部　**膨大部（magnum）**亦称蛋白分泌部，是输卵管最长且弯曲度最大的一段。其特点是管径大，管壁厚，腔面形成高大宽厚的皱襞。黏膜被覆单层纤毛柱状或假复层纤毛柱状上皮，亦由纤毛细胞和分泌细胞组成。固有层内有大量管状腺，其分泌物形成系带和蛋白。

3. 峡部　峡部短且细，管壁较薄，结构与膨大部相似。固有层内腺体的分泌物是一种角蛋白，可形成蛋的内、外壳膜。

4. 子宫部　亦称**壳腺部（shell gland）**，为一永久性的扩大囊。腔面形成长而弯曲的叶状皱襞，多呈纵行。黏膜被覆假复层纤毛柱状上皮，也由纤毛细胞和分泌细胞组成。固有层内有短而细的分支管状腺，其分泌物形成蛋壳。肌层发达。蛋在子宫部停留的时间可长达18～20 h。

鸡输卵管
子宫部

5. 阴道部　**阴道部（vagina）**呈S状弯曲。黏膜形成许多高而薄的纵行皱襞。固有层内有少量单管状腺，亦称阴道腺，可分泌某些糖类和脂类物质。阴道腺的腺腔具有贮存精子的作用，精子在此能存活2～3周。肌层较厚，尤以内环肌发达。

四、鱼类雌性生殖器官的组织学特点

鱼类的卵巢位于体腔的腹中线两侧，在后端，形成一短的输卵管，进入泄殖窦，由泄殖孔开口于体外。未成熟的卵巢呈条状，成熟的卵巢体积增大，其内充满卵粒。卵巢表面有两层被膜，外层为腹膜，内层是由结缔组织构成的白膜。白膜向卵巢内部伸入形成许多板层状结构，称为产卵板，后者主要由结缔组织和生殖上皮组成，产卵板是产生卵子的地方。卵巢的实质不是实心的组织，中央有腔，称为卵巢腔。产卵板构成了卵巢腔的不规则壁。实质由较为致密的结缔组织和不同发育时期的卵泡组成。贯穿卵巢有一条中肾管，管壁的黏膜形成许多皱褶，上皮为单层低柱状纤毛细胞，这条中肾管为卵巢冠纵管。另外，在卵巢系膜处可见一堆网状排列的小管，管壁为单层低柱状上皮，称为卵巢冠。大多数鱼类排卵时，成熟的卵子先突破包围在它周围的滤泡膜，然后再排入卵巢腔，经输卵管从泄殖孔排出体外。

和哺乳动物一样，鱼类卵子的发生也要经过增殖、生长和成熟三个时期。随着季节的变化和性周期的运转，可观察到不同发育阶段（时相）的生殖细胞。根据卵巢的组织特点，鱼类卵巢的发育也分成几个时期。在不同的时期，生殖细胞形态结构不同（图17-7）。

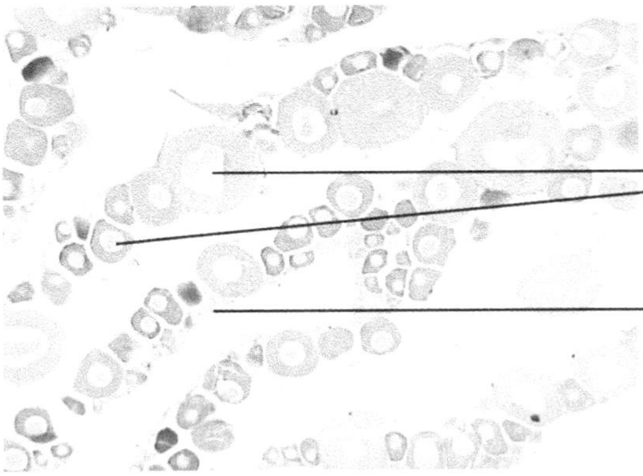

图 17-7　鲤鱼卵巢（Ⅲ期）

南京农业大学杨倩提供

本章内容临床拓展

胚胎移植是指将雌性动物的早期胚胎移植到同种的、生理状态相同的其他雌性动物体内，使之继续发育为新个体的技术。该技术可以充分发挥雌性优良个体的繁殖能力。在胚胎移植技术中，通过给供体家畜注射促性腺激素，可诱导超数排卵，获得多个成熟卵子以供移植使用。

第十八章　被皮系统

Chapter 18　Integumentary System

内容概要

皮肤覆盖于体表，是动物机体最大的器官，由来自不同胚层的两层组成。外层为表皮，来源于外胚层，由上皮组织构成；内层即真皮，来源于中胚层，由结缔组织组成。表皮主要由角化的复层扁平上皮构成，由里到表分为基底层、棘层、颗粒层和角质层，无毛皮肤在颗粒层和角质层之间还有透明层。表皮中还有非角质形成细胞，如黑素细胞、郎格汉斯细胞和梅克尔细胞等。表皮构成保护机体免受外界侵害的第一道屏障，并具有调节体温和保持体液平衡等功能。真皮由较厚的致密结缔组织组成，分为乳头层和网状层。浅层的乳头层较薄，其中胶原纤维和弹性纤维较细密，富含毛细血管和神经末梢；深层的网状层较厚，由粗大的胶原纤维束交织成网构成。真皮下方是疏松结缔组织和脂肪组织构成的皮下组织。

在动物的某些部位，皮肤演变成毛、羽、蹄、枕、角、喙、冠、鳞片以及汗腺、皮脂腺、乳腺、尾脂腺等皮肤的衍生物。毛由毛干、毛根和毛球构成。毛干由中央的髓质和外周的皮质组成。毛根外包上皮组织和结缔组织构成的毛囊。乳腺是特化的复管泡状腺，其结构因生理周期变化而异。妊娠后期及哺乳期的乳腺能分泌乳汁，称为活动期乳腺；性成熟前及两个泌乳期之间的乳腺无分泌功能，主要由脂肪组织和结缔组织组成，称为静止期乳腺。

被皮系统（integumentary system）包括皮肤及其衍生物。皮肤被覆于动物体表，形成天然屏障，具有保护体内器官、抵抗病原体侵入、防止体液丢失、调节体温、感受外界刺激以及参与免疫应答等功能。在不同动物的某些部位，皮肤演变成特殊的结构，如毛、羽、蹄、枕、角、喙、冠、鳞片以及汗腺、皮脂腺、乳腺、尾脂腺等，统称为皮肤的衍生物或附属器。

一、皮肤

皮肤（skin）属膜性器官，由表皮和真皮组成，借皮下组织与深部的组织相连。皮肤的厚薄随动物种类、年龄、性别以及分布部位的不同而异，如牛的皮肤较厚，羊的皮肤较薄；无毛的部位较厚，有毛的部位较薄；枕部、背部和四肢外侧的较厚，腹部和四肢内侧的较薄。

（一）表皮

表皮（epidermis）位于皮肤浅层，由角化的复层扁平上皮构成。动物体各部位的表皮厚薄不等，长期受摩擦和压力的部位表皮较厚，角化明显。表皮由两类不同的细胞组成：一类是**角质形成细胞（keratinocyte）**，为构成表皮的主要细胞成分，细胞在分化过程中逐步合成大量角蛋白，角化并脱落；另一类为**非角质形成细胞（nonkeratinocyte）**，数量少，散在分布于角质形成细胞之间，包括黑素细胞、郎格汉斯细胞和梅克尔细胞，此类细胞各有其特殊功能。

马表皮

1. 表皮的分层和角化　表皮由基底到表面分为基底层、棘层、颗粒层和角质层，无毛皮肤的表皮在颗粒层和角质层之间还有透明层（图 18-1）。

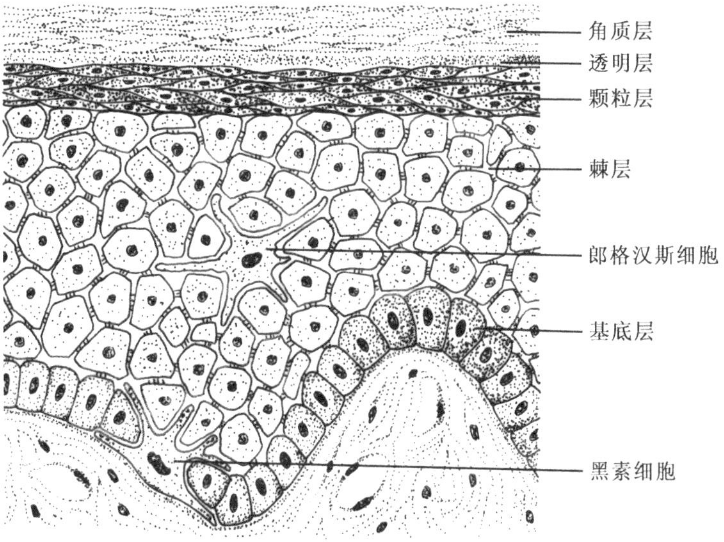

图 18-1　皮肤的分层及细胞组成

（1）基底层　**基底层（stratum basale）**附着于基膜上，由一层低柱状或立方形的**基底细胞（basal cell）**构成，胞核较大，圆形或卵圆形，染色较浅，胞质呈嗜碱性。电镜下，细胞内含丰富的游离核糖体、分散和成束的**角蛋白丝（keratin filament）**，角蛋白丝也称**张力丝（tonofilament）**。细胞间以桥粒相连，细胞基底面借半桥粒与基膜相连。基底细胞是幼稚细胞，能够不断分裂增殖，形成新生细胞向浅层推移，逐渐分化成表皮的其余几层细胞。

（2）棘层　**棘层（stratum spinosum）**位于基底层上方，由基底细胞分裂而来的数层细胞构成。细胞体积较大，呈多边形，向四周伸出许多细而短的突起，故名**棘细胞（prickle cell）**。细胞核大而圆，位于细胞中央，胞质嗜碱性。电镜下，相邻细胞的棘状突起由桥粒相连。胞质内富含游离核糖体和许多角蛋白丝，角蛋白丝成束分布，附着于桥粒上，形成光镜下可见的**张力原纤维（tonofibril）**。胞质中还有多个卵圆形的**板层颗粒（lamellated granule）**，直径 0.1～0.5 μm，表面有膜包被，内显明暗相间的平行板层。板层颗粒由高尔基复合体生成，其内容物主要为糖脂和固醇类物质。

（3）颗粒层 **颗粒层（stratum granulosum）**位于棘层上方，由3～5层长梭形细胞组成。细胞器趋于退化，胞核逐渐固缩。细胞的主要特点是胞质内含有许多**透明角质颗粒（keratohyalin granule）**，HE染色呈强嗜碱性。电镜下，颗粒大小不等，形状不规则，没有界膜包被，电子密度高，主要成分为富含组氨酸的蛋白质。胞质中有很多角蛋白丝束，包绕在透明角质颗粒周围或穿入其中。细胞内的板层颗粒较棘层增多，常分布于质膜内侧，并以胞吐的方式将内容物释放到细胞间隙内，在细胞间形成多层膜状结构，构成表皮渗透屏障的重要组成部分。

（4）透明层 **透明层（stratum lucidum）**位于颗粒层上方，在无毛且较厚的表皮中明显易见。此层由数层更扁的梭形细胞组成，HE染色细胞呈透明均质状，细胞界限不清，被染成红色，折光性强。电镜下，胞核和细胞器均消失，角蛋白丝被浸埋在较致密的胞质基质中，细胞的超微结构与角质层细胞相似。

（5）角质层 **角质层（stratum corneum）**由多层扁平**角质细胞（horny cell）**组成。角质细胞是干硬的死细胞，轮廓不清，无胞核和细胞器，HE染色呈粉红色均质状。电镜下，可见胞质中密集的角蛋白丝浸埋在均质状物质中，均质状物质为透明角质颗粒所含的富有组氨酸的蛋白质，该物质与角蛋白丝结合的复合体即**角蛋白（keratin）**，角蛋白是角质细胞的主要成分。细胞膜内面附有一层不溶性蛋白质，使细胞膜增厚且坚固。细胞间隙中充满板层颗粒释放的脂类物质。浅层细胞之间的桥粒解体，细胞连接松散，逐渐脱落，形成皮屑。

表皮由基底层到角质层的结构变化，反映了角蛋白形成细胞增殖、分化、推移和脱落的动态变化过程，同时也是细胞逐渐生成角蛋白和角化的过程。角蛋白丝的出现是生成角蛋白的开始，透明角质颗粒是合成角蛋白的重要成分，角蛋白丝和透明角质颗粒结合即为角蛋白合成的完成。表皮角质层细胞不断脱落，基底层细胞不断增殖补充，以保持表皮的正常结构和厚度。基底层的细胞由于分裂分化能力较强，又称为生发层。

表皮角质层细胞干硬，细胞膜增厚，棘层到角质层的细胞间隙内充满脂类等，均构成皮肤阻止物质出入的屏障，因此表皮对多种物理和化学性刺激有很强的耐受力，能够阻挡异物和病原侵入，并能防止组织液外渗。近年发现，适当刺激角质形成细胞可产生多种细胞因子，参与炎症反应，调节免疫功能，为局部免疫反应创造良好的微环境。

2. 非角质形成细胞 包括黑素细胞、郎格汉斯细胞和梅克尔细胞。

（1）黑素细胞 **黑素细胞（melanocyte）**是生成**黑色素（melanin）**的细胞，起源于胚胎早期的神经嵴，HE染色胞质着色较浅，不易分辨，特殊染色可见细胞体积大，有多个较长的分支状突起，胞体位于基底细胞之间，突起伸向棘细胞之间。电镜显示，胞质内有丰富的核糖体和粗面内质网，高尔基复合体发达。细胞的主要特点是胞质内有多个长圆形小体，称为**黑素小体（melanosome）**。黑素小体由高尔基复合体生成，有界膜包被，内含酪氨酸酶，能将酪氨酸转化为黑色素。当黑素小体充满色素后成为**黑素颗粒（melanin granule）**。黑素颗粒移入突起末端后，被输送到邻近的基底细胞和棘细胞内，因而这两种细胞内常含许多黑素颗粒，而黑素细胞本身却只含很少的黑素颗粒。黑色素为棕黑色物质，是决定皮肤颜色的重要成分。由于黑素细胞合成黑色素的速度不同以及细胞中黑素颗粒大小和含量的差别，决定了皮肤颜色的差异。黑色素能吸收和散射紫外线，保护深层组织免受辐射损伤。

（2）郎格汉斯细胞　**郎格汉斯细胞（Langerhans cell）**由胚胎期的骨髓发生，迁移到皮肤后，散在分布于表皮的棘细胞之间。细胞有多个突起，HE 染色不易辨认（图 18-1）。用氯化金或 ATP 酶法等特殊染色，可见细胞向周围伸出几个较粗的突起，粗的突起又分出多个树枝状的细突起，穿插在棘细胞间。电镜下，胞质电子密度较低，溶酶体较多，胞核呈弯曲形或分叶形；细胞内有形状特殊的**伯贝克颗粒（Birbeck granule）**。颗粒有膜包裹，呈盘状或扁囊形，一端或两端常有小泡，颗粒切面为杆状或球拍形，内有纵向的致密线。

郎格汉斯细胞由单核细胞发生，其表面标志和功能与巨噬细胞很相似，能识别、结合和处理侵入皮肤的抗原，并把抗原传递给 T 细胞，是皮肤内的抗原呈递细胞。在抗病毒感染、排斥移植异体组织以及对表皮癌变细胞的免疫监视等方面具有重要作用。郎格汉斯细胞并不是长期固定在表皮内，而是不断更新。目前认为，携带抗原的郎格汉斯细胞，经淋巴管进入淋巴结的胸腺依赖区，即成为交错突细胞。

（3）梅克尔细胞　**梅克尔细胞（Merkel's cell）**是一种具有短指状突起的细胞，数量很少，大多存在于毛囊附近的基底细胞之间，在 HE 染色标本上不易辨认。电镜下，细胞核较小，呈分叶状或不规则形；胞质内含许多膜被中心致密颗粒，颗粒多聚集在细胞基底部，与盘状的感觉神经末梢紧密接触，形成类似于突触的结构。梅克尔细胞的功能尚不清楚，根据其结构特点推测，可能是感受触觉的感觉上皮细胞。在某些动物的表皮中，还存在一些不与神经末梢接触的梅克尔细胞，有人提出该细胞可能属于 APUD 细胞系统；或对角质形成细胞和皮肤附属器的发生，以及对皮肤内神经纤维的生长起诱导和调节作用。

（二）真皮

真皮（dermis）位于表皮下面，由不规则的致密结缔组织组成，深部与皮下组织接连，两者之间无明显界限。真皮有较强的韧性和弹性，可鞣制成皮革。在真皮内除了血管、淋巴管和神经，还分布有毛囊、汗腺、皮脂腺等附属器。真皮可分为浅层的乳头层和深层的网状层（图 18-2）。

羊驼真皮

1. 乳头层　**乳头层（papillary layer）**为紧邻表皮的薄层结缔组织，其中胶原纤维和弹性纤维较细密，细胞成分较多。乳头层的结缔组织向表皮底部伸出许多嵴状或乳头状凸起，形成**真皮乳头（dermal papilla）**。真皮乳头扩大了表皮与真皮的连接面，有利于两者牢固连接以及真皮对表皮的营养供应。含有丰富毛细血管的乳头称为血管乳头，含有游离神经末梢和触觉小体的乳头称为神经乳头。

2. 网状层　**网状层（reticular layer）**位于乳头层下方，较厚，是真皮的主要组成部分，与乳头层无明显分界。网状层由致密结缔组织组成，粗大的胶原纤维束交织成网，其间有许多弹性纤维，因而皮肤有较大的韧性和弹性。网状层内有较大的血管、淋巴管和神经，毛囊、皮脂腺和汗腺也多位于此层内，并常见环层小体。

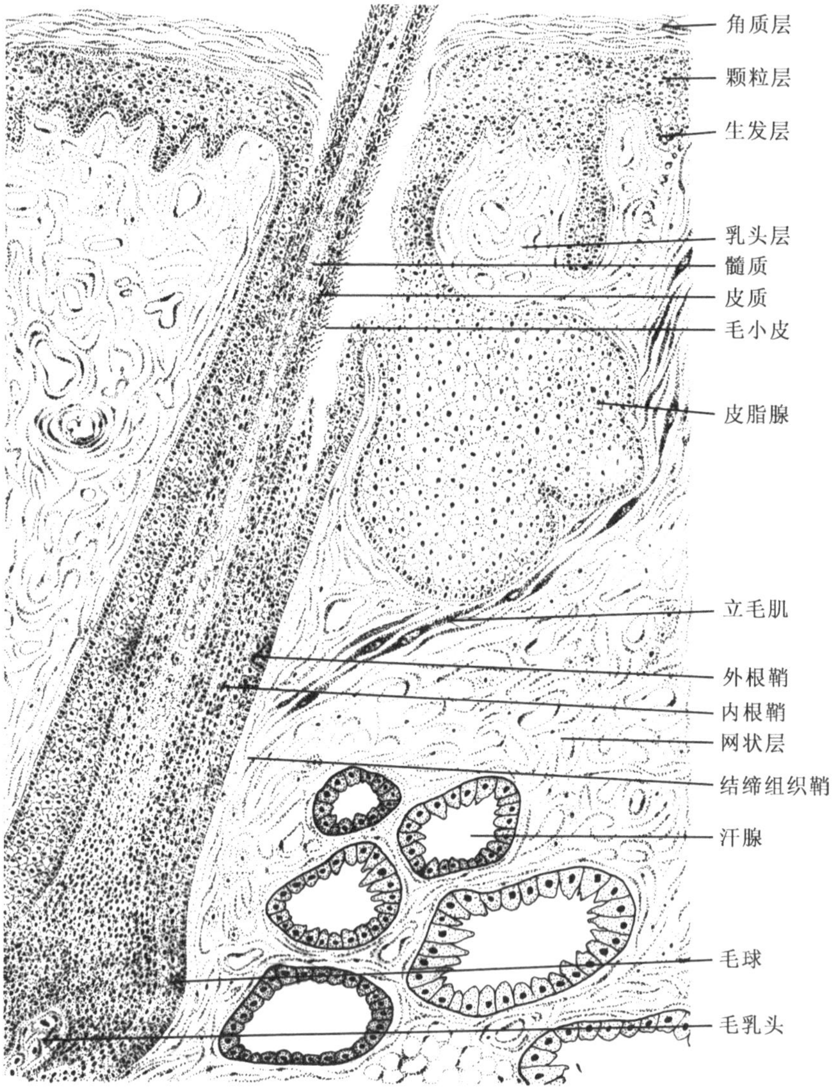

图 18-2　皮肤及其衍生物示意图

（三）皮下组织

皮下组织（hypodermis）位于真皮下方，由疏松结缔组织和脂肪组织组成。皮下组织将皮肤与深部的组织连接在一起，并使皮肤有一定的可动性。分布到皮肤的血管和神经由此层通过，毛囊和汗腺也常延伸至此。皮下组织中脂肪组织的含量因动物种类、营养状况及部位不同而异。猪的皮下脂肪特别发达，形成一层较厚的皮下脂膜。

（四）皮肤的再生

在正常情况下，皮肤的表皮、真皮和皮肤的附属器都不断更新。皮肤受到损伤后的再生和修复称为补偿再生。补偿再生的时间因受损面积和深度而异。小而浅的损伤由表皮细胞迁移和增殖完成，数天即可愈合，不形成瘢痕；较大而深的损伤修复时间较长，有结缔组织参与，且有瘢痕形成。创伤后，首先是凝血和止血，接着出现炎症反应，中性粒细胞进入局部清除细菌；随后巨噬细胞清除损坏的组织，释放生物活性物质，促进成纤维细胞增殖和毛细血管生长，生成肉芽组织；伤口周围的表皮细胞增殖并迁移到创伤面；创伤面残留的汗腺和毛囊的上皮也能增殖，形成覆盖创伤面的上皮小岛，参与表皮再生；最后创伤面全部由新生的表皮覆盖，逐渐形成正常的表皮，肉芽组织逐渐由致密结缔组织替代。如创伤面积大，还需在创伤面移植皮肤，以协助修复。

二、皮肤的衍生物

在不同动物的某些部位，皮肤演变成毛、羽、蹄、枕、角、喙、冠、鳞片以及汗腺、皮脂腺、乳腺、尾脂腺等特殊结构，统称皮肤的衍生物。本节主要介绍毛、皮脂腺、汗腺和乳腺的结构。

（一）毛

家畜体表除鼻镜、足垫以及黏膜与皮肤连接处等部位外，都有毛生长。**毛（hair）**是一种角化的丝状物，具有保持体温、防御机械性损伤等作用。有些动物的毛或皮毛还有很高的经济价值。

1. 毛的构造　毛由毛干、毛根和毛球构成（图 18-2）。露在皮肤外的部分称毛干，埋在皮肤内的部分为毛根。包在毛根外的上皮和结缔组织构成的鞘称为毛囊。毛根和毛囊下端合为一体，成为膨大的**毛球（hair bulb）**。毛球底面向内凹陷，真皮的结缔组织、血管和神经纤维伸入凹内，形成**毛乳头（hair papilla）**。毛球是毛和毛囊的生长点，毛乳头对毛的生长起诱导作用，并满足其营养需求。毛和毛囊斜向生长在皮肤内，在与皮肤表面呈钝角的一侧，皮脂腺下方有一束斜行平滑肌连接毛囊和真皮，称为**立毛肌（arrector pilli muscle）**。立毛肌受交感神经支配，收缩时使毛竖立，并有助于皮脂腺分泌。动物毛发竖立是恐惧并准备攻击的表现。

（1）毛干　**毛干（hair shaft）**由角化上皮细胞有规则地排列构成，中央为髓质，由数行排列较松散的扁平或立方形角化上皮细胞构成；外周为皮质，由数行排列紧密的多边形或梭形角化细胞构成，细胞内含有色素颗粒，决定毛的颜色。毛的最外层为**毛小皮（cuticle of hair）**，由一层扁平的角化细胞构成，细胞呈覆瓦状排列（图 18-3），游离缘向上呈锯齿状。细毛和幼畜的毛缺乏髓质。

绵羊毛囊

（2）毛囊　**毛囊（hair follicle）**分内外两层。内层紧包毛根，称毛根鞘，为上皮根鞘，结构与表皮相似。外层为结缔组织鞘，由致密结缔组织构成，与真皮组织无明显分界。毛根鞘又分为内根鞘和外根鞘，内根鞘向上仅达皮脂腺开口处。内根鞘的细胞从毛乳头周围向上生长，逐渐分为三层，由内向外分别是**内鞘小皮（cuticle of inner root sheath）**、**赫氏层（Huxley layer）**和**亨氏层（Henle layer）**。外根鞘是表皮生发层的延续，包围整个毛根，在毛根中部为复层细胞，基部变为一层扁平细胞。

（3）毛根　**毛根（hair root）**被包在毛囊里，其髓质细胞角化程度较低，皮质细胞

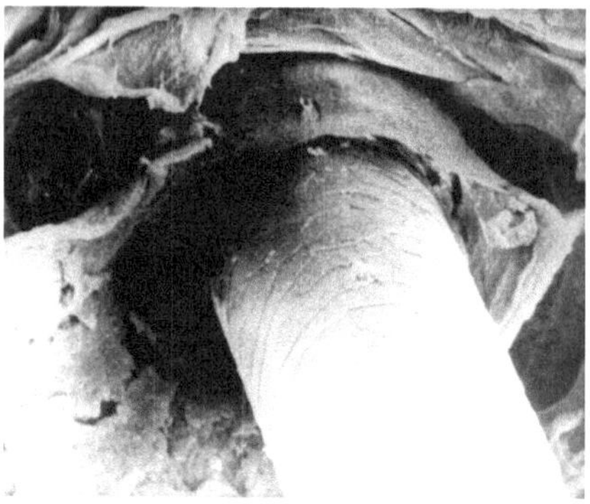

图 18-3　毛小皮（扫描电镜）

南京医科大学提供

排列紧密。毛根、上皮根鞘与毛球的细胞相连。毛球的上皮细胞为较幼稚的细胞，称为**毛母质（hair matrix）**，此类细胞不断增殖分化，向上推移形成毛根和上皮根鞘的细胞。分布在毛母质细胞间的黑素细胞生成色素，输入新生的毛根上皮细胞中，影响新生毛的颜色。

2. 毛囊群与窦毛囊　动物的毛囊可分为初级毛囊、次级毛囊和复合毛囊，或成群分布形成毛囊群。初级毛囊粗而长，分布于真皮深部，通常伴有汗腺、皮脂腺和立毛肌。次级毛囊较短而小，分布较浅，可伴有皮脂腺，但缺少汗腺和立毛肌。复合毛囊的结构是在一个毛囊外口中有数根毛干伸出，但每根毛都有独立的毛囊及毛乳头，数个毛囊在皮脂腺开口水平处，汇合成一个共同的毛囊外口。

家畜被毛的分布和毛囊类型因动物种类不同而异。马和牛的被毛均匀分布，多为初级毛囊；猪和羊的被毛形成毛囊群，猪的毛囊群由 3 个初级毛囊组成（图 18-4），绵羊的毛囊群由 2～3 个初级毛囊和多个次级毛囊组成，肉食动物的毛囊群常以复合毛囊（图 18-5）的形式存在。

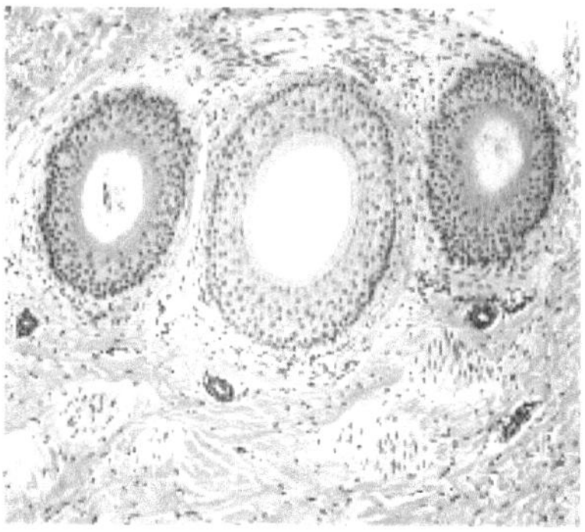

图 18-4　猪的毛囊

摘自 *Dellmann's Textbook of Veterinary Histology*

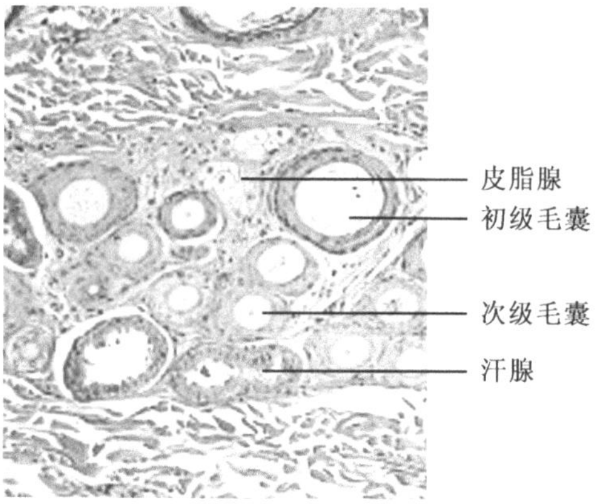

图 18-5　狗的复合毛囊

摘自 *Dellmann's Textbook of Veterinary Histology*

窦毛（sinus hair）是一种具有感觉功能的高分化毛类，其毛囊大，结构特殊，称为窦毛囊。窦毛囊的特点是在结缔组织鞘的内外层之间有一充满血液的环状窦，骨骼肌细胞和神经纤维进入外鞘，使窦毛接受一些随意控制。常见的窦毛分布于面部，如动物的胡须。

3. 毛的生长和更新　毛有一定的生长周期，身体各部位毛的生长周期长短不等。生长期的毛囊较长，毛球和毛乳头较大，血液供应充分，毛母质细胞分裂活跃；由生长期转入退化期是换毛的开始，此时毛囊逐渐变短，毛球缩小，毛乳头萎缩，毛母质细胞停止分裂并发生角化，毛与毛球和毛囊连接不牢，易脱落。在旧毛脱落之前，先在毛囊底端形成新的毛球和毛乳头，开始生长新毛。新毛长入原有的毛囊内，旧毛被推出，新毛伸出皮肤表面。

（二）皮脂腺

皮脂腺（sebaceous gland）一般位于毛囊和立毛肌之间，为分支泡状腺或复泡状腺（图 18-2），由分泌部和导管构成。导管为复层扁平上皮，大多开口于毛囊上段，无毛皮肤则直接开口于皮肤表面。分泌部几乎无腺腔，腺泡周边是一层较小的幼稚细胞，细胞器丰富，并有活跃的分裂能力，不断生成新的腺细胞。新生细胞体积增大，向腺泡中央移动，胞质中脂滴逐渐增多。腺泡中心的细胞呈多边形，胞质内充满脂滴，细胞器消失，胞核固缩，最后腺细胞解体，细胞碎片连同脂滴一起排出，即为**皮脂（sebum）**。皮脂是几种脂类的混合物，有润滑皮肤、保护毛发和抑菌等作用。动物体某些部位的皮脂腺发达，特化形成专门的腺体，如绵羊的眶下部、腹股沟和趾间部以及山羊的角根等部位的皮脂腺。

绵羊皮脂腺

（三）汗腺

汗腺（sweat gland）是单管状腺。导管细而直，由两层染色较深的立方形细胞构成，由真皮深部上行，穿过表皮，开口于毛囊或直接开口于皮肤表面。分泌部较粗，盘曲成团，位于真皮深层和皮下组织中。家畜的汗腺多为顶质分泌型。反刍动物的分泌部近似于囊状，由单层低柱状或立方形细胞组成（图 18-2）。在腺细胞与基膜之间有一层梭形的**肌上皮细胞（myoepithelial cell）**，细胞的收缩有助于汗液排出。导管除了排出分泌物，还能吸收分泌物中的一部分钠和氯。汗液的主要成分是水分，还含有钠、钾、氯、乳酸盐和尿素等。在高温环境下汗腺分泌旺盛，对调节体温、排泄代谢产物等起重要作用。

绵羊毛囊和汗腺

（四）乳腺

1. 乳腺的一般结构　**乳腺（mammary gland）**是特化的复管泡状腺，是哺育后代的重要器官，其组织结构因年龄和生理状况的变化而异。妊娠后期和哺乳期的乳腺分泌乳汁，称为活动期乳腺。性成熟前和两个泌乳期之间无分泌功能的乳腺，称为静止期乳腺。乳腺实质被结缔组织分隔成许多小叶，小叶的结缔组织称为乳腺间质组织。乳腺腺泡由单层立方或柱状上皮构成，上皮和基膜之间有一层肌上皮细胞。导管包括小叶内导管、小叶间导管、输乳管、乳池和乳头管。小叶内导管的上皮为单层立方或柱状上皮。小叶间导管为单层柱状或复层柱状上皮。输乳管又称总导管，反刍动物的输乳管在乳头基部扩大形成乳窦或乳池，最后由乳头管开口于乳头。输乳管和乳池的管壁为双层低柱状上皮。乳头管为复层扁平上皮，与皮肤的表皮相连续。

2. 活动期乳腺　妊娠期在雌激素和孕激素的作用下，乳腺的腺泡和导管迅速增生，腺泡增大，结缔组织和脂肪组织相对减少。妊娠后期，在催乳激素的作用下，腺细胞增高呈锥形乃至高柱状（图 18-6），胞质内聚集了大量脂滴和蛋白颗粒，以顶质分泌的形式排出分泌物。刚分娩后分泌的乳汁称为初乳，内含脂滴、乳蛋白、乳糖、抗体以及吞噬脂滴的巨噬细胞等，能增强幼体的免疫力。乳腺细胞分泌后，细胞变低呈立方形或扁平形，腺泡腔增大，其中含有乳汁。哺乳期腺泡发达，腺泡腔扩大，充满乳汁，腺泡之间的结缔组织和脂肪组织减少。腺细胞富含粗面内质网、线粒体、分泌颗粒和脂滴等。

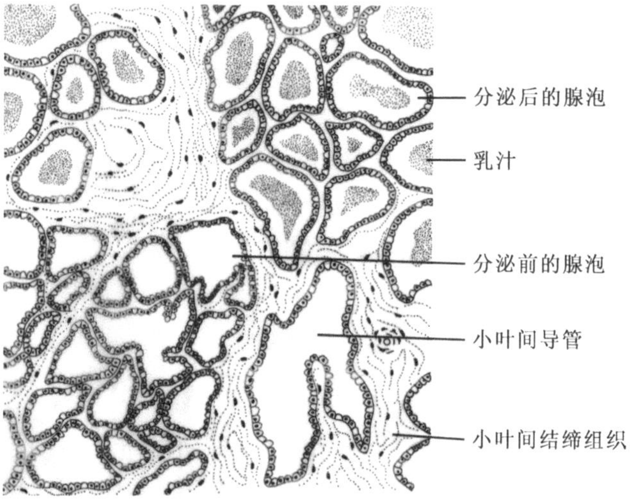

图 18-6　活动期乳腺

山羊活动期乳腺

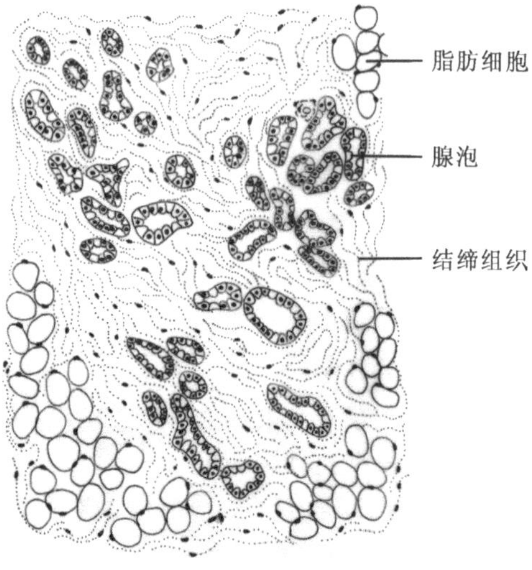

图 18-7　静止期乳腺

3. 静止期乳腺　性成熟前的乳腺体积较小，主要含间质组织，导管相对较发达，腺泡很少（图 18-7）。断乳后催乳激素水平下降，乳腺停止分泌，腺泡腔内乳汁被吸收，腺组织逐渐萎缩，结缔组织和脂肪组织增多，乳腺转入静止期。

猴静止期乳腺

三、家禽被皮系统的组织学特点

家禽被皮系统由皮肤和皮肤的衍生物组成，皮肤的衍生物有羽、冠、髯、耳叶、喙、尾脂腺、鳞、爪和距等。皮肤和羽的颜色、冠的大小及形状等均为禽类品种和性别的标志。

（一）皮肤

家禽的皮肤较薄，亦由表皮和真皮构成，根据表面有无羽毛被覆，分为**羽区**（**pterylae**）和**裸区**（**apterylae**）。皮肤内无汗腺，主要依靠皮肤裸区和呼吸过程散热。在尾部有特殊的尾脂腺，其他部位均无皮脂腺。皮下组织富含脂肪，使皮肤柔软且有可动性。

1. 表皮 由角化的复层扁平上皮构成，分为基底层、棘层、移行层和角质层。

鸡爪表皮

（1）基底层 又称生发层，由附于基膜上的一层立方形细胞构成，细胞具有较强的增殖能力。

（2）棘层 由数层多角形细胞组成，相邻细胞间有桥粒。棘层的细胞可形成脂质小滴，随着细胞的移行和角化，不断释放并溶解于角质层细胞间，起润滑皮肤的作用。

在基底层和棘层内散在分布有少量色素细胞和梅克尔细胞。

（3）移行层 **移行层（transitional layer）**由一至数层扁平细胞构成，细胞可合成角蛋白并排至细胞间隙内。

（4）角质层 由数层扁平无胞核的角化细胞组成，细胞间有明显的间隙，间隙内充满角蛋白。角质层细胞不断脱落，由基底层细胞增殖分化并向表层移行予以补充。

鸡爪真皮

2. 真皮 由结缔组织构成，在羽区内还有羽囊和羽肌分布。禽类的真皮无乳头层和网状层之分，可分为浅、深两层。

（1）浅层 与表皮相贴，羽区较薄，裸区较厚，由细密的结缔组织构成，其中分布着较多的毛细血管和感觉神经末梢。在与表皮的邻接面无乳头结构，而是形成许多网状的小嵴，显得较为平坦。

（2）深层 根据结缔组织排列的特点，由浅至深可分为三层。

致密层：较厚，由致密结缔组织构成，在羽区此层内有羽肌分布。

疏松层：较薄，由疏松结缔组织构成，在裸区此层内有平滑肌分布。

弹性纤维层：为真皮和皮下组织之间的薄层弹性纤维膜。

在皮肤和肌肉之间，由疏松结缔组织构成皮下组织（浅筋膜），其结构较疏松，有利于羽毛活动。羽区的皮下组织可形成皮下脂肪层，其他部位可形成若干**脂肪体（corpus adiposum）**。皮下组织的空气区与气囊相通。在母鸡和火鸡孵化期，胸部皮肤血管增生，羽毛较少，形成特殊的**孵区（broody area）**，亦称**孵斑（broody patch）**，以利于孵卵时体温传播。

（二）尾脂腺

尾脂腺（uropygial gland）呈卵圆形，位于尾综骨背侧皮下，鸡的较小，水禽的较大。尾脂腺表面包有结缔组织被膜，被膜的组织向内伸入形成发达的叶间隔，将腺实质分为左右两叶。在每叶中央有一大的初级腺腔，其中充满分泌物。在初级腺腔周围，分布着辐射状排列的分支腺小管，腺小管的盲端位于近被膜或叶间隔处，另一端开口于初级腺腔。腺小管分皮脂区和糖原区，皮脂区约占腺管的外 2/3，糖原区约占腺管的内 1/3。在皮脂区的腺小管横切面上，可见中央有一次级腺腔，内含分泌物。腺小管管壁为复层上皮，近管腔是数层角化的扁平细胞；中间数层细胞体积较大，呈多角形，胞质内充满脂滴，呈泡沫状；基底几层细胞稍扁平，胞质内含致密颗粒，最基层细胞的基底面附着于基膜上。皮脂区腺小管的分泌方式与哺乳动物的皮脂

鸡尾脂腺

腺相似，属全质分泌型，近腔面的角化细胞不断脱落、解体，由基底层细胞不断增殖分化予以补充。在糖原区腺小管的横切面上，基底层细胞与皮脂区相同；中间层细胞较其增多2～3层，胞质嗜酸性，内含糖原颗粒，形成一厚层的糖原带；近管腔的细胞较少，胞质染色淡。

尾脂腺的分泌物含脂肪、卵磷脂、高级醇和糖原等。分泌物由腺小管经次级腺腔排至初级腺腔，再经1～2条初级导管，开口于尾根背侧的尾脂腺乳头。连接腺小管的排泄管为单层扁平或立方上皮，至初级导管移行为复层扁平上皮，在管壁周围的结缔组织内有环行平滑肌和感觉神经末梢分布。当家禽用喙触及尾脂腺乳头时，引起导管平滑肌松弛，分泌物排出，再以喙涂于羽上，具有润泽羽毛，免其被水浸湿的作用，这对水禽尤为重要。

（三）冠

冠（comb）为特殊的皮肤褶，结构与皮肤相似。冠的表皮较薄，由6层左右细胞构成。真皮较厚，浅层内富含毛细血管丛。性成熟公鸡和产卵期母鸡的毛细血管高度充血，因而冠的颜色鲜红且肥厚。真皮深层的结缔组织富含纤维，黏液性物质充填于间隙中，使冠直立。冠的中央层由致密结缔组织构成，其中含有较大的血管以及由颅骨骨膜延伸来的胶原纤维。冠的大小及颜色受性激素影响，当性激素缺乏时，毛细血管萎缩，黏液性物质消失，冠的体积缩小，颜色苍白。

母鸡冠

四、鱼类被皮系统的组织学特点

鱼类的皮肤与其他脊椎动物相似，亦由表皮和真皮组成。皮肤的衍生物及附属结构有鳞片、发光器及腺体等。

（一）皮肤

鱼类皮肤除了具有保护体内组织、排泄废物、感受水温等外界刺激的功能外，有些鱼类的皮肤还具有辅助呼吸和吸收少许营养物质的功能。

1. 表皮　鱼类的表皮由复层扁平上皮构成，与哺乳动物不同的是，上皮表层的细胞并未角质化，上皮细胞均为活细胞。表皮由内向外可分为生发层和腺层两部分。生发层由一层柱状细胞构成，具有旺盛的分生能力，它不断分裂出新生细胞，以补充损伤脱落的表层细胞。腺层的细胞层数不等，由生发层分化而来。真骨鱼类腺层内主要有杯状细胞和**棒状细胞（club cell）**，又称**巨大细胞（giant cell）**，其功能主要是分泌黏液。在繁殖季节，鲤科等鱼类由于受性激素刺激，成体雄鱼头部和鳍部的表皮出现许多粒状的角质化结构，称为追星或**珠星（pearl organ）**，生殖完毕自行消失。

鲤鱼表皮

2. 真皮　鱼类的真皮可分为疏松层与致密层。疏松层在表皮下面，由疏松结缔组织构成，含有胶原纤维、弹性纤维和网状纤维，纤维相互交织形成较为疏松的细网，其中含有游走细胞、色素细胞及丰富的毛细血管和

鲤鱼真皮

神经末梢。有些鱼类的疏松层中还分布有**毒腺（poison gland）**，毒腺分泌的毒液可将周围的其他鱼类毒死。致密层位于疏松层下方，含有较粗大的胶原纤维束，纤维束纵横交错，排列成致密的网状层，使皮肤具有较大的韧性和弹性。多数鱼类在真皮层下面有一不发达的皮下层，由疏松结缔组织构成，借此与深部的肌肉组织相连。

（二）鳞片

真骨鱼类的鳞片都属**骨鳞（bony scale）**，来源于真皮。骨鳞的外形不一，有圆形、长圆形、方形、多角形和不规则形等，以圆形或长圆形最常见。鳞片的表面覆盖有表皮。骨鳞柔软扁薄，富于弹性，由上下两层组成。上层为骨质层，质地较脆，由骨质构成；下层柔软，为纤维层，由胶原纤维束成层排列构成，相邻两层纤维间相互垂直交织。在鳞片横切面上有轮纹，根据轮纹可推测鱼的年龄。上层是从原来骨质层的边缘向外一圈圈添加出去，形成环片，是骨质层的隆起线，形如山嵴，故名鳞嵴。在鳞片的局部鳞嵴处，骨质层出现凹沟，呈辐射状，称为鳞沟或辐射沟。鳞沟的存在增加了鳞片的柔软性及弹性，以便适合鱼体的形状和运动。骨鳞的每一鳞片都是相互分离的，彼此间没有关节相连，其前端深埋于真皮内，后端斜向外方，排列成覆瓦状。

本章内容临床拓展

毛囊发育和毛发生长受一些因子（如血管内皮生长因子、胰岛素样生长因子）的调控。将这些因子导入羊胎儿的成纤维细胞核后，通过转基因克隆技术可培育出转基因克隆山羊。后者在皮肤毛囊细胞中可特异性表达这些因子，使毛囊发育和毛发生长显著增加，从而提高羊毛产量。

第十九章 感觉系统
Chapter 19 Sensory system

内容概要

感觉系统主要包括眼和耳。眼是视觉器官，能够感受光的刺激，经视神经传至中枢引起视觉。尽管各种脊椎动物眼的外形和结构有所不同，但是基本结构相似，主要由眼球和附属器官构成。眼球位于眼眶内，由眼球壁和眼球内容物组成。眼球壁自外向内依次分为纤维膜、血管膜和视网膜。纤维膜主要由致密结缔组织构成，前部约 1/5 是透明的角膜，后部约 4/5 是白色而不透明的巩膜。血管膜为含大量血管和色素细胞的疏松结缔组织，自前向后分为虹膜、睫状体和脉络膜。视网膜为神经组织，是脑的外延，分为盲部和视部，盲部包括视网膜虹膜部和视网膜睫状体部，视部为感光部位。内容物包括房水、晶状体和玻璃体，均为无色透明，与角膜一起构成眼球的屈光系统。眼的附属器官包括眼球肌、泪器、眼睑等。

耳是听觉和平衡觉器官，由外耳、中耳和内耳构成。外耳包括耳廓、外耳道和鼓膜，其作用是收集和传递声波。中耳包括鼓室、听骨和咽鼓管，主要作用是将声波传入内耳。哺乳动物的内耳是盘曲于岩颞骨内的管道系统，由两组相套叠的弯曲管道组成。外部的为骨质小管，称为骨迷路，包括前庭、骨半规管和耳蜗；内部的为膜性小管，称为膜迷路，是套于骨迷路内的膜性小管，相应地分为膜前庭（球囊和椭圆囊）、膜半规管和膜蜗管。膜迷路内充满内淋巴，骨迷路和膜迷路之间充满外淋巴。内外淋巴互不相通，淋巴有营养内耳和传递声波的作用。

感觉器官由感受器及其辅助装置构成。感受器是感觉神经末梢形成的特殊装置，机体通过感受器接受内、外界环境的各种刺激，并把刺激能量转变为神经冲动，经感觉神经传到中枢神经系统，而产生各种感觉。本章重点介绍视觉器官眼和位听觉器官耳。

一、眼

眼（eye）由眼球和附属器官眼球肌、泪腺、眼睑等构成。眼球又由眼球壁和眼球内容物两部分组成。

（一）眼球壁

眼球壁（eyeball wall）由纤维膜、血管膜和视网膜组成（图 19-1）。纤维膜主要为致密结缔组织，血管膜为富含血管和色素细胞的疏松结缔组织，视网膜为脑外延部分的神经组织。

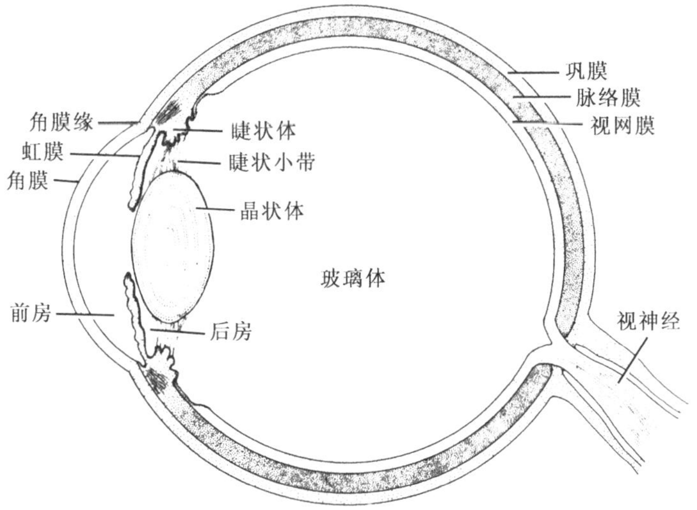

图 19-1　眼球结构模式图

1. 纤维膜　**纤维膜（fibrous tunic）**是眼球的最外层，厚而坚韧，由富含胶原纤维的致密结缔组织构成，为眼球的外壳。纤维膜可分为前方透明的角膜和后方不透明的巩膜。

狗角膜

（1）角膜　**角膜（cornea）**位于眼球前方，占眼球前部约 1/5，为透明圆盘状的折光结构。角膜的曲度直径小于眼球直径，所以略突向前方，呈外凸内凹的球面。角膜中部薄，周缘较厚，并有较好的弹性，其边缘嵌入巩膜中。鱼类角膜的曲度稍大，因此较扁平而不太突出。角膜内不含血管，由房水和角膜缘的血管供应其营养。角膜的组织结构自前向后分为 5 层：

角膜上皮：为位于前（外）表面的非角化的复层扁平上皮，又称**前上皮（anterior epithelium）**，由多层排列整齐的细胞组成。浅层细胞表面有微皱褶，使表层细胞浸浴在泪液中。基底层细胞为一层矮柱状细胞，有较强的分裂增生能力。上皮基底部平坦，无乳头。上皮细胞间分布有许多游离神经末梢，感觉十分敏锐。角膜边缘的上皮逐渐增厚，与球结膜的复层上皮相延续。

前界层：为一层不含细胞的透明均质薄层结构，由胶原纤维和基质组成。损伤后不能再生。此层若出现细胞，则为病变的早期现象。

角膜基质：又称固有层，是角膜中最厚的一层，约占角膜全厚度的 90%，由多层与角膜表面平行的胶原纤维板构成，每层内胶原纤维平行排列，相邻板层之间的纤维成一定角度，板层间可见到具有细长分支突起的角膜细胞，其结构和功能类似成纤维细胞，具有合成纤维和基质的能力。此层损伤后易形成不透明的白色瘢痕而影响视力。

后界层：为一层均质透明的膜，比前界层薄得多，成分与前界层相同。后界层由角膜内皮的分泌物形成，其厚度随年龄增加而逐渐增加。此层损伤后可再生。

角膜内皮：由单层扁平或低立方细胞组成，被覆于角膜的后表面，具有活跃的合成、分泌蛋白质及物质转运的功能，参与后界层的形成和更新。

（2）巩膜　**巩膜（sclera）**占眼球后部约 4/5，呈乳白色，坚韧而不透明，主要由致密结缔组织构成（图 19-2）。巩膜厚而坚硬，是维持眼球形态结构的支架，是眼球壁的重要保护层。自外向内可分为 3 层。

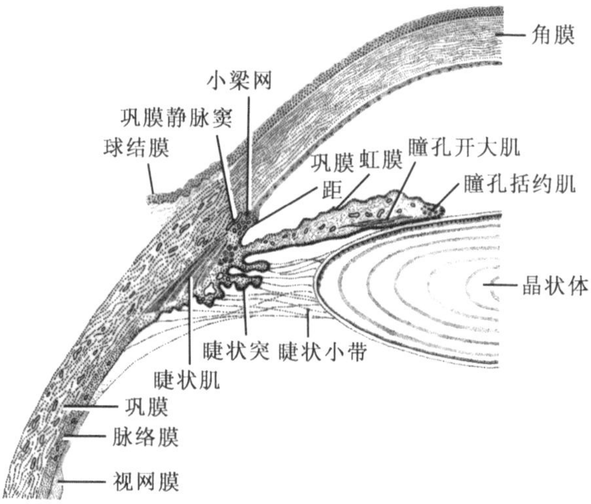

图 19-2　眼球前半部结构模式图

巩膜上层（episclera）：由富含血管的疏松结缔组织构成，炎症时可明显充血。

巩膜固有层（sclera lamina propria）：由大量与眼球壁表面平行的胶原纤维交织而成，其间有成纤维细胞、少量弹性纤维，基质含水分较少。此层在维持眼球形状和保护眼内部结构上具有重要的作用。

棕黑层（lamina fusca）：此层富含黑素细胞，呈棕黑色，含有少量的胶原纤维束和弹性纤维。

巩膜前方接角膜，角膜与巩膜的移行缘称为角膜缘或角巩膜缘，角膜缘内侧部有环状的巩膜静脉窦和小梁网，是房水流出的通道，起着调节眼压的作用。巩膜静脉窦为一环形小管，窦壁由内皮、不连续的基膜和薄层结缔组织构成，腔内充满房水。小梁网位于巩膜静脉窦的内侧，由来自角膜基质深部的结缔组织形成不规则或薄板状的小梁，小梁分支并吻合成网，小梁之间的间隙与内侧的前房角和外侧的巩膜静脉窦相通，具有过滤和净化房水的功能。巩膜的后腹侧，视神经纤维穿出的部位有巩膜筛板。真骨鱼类的巩膜多为纤维质的，而软骨鱼类和鲟的巩膜则是软骨质的。

2. 血管膜　**血管膜（vascular tunic）**是眼球壁的中间层，由富含血管和色素细胞的疏松结缔组织构成，供应眼球大部分营养，并形成暗的环境，有利于视网膜对光和色的感应。血管膜自前向后依次包括虹膜、睫状体和脉络膜。

（1）虹膜 **虹膜（iris）**是血管膜最前部的环形薄膜，位于角膜和晶状体之间。基部附着于睫状体，中央有圆形**瞳孔（pupil）**，能够透过光线，调节进入眼球的光线量。猪的瞳孔为圆形，其他家畜的为椭圆形。马瞳孔的游离缘上有颗粒状突出物，称为**虹膜粒（granula iridis）**。

马虹膜

虹膜位于晶状体的前方，将眼房分为前房和后房，房水借瞳孔相通。虹膜与角膜缘所形成的夹角称前房角。虹膜结缔组织的基质内含有许多色素细胞、血管和平滑肌。不同动物的色素细胞中，色素颗粒的形状、密度、分布部位不同，导致动物虹膜呈现不同的色泽。基质中的虹膜肌有两种：一种是围于瞳孔缘的肌上皮细胞，呈环形排列，形成**瞳孔括约肌（sphincter muscle）**，收缩可缩小瞳孔，受副交感神经支配。另一种是在括约肌外侧呈放射状排列并止于虹膜根部的肌纤维，称为瞳孔开大肌，收缩时使瞳孔开大，受交感神经支配。虹膜的前表面无上皮组织，而由不连续的基质细胞层（成纤维细胞和黑素细胞）代替；后表面覆有双层上皮细胞，称为**视网膜虹膜部（pars iridica retinae）**，为视网膜盲部的最前部。

狗睫状体

（2）睫状体 **睫状体（ciliary body）**位于虹膜和脉络膜之间，是虹膜后方增厚的环状结构，前到虹膜的基部，向后延续为脉络膜，呈环形围于晶状体周围，形成睫状环。睫状体前部较厚并发出放射状的皱褶，向虹膜方向变长，形成**睫状突（ciliary processes）**（图 19-2），后部逐渐平坦变薄，与脉络膜连接处形成锯齿状。睫状突与晶状体之间由晶状体韧带连接。睫状体的结构从外向内可分为三层。

睫状体的外层为**睫状肌（ciliary muscle）**，即基质中的平滑肌，位于内侧血管区的周围。肌纤维有三种走向，外侧为纵行肌，中间为放射状肌，内侧为环行肌。睫状肌受副交感神经支配，收缩时可向前拉睫状体，使晶状体韧带松弛，有调节视力的作用。中间为**睫状基质（ciliary stroma）**，也称血管层，是一层富含血管的疏松结缔组织。睫状体的内层为睫状体上皮层，称为**视网膜睫状体部（pars ciliaris retinae）**，属于视网膜的盲部。上皮层是一个双层细胞结构，由外层色素细胞和内层无色素的立方形或矮柱状细胞组成，内层细胞具有分泌房水的功能。

（3）脉络膜 **脉络膜（choroid）**是薄而柔软的棕色膜，约在血管膜的后 2/3 部分，夹在巩膜和视网膜之间，衬在巩膜的内面，为富含色素细胞和血管的疏松结缔组织。贴近视网膜处的毛细血管为有孔毛细血管，具有活跃的物质转运功能，为视网膜外侧部提供营养。脉络膜和视网膜之间有一均质透明薄膜，称为玻璃膜，由纤细的胶原纤维、弹性纤维和基质构成。在脉络膜的后壁上有一青绿色带金属光泽的三角区，称为**照膜（tapetum lucidum）**，位于眼背侧的脉络膜毛细血管层（疏松结缔组织中含有分布在一个平面的薄层毛细血管网）和脉络膜的血管层（由被疏松结缔组织包绕的大量血管构成）之间，具有反光性，有助于动物在暗光环境中对光的感应，见于除猪以外的所有家畜。草食动物的照膜是**纤维照膜（fibrous tapetum lucidum）**，由数层胶原纤维和成纤维细胞构成。猫和狗等肉食动物的照膜是**细胞性照膜（cellular tapetum lucidum）**，由扁平的多角形细胞构成。

3. 视网膜　视网膜（retina）是眼球壁的最内层，分为视部和盲部。视部衬于脉络膜的内面，且与其紧密相连，薄而柔软，能够感光。盲部衬于睫状体和虹膜内面，无感光能力，外层为色素细胞，内层无神经元。视网膜视部生活时略呈淡红色，死后混浊，变为灰白色，易从脉络膜上脱落。在视网膜后部有一**视乳头**（**optic nerve head**），是视神经纤维穿出视网膜处，没有感光能力，又称盲点。视网膜中央动脉由此分支呈放射状分布于视网膜。在眼球后端的视网膜中央区是感光最敏锐部分，呈一圆形小区，称为**视网膜中心**（**area centralis retinae**），相当于人眼的**黄斑**（**macula lutea**）。

猪视网膜

视网膜视部主要由色素上皮细胞和三种神经元组成（图 19-3）。①**色素上皮细胞**（**pigment epithelial cell**），位于视网膜最外层，为单层矮柱状上皮细胞，排列紧密，细胞之间有连接复合体，构成了血液与视网膜之间的屏障。细胞基底部有发达的质膜内褶，紧贴于玻璃膜上。顶部伸出许多细长的突起，伸入视细胞之间，但是色素上皮细胞与视细胞之间，没有牢固的连接结构，故在此处常发生临床上的视网膜剥离。②**视细胞**（**visual cell**），又称**感光细胞**（**photoreceptor cell**），是一种高度分化的神经元，能够感受光线。根据细胞形态的不同，可分为视杆细胞和视锥细胞两种，在每一感光细胞之间均有起绝缘作用的放射状胶质细胞将它们分隔开来。视杆细胞胞体细长，核小深染，树突为细长的杆状，称为视杆，平行排列并伸向色素上皮层。视杆细胞感受弱光，适应夜视，当维生素 A 严重缺乏时可导致夜盲症。视锥细胞较视杆细胞少，细胞核大，染色浅，形态结构与视杆细胞相似，其树突较短，呈锥形，称为视锥。视锥细胞可感受强光及颜色，人和绝大多数哺乳动物的视网膜内含有三种视锥细胞，分别含有感受蓝、绿、红三种颜色的视色素。如果缺乏相应的视锥细胞，可致色盲。③**双极细胞**（**bipolar cell**），是连接视细胞与节细胞的纵向联络神经元，胞体位于内核层，细胞核较大，为视网膜的第二级神经元。④**节细胞**（**ganglion cell**），是长轴突的多极神经元，为视网膜的第三级神经元。节细胞胞体积大，胞体构成节细胞层，核大染色浅，树突与双极细胞的轴突形成突触，轴突向眼球后极汇集，形成视神经穿出眼球。除上述细胞外，构成视网膜的还有水平细胞和放射状胶质细胞。水平细胞是具有横向分支突起的中间神经元，与双极细胞同居一层，可与视细胞和双极细胞形成突触，参与形成复杂的局部环路，对视觉起调节作用。**放射状胶质细胞**（**radial gliocyte**），又称**缪勒**（**Müller**）细胞，是视网膜特有的一种胶质细胞。细胞狭长，几乎贯穿除色素上皮外的视网膜全层，参与内、外界膜的形成。

光镜下观察 HE 染色标本，从脉络膜向玻璃体腔方向，视网膜感光部可区分为 10 层结构：①**色素上皮层**（**pigment epithelium layer**），由单层色素上皮细胞构成；②**视杆细胞和视锥细胞层**（**layer of rods and cones**），由视杆细胞和视锥细胞构成；③**外界膜**（**outer limiting membrane**），由 Müller 细胞外侧突末端之间的连接复合体构成，通常不明显；④**外核层**（**outer nuclear layer**），由两种视细胞含核的胞体组成；⑤**外网状层**（**outer plexiform layer**），由视细胞的内侧突和双极细胞的树突及水平细胞的突起组成；⑥**内核层**（**inner nuclear layer**），由双极细胞、放射状胶质细胞、水平细胞、无长突细胞的胞体构成；⑦**内网状层**（**inner plexiform layer**），主要由双极细胞的轴突、节细胞的树突组成神经节细胞层（ganglion cell layer）；⑧**节细胞层**（**ganglion cell layer**），由节细胞胞体组成；⑨**神经纤维层（nerve fiber layer）**，由节细胞的轴突组成；⑩**内界膜（inner limiting membrane）**，由 Müller 细胞内侧突末端相互连接而成。

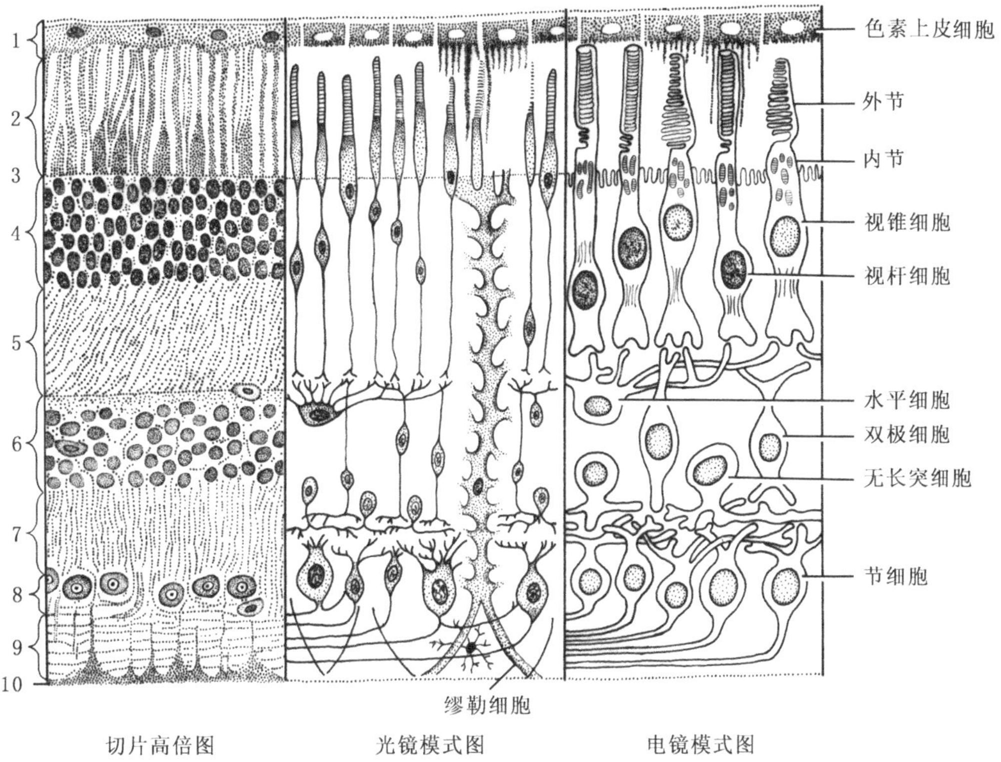

图 19-3　视网膜结构模式图

1. 色素上皮层　2. 视杆细胞和视锥细胞层　3. 外界膜　4. 外核层　5. 外网状层　6. 内核层　7. 内网状层　8. 节细胞层　9. 神经纤维层　10. 内界膜

（二）眼球内容物

眼球内容物是眼球内一些无色透明的折光物质，包括晶状体、房水和玻璃体，它们与角膜一起组成眼的折光系统。

1. 晶状体　**晶状体（lens crystallina）**呈圆形、双凸透镜状，无血管和神经，透明而富有弹性，位于虹膜和玻璃体之间，是重要的屈光装置。晶状体由上皮细胞构成，外包同质的晶状体囊。在此囊的下面，晶状体前表面为单层立方细胞构成的**晶状体上皮（lens epithelium）**。在晶状体的赤道部，细胞变为长柱状，称为**晶状体纤维（lens fibers）**，纵轴与表面平行，晶状体纤维构成晶状体实质。晶状体由**睫状小带（zonula ciliaris）**固定，睫状小带从晶状体囊连到睫状突。晶状体的弹性随年龄的增长而减弱，透明度降低而混浊，则为白内障；如果晶状体变扁，调节聚焦的功能减弱，则形成老花眼。

2. 房水和眼房　**眼房（camera oculi）**是位于角膜和晶状体之间的腔隙，被虹膜分为前房和后房。**房水（aqueous humor）**为含极少量蛋白质的无色透明液体，充满于眼房内，主要由睫状体分泌和血管渗透产生，组成与血清相似。房水由眼后房经瞳孔进入前房，在眼前房的周缘渗入巩膜静脉窦至眼静脉，回流到血液。房水有运输营养物质和代谢产物、折光和调节眼压的作用。若房水产生过多或回流受阻，可引起眼内压升高，视力减弱，称为青光眼。

3. 玻璃体　**玻璃体（vitreous body）**是位于晶状体和视网膜之间的无色透明的胶冻状物质，外包一层透明的玻璃体膜，内含 99% 的水和少量的透明质酸、玻璃蛋白、胶原原纤维，也含有少量成纤维细胞和分泌透明质酸的透明细胞。玻璃体内无血管，以扩散方式与邻近组织进行物质交换。玻璃体具有折光和支持视网膜的作用。如果发生混浊即影响视力，玻璃体流失后不能再生，由房水填充。

（三）附属器官

眼球的附属器官包括眼睑、泪器和眼球肌等，对眼球有保护、运动和支持作用。

1. 眼睑　**眼睑（eyelids）**为盖于眼球前方的皮肤褶，分为上眼睑和下眼睑。眼睑内衬睑结膜，外被皮肤，中间主要为眼轮匝肌。皮肤内有毛囊、汗腺（Moll 氏腺）和皮脂腺（Zeiss 氏腺）。睑结膜为一薄层湿润而富含血管的黏膜，正常为粉红色。结膜的上皮为复层扁平或复层柱状上皮，常见有杯状细胞，下层的疏松结缔组织有时含有弥散或结节状的淋巴组织。

猪睑结膜

在睑结膜的上皮和固有层之间，是一个致密结缔组织板，称为**睑板（tarsus）**。睑板内有大而分叶明显的**睑板腺（tarsal glands）**，其中心导管开口于靠近与皮肤结合处的睑结膜表面。结膜转折覆盖在眼球巩膜的前部，这部分称为球结膜，睑结膜和球结膜之间形成结膜囊。在内眼角处有半月形的结膜褶，内有色素和一块软骨，称为第三眼睑，又称瞬膜，在狗和反刍兽为透明软骨，在猫、马和猪为弹性软骨。

在眼球的腹侧和后内侧的筋膜内，有**哈德氏腺（Harderian glands）**，即副泪腺，又称瞬膜腺。哈德氏腺呈扁哑铃形，两端粗大钝圆（后端大于前端），中间细小呈带状，淡红色或褐红色，表面可见大小不等的圆形或多边形凸起的分叶状结构。哈德氏腺为复管泡状腺，结缔组织被膜伸入实质，分隔成大小不同的腺小叶，切面呈圆形或多边形，腺泡汇集成三级和次级收集管，然后通入主导管，腺泡和收集管外有毛细血管网分布。主导管纵贯腺体全长。腺泡和导管上皮由柱状上皮细胞构成。在腺泡和各级导管（排泄管）周围富含淋巴细胞，形成弥散淋巴样组织，其中主要是浆细胞，能够分泌抗体。

哈德氏腺有导管开口于瞬膜与巩膜间形成的穹窿内角，其分泌物有湿润和清洗角膜的作用。此外，禽类的哈德氏腺内富含淋巴细胞，是外周免疫器官的一个重要组成部分，为眼及上呼吸道提供局部免疫。瞬膜腺突出症是狗的一种常见眼病，有人将其称为哈德氏腺增生。特点为在眼的内眼角，突然出现红色小肿物，多见于幼龄发育的犬，并以小型犬多见。

2. 泪器　**泪器（lacrimal apparatus）**包括泪腺和泪道。

（1）泪腺　**泪腺（lacrimal gland）**位于眼球的背外侧，眼球和眶上突之间，为扁平卵圆形，导管开口于上眼睑结膜。分泌物为泪液，具有湿润和清洗眼球的作用。泪腺是管泡状腺，猫的为浆液腺，马、反刍兽、狗和猪的为混合腺，马和反刍兽的以浆液腺为主，猪的以黏液腺为主。

（2）泪道　**泪道（lacrimal tract）**为泪液的排泄管道，由泪小管、泪囊和鼻泪管构成。泪小管为两条短管，起始于眼内侧角处的两个小裂隙即泪点，汇注于泪囊。泪囊为膜性囊，位于泪骨的泪囊窝内，呈漏斗状，为鼻泪管的起始端膨大部。鼻泪管位于骨性鼻泪管中，沿鼻腔侧壁向前向下伸延，开口于鼻前庭。

3. 眼球肌　属于横纹肌，一端附着在视神经周围的骨上，另一端附着在眼球巩膜上，全部由**眶骨膜（periorbita）**所包被，可调节眼球的运动。

二、耳

耳（ear）是听觉和平衡觉器官，高等脊椎动物的耳分为外耳、中耳和内耳三部分。外耳有收集和传递声波的作用，中耳主要是将声波传入内耳，内耳是位觉和听觉感受器。

（一）外耳

家畜的**外耳（external ear）**包括耳廓、外耳道和鼓膜，耳廓收集声波，外耳道传导声波到鼓膜。

1. 耳廓　**耳廓（pinna）**主要由一不规则形的弹性软骨构成，与外耳道外侧壁的软骨相连续。软骨外面被覆皮肤，皮下组织很少，皮肤内含有细小的毛和大的皮脂腺。

2. 外耳道　**外耳道（external auditory meatus）**外端与耳廓相连，末端以鼓膜与中耳分隔，表面衬有薄层皮肤，其内含有毛、皮脂腺和管状的**耵聍腺（ceruminous gland）**。耵聍腺是一种大汗腺，其分泌物与皮脂和脱落的上皮细胞共同构成耵聍（耳蜡）。外耳道的外侧部分由软骨支撑，其他部分则由骨作为支架。

幼犬鼓膜

3. 鼓膜　**鼓膜（tympanic membrane）**位于外耳道和中耳之间，为卵圆形半透明薄膜，外表面被有复层扁平上皮，与外耳道表皮延续，内表面是单层立方上皮，与鼓室黏膜上皮延续，中间是薄层结缔组织。鼓膜内面与锤骨柄相连，能接受外耳道传来的声波而发生同步振动，而且无振动后的残余振动。

（二）中耳

中耳（middle ear）主要由鼓室、听骨和咽鼓管构成（图 19-4）。

1. 鼓室　**鼓室（tympanic cavity）**是颞骨岩部内一个不规则的含气腔室，其骨壁在马、牛和猪为松质骨，在绵羊、山羊和狗则为密质骨。鼓室外侧壁和内侧壁的黏膜上皮为单层扁平上皮，前壁与下壁为单层纤毛柱状上皮，后壁为单层立方上皮，近鼻咽部为假复层纤毛柱状上皮，固有层的结缔组织内含有混合腺。

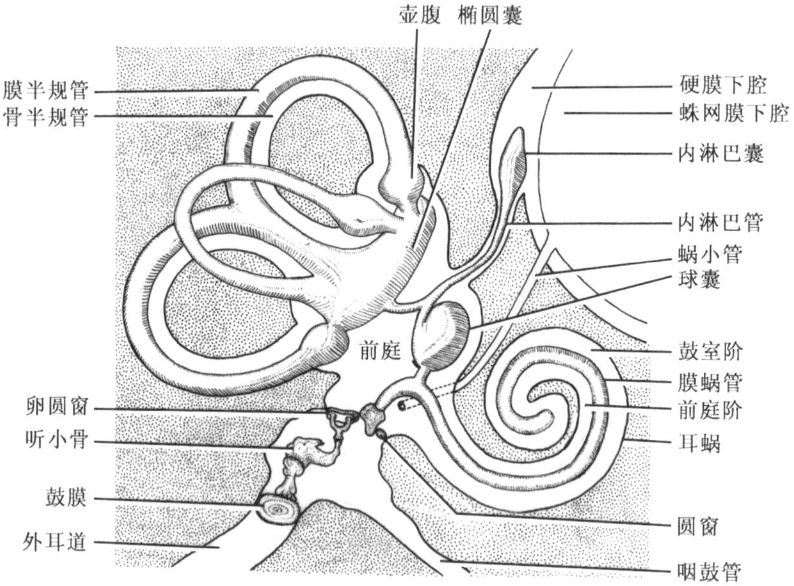

图 19-4　耳结构示意图

2. **听骨**　**听骨**（ossicle）是横贯鼓室的三块听小骨，即**锤骨**（malleus）、**砧骨**（incus）和**镫骨**（stapes），由密质骨构成，表面覆以单层扁平或矮立方上皮。它们为连接鼓膜和颞骨岩部卵圆窗的桥梁。

3. **咽鼓管**　**咽鼓管**（pharyngotympanic tube）是连接鼓室和鼻咽部的管道。近鼓室端的黏膜上皮为单层柱状上皮，近鼻咽部的为假复层纤毛柱状上皮，纤毛可向咽部摆动。固有层的结缔组织内含有混合腺。

（三）内耳

内耳（internal ear）又称**迷路**（labyrinth），是位于颞骨岩部的弯曲管道。包括骨迷路和膜迷路两部分。膜迷路为位于骨迷路内的膜性囊管。膜迷路中充满内淋巴，膜迷路与骨迷路之间充满外淋巴，内、外淋巴互不相通，淋巴可以营养内耳和传递声波。

1. **骨迷路**　**骨迷路**（osseous labyrinth）从后向前由骨半规管、前庭和耳蜗构成。

（1）骨半规管　**骨半规管**（osseous semicircular duct）有 3 个，每个弯曲成 2/3 的环形，相互垂直。每个骨半规管两端膨大形成壶腹，与前庭相连。

（2）前庭　**前庭**（vestibule）位于骨半规管和耳蜗之间，鼓室的内侧，是骨迷路的膨大部，为不规则的卵圆形腔室。

（3）耳蜗　**耳蜗**（cochlea）由**蜗轴**（modiolus）和**骨螺旋板**（osseous spiral lamina）组成。

2. **膜迷路**　**膜迷路**（membranous labyrinth）由相互连通的膜管和囊组成（图 19-4），套于骨迷路内，相应地分为膜半规管、膜前庭（球囊和椭圆囊）和膜蜗管。

幼犬耳蜗

（1）膜半规管 **膜半规管（membranous semicircular duct）**的形状与骨半规管相同，管壁黏膜由单层扁平上皮与薄层结缔组织构成，在膜壶腹处管壁增厚，呈嵴状突入壶腹，称为**壶腹嵴（crista ampullaris）**（图 19-5）。壶腹嵴是平衡觉感受器，能够感受头部旋转运动开始和终止时的刺激，黏膜上皮由感觉性毛细胞和支持细胞构成。支持细胞呈高柱状，顶部胞质内含分泌颗粒，游离面有微绒毛，核位于基部。其作用为支持毛细胞，分泌酸性黏多糖，覆盖在壶腹嵴上，形成圆顶状的胶质性壶腹帽。毛细胞位于支持细胞之间，呈烧瓶形，游离缘有纤毛，深入壶腹帽中。前庭神经节位于内耳道底，其神经元的中枢突构成前庭神经，周围突的末梢呈环形膨大，分布在毛细胞基部。

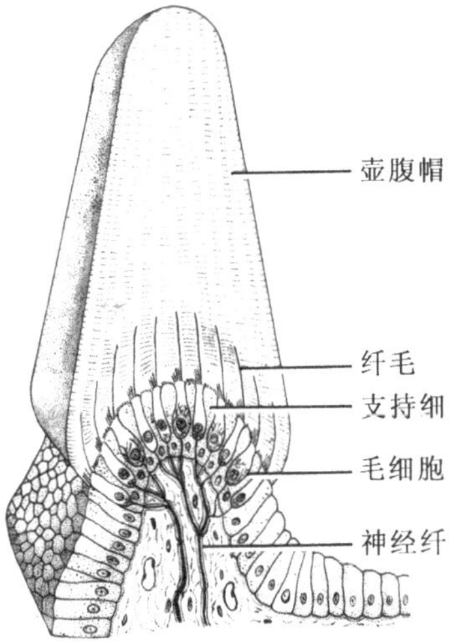

图 19-5 壶腹嵴结构模式图

（2）膜前庭 在**膜前庭（membranous vestibule）**内有两个小囊，分别称为椭圆囊和球囊，其内充满内淋巴。椭圆囊与膜半规管连通，球囊与膜蜗管连通。椭圆囊的外侧壁和球囊的前壁局部黏膜增厚，向腔内隆起，分别形成椭圆囊斑和球囊斑，两个斑合称位觉斑，为较平坦的圆锥状隆起。位觉斑表面的上皮也由支持细胞和毛细胞组成。斑顶部覆盖位砂膜。位砂膜由胶质膜和其表面的位砂组成，位砂是碳酸钙结晶，其比重大于内淋巴。位觉斑能够接受直线运动开始和终止以及直线加速和减速时的刺激，也能够感受头部静止时的位觉。由于两个斑的位置互相垂直，无论头处于任何位置，位砂膜都可受地心引力作用而刺激毛细胞，毛细胞感受刺激后，经前庭神经传入脑。

（3）膜蜗管 **膜蜗管（membranous cochlea）**呈螺旋状位于耳蜗内，与球囊连通。膜蜗管横切面呈三角形，可分为顶壁、底壁和侧壁，将骨蜗管分隔成上方的**前庭阶（scala vestibuli）**和下方的鼓室阶。顶壁为前庭膜，由相邻两层单层扁平上皮构成，顶壁上方是一个大腔室，即前庭阶。底壁为骨螺旋板外侧部和基底膜。外侧壁为骨膜增厚形成的螺旋韧带，被覆复层柱状上皮，上皮中富含血管，又称血管纹，能分泌内淋巴。

在膜蜗管的基底膜上，其上皮增厚，形成听觉感受器——螺旋器（图 19-6），又称 Corti 氏器。螺旋器由毛细胞和支持细胞构成。支持细胞根据形态和位置的不同，分为柱细胞和指细胞。**柱细胞（pillar cell）**排列成内、外两层，并列于基底膜上，靠蜗轴侧的为内柱细胞，对侧的为外柱细胞。**指细胞（phalangeal cell）**也分内、外两层，分别位于内、外柱细胞的内侧和外侧，呈柱状，顶部有一指状突起，底部位于基底膜上。毛细胞是感受听觉的细胞，镶嵌在指细胞之间，分内、外两组。内毛细胞呈烧瓶状，于内指细胞的内上侧排成一行。外毛细胞呈柱状，排列在外指细胞的外上侧。毛细胞顶部有许多静纤毛，称为听毛，基部与耳蜗神经的末梢形成突触。**螺旋缘（spiral limbus）**（蜗管骨螺旋板的结缔组织突起）表面上皮分泌形成胶质性的盖膜，覆盖在螺旋器的上方。Corti 氏器内毛细胞的静纤毛与盖膜接触。由外耳道传入的声波使鼓膜振动，经听小骨传至卵圆窗，引起前庭阶外淋巴振动，继而使前庭膜和膜蜗管的内淋巴也发生振动。同时，前庭阶外淋巴的振动也经蜗孔传至鼓室阶，使基底膜振动，使静纤毛弯曲，引起毛细胞兴奋，其产生的神经冲动，由耳蜗神经传入脑，而产生听觉。这些刺激性声波，通过第二鼓膜被消散，第二鼓膜是位于鼓室内侧壁下部的圆窗。

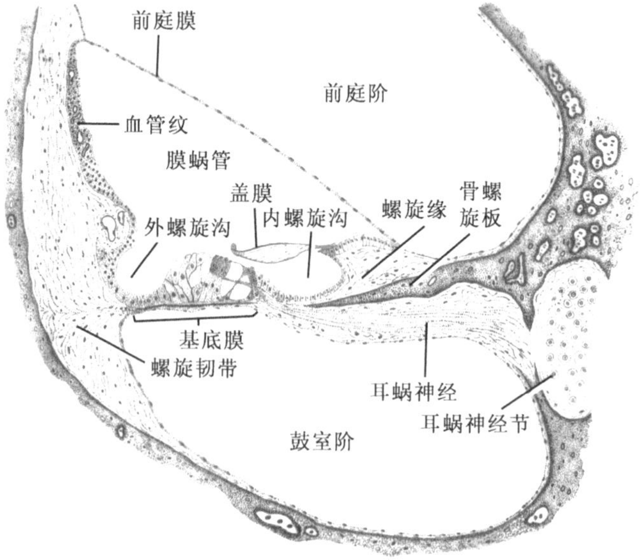

图 19-6　耳蜗及膜蜗管与螺旋器

三、鱼类感觉器官的组织学特点

由于特殊的生活习性，鱼类的感觉器官在组织学上与哺乳动物的有所区别，可分为感受物理刺激的器官和感受化学刺激的器官两大类。感受物理刺激的器官有皮肤感受器、侧线器官、平衡器和视觉器官等；感受化学刺激的器官有味觉和嗅觉器官。鱼类的皮肤具有各种感觉机能，对温度、触压、水流、水压等均有感觉，并可测定方向等。表皮中分布着许多游离神经末梢，是接受温度和触压感觉的；在头部及躯干部，分布有已经特化的感觉器，如感觉芽、丘状感觉器、侧线管系统及其变形结构——板鳃鱼类的罗伦氏壶腹。此外，还有味蕾分布在一些鱼类的口须及皮肤上。皮肤感觉器一般由几个感觉细胞和一些支持细胞组成。感觉细胞呈梨形，位于感觉器的中央，具有感觉毛。感觉细胞具有感觉和分泌的双重机能，其分泌物在感觉器外表凝结成长的胶质顶，感觉毛被包藏在顶的内部，感觉神经末梢分布在感觉细胞之间，与感觉细胞相联系。支持细胞呈柱状，包围着感觉细胞的基部。当水流冲击鱼体时，引起感觉器胶质顶的倾斜，感觉细胞所接受的刺激通过神经纤维传递到神经中枢。

（一）感觉芽

感觉芽是构造最简单的皮肤感觉器，散布在表皮细胞之间，在真骨鱼类常不规则地分布在身体的表皮中、鳍上、唇上、须上和口中。分布到感觉芽的神经纤维，多属于第Ⅶ、Ⅸ、Ⅹ对脑神经。具有触觉和感觉水流等机能。

（二）丘状感觉器

丘状感觉器又称陷器，这类感觉器的感觉细胞低于四周的支持细胞，因而形成中凹的小丘状构造。在发生时最初也为芽状突起，后来因皮肤表面下陷呈凹窝状。丘状感觉器无论在板鳃类和硬骨鱼类的头部和躯干部都能见到，头部的数量较多。陷器的排列方式不尽相同，随种类而异，如扬子江白鲟的陷器是一簇簇地分布在长吻的背腹面、上下颌、每侧鳃盖上以及头的其他部分，好似花朵一般。七鳃鲨的陷器，在喷水孔和胸鳍前之间，按节成行排列。陷器的作用是感觉水流和水压。栖息于水底的鱼类陷器发达，由第Ⅶ、Ⅸ对脑神经分支所支配。

本章内容临床拓展

青光眼是指眼内压间断或持续升高的一种眼病，持续的高眼压可以给眼球各部分组织和视功能带来损害，如不及时治疗，视野可以全部丧失甚至失明。

第二十章 动物胚胎学
Chapter 20 Animal Embryology

内容概要

动物胚胎发育包括胚前期、胚胎期和胚后期三个时期。本章主要介绍鱼类、禽类和哺乳类胚胎发育的前两个时期。

胚前期是指胚胎发生前的阶段，主要指两性生殖细胞发生。雄性生殖细胞精子在精巢中依次经历繁殖期、生长期、成熟期和成形期四个阶段演变为具有鞭毛能运动的精子；雌性生殖细胞卵子依次经历繁殖期、生长期和成熟期三个阶段演变为富含营养物质的卵子。

胚胎期是指从卵的受精到胚胎自母体娩出或从卵中孵出的过程。该过程涉及受精、卵裂和囊胚、原肠胚、神经胚的形成及器官发生等一系列过程。受精是指精子和卵子结合形成受精卵的过程。通过受精，细胞恢复了二倍体的核型，遗传物质发生重组，既维持了物种的稳定性，又使物种得以进化。卵裂是指受精卵进行连续的有丝分裂形成若干卵裂球的过程，可分为完全卵裂和不完全卵裂两种类型。随着卵裂的继续，胚胎逐渐演变为囊胚。囊胚是受精卵经过多次卵裂以后形成的一个多细胞的胚体，根据囊胚腔的有无和囊胚腔的位置可分为五种类型。鱼类主要有多层囊胚和盘状囊胚两种类型，禽类为盘状囊胚，哺乳类为泡状囊胚。通过原肠作用，部分位于囊胚外表面的细胞通过内陷、内移、外包等各种方式进入内部，从而形成一个具有外、内两个胚层或外、中、内三个胚层的原肠胚。神经胚是继原肠胚后的重要发育阶段，开始于神经板的形成，终止于神经管的合拢。神经胚阶段，主要器官的原基在各胚层已经开始出现，但组织分化尚未开始。各原基进一步发育，最终分化成相应的组织、器官和系统，该过程称为器官发生。

胎膜是胚胎发育过程中形成的附属结构，它虽然不直接参与构成胚体，但对胚胎起着保护、营养、呼吸和排泄等作用。胎膜包括卵黄囊、羊膜、浆膜（禽类）或绒毛膜（哺乳类）及尿囊四种。哺乳类的胎膜与子宫内膜共同形成胎盘，以保证胚胎与母体之间顺利进行物质交换。根据胎膜与子宫内膜的结合方式不同，胎盘可分为上皮绒毛膜胎盘、结缔绒毛膜胎盘、内皮绒毛膜胎盘、血绒毛膜胎盘四种类型。

动物胚胎学（animal embryology）是研究动物个体发育过程中形态结构变化及其原理的一门科学，也可广义地理解为是研究精子、卵子的发生、成熟和受精，以及受精卵发育到成体过程的科学。动物体的发育，包括3个重要的时期：其一，是两性生殖细胞的形成过程，称为胚前发育。

其二，是从受精卵裂起，直到出生或孵出前的一段很长的时间，叫胚胎发育。在家畜，胚胎发育就是指**合子（zygote）**的整个子宫内发育过程。在家禽，是指合子在输卵管内发育和产出后经过孵化，胚胎在卵壳内的整个发育过程。其三，是胚后发育，即从娩出（出壳）后幼体形态形成的过程。这三个时期总称为**个体发生（ontogenesis）**。

胚胎学的范围广泛，内容丰富。研究内容主要有以下几方面：①描述胚胎学。描述各种动物发生过程中，外部和内部形态的发生和变化的过程，展示受精卵如何发生为一个成体结构。②比较胚胎学。在对各种物种胚胎发育积累了大量叙述性资料之后，再把不同类群的发育历程加以比较，这就是比较胚胎学。从对比的视角，可以找出不同类群动物胚胎发育的相同或相似之处，从而判断成体形态各异的两个类群的亲缘关系。③实验胚胎学。20 世纪初期，胚胎学已基本上成为一个体系完备的成熟的学科，但研究胚胎发育还要了解胚胎为什么是这样发育起来的。实验胚胎学是指在胚胎的发育过程中，对动物机体给以不同的实验因素，观察其所发生的变化，以期了解机体的发生机理。④分子胚胎学。应用分子生物学的方法探索胚胎细胞分化过程中，基因表达的时间顺序、空间分布和调控因素，以及细胞间的相互关系，以求更深入地阐明胚胎的发育机理。

动物种类繁多，各种动物的发生过程虽有类似，但其发育细节不尽相同。本章将分别介绍鱼类、以猪为代表的哺乳类、以鸡为代表的禽类的胚胎发育过程。

一、生殖细胞

构成动物体的细胞可分为两大类：一类是维持机体生存所必需的体细胞，另一类是维持物种延续所必需的生殖细胞。体细胞随着生物个体的死亡而消失，而生殖细胞是延续生物世代的桥梁，其代代相传，永不灭亡。

生殖细胞（germ cell）又称配子，是动物机体内一种特殊分化的细胞，是个体发生的基础，配子有精子、卵子之分，前者在雄性动物的精巢中产生，后者在雌性动物的卵巢中形成。

（一）精子的结构和发生

1. 精子的结构　精子的大小因动物种类而异，而与动物个体大小没有相关性。哺乳动物精子的长度在 49～100 μm 之间。

哺乳类等有鞭毛的精子由头部、颈部、尾部构成（图 20-1）。

（1）头部　精子头部的形态因动物而异，哺乳类为扁卵圆形（有蹄类）、梨状（人、犬）等。头部是细胞核所在部位，构造致密，全部由异染色质构成。

细胞质在核的前端形成一似帽状的结构称为**顶体（acrosome）**。顶体源于高尔基复合体，内含多种水解酶，如顶体蛋白酶、透明质酸酶等，因此可看作是一种特化的溶酶体。顶体和核之间有一空隙，称为顶体下腔。在海胆精子的顶体下腔内，有不定形的肌动蛋白，顶体反应时，由肌动蛋白聚合而成为顶体突起，而哺乳类由于顶体下腔内没有此类物质，所以顶体反应时不产生顶体突起或**顶体丝（acrosomal filament）**这类结构。受精时，顶体内物质的释放，对精子入卵具有重要作用。顶体结构是否正常与受精率有关，Beatty 等（1963）发现在小鼠中随年龄的增大，正常顶体数下降，其受精率亦下降。

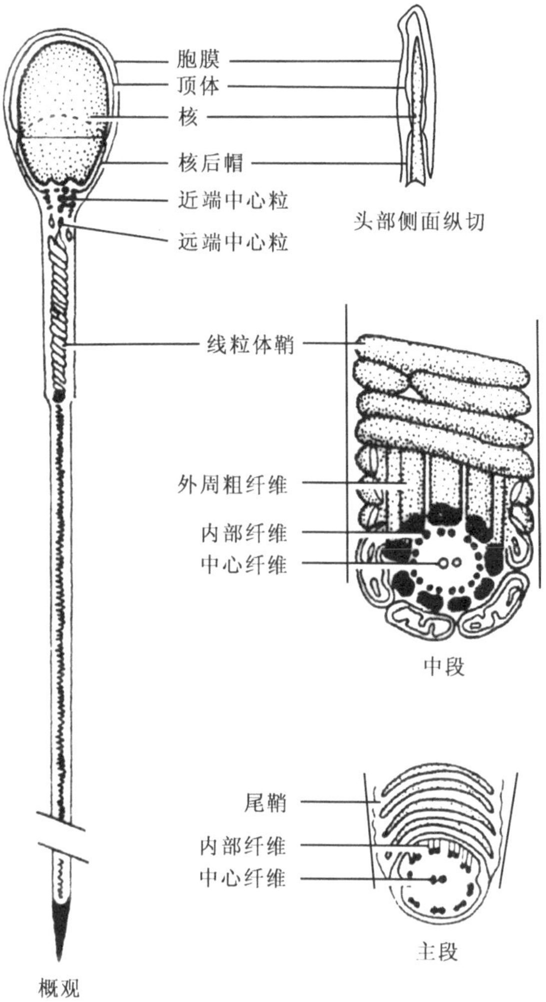

图 20-1 精子结构模式图

（2）颈部　此部最短，从近端中心粒起到远端中心粒为止。通常为圆柱状或漏斗状。近端中心粒固着于核底部的浅窝中，为短的圆筒状，与精子尾部的长轴呈微斜或垂直，在精子纵切面中常呈椭圆形或圆形。远端中心粒则演变为基粒，由它产生精子尾部的轴丝。颈部的外面由漏斗状结构所包，漏斗状的扩大部分固着于核的尾端，而另一端则与精子尾部的中段相连。这种漏斗状结构的壁由 9 条粗的纵行纤维组成，它们紧包着中央的腔。

（3）尾部　精子的尾部亦称鞭毛，是精子的运动器官，分为中段、主段和末段。整个尾部的中心，均贯穿着由微管构成的轴丝。**轴丝（axial filament）**是由远端中心粒延伸形成的，远端中心粒成为轴丝的起点，又称**基粒（basal granule）**。精子轴丝的结构和动物细胞的鞭毛（或纤毛）相似，由 9 × 2+2 型微管组成。位于中央的是一对单微管，其四周为 9 组二联微管组成一同心环，均为纵行排列。这种结构普遍见于各种无脊椎动物、两栖类、鸟类以及许多哺乳类（包括人）的精子。中央一对微管可起传导作用，外围的微管可行滑动作用。

中段：轴丝外包着 9 条纤维，后者的外面包着线粒体鞘。**线粒体鞘（mitochondrial sheath）**是由许多长形的线粒体相互连接成带，并围绕轴丝和纤维，呈螺旋缠绕而成。线粒体是精子活动的能量供应者。在中段和主段的接合部，质膜内折，在纤维的周围形成一环形的褶，称为**终环（annulus）**。终环可防止精子运动时线粒体的移位。

主段：尾部最长的部分，含有轴丝和纤维，没有线粒体鞘，但代之以纤维鞘（尾鞘）。在纤维鞘的背腹各有一纵嵴，因而使精子尾部不呈圆形而呈卵圆形。纤维鞘内的 9 条纤维已减为 7 条，其中两条刚好为纤维鞘上的两条纵嵴所取代。随着主段进入末段，7 条纤维也逐渐变细消失。不同动物纤维终止消失的部位不一样。

末段：尾部最后的一段，长 5～7 μm。由裸露的轴丝埋于极少量细胞质的基质中，其外仅有质膜，这层质膜从精子头部一直延续到精子的末段。

2. 精子的发生　精子发生（spermatogenesis）和形成都是在雄性生殖腺（精巢）内进行的。

当雄性动物性成熟时，精原细胞开始发育并演变为精子。精子的发生具有周期性，同一精巢内，生精细胞的发育不是同步的。因此，在某一时间点，可观察到处于不同发育阶段的生精细胞，它们有次序、有规律地排列于精巢的不同部位。

以哺乳动物为例，介绍精子的发生过程。哺乳动物精子的发生可分为繁殖期、生长期、成熟期和成形期 4 个阶段（图 20-2）。

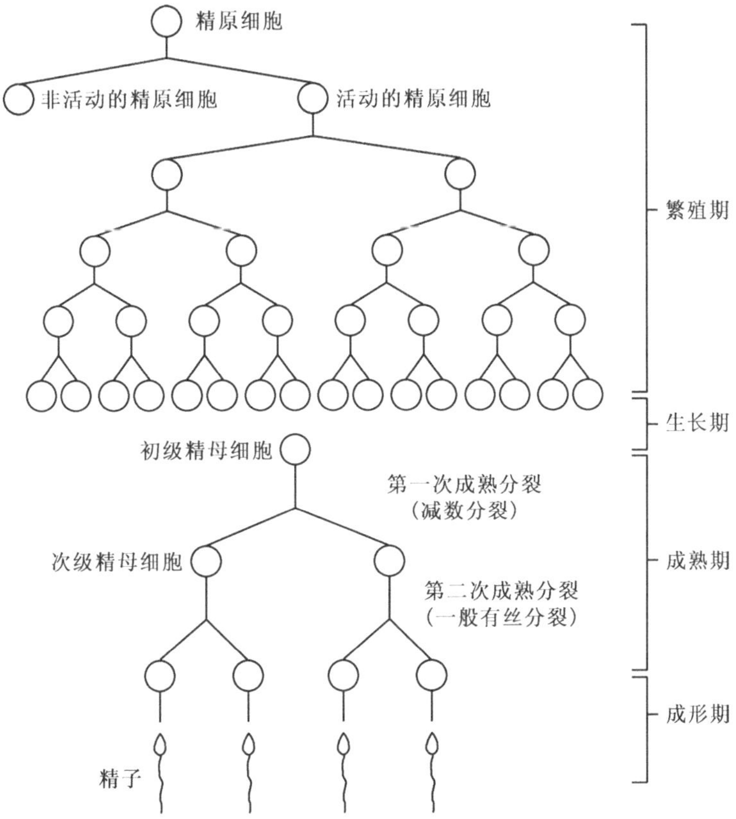

图 20-2　精子发生示意图

（1）繁殖期　在曲细精管管壁上，由基膜向管腔方向，依次排列着不同发育阶段的生精细胞。精原细胞紧靠基膜，是精子形成的干细胞。在大鼠，精原细胞分为 3 类，A 型、中间型和 B 型。一个 A 型精原细胞分裂后形成 A_1 型和 A_2 型两个新的 A 型精原细胞，其中 A_1 型暂不分裂，A_2 型则连续进行 4 次有丝分裂，经过中间型和 B 型精原细胞阶段，最后分化成 16 个初级精母细胞。此时原处于不分裂状态的 A_1 型精原细胞开始分裂，同样也形成一个暂不分裂（A_1 型）和一个继续分裂（A_2 型）的精原细胞。这样，精原细胞在繁殖分裂中，总有一半贮存下来，留做“种”用，另一半分裂形成精子。

（2）生长期　处于此期的细胞，不进行有丝分裂，而是为以后的成熟分裂作准备，主要表现为蓄积营养物质。该阶段初级精母细胞体积逐渐增大，在进入成熟分裂前期后，DNA 加倍，染色体的形态也发生一系列变化。

（3）成熟期　初级精母细胞连续进行两次成熟分裂，形成 4 个精子细胞，两次分裂的间期很短，因此，次级精母细胞在组织切片上难以观察到。由于细胞分裂两次，而染色体仅分裂一次，故在每个精子细胞中仅含有半数染色体，称为单倍体。受精后，精卵结合成为合子，染色体数目再恢复为二倍体，以维持物种染色体数目的恒定。

（4）成形期　球形精子细胞经过变态，成为有鞭毛的精子。变态过程比较复杂，主要是：①细胞核染色质高度浓缩，核伸长并移向细胞一侧，形成精子头部。②由高尔基复合体形成的液泡逐渐增大，呈帽状覆于核的前半部，形成顶体。③中心粒迁移到核的尾侧（顶体的相对侧），发出轴丝，轴丝延伸构成精子的尾部。④线粒体汇聚于尾部中段，盘绕成螺旋形的线粒体鞘。⑤在顶体形成的同时，胞质向相反方向流动，仅在顶体、胞核和轴丝表面留下极薄的一层，大部分细胞质逐渐汇聚于尾部并脱落。

根据性染色体的不同，将哺乳动物产生的精子分为两种：携带 X 染色体的 X 精子和携带 Y 染色体的 Y 精子。

哺乳动物的精子，在离开睾丸时就已经高度分化，但它们还不具有运动和使卵子受精的能力。精子是在通过附睾时获得这些能力的。这一点与大多数无脊椎动物和低等脊椎动物（如禽类和两栖类）明显不同，它们的精子在离开睾丸时，就已经完全具备了受精能力。

运动是精子的主要生理特征。精子在雄性生殖器官中是不活动的，精子射出并与精清混合后，则具有明显的活动能力，其活动方式是头部沿纵轴呈螺旋状转动，尾部呈波动状运动。据观察，尾部的波动一秒钟至少有 15～20 次，而整个精子每秒钟前进的距离，牛 94～123 μm，马约为 87 μm，鸡只有 17 μm。

3. 禽类精子的特点　家禽精子的发生和发育与家畜相似。禽类精子也分头、颈、尾三段。头部呈长卵圆形，前端有尖形顶体，以很短的中段连接着一个很长的尾部。禽类与哺乳类不同，它只产生一种 Z 精子，但产生 Z 和 W 两种卵子。

4. 鱼类精子的特点　鱼类精子的大小，因种类而不同。软骨鱼类的精子较长，而硬骨鱼类的精子则较短。鱼类精子的形态结构与其他脊椎动物基本相同，大多数为鞭毛型精子，也由头、颈、尾三部分组成。头部形态多为大头针状或螺旋状，主要为核所占据。绝大多数硬骨鱼的精子没有顶体，少数有顶体（如罗非鱼）。

（二）卵子的结构和发生

1. 卵子的结构　卵子是高度分化的细胞，除了具有与一般细胞相似的结构外，还具有某些特殊结构。与精子相比，卵子体积较大，富含细胞质和营养物质（卵黄）。

（1）卵膜　卵子的细胞膜（质膜）周围往往还有一层或多层保护性和营养性的膜，这些膜统称卵膜。根据来源不同，可将卵膜分为 3 种类型：初级卵膜、次级卵膜、三级卵膜。初级卵膜又称卵黄膜，是在卵子发生过程中，由卵子分泌的物质围绕在卵子表面微绒毛周围形成的，如海胆和蛙的卵黄膜和哺乳动物的透明带。次级卵膜由滤泡上皮分泌和滤泡上皮转化而成，其结构十分复杂，有的厚而坚韧，有的薄而柔软，硬骨鱼的次级卵膜表面通常有卵膜孔，为精子进入之处。三级卵膜由输卵管分泌物形成，如禽卵的卵白、卵壳膜和卵壳，蛙卵外的胶质膜。

（2）卵细胞质　卵细胞质内除含有各种细胞器外，显著的特点是含有较多的卵黄物质，卵黄的多少与动物胚胎发育方式有关。家禽的胚胎发育不依赖母体，胚胎发育中所需的大量营养物质都由卵本身提供，故卵内有大量卵黄，卵的体积也很大，直径可达数厘米。家畜的胚胎发育是在母体子宫内进行的，所需营养物质由母体提供，因此家畜卵内卵黄含量少，卵子体积也小，直径仅 100～200 μm。卵黄的化学组成，主要为蛋白质、磷脂和少量中性脂肪。卵黄大致可分为两类：一是蛋白质卵黄，除蛋白质外还含有不同量的脂肪；二是脂肪卵黄，除磷脂和脂肪外可能还混杂一些蛋白质。这两类卵黄在许多动物的卵子中是混合在一起的。

卵细胞质的另一特点是，胞质表层物理特性不同于其他部分，呈凝胶状态，称之为皮层。许多动物如哺乳类的卵子皮层中含有一种特殊颗粒，称为**皮质颗粒（cortical granule）**，是由高尔基复合体或滑面内质网产生的。成熟卵子的皮质颗粒在质膜下排列成一行，其结构类似于溶酶体，由一些膜包小泡构成，内容物中含有蛋白水解酶类，受精时酶的释放可引起皮层反应和透明带反应。

（3）卵核　卵核一般呈球形或泡状，核仁大而清晰。

2. 卵子的类型　根据卵黄含量的多少和分布情况，可把动物卵子分为 3 类。

（1）均黄卵　也叫少黄卵。其特点是卵黄含量极少，而且分布均匀。有些动物（如文昌鱼），成体结构简单，胚胎发育期短，不需要许多营养物质维持胚胎发育，故其卵子属于均黄卵；另有一些动物（如哺乳动物），尽管成体结构复杂，但其胚胎在母体内发育，由母体提供营养，卵子也不需要储存大量的营养物质，故其卵子也属于均黄卵。

（2）间黄卵　这类卵子含有相当数量的卵黄，主要分布在植物极，越近动物极，卵黄含量越少。一般把卵子中具有细胞核的一端叫作**动物极（animal pole）**，与其相对应的一端叫**植物极（vegetal pole）**。两栖类的卵子属于间黄卵。

（3）端黄卵　也叫多黄卵。卵黄含量很多，几乎占据整个卵子，把含有核的细胞质部分挤到卵的动物极一端，形成一薄层。鸟类的卵子属于此类，其大量卵黄足以维持胚胎发育，孵化后的幼雏已经是能够独立生存的个体了。

3. 卵子的大小　动物卵子的大小差异很大。卵子的大小与各种动物身体的大小没有比例关系，主要取决于卵内营养物质的含量，而营养物质的含量，又取决于该动物的发育方式。如人类和其他哺乳类，由于胎儿可以从母体血液中获得营养，无须在卵内贮存大量的营养物质，所以卵子就较小；相反，禽类卵子的体积就较大。

4. 卵子的发生　卵子发生（oogenesis）主要在卵巢内进行，从卵原细胞开始，经繁殖期、生长期、成熟期，最后形成成熟的卵子。现以哺乳动物为例，介绍卵子的发生过程（图 20-3）。

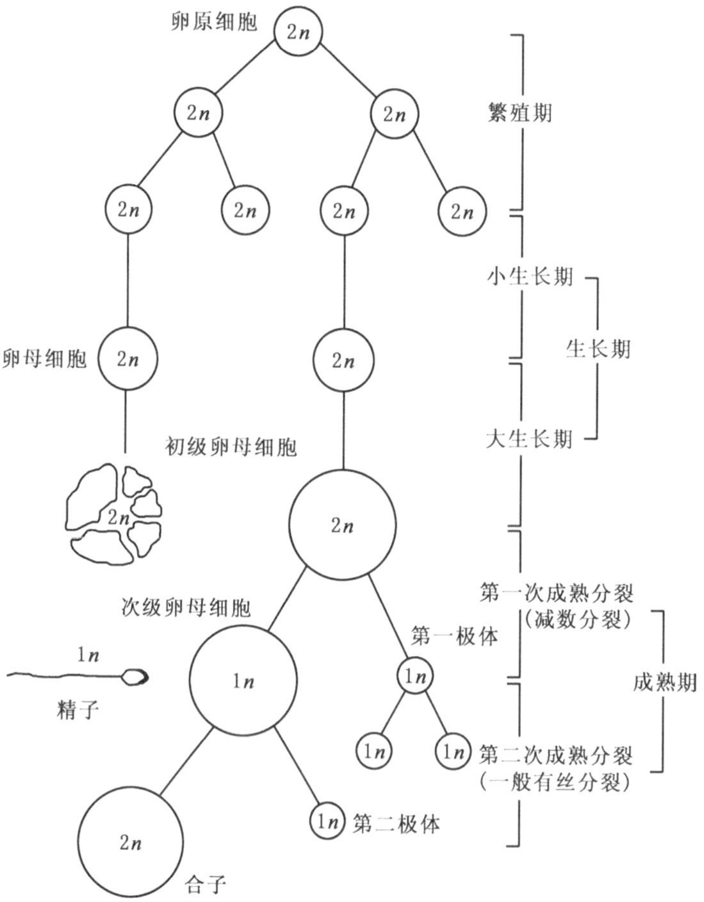

图 20-3　卵子发生示意图

（1）繁殖期　胚胎时期由内胚层转移到生殖腺的原始生殖细胞，在性别分化后，形成**卵原细胞（oogonium）**，卵原细胞经过多次细胞分裂，增殖其数目，一般认为这种增殖过程到出生前逐渐停止。最后分裂形成的细胞，叫初级卵母细胞，这种细胞经过很长的生长期，到性成熟后，依次发育成卵子或中途夭折。

（2）生长期　初级卵母细胞在出生前形成后，需经过较长的生长期，才进入成熟阶段。大量的初级卵母细胞停留在第一次成熟分裂的前期阶段。在漫长的生长期内，初级卵母细胞首先发生胞核物质的变化，DNA 含量增加，可达体细胞的两倍，但细胞体积不增大，该阶段称为小生长期。在生长期的后期，由于在细胞内积蓄大量的营养物质，体积很快增大，这一时期可称为大生长期。

（3）成熟期　初级卵母细胞在经过一系列准备以后，开始进入成熟分裂阶段。由于营养物质增多，核偏位于动物极，因此，第一次成熟分裂的结果，在动物极分出一个极小的极体与一个很大的次级卵母细胞。这个极体称为第一极体，在核物质量的方面，第一极体与次级卵母细胞相等，二者各具有初级卵母细胞半数的染色体（$1n$）。但是在细胞质方面却极不相称，次级卵母细胞几乎占有了初级卵母细胞所有的胞质，特别是具有营养物质的部分。第一极体或者还能分裂成两个小的极体，或者中途死亡。在经过一段时间的发育后，次级卵母细胞又开始进入第二次成熟分裂的前期。此时，自卵巢排出，完成卵巢内的发育阶段（牛、羊、猪）。排出以后的次级卵母细胞，继续进行第二次成熟分裂，但到中期则停滞，只有受精，第二次成熟分裂才可完成。第二次成熟分裂，分出一个小的第二极体和一个已经有精子穿入的“合子”。如果未受精，处于分裂中期的次级卵母细胞将死亡。因此，对家畜而言，真正成熟的卵子是看不到的。马和狗排卵时，卵处于初级卵母细胞阶段，两次成熟分裂均在排卵后进行。有些低等动物（如海胆），次级卵母细胞很快完成第二次减数分裂，形成一个大的成熟卵子和一个很小的第二极体。

5. 禽类卵子的特点　以鸡为例，介绍禽类卵子的特点和形成。鸡卵从卵巢排出之前，进行第一次成熟分裂，放出第一极体。卵子排出之后，同其他脊椎动物相似，停留在第二次成熟分裂的中期。

鸡卵为端黄多黄卵，卵内卵黄含量非常多，细胞质和细胞核仅局限在动物极表面，呈一白色圆形区域，称为**胚珠（germinal vesicle）**。由于细胞质和细胞核所占比例极小，因此卵黄的大小实际上就代表了卵的大小，其直径可达数厘米。卵黄由黄卵黄和白卵黄相间组成。卵黄的中心为白卵黄，称为**卵黄心（latebra）**；从卵黄心到胚珠，白卵黄是连续的，至胚珠下面的白卵黄，略为膨大，称之为**潘氏核（nucleus of Pander）**。卵黄的分层现象，是饲料中叶黄素含量不均的结果，以此也说明了卵黄为逐日形成的。至于卵黄颜色的深浅，则与胡萝卜素和维生素 A 的含量多少有关。卵的质膜外为卵黄膜，分内、外两层：内层由滤泡细胞分泌形成，为一层结缔组织样的蛋白质成分；外层是卵从卵巢排出后，由输卵管漏斗部的分泌细胞所形成，由与内层呈平行排列的细纤维所组成。

为适应陆地生活，卵从卵巢排出后，经输卵管时，形成各种卵膜，以组成完善的保护结构。卵于漏斗部停留 20 min 后，进入输卵管伞部，其黏膜中有管状腺和单泡腺，分别分泌稀卵白和浓卵白，包在卵的外面，内层为浓卵白，外层为稀卵白。卵白不仅是胚胎发育的营养物质，同时也供给发育所需的水分，并有保护作用，除机械性保护作用之外，并有**抗生物素蛋白（avidin）**和溶菌酶等物质，前者可抑制细菌生长，后者可溶解细菌，因此又能起到生物性的保护作用。

卵由伞部进入峡部后，由其腺体分泌壳膜物质形成内、外壳膜。壳膜由角蛋白组成，呈网状结构，具有极强的韧性。由于内、外壳膜有大量气孔，所以具有较好的通气性。在气室处由空气将内、外壳膜分开，在其他部位两层则是紧贴在一起的。

卵在子宫部停留 18～20 h，在此期间，子宫的腺细胞分泌水和无机盐，通过壳膜将外层的稀蛋白再稀释，结果形成厚的稀蛋白层包于浓蛋白之外，在最后 5 h，则形成卵壳和色素。卵在子宫部停留时间较长，并在其内旋转，导致两端的浓蛋白发生扭绞，而形成两个扭曲的索状结构，附着于卵的两端，称为**系带（chalaza）**，它的作用是使悬浮于卵白中的卵黄能保持一定的位置，即蛋的中央，使胚珠始终位于卵黄上方。蛋的形成与卵的受精与否无关。蛋刚产下时，其钝端并无气室，当蛋冷却时，由于卵白的收缩，钝端的内壳膜向下陷落，于是在内、外壳膜之间形成一个气室（图 20-4）。

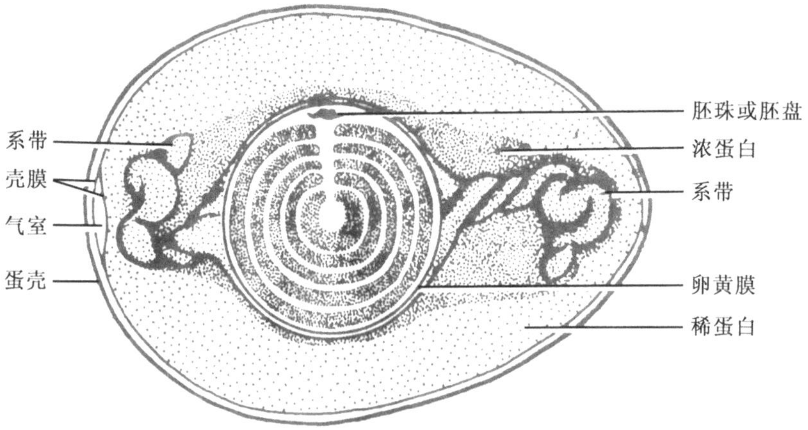

图 20-4　鸡蛋的结构

摘自王树迎，王政富主编《动物组织学与胚胎学》

6. 鱼类卵子的特点　大多数鱼类的卵径在 1～3 mm 之间。一般卵生鱼类，尤其是产卵后不进行护卵的鱼类，所产的卵较小，胎生和卵胎生鱼类的卵子相对较大。

大多数鱼类的卵子呈圆球形，如我国的淡水家养鱼类——青、草、鲢、鲫等。但有些鱼类的卵子具有各种形态的卵膜，而使卵子呈现不同的外形。卵膜一般由黏蛋白或黏多糖构成，有的则为角蛋白所组成的几丁质硬壳。大多数硬骨鱼的卵膜上有一个或几个孔，称为**卵膜孔（micropyle）**，卵膜孔的位置一般在动物极或其附近。

鱼类的卵子，除了细胞核、细胞质和细胞膜等结构外，为了适应环境和发育的需要，卵子中含有大量卵黄，有的鱼类卵质中还含有油球。油球又称油滴，是许多海产硬骨鱼卵的特殊组成部分，具有鲜艳的色彩。油球本质上是一些由单位膜包裹的小泡，内含中性脂肪。油球不仅是养料的储藏库，也起到浮子的作用，使卵能漂于一定的水层中。鱼类卵子油球的有无、数目的多寡、直径的大小以及色彩等，被鱼类学家作为辨别各种鱼类卵子的重要分类特征。有些鱼类的卵中，仅含有一个油球，称为单油球卵，如黄鱼和带鱼等；而另一些鱼类的卵子中含有许多大小不等的油球，称为多油球卵，如鲥鱼和白鲑等。

二、受精

受精（fertilization）是两性配子结合形成**合子（zygote）**的过程，为个体发育的起点。通过受精，合子接受了双亲的遗传物质，恢复二倍体染色体数目。

（一）受精的类型

动物的受精方式基本上分为体内和体外两种，哺乳类大都为体内受精，低等脊椎动物和无脊椎动物绝大部分为体外受精。

（二）受精的过程

下面以哺乳动物为例，介绍受精的过程及其发生的变化（图 20-5）。

1. 精子获能　哺乳动物刚射出的精子，并不能使卵子受精，只有在雌性生殖道内（主要在子宫及输卵管中）或在类似于生殖道的环境（如培养液）中停留一段时间，才具有受精能力，此过程称为**获能**（**capacitation**）。

关于精子获能的机制，一般认为，精子头部表面覆有一层来自精清的糖蛋白，称为去能因子，可阻止顶体酶的释放。在雌性生殖道中（主要在子宫及输卵管中），具有能降解这种糖蛋白的酶，从而使精子获得与卵子受精的能力。获能后的精子，其质膜也发生了一定的改变，这一改变是为顶体外膜与质膜的融合作准备的。

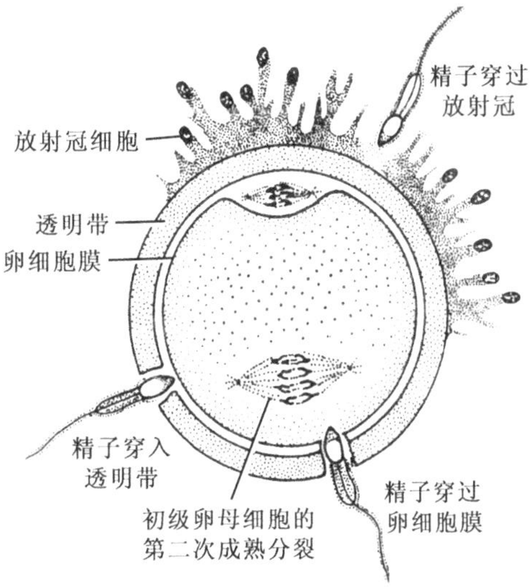

图 20-5　受精过程

摘自王树迎，王政富主编《动物组织学与胚胎学》

2. 精卵的接近　体外受精的动物，精卵的接近比较容易。体内受精，则需由不同结构的生殖器官，将精子输送到卵子的附近。哺乳动物的精子在进入雌性生殖道后，主要依靠子宫和输卵管的平滑肌收缩和输卵管管壁上皮纤毛的摆动，到达输卵管上端，而精子本身活动所起的作用很小。精子在短时间内就被输送到受精部位（哺乳类一般在输卵管上端或壶腹部），如小鼠、猪的精子在 15 min 内就到达输卵管上段，兔子的精子在 3 h 内到达。

精卵的结合由于受精素和抗受精素相互作用而完成，它们的反应，犹如血清中抗原和抗体的结合方式。这种结合必须是同种的，异种的不起反应或反应很弱。

3. 精子入卵　绝大部分动物卵外均有一种或几种卵膜，因此精子入卵前，必须首先穿过这些卵膜。

（1）顶体反应　**顶体反应**（**acrosomal reaction**）是精子与卵膜接触后，精子质膜和顶体外膜发生点状融合，释放顶体内容物的过程。顶体内容物中的透明质酸酶能溶解放射冠卵泡细胞之间的胶样基质，使卵泡细胞离散，保证精子能穿过放射冠而接近透明带。精子到达透明带表面时，同样是依靠顶体内的酶将透明带溶解，打开一条供精子穿过的通道（图 20-5），精子由此通道穿过透明带，到达卵质膜（卵细胞膜）表面。

（2）皮层反应　精子一旦与卵质膜接触，卵子就开始发生一系列变化，称之为卵子的激活。哺乳动物卵子激活的最明显标志是减数分裂的完成和皮层反应。所谓**皮层反应**（**cortical reaction**）是指皮质颗粒内含物（蛋白水解酶类）以胞吐的方式排到卵周隙中的过程。

皮层反应的重要作用在于能够阻止多精入卵。皮质颗粒中含有类胰蛋白酶、过氧化物酶等物质，这些物质作用于透明带，使得透明带发生生化和结构上的改变，从而使其他精子不能再穿过它，称之为**透明带反应（zona reaction）**。由于皮层反应的结果，卵质膜补以皮质颗粒的膜而发生了重组，重组后的卵质膜可阻止其余精子入卵，称为**卵黄膜反应（egg plasma membrane reaction）**。在发生上述反应的同时，精子头部质膜与卵质膜融合，精子被“拖入”卵内（图 20-5），入口处由精子的质膜填补。

不同动物阻止多精入卵的机制不同。有的主要依靠透明带反应来阻止多精入卵，如犬、人；有的动物则主要依靠卵黄膜反应来阻止多精入卵，如兔；有的动物既依靠透明带反应，又依靠卵黄膜反应，如大鼠和小鼠。

4. 雌雄原核的形成和结合 精子入卵后，核开始膨大，核膜破裂，染色质从致密状态开始松散，成为颗粒状或细丝状，而后核膜在分散的染色质四周集中成许多小囊。后来，小囊相互合并，组成核膜，即雄原核。

卵子细胞核在完成了两次成熟分裂之后，染色体首先分散，沿着分散的染色体的边缘，汇集了一些小囊，它们逐渐融合形成一个形状不规则的核，即雌原核。

两原核相向移动，彼此靠近并接触，随之核膜消失，染色质浓缩后形成两组染色体，排列于受精卵的赤道板上，并与纺锤丝相连，准备进行第一次卵裂。

（三）受精的生物学意义

受精过程一般是不可逆的，其意义在于：①受精使卵子由缓慢代谢转入代谢旺盛，从而启动细胞不断分裂。受精是使卵内所贮存的发育信息，从处于“掩盖”的不活动状态，诱发成为活动状态，使 mRNA 释放出来，从而激发蛋白质合成机制启动，导致受精卵的发育。当胚胎发育到一个新的阶段（原肠胚），新的核仁开始出现，核糖体 RNA（rRNA）又重新合成，随之形成特异性蛋白质，细胞进而分化为 3 个胚层。②精子与卵子的结合，恢复了二倍体核型，维持了物种的稳定性。③受精决定性别，以家畜而言，带有 Y 染色体的精子与卵子结合，发育成雄性；带有 X 染色体的精子与卵子结合，则发育成雌性。④受精卵的染色体来自亲本，加之生殖细胞在成熟分裂时，曾发生染色体联会和片段交换，遗传物质发生重新组合，新个体具有了与亲代不完全相同的性状，使物种得以进化。

（四）禽类受精的特点

以鸡为例，介绍禽类受精的特点。

鸡为体内受精，受精部位是在输卵管的漏斗部。交配后，精子存留于漏斗部的黏膜皱褶中，每立方毫米可达 350 万个，精子在该处存活的时间较长，可达 15～20 天。鸡每交配一次，至少可使 1 周内母鸡排出的卵子受精。

与哺乳类不同，鸡的精子不需要获能。鸡的精子离开睾丸之前，已具备使卵子受精的能力。

精子在通过卵黄膜的外层时，精子的顶体仍为完整，没有发生顶体反应。当与卵黄膜内层接触时，发生顶体反应，即顶体外膜与质膜发生融合，释放顶体内含物。卵黄膜内层由柱状纤维组成一个三维空间网，由于顶体酶的作用，在此网中形成一个直径 9 μm 的通道，精子通过通道，斜向进入卵周隙到达卵的质膜表面。

鸡的卵母细胞发育到第二次成熟分裂中期，仅在**胚盘**（**embryonic disc**）区域接受精子入卵。鸡为多精入卵，一般有 3～5 个精子进入卵内。一旦精子进入后，停留在分裂中期的卵子完成第二次成熟分裂，并排出第二极体，形成雌原核。而进入的精子中，只有一个形成雄原核并与雌原核结合，其余精子形成副精子核，存留不久，即逐渐退化消失。

（五）鱼类受精的特点

大多数真骨鱼类为体外受精，它们将成熟的精子和卵子直接产入水中，在体外进行受精和全部发育过程，该生殖方式称为**卵生**（**oviparity**）；少数真骨鱼类，如海鲫等，雌鱼将成熟的卵子排入生殖管道内，雄鱼均有交接器，通过交配，精子到达雌鱼的生殖管道与卵子相遇融合而完成受精过程，并在此处进行发育，但胚胎发育的营养仍然依靠自身的卵黄，母体不供应胚胎的营养，不过胚胎的呼吸是依靠母体而进行的，这些鱼类的生殖方式称为**卵胎生**（**ovoviviparity**）；还有少数鱼类，如灰星鲨，其受精方式与卵胎生鱼类一样，为体内受精，但胚胎与母体发生循环上的关系，其胚胎的营养不仅依靠本身的卵黄，而且也依靠母体的血液循环来供应，这种生殖类型称为**胎生**（**viviparity**）。

大多数鱼类与其他脊椎动物一样，均在卵母细胞发育到第二次成熟分裂的中期接受精子入卵。凡体外受精的鱼类，其卵子一般被较厚的壳膜所包被，在动物极的壳膜上均有精子入卵的通路——卵膜孔。具有卵膜孔的卵子，其精子均无顶体。无顶体的精子穿过卵膜孔入卵。

硬骨鱼类虽为单精受精，但在受精时，却有成千上万的精子附着在卵的表面，这对保证一条精子入卵而完成受精作用是必需的。受精后 25 s 左右，精子已进入卵质，受精孔立即被皮质颗粒排出的黏多糖物质堵塞，将其他精子阻止于卵外。有卵膜孔的卵，精子通常从卵膜孔处进入。无卵膜孔的卵，精子入卵的地点就变化无常，可以在不同的地点进入。

三、鱼类早期胚胎发育

鱼类的卵大多为多黄卵，由于鱼的种类繁多，所以鱼类早期胚胎发育呈现较多形式。

（一）卵裂

单细胞的受精卵经过一系列连续的有丝分裂，形成一个多细胞的胚体，该过程称为**卵裂**（**cleavage**）。卵裂所产生的细胞，称为卵裂球。卵裂与普通细胞分裂不同，主要区别在于：每一次卵裂细胞核的变化虽然和一般的有丝分裂相似，但是分裂完成之后卵裂球不生长。因此连续分裂之后，每一卵裂球的细胞质的体积逐渐减小，而细胞核的体积不变。卵裂的过程，是一个量变的过程。卵裂的结果，产生足够数量的细胞，为胚胎的进一步发育提供物质储备。此外，卵裂也反映了动物的系统发育，它为多细胞动物是从单细胞动物进化而来的观点提供了依据。

动物卵裂类型与卵黄的含量多少和分布有着直接的关系。卵黄少而分布均匀的卵，卵裂面将卵完全分割开；卵黄多而集中的卵，卵裂面就不能将卵完全分开，仅在其细胞质部分进行分裂。因此，卵裂大体上可分为两类：**完全卵裂（holoblastic cleavage）**和**不完全卵裂（meroblastic cleavage）**。

根据鱼类卵子中卵黄的含量及其分布状况的结构特点，可将鱼类的卵裂归纳为两种类型：

1. 完全卵裂 间黄卵的卵裂属于完全卵裂，如文昌鱼、七鳃鳗等。但不同的鱼略有不同，现以鲟鱼卵裂为例描述如下。

鲟鱼的卵径较大，卵黄含量丰富，其卵裂基本属于完全卵裂，前 3 次卵裂为纵裂，第四次横裂沟的位置在动物极，因此动物极（上面）的 8 个卵裂球较小，而植物极（下面）的 8 个卵裂球则非常巨大。以后，随着卵裂次数的增多，两极卵裂球的大小差异更加明显，以致动物极的小卵裂球似小帽状，覆盖在植物极的大卵裂球之上。

2. 不完全卵裂（盘状卵裂） 端黄卵受精后，细胞质与卵黄明显分开，细胞质集中于动物极形成一帽状的胚盘，胚盘与围于卵黄四周一层很薄的细胞质层相连，该细胞质层又称卵黄细胞质层。卵裂仅局限于胚盘部分，卵黄不分裂，因此卵裂沟并不到达植物极卵黄部分。

具体过程为：受精卵约于受精后 1 h 开始卵裂。第一次卵裂为经裂，其卵裂沟自动物极向下，但未能达到胚盘底面，因此在胚盘底部有一薄层细胞质，使两个相等大小的卵裂球彼此相连，该薄层细胞质又称细胞质间桥。第二次卵裂亦为经裂，且与第一次卵裂面相垂直，将胚盘分成 4 个相等大小的卵裂球。第三次卵裂有两个卵裂沟，均为经裂，与第二次卵裂沟相垂直，而与第一次卵裂沟相平行，结果形成的 8 个卵裂球细胞排成两排。一般从 32 或 64 个卵裂球以后，卵裂就不完全同步，故卵裂球的数目不是成倍地增加。由于纬裂与纵裂交替进行，胚盘处卵裂球层数增加，渐渐由单层变为多层（图 20-6，图 20-7）。

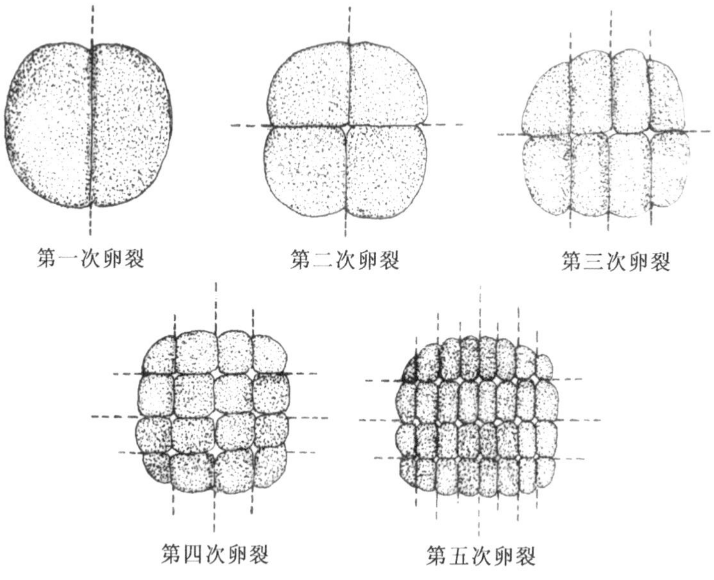

图 20-6 真骨鱼类的早期卵裂

摘自楼允东，郑德崇主编《组织学与胚胎学》

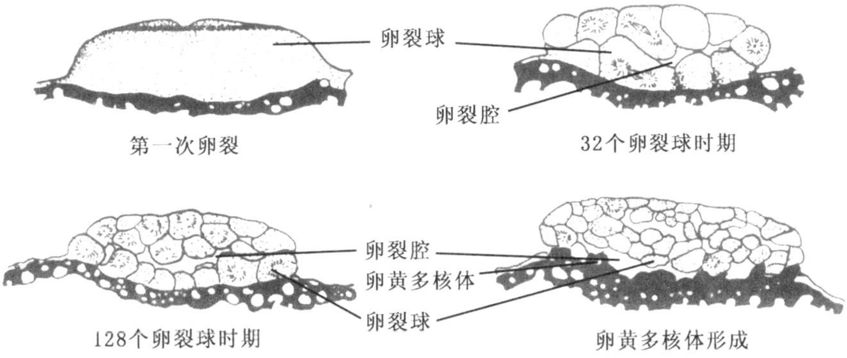

图 20-7　鳟鱼的卵裂

摘自楼允东，郑德崇主编《组织学与胚胎学》

（二）囊胚

受精卵经过多次卵裂形成多细胞的胚体，细胞间出现明显的腔，称为**囊胚腔**（**blastocoele**），此时的胚胎称为**囊胚**（**blastula**）。严格地讲，卵裂与囊胚之间并无明显的界限，只是人为地划分而已。囊胚的形成并不意味着卵裂的结束，因为在整个胚胎发育过程中，始终进行着细胞的分裂。

从个体发育的角度看，囊胚阶段具有相当的重要性。当囊胚腔形成后，腔中充满着营养丰富的液体，可为胚胎发育提供养分；另一方面，囊胚腔的存在还有利于内部细胞的迁移，为胚层的建立和器官的分化作准备。

根据囊胚腔的有无及囊胚腔的位置，可将动物的囊胚分为 5 种类型：**有腔囊胚**（**coeloblastula**）、**实心囊胚**（**stereoblastula**）、**表面囊胚**（**superficial blastula**）、**盘状囊胚**（**discoblastula**）和**泡状囊胚**（**vesicular blastocyst**）。鱼类的囊胚分为以下两种类型（图 20-8）。

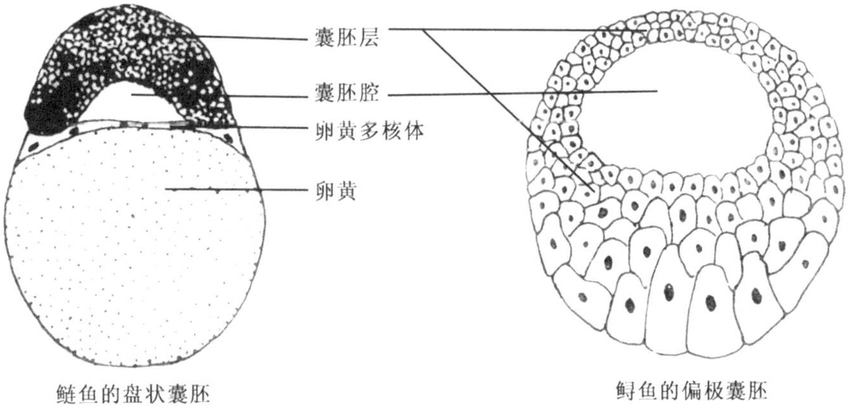

图 20-8　鱼类的囊胚剖面示意图

摘自楼允东，郑德崇主编《组织学与胚胎学》

1. **多层囊胚**　又叫偏极囊胚，是间黄卵进行完全不等卵裂所形成的囊胚。囊胚腔偏于动物极，囊胚由多层卵裂球构成，且植物极卵裂球大于动物极卵裂球，如肺鱼和鲟鱼等。

2. **盘状囊胚**　由端黄卵进行盘状卵裂所形成的囊胚。具有一个充满液体的囊胚腔，囊胚腔的顶壁和侧壁，是由多层卵裂球所构成的囊胚层。囊胚腔的底壁是一薄层无细胞膜分隔的细胞，内含许多细胞核，称为**卵黄多核体**（**yolk syncytium**）。卵黄多核体表面有细长的微绒毛，核不规则，胞质中有线粒体、滑面内质网、高尔基复合体、脂滴和蛋白质颗粒等。

囊胚层隆起较高，细胞体积大而数量少，该阶段称为囊胚早期；囊胚层隆起略低，细胞体积较小而数量较多，该阶段称为囊胚中期；囊胚隆起最低而向扁平发展时，细胞体积最小而数量最多，该阶段称为囊胚晚期。

（三）原肠形成

囊胚期后胚胎进一步发育形成**原肠胚**（**gastrula**）。囊胚细胞通过非常有序而复杂的细胞迁移与重排，形成具有**外胚层**（**ectoderm**）、**中胚层**（**mesoderm**）、**内胚层**（**endoderm**）3个胚层或者外胚层、内胚层2个胚层（海绵和腔肠动物）的胚体，原来的囊胚腔亦随**原肠腔**（**gastrocoele**）的形成而逐渐消失。这种细胞迁移过程称为原肠形成或**原肠作用**（**gastrulation**）。

原肠作用大致有如下几种方式：①**移入**（**ingression**）。在原肠形成过程中，一部分囊胚腔壁细胞移入腔内而形成一层或一团内胚层细胞的方式。移入完成后，留在胚胎表面的细胞形成外胚层。②**内卷**（**involution**）。多见于盘状囊胚。在原肠形成过程中，囊胚表面细胞在一端向内卷入、伸展，形成内胚层。③**内陷**（**invagination**）。多见于有腔囊胚。原肠形成时细胞由囊胚的植物极向囊胚腔陷入，内陷进入的细胞层所形成的腔即原肠腔，向外的通道为胚孔。④**分层**（**delamination**）。一层细胞分离成平行的两层，外层即外胚层，内层即内胚层。⑤**外包**（**epiboly**）。多见于实心囊胚。囊胚表面细胞层扩展并包围内层细胞。

上述几种细胞运动方式很少单独进行，一般是数种方式协调进行，相互配合，在不同的时间和空间内联合完成的。阻止某一种运动方式，必然导致产生异常的原肠胚。所以，原肠作用是胚胎发生过程中一个十分重要的时期，为组织形成和器官分化奠定了基础。

前已叙及，卵裂过程是一个量变的过程。卵裂的结果，仅仅是细胞数量的迅速增加。而原肠作用，则是一个从量变到质变的过程，其主要特征是胚胎细胞进行有规律的迁移、排列和分化，从而导致胚层的形成。因此，原肠作用使胚胎细胞产生了质的变化。

鱼的种类繁多，原肠作用与原始器官原基的形成方式也不尽相同，通过对不同真骨鱼类中原肠形成的观察，认为是由外包、集中、内卷和移入等运动方式完成的，最明显的特点是外包和集中。下面以鲤科为例，介绍鱼类的胚层形成。

鲤科鱼类的受精卵经卵裂后所形成的多细胞囊胚层（胚盘）较大，约占全卵（胚胎）的1/3～2/5。在囊胚晚期之后，囊胚层细胞继续下包，抵达植物极卵黄1/2时，标志着原肠作用的开始。此时，囊胚的边缘细胞增多，由四面向植物极延伸下包，逐渐将卵黄完全盖在内部，因受卵黄的阻碍，胚盘周缘的囊胚层细胞稍向内卷入，而使胚盘边缘形成一增厚的环带，称为**胚环**（**germ ring**）。当胚环出现时，在胚环的一定部位（未来胚胎的后端），由于囊胚层细胞的集中和内卷，形成三角形的加厚隆起，即为**胚盾**（**embryonic shield**）的雏形，胚盾处的内卷边缘即为**背唇**（**dorsal lip**）。

背唇的出现，标志胚胎的两侧对称已显示出来。随着原肠作用的继续进行，植物极的卵黄部分越来越多地被包围。当囊胚层下包卵黄达 2/3 时，便进入原肠中期。由于脊索 - 中胚层 - 内胚层细胞随着囊胚层的下包，而继续由背唇处卷入，使胚盾明显加长，这时通过胚盾的侧切面和横切面，可见胚盾由内外两层细胞构成：内层为背唇卷入的脊索 - 中胚层 - 内胚层细胞，它们连成一片，彼此无界线，称为下胚层；而未卷入、留在表面的多层细胞，构成上胚层。这表明鱼类与一般三胚层动物一样，在个体发育的早期，必须经历两胚层阶段。胚盾是胚胎的雏形，胚盾的长轴就是胚胎的主轴，这时背唇对侧的胚环边缘就是**腹唇**（**ventral lip**），由背唇、腹唇和侧唇围绕的圆形开口叫**胚孔**（**embryonic pore**）。胚孔处裸露的卵黄，即**卵黄栓**（**yolk plug**）。当囊胚层细胞下包达卵黄 4/5 时，胚胎便进入神经胚期。

（四）神经胚的形成

以真骨鱼类为例，简介鱼类神经胚的形成。

1. 神经管的形成 随着胚胎的发育，外胚层加厚形成神经板。首先头部和胚体前中部的神经板细胞边分裂增殖边向背部中央集中，同时下陷形成横断面呈三角形的实心细胞索。后来，头部的细胞索与其背部的外胚层脱离，而胚胎前中部的细胞索仍与外胚层紧密相连。以后，体干后部的神经板细胞亦分裂增殖、集中，并下陷形成细胞索并与外胚层脱离。这样就形成了前后纵长的实心细胞柱——神经索，其前端膨大部分是脑的原基，体干部和尾部的神经索则从前向后逐渐变细，是脊髓的原基。在真骨鱼类中，神经管腔的出现不是同时的，头部未来间脑处的神经索，首先裂出缝隙状腔隙，由此向前后推进形成神经管。真骨鱼类神经管的形成与软骨鱼类以及其他高等脊椎动物既有相似之处，但亦有显著差异，如神经管虽然都由神经板发育而成，但软骨鱼及高等脊椎动物在发生过程中都有神经褶和神经沟的形成，而真骨鱼类则无神经褶和神经沟的出现。

2. 脊索及内胚层的分化 从背唇转入内部的细胞，排列成一条带状的内中胚层，腹面中央为内胚层，剩余的细胞则排列在内胚层背面和两侧构成**脊索**（**notochord**）和中胚层。鱼类原肠胚形成时，没有形成新的腔，而是将原来的囊胚腔隔为两部分，其中内胚层的细胞向下合拢形成的腔称原肠腔，最终构成肠管。

3. 体节的形成与分化 位于神经索和脊索两侧的细胞层发育迅速，结构紧凑，但不久分为背腹两部分。背面的为背外侧部，从表面看，为有规律的分节，称为体节，从前向后逐渐增多。各种鱼类的体节数目不一，大致在 40～50 节之间。腹面的为腹外侧部，以后分化为体壁和脏壁两层，中间裂开的腔隙扩大为**体腔**（**coelome**）。在背腹两部分之间，还有一部分致密的细胞带。该细胞带前端窄而薄，称为血管板；后端较粗大，称为中间带。它们将形成胚胎的心脏、血管和血窦。

四、禽类早期胚胎发育

禽类属卵生动物，胚胎发育不是在母体子宫内完成，而是在离开了母体的蛋中进行，因此，禽类胚胎发育有其自身的特点。现以鸡为例，介绍禽类的早期胚胎发育。

（一）卵裂和囊胚

鸡卵为端黄多黄卵，卵黄对卵裂存在较大阻碍，卵裂只在动物极的胚盘处进行，为不全卵裂或称盘状卵裂。卵裂前，胚盘为一白色圆形区域，直径 3 mm 左右，中央区稍透明，四周（胚周区）稍暗。最早的卵裂仅在中央区进行，以后才逐渐扩展到胚周区。

精子入卵后 3～5 h 进行第一次卵裂，此时的受精卵已进入输卵管峡部。20 min 之后，进行第二次卵裂，其卵裂面与第一次卵裂面相垂直，形成 4 个不完全的卵裂球，这 4 个卵裂球的细胞核分隔清楚，但底部细胞质仍相连。第三次卵裂有两个卵裂面，这两个卵裂面与第一次卵裂面平行，两个卵裂沟位于第一次卵裂沟两侧，与第二次卵裂沟垂直。从第四次卵裂起，卵裂就不再规则，致使卵裂球不规律地增加，第四次卵裂形成 8 个中央细胞和 8 个以上的边缘细胞。此时的受精卵已进入输卵管子宫部。以后的卵裂更不规则，由于细胞数量增多，卵裂范围扩及胚周区。到第五次卵裂后，形成约 32 个卵裂球。此时中央的细胞与下面的卵黄开始脱离，出现一个狭窄的分裂腔。第六次卵裂起，卵裂不仅有经裂，也有纬裂，因此将胚盘中的卵裂球分成两层。在以后的发育中，中央区的细胞层数不断增加，但胚周区的细胞层数较少。随着卵裂的进行，胚盘的卵裂球不断增加，其下的分裂腔也逐渐明显，此时相当于囊胚期。必须指出，鸟类的分裂腔与其他动物囊胚腔的形成方式不同，鸟类的卵裂球可能分泌一种酶，将下面的卵黄消化而产生小的腔隙，随后腔隙扩大形成分裂腔；其他动物，如硬骨鱼类，卵裂开始时，卵裂球之间就产生了空隙，随着卵裂的继续，空隙彼此相连并扩大而成为囊胚腔。此外，前者的分裂腔其背面为卵裂球，腹面为卵黄；后者腔的四周均由卵裂球包围。因此，鸟类囊胚期胚盘下面的腔，应称为胚盘下腔，以区别于其他动物的囊胚腔（图 20-9）。

此时，胚盘形成了两个透明度不同的区域：在胚盘中央，由于有胚盘下腔将细胞层与卵黄分开而显得明亮，称为明区；胚盘四周仍与卵黄相连，透明度较差，故称暗区。

在囊胚期由于胚盘不断向四周扩大，胚盘下腔也随之扩大，胚盘有 5～6 层细胞。明区中面向胚盘下腔的细胞与胚盘脱离，下落到胚盘下腔中，这些细胞含较多的卵黄，而保留在胚盘上的细胞含卵黄较少。暗区则不发生这种细胞下落的情况，所以仍为多层细胞。由于细胞的下落，明区的细胞从 5～6 层变为单层细胞，称为上胚层；下落的细胞形成一层细胞，称为下胚层。此时的胚胎具有上、下两个胚层，二者之间的腔相当于其他动物的囊胚腔。关于下胚层的起源和形成的方式争议颇多，有的认为它是由胚盘边缘的细胞向内卷入而形成，而不是从上面下落的。不论何种观点，下胚层的形成开始于卵在输卵管子宫部内的最后 6～8 h，并在产卵后 1 h 内完成。

囊胚期的上、下胚层并不分别代表外、内胚层。未来胚胎 3 个胚层都是由上胚层形成的，下胚层最终演变成胚外部分，如卵黄囊。

排卵后的卵子，无论受精与否，都会经过漏斗部进入输卵管卵白分泌部，由该处管壁分泌卵白包裹。到达输卵管峡部时，此处的腺细胞分泌内、外壳膜。输卵管子宫部分泌钙质蛋壳。在输卵管内运动期间，受精的卵子开始卵裂。产蛋时，胚胎已发育至囊胚阶段，下胚层已基本形成。

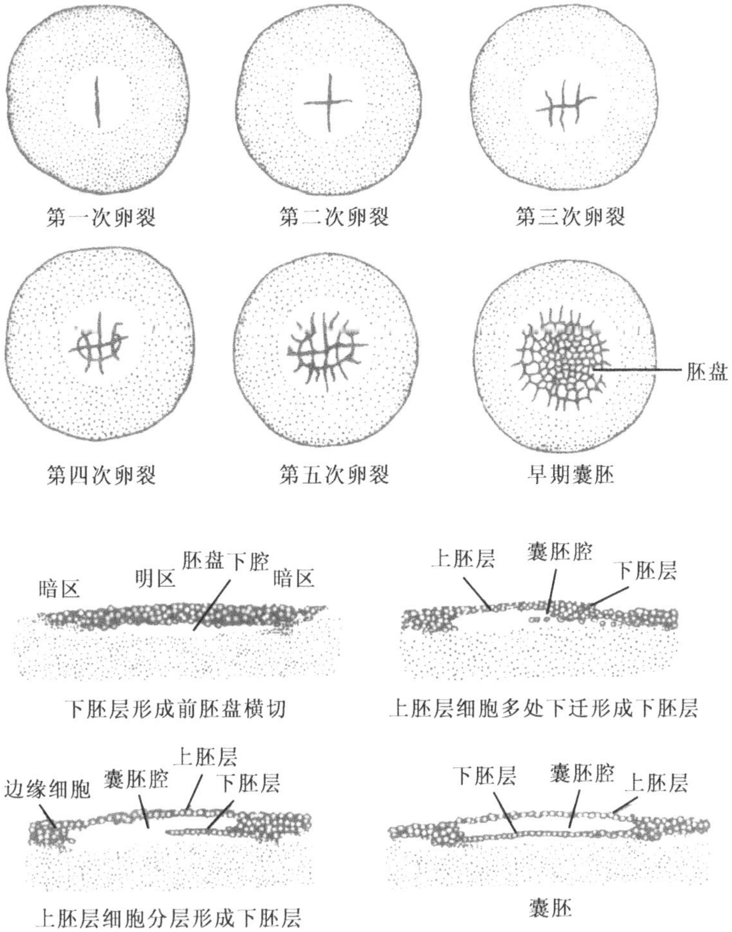

图 20-9　禽类卵裂与囊胚

摘自王树迎，王政富主编《动物组织学与胚胎学》

（二）原肠胚及胚层的早期分化

1. 内、外胚层的形成　随着囊胚的继续发育，位于胚盘明区前部和两侧的细胞，向后部和中央集中，结果在明区后 2/3 处，形成一条细胞带，称为**原条**（**primitive streak**）。随着原条向前延伸，明区也逐渐延长。至孵育 16 h，原条形态更加明显，原条中央下陷为**原沟**（**primitive groove**），两边隆起为**原褶**（**primitive fold**），原沟前端的更深部分叫**原窝**（**primitive pit**），原窝前方的隆起叫**原结**（**primitive or Hensen's node**）。在原条形成的同时，上胚层的细胞自原窝向内卷入，加入到下胚层中，将来形成胚内内胚层，而原来的下胚层形成胚外内胚层。此时的上胚层即为外胚层。由于内胚层的形成，内胚层和卵黄所夹的腔就改称原肠腔，幼胚进入原肠胚阶段（图 20-10）。由原窝卷入的细胞，沿胚盘中轴向前伸展，形成**脊索**（**notochord**）。脊索逐渐向前和向后延伸，原条完成使命也逐渐向后退缩，最终消失。

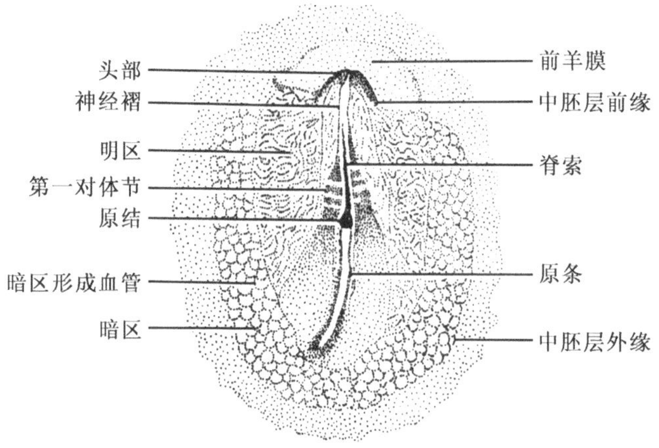

图 20-10　孵化 24 h 鸡胚背面

摘自王树迎，王政富主编《动物组织学与胚胎学》

2. 中胚层的形成　在胚内内胚层细胞自原条前部迁入之后，外胚层细胞经原条继续卷入。胚盘前端表面出现一个黑色的暗影，称为**头突（head process）**。从原沟处卷入的细胞向两侧和前方扩展，形成中胚层。

3. 神经胚的形成和胚层的早期分化　神经胚是脊索动物早期胚胎发育中继原肠胚之后的重要发育阶段，开始于神经板的形成，终止于神经管的合拢。脊索形成后，诱导其背面的外胚层加厚形成神经板，神经板中央凹陷形成**神经沟（neural groove）**，两侧向上起褶形成神经褶，神经褶在中线靠拢，围成神经管。神经管前端膨大为脑，其余部分成为脊髓。在神经褶合并成神经管时，有部分神经褶细胞没有全部并入，而留在神经管背部两侧，成为两条细胞带，以后分节成为**神经嵴（neural crest）**，参与脑脊神经节的形成（图 20-11）。在神经褶形成的同时，胚胎的前端突出于胚盘，这部分将来形成胚胎的头部，它的前缘有一半月形褶，称为头褶，这是胚体隆起的开始。孵化 2 天时，头部向右扭曲，

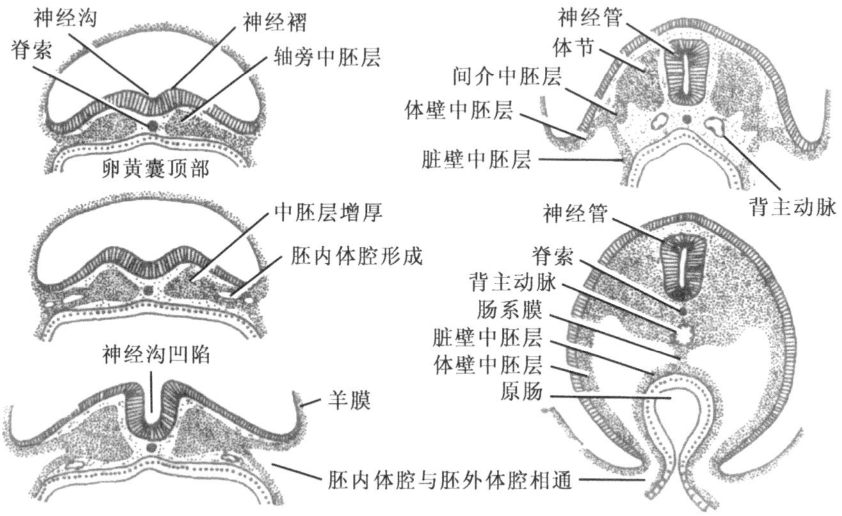

图 20-11　鸡的神经管形成及中胚层分化

左侧卧于卵黄上，继之胚体也向右扭曲。孵化 3 天时，胚体尾部向上抬起，形成尾褶。体褶形成后向腹面包围，使得盘状的胚盘逐渐发展成为圆柱状的胚胎。

内胚层位于原肠的顶面，起初并非管状，当头褶形成时，前端的内胚层被折成囊状，此为前肠，其后缘的开口为前肠门。后肠是由尾芽组织产生的一个囊状结构，后肠前端的开口为后肠门，以后前肠向后伸展，后肠向前伸展，互相连接成管状，在胚体的腹侧以卵黄柄与卵黄囊相连。原肠被分成胚内和胚外两部分，胚内部分形成原始呼吸消化管，胚外部分形成卵黄囊。胚胎进一步发育，呼吸器官、消化器官和其他内胚层附属器官便在原始呼吸消化管的基础上继续分化和形成。

中胚层形成后，分化较早的是位于脊索两旁的**轴旁中胚层**（**paraxial mesoderm**）。在孵育 22 h 便出现第一对**体节**（**somite**），以后陆续增加，直到 43 对体节全部形成为止（图 20-12）。在孵化早期，体节的数目是重要的发育标准。**侧中胚层**（**lateral mesoderm**）在孵育 24 h 时分为两层：靠近外胚层的为**体壁中胚层**（**parietal mesoderm**），将来与外胚层合成胚体壁；靠近内胚层的为**脏壁中胚层**（**visceral mesoderm**），将来与内胚层合成胚脏壁。两者之间的空隙为体腔。在轴旁中胚层与侧中胚层之间，有一狭小的中胚层细胞板，称**间介中胚层**（**intermediate mesoderm**），是泌尿生殖器官的原基，又称生肾节。在前肠门附近的体腔，膨大形成围心腔，由该处的脏壁中胚层分出一些间叶细胞，形成心内膜管。当前肠门后移时，两侧心内膜管和围心腔相互靠近，在新形成的消化道的腹面相遇而形成心脏。

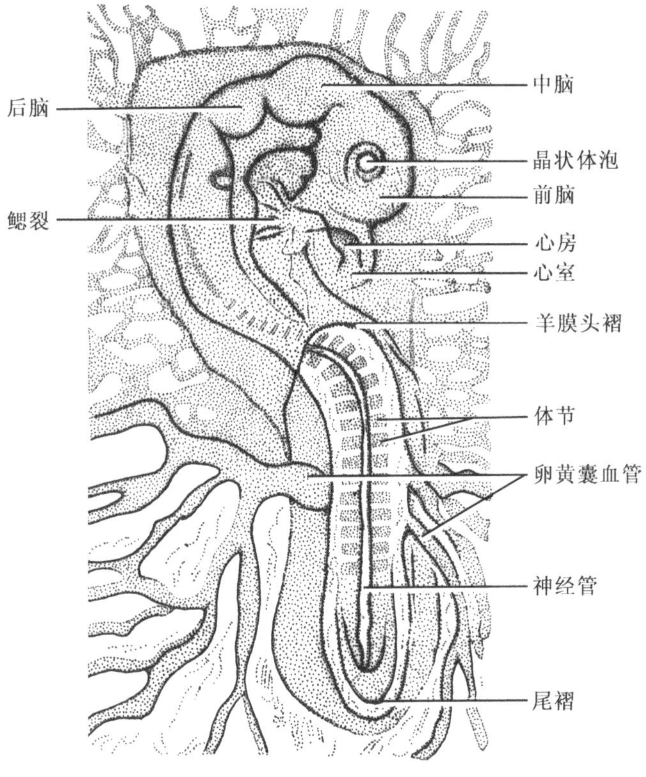

图 20-12　鸡胚孵化 48 h 整装背面观

五、哺乳动物早期胚胎发育

哺乳动物的卵子属于均黄卵，胚胎发育与鱼类和家禽的不同，其胚胎发育均在母体子宫内完成。现以猪为例，介绍哺乳动物的早期胚胎发育。

（一）卵裂和胚泡形成

高等哺乳动物的卵子，属少黄均黄卵，一般为全裂。但与其他全裂卵有所不同，主要表现在：卵裂速度慢，两次卵裂间隔时间可达 12～24 h；卵裂球分裂不同步，为异时卵裂，经常可见 3、5、7 细胞的胚胎。第一次卵裂为经裂，即从动物极到植物极，将合子分成两个卵裂球，其中一个卵裂球略大于另一个。绵羊在受精后 38～39 h，兔在受精后 10～12 h 完成第一次卵裂。第二次卵裂起，较大的卵裂球先分裂，形成 3 细胞胚体，随后较小的卵裂球分裂，形成 4 细胞胚体。当卵裂球增加到 16～32 个细胞时，包裹在透明带内的卵裂细胞团形似桑葚状，称为**桑葚胚（morula）**。卵裂与普通的细胞分裂有区别，主要特点是每次卵裂后卵裂球本身不生长，就进行再一次分裂。由于透明带在整个卵裂期内始终保持完整，所以卵裂的次数越多，卵裂球的体积越小。

在 4 细胞甚至 8 细胞之前，每个卵裂球的发育方向尚未确定，采用胚胎分割技术，将这些卵裂球分割后，每个卵裂球均能发育成为一个完整的新个体。这一技术，目前已在一些动物中获得成功。

继桑葚胚以后，随着细胞分裂，细胞之间出现裂隙，裂隙相互融合并逐渐扩大，形成一较大较规则的腔。此时细胞已开始分化，其中大部分细胞集聚成团状，位于胚胎一端，称为**内细胞群（inner cell mass，ICM）**或**胚结（embryonic knob）**；剩余细胞逐渐变为扁平形，围绕在腔的四周，称为**滋养层（trophoblast）**。此时的胚胎，称为囊胚或**胚泡（blastocyst）**，中间的腔称为囊胚腔或胚泡腔。胚胎一般于 8～16 细胞或桑葚胚期进入子宫，通过吸收子宫乳很快发育为囊胚（图 20-13）。

在胚胎经过输卵管运行期间，透明带是非常重要的，它可以阻止胚胎黏附到输卵管壁上。在人类，这种黏附可能导致宫外（输卵管）孕。但是一旦进入子宫，胚胎必须脱掉透明带，才能与子宫建立联系。胚胎从透明带中释放出来的过程，称为**胚胎孵化（hatching）**。孵化过程是：首先胚胎表面细胞的细胞膜上的一种类胰蛋白酶在透明带上溶解一个洞，随着胚胎的扩展，胚胎经该洞被挤出透明带。

胚泡孵化后，马上进入一个迅速生长和延长期。例如，牛的胚泡在妊娠第 13 天为圆球形，直径在 3 mm；到第 17 天时，变为细管状，长达 25 cm；妊娠第 18 天，胚泡已经延伸到对侧子宫角内。猪胚泡延长速度最快，妊娠第 10 天，猪的胚泡为圆球形，直径 2 mm；第 11～12 天，变成 10 mm 长的细管状；随后管状的胚泡以 30～40 mm/h 的速度，延长为长达 20 cm 的长条状结构。

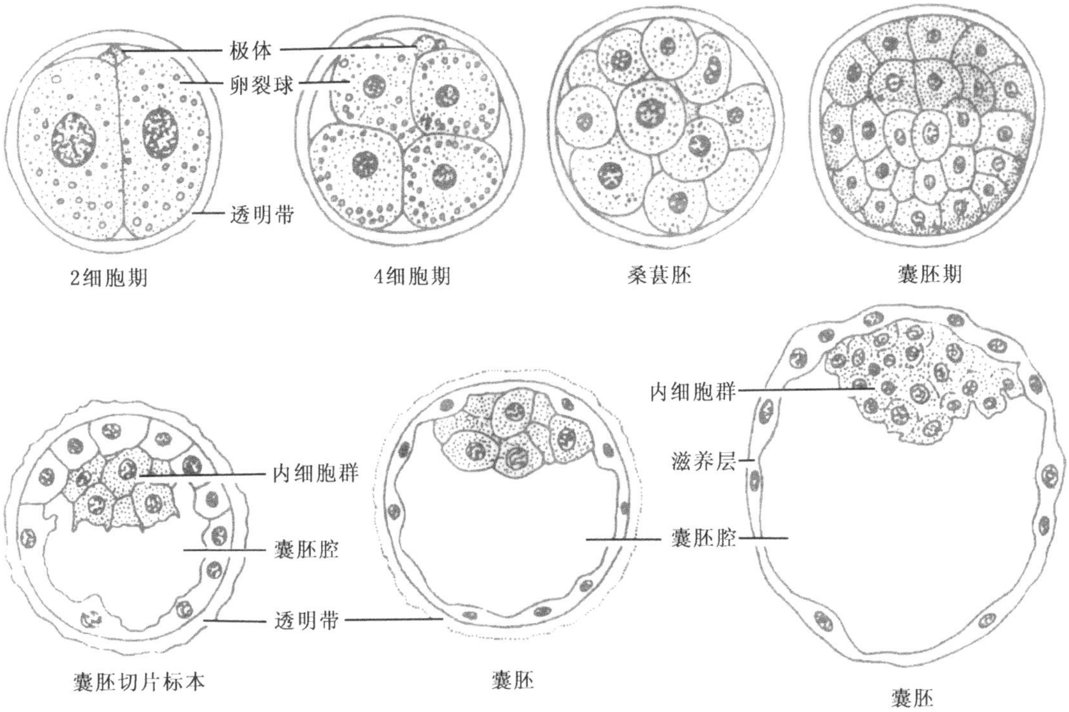

图 20-13　猪的卵裂和囊胚

摘自王树迎，王政富主编《动物组织学与胚胎学》

（二）植入和胚层形成

1. 植入　子宫乳中含有丰富的黏多糖、动物淀粉和脂质等营养物质。刚进入子宫的胚胎是漂浮在子宫液中的，与子宫壁没有直接的联系，主要靠子宫腺分泌的子宫乳作为营养。此时的胚胎，适于进行胚胎移植。随着胚泡不断扩展和胚泡腔内液体的增多，胚泡滋养层逐渐与子宫内膜发生组织上的联系并建立物质交换关系，这一过程称为**植入（implantation）**或**着床（imbed）**。

植入前，在孕酮和雌激素的协同作用下，子宫发生如下变化：①平滑肌收缩缓慢，确保胚泡安静地停留在子宫内；②子宫内膜增生，血液供应加强，子宫腺分泌大量的子宫乳，促进胚泡发育和孵化；③对异物刺激，特别是对胚胎的化学刺激的敏感性增强，便于着床。从胚泡和子宫壁接触的紧密程度来看，有 3 种着床类型：①**中央或表面着床（central or superficial implantation）**。胚泡和子宫黏膜仅在表面接触，并未嵌入子宫壁中。滋养层表面的糖蛋白受到酶解而产生黏性，使滋养层细胞和子宫内膜接触面出现微绒毛交错，并形成桥粒和连接复合体等专门的固着结构。多数动物的着床属于此类，如猪、牛、羊、狗、猫、兔等。②**非中央着床（eccentric implantation）**。胚泡的突起部分嵌入子宫黏膜的皱褶中，如大鼠、小鼠等。③**完全侵入着床（complete interstitial implantation）**。胚泡穿过子宫上皮完全嵌入内膜中，如人、黑猩猩等。不同的动物，着床的位置略有不同。同一种动物，着床的位置是有规律的。如牛、羊卵巢仅排 1 个卵时，胚泡往往位于该卵巢同侧的子宫角；同一卵巢排双卵时，其中一个胚泡常移至对侧子宫角内。在猪，即使仅一个卵巢排卵，胚泡一般也均匀分布在两个子宫角内。着床时，先进入子宫的胚泡，一般在离子宫口最近处着床并依次向远端排列，各个胚泡间有一定的间隔。有的胚泡被子宫壁解体后吸收，离子宫口近的，最容易被吸收。不能着床的胚泡也同样被吸收。

2. 胚层的形成 随着胚胎的继续发育，逐步形成三个胚层。

（1）内、外胚层的形成 在内细胞群细胞迅速增殖的过程中，一部分细胞逐渐脱离内细胞群，进入囊胚腔，并沿滋养层内壁延伸，逐步形成一个新的完整的细胞层，称为**内胚层（endoderm）**（图 20-14）。内胚层围成的腔，称为原肠腔。在内胚层建立的同时，内细胞群表面覆盖的滋养层细胞溶解退化，使内细胞群裸露出来（灵长类除外），裸露部分的细胞迅速增生并聚集成一盘状增厚区，称为**胚盘（embryonic disc）**；胚盘表层的细胞称为**外胚层（ectoderm）**。

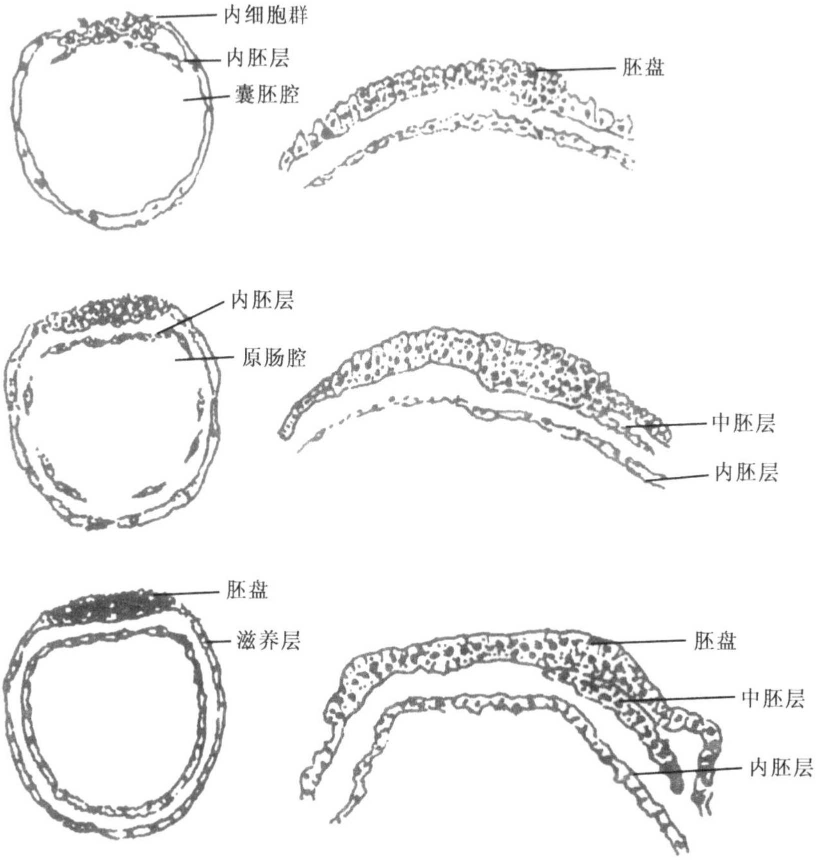

图 20-14 猪原肠胚及三胚层形成

摘自王树迎，王政富主编《动物组织学与胚胎学》

（2）中胚层的形成 胚盘外胚层细胞增殖，在胚盘一侧（将来胚体的尾端）形成一新月状的增厚区。随着胚盘由圆形变为长椭圆形并增大，新月状的增厚区逐渐向胚盘中轴集中，并向前延伸变成条索状，称为原条。原条的出现，标志着胚体纵轴的确定。与鸡胚一样，原条中央下陷形成原沟，原沟两侧隆起称为原褶，原沟前端膨大形成原窝，原窝前端边缘细胞堆集形成原结。

由原褶卷入的细胞，在胚盘区的内外胚层之间呈翼状扩展，并延伸到胚盘区以外的滋养层与内胚层之间，形成**中胚层（mesoderm）**，胚盘区内的中胚层称为胚内中胚层，胚盘区外的中胚层称为胚外中胚层。由原窝卷入的细胞，沿胚盘中轴向前伸展，形成脊索。脊索是胚胎的中轴器官，在胚胎早期起支持胚体的作用，以后为脊柱所替代。随着脊索的不断前伸，原条逐渐缩短，到脊索完全形成后，原条便彻底消失。

中胚层最初只是一层细胞，随后细胞增殖为多层。在胚外中胚层细胞之间出现裂隙，胚外中胚层细胞分为两层，裂隙逐渐延伸到胚内中胚层，这样部分胚内中胚层也分成两层。与内胚层相贴的中胚层为脏壁中胚层，与外胚层或滋养层相贴的中胚层为体壁中胚层，两层之间的腔称为体腔，胚体内的体腔称为胚内体腔，胚体外的体腔称为胚外体腔（图 20-15）。

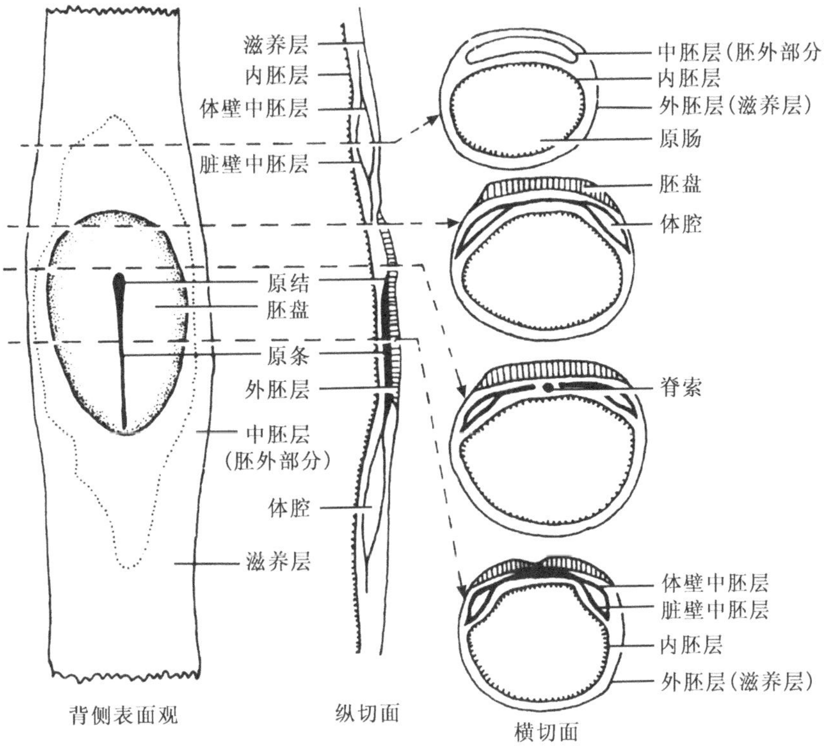

图 20-15　12 天猪胚泡背侧观及纵横断面示意图

摘自王树迎，王政富主编《动物组织学与胚胎学》

三个胚层的建立，为胚胎发育分化成更复杂的组织和器官奠定了物质基础。

（三）胚体形成和胚层分化

1. 胚体的形成　随着胚层分化，扁平状的胚盘逐渐变为圆柱状的胚体，这种变化是通过胚盘边缘向腹侧卷折形成头褶、尾褶和左右侧褶而实现的。

胚盘卷折，主要是由于各部分生长速度的差异所引起的，如胚盘中部的生长速度快于边缘部，外胚层快于内胚层，致使外胚层包于胚体外表，内胚层卷入胚体内，胚体向背面凸出；胚盘头尾方向生长速度快于左右方向，头侧又快于尾侧，因而胚盘卷折为头大尾小的圆柱形胚体，胚盘边缘则卷折到胚体腹侧，并逐渐靠近，最终在胚体腹侧形成圆索状的原始脐带，与绒毛膜相连。同时原肠细缩，一部分进入胚内，成为胚内原肠；一部分留在胚外，成为卵黄囊。由于上述变化，胚胎头部向腹侧弯曲呈C字形，体形初步建立（图20-16）。

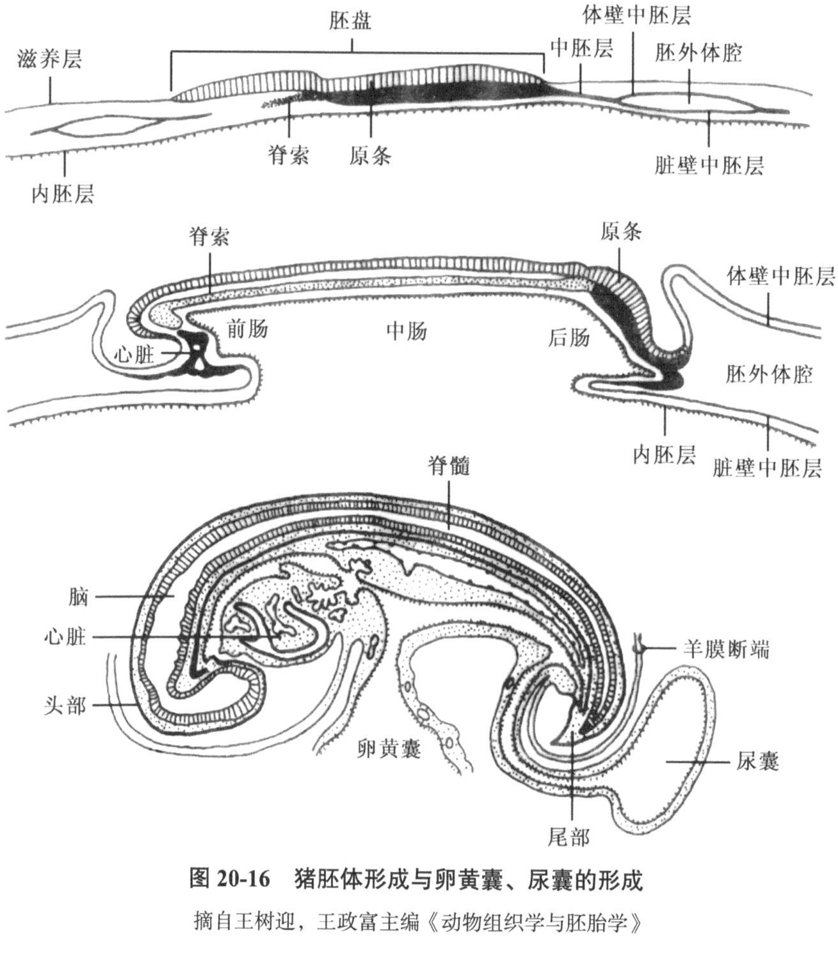

图20-16　猪胚体形成与卵黄囊、尿囊的形成

摘自王树迎，王政富主编《动物组织学与胚胎学》

2. 胚层的分化　在胚体形成的同时，三个胚层也逐渐分化形成各器官的原基。

（1）外胚层的分化　脊索形成后，诱导其背侧中线的外胚层增厚为神经板。神经板随脊索的生长而增长，且头侧宽于尾侧。继而神经板中央沿长轴下陷形成神经沟；沟两侧边缘上举形成隆起，称为神经褶；两侧神经褶在神经沟中段靠拢并愈合，愈合向两端延伸，使神经沟封闭为神经管。该过程与鸡胚的发育相类似。神经管两侧的表面外胚层，在管的背侧靠拢并愈合，使神经管位居于表面外胚层的深面。神经管将分化为中枢神经系统以及松果体、神经垂体和视网膜等。在神经褶愈合过程中，部分神经褶细胞迁移到神经管背侧成一条纵行细胞索，继而分裂为两条，分别位于神经管的背外侧，称为神经嵴，它将分化为周围神经系统及肾上腺髓质等结构。位于体表的表面外胚层，将分化为皮肤的表皮及其附属结构、牙釉质、角膜上皮、晶状体、内耳膜迷路、腺垂体，以及口腔、鼻腔和肛门的上皮等。

（2）中胚层的分化　中胚层在脊索两旁从内侧向外侧依次分化为轴旁中胚层、间介中胚层和侧中胚层。分散存在的中胚层细胞，称为间充质，分化为结缔组织以及血管、肌肉组织等。脊索则大部分退化消失，仅在椎间内残留，称为髓核。

轴旁中胚层：紧邻脊索两侧的中胚层细胞迅速增殖，形成一对纵行的细胞索，即轴旁中胚层。它随即分裂为块状细胞团，称为体节。体节左右成对，从颈部向尾部依次形成，随胚龄的增长而增多，故可根据体节的数量推算早期胚龄。第 5 周时，体节全部形成，共 42～44 对。体节将分化为皮肤的真皮、大部分中轴骨骼（如脊柱、肋骨）及骨骼肌。

间介中胚层：位于轴旁中胚层与侧中胚层之间，分化为泌尿生殖系统的主要器官。

侧中胚层：是中胚层最外侧的部分，两侧的侧中胚层在口咽膜的头侧汇合为生心区。随着胚体的形成，生心区移到胚体原始消化管的腹侧、口咽膜的尾侧，分化形成心脏。侧中胚层迅速裂为两层，与外胚层邻近的一层称为体壁中胚层，将分化为体壁（包括肢体）的骨骼、肌肉、血管和结缔组织；与内胚层邻近的一层称为脏壁中胚层，覆盖于原始消化管外面，将分化为消化和呼吸系统的肌肉组织、血管和结缔组织等。两层之间的腔为原始体腔，最初呈马蹄铁形，继而从头端到尾端，分化为心包腔、胸膜腔和腹膜腔。

（3）内胚层的分化　在胚体形成的同时，内胚层卷折形成原始消化管。原始消化管将分化为消化管、消化腺、呼吸道和肺的上皮组织，以及中耳、甲状腺、甲状旁腺、胸腺、膀胱和阴道等的上皮组织。

（四）主要器官系统的发生

胚体内部器官仍继续分化，组织发生的结果，形成了完整的器官系统。同时外部形态也产生着巨大的改变，如头、面部的形成，四肢的出现等。伴随器官和胚体体积的增大，重量也在不断地发生变化。

1. 神经系统的形成　神经系统的主要成分——神经细胞和大部分的神经胶质细胞由外胚层发生，其脉管和结缔组织成分则来自中胚层。

在神经褶闭合的过程中，一部分细胞自两侧分出，形成左右两条神经嵴，后来则变为成对的、互相分离的神经节，包括脑脊神经节和植物性神经节。神经管前部的脑原基进一步发育，在中部产生了两个缩细部分，从而将脑分为前、中、后三部分（参见图 20-12）。前脑继续分化为端脑（进一步分化为大脑半球和嗅脑）和间脑（进一步分化为丘脑、垂体前叶和松果体）；中脑继续发育成四叠体和大脑脚；后脑则进一步分化成小脑和延脑。

随着神经管外部形态的变化，其内部结构也发生了复杂的演变。由于管壁各部发生不均衡不等速的细胞分裂和分化，使得神经管管壁厚薄不一，管腔不规则。细胞由柱状演化为具有多突起的神经细胞和神经胶质细胞。管壁内层细胞演化为室管膜，中层由神经母细胞演化成各种类型的神经细胞，由胶质母细胞演化成大部分的胶质细胞。神经细胞的突起，是随着各器官的发生而逐渐形成和伸长的。

2. 消化系统的形成 原始消化管的头部、中部和尾部分别形成前肠、中肠和后肠。消化器官大部分的上皮是由内胚层形成的，其结缔组织、肌肉、脉管和淋巴组织来自中胚层，神经成分由外胚层形成。

口腔及口腔内器官的上皮由外胚层形成，咽、食管和胃的上皮及其腺体由前肠形成。前肠的前部膨大形成咽腔。在咽腔的两侧壁上有5对向外突出的鳃囊，鳃囊外面是中胚层，并与外胚层凹陷部分相对，有的鳃囊则破裂与外界相通成为鳃裂（参见图20-12），这种系统发生过程中所出现的临时性结构，在高等哺乳类也仍然重现。口腔下部的外胚层，咽囊底部的内胚层和中胚层共同形成舌和牙齿。前肠的末端膨大形成胃原基，其后，胃原基背侧更加膨出，腹侧凹入。然后，胃沿纵轴与垂直轴两次转动，接近成体的位置。

胃原基以后的原肠形成肠，最初是一条直的肠管，后来形成原始肠袢，袢向脐部垂下，形成降支和升支，两支相接处即与卵黄囊相连的卵黄柄。其后，在升支的初段出现盲肠原基，为大、小肠分界奠定了基础，降支弯转盘曲形成小肠，盲肠原基以后的升支发育成大肠。胃后的原肠背、腹侧壁有许多小的突出，形成肝和胰。

3. 呼吸系统的形成 在咽部后端，食管原基的腹侧壁上，发生一纵沟，称为喉气管沟，以后喉气管沟闭合成一盲管，仅前端仍与咽部相连。盲管沿食管的腹面向后生长，前部演化为喉，中部形成气管，后部的末端膨大，并反复分支形成左、右肺芽，由肺芽进一步分支，演化形成肺内的支气管系统及肺泡。气管和肺除上皮和腺体外，其余部分如结缔组织、脉管、肌肉、软骨等，均由中胚层分化而成。

4. 循环系统的形成 心血管系统和淋巴系统，都是由中胚层间充质演化而来的。间充质是胚胎的原始结缔组织，散在分布于中胚层和外胚层之间，中胚层和内胚层之间，以及各器官原基之间。间充质主要由中胚层的体节、脏壁中胚层和体壁中胚层的细胞分化而成，具有十分强大的分化潜力，可分化为多种结缔组织成分、骨骼肌和平滑肌等。

循环系统的血管和心脏，都是由间充质分化而成的。血管开始发生时，间充质细胞聚集成团，称为血岛，细胞的形状由不规则多突起变成圆形。以后血岛周围的细胞变得扁平，形成血管周围的内皮细胞，而中央的细胞则成为原始的血细胞，许多这样的血岛连接起来成为血管网。血岛最初在胚外卵黄囊上发生，以后与胚体内发生较晚的血管网相连。由于心脏形成后，产生的血流频率和个体发生的特性，使某些毛细血管成为动、静脉主干，并互相联系形成原始的血管系统。心脏是由一对血管原基发生的，其位置在咽下部（图20-16）。由脏壁中胚层分裂出的细胞，形成前肠两侧一对心内膜管，后来随着前肠的进一步发展，两条心内膜管互相接近，并在中部融合为一条心管，这条心管的前后端都有两个叉。以后脏壁中胚层在靠近心管的部位，分化出一个完整的套，将心管包住成为心外肌膜套，在以后的发展过程中，心内膜管形成心内膜，心外肌膜套则分化为心壁肌层和心外膜。心管的外面还有脏壁中胚层形成的心包。心管在心包内继续发育成U形袢，袢的各部分发育不均衡，致使外形扭曲，以后，内部生出隔膜，将心脏分为心房和心室。

5. 泌尿系统的形成 在家畜泌尿器官的胚胎发育过程中，前后共产生三代位置不同的肾，即前肾、中肾和后肾。这3种肾在某些脊椎动物的成体中都可看到，因此，胚胎泌尿器官的演化过程，反映了系统发育的真实情况。

中段中胚层演化为生肾节后，其前部的生肾节形成许多独立的小管，称为前肾小管。

前肾小管与其侧面的前肾管连接起来，向胚体后部延伸到泄殖腔；前肾小管的近端有开口开放于体腔。胚胎的泄殖腔原为一个管腔，在后来的发育过程中出现一横向隔膜而将其分为背腹两部分，背部演变为直肠，腹部发育成膀胱和尿道等结构。家畜的前肾不发生泌尿作用，很快消失。当前肾还未完全消失，前肾管尚未到达泄殖腔时，中肾已开始发育（图20-17）。中部的生肾节产生中肾小管，小管的一端内陷成为肾小囊，包在由毛细血管形成的肾小球外；小管的另一端连到前肾管上，此时前肾管改名为中肾管。中肾是胚胎早期和中期的排泄器官，它只在一定的时期内有作用，以后即失去作用，而被后肾所代替。后肾在中肾还未退化时就已开始发生，在中肾管的后端形成一个输尿管芽或称后肾管，这个管以后继续向前延长，伸入后肾的生肾组织中，成为后肾中集合小管以及排尿管道。另外，在后肾形成后不久，中段中胚层即分出一些密集的细胞，包围后肾管盲端的膨大部，这些细胞团逐渐裂出腔隙形成肾小管。肾小管延伸、弯曲而分成不同的段落，前端与血管形成肾小体，后端以弓形集合小管与集合管相接。另一些间充质细胞则形成肾的间质。后肾是高等哺乳动物的永久性肾。

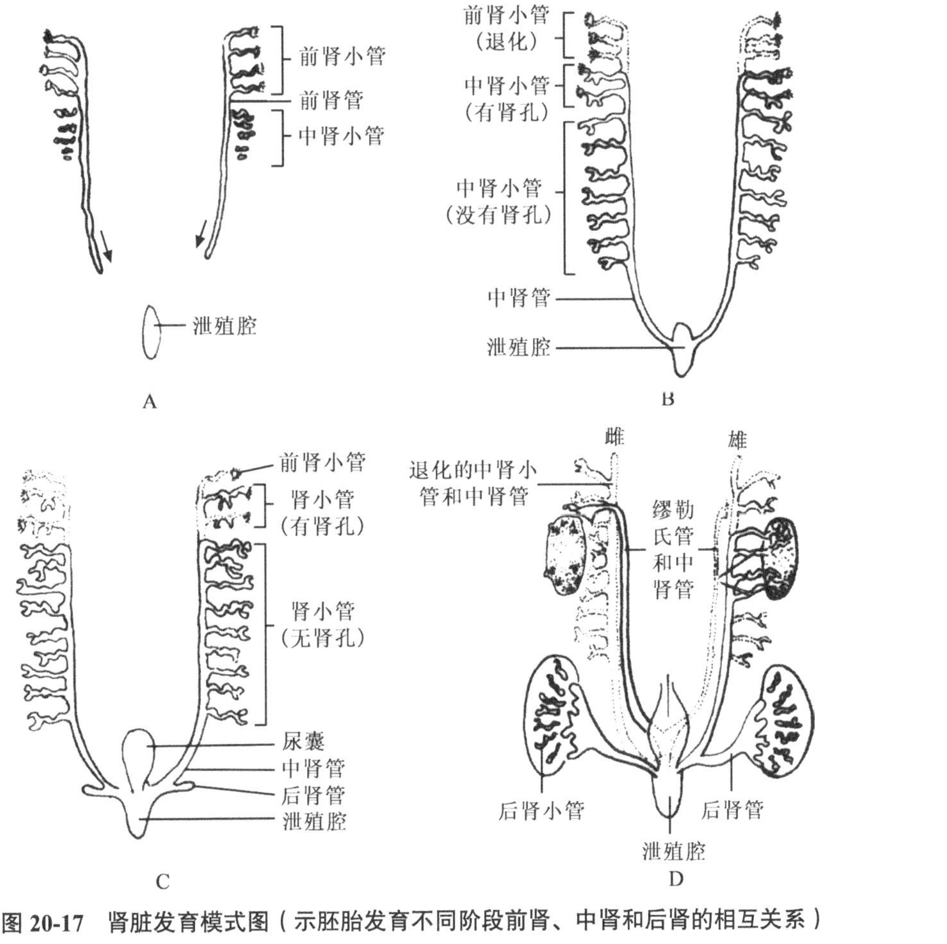

图 20-17　肾脏发育模式图（示胚胎发育不同阶段前肾、中肾和后肾的相互关系）

摘自沈霞芬主编《家畜组织学与胚胎学》

A. 前肾阶段　B. 中肾阶段　C. 孵化 4 天鸡胚　D. 性腺分化后

6. 生殖系统的形成 生殖系统中的生殖腺和主要管道，都是由中胚层发生的。当中肾还是胚胎主要排泄器官的时候，生殖腺即开始在中肾腹内侧发育。此处的脏壁中胚层细胞，分裂成为多层的上皮细胞团，向中肾组织内突入，称为生殖嵴（图 20-18），外层为间皮及原始生殖细胞构成的生殖上皮，内部为生殖上皮产生的索状细胞团和间充质。在生殖嵴中，有些大的细胞称为原始生殖细胞。大多数人认为，这些细胞是在卵黄囊形成时由内胚层产生，并迁居到生殖嵴继续生长繁殖的。这是未分性别时期的生殖腺结构。不论生殖腺将来发育的方向如何，生殖嵴表面生殖上皮的细胞都伸向内面的间充质中，并形成索状细胞团。如果胚胎发育成雄性个体，则细胞索发育并出现腔，而成为曲细精管，生殖上皮下面的间充质发育成为白膜，生殖上皮转化为一般的间质细胞。如果胚胎发育成雌性，则细胞索便分裂成许多细胞团，内包原始生殖细胞，将来分化成卵原细胞，并形成原始卵泡。原始卵泡在胚胎期可进一步发育，但个体娩出后，又逐步退化。到性成熟时，未发育的原始卵泡开始逐步发育。

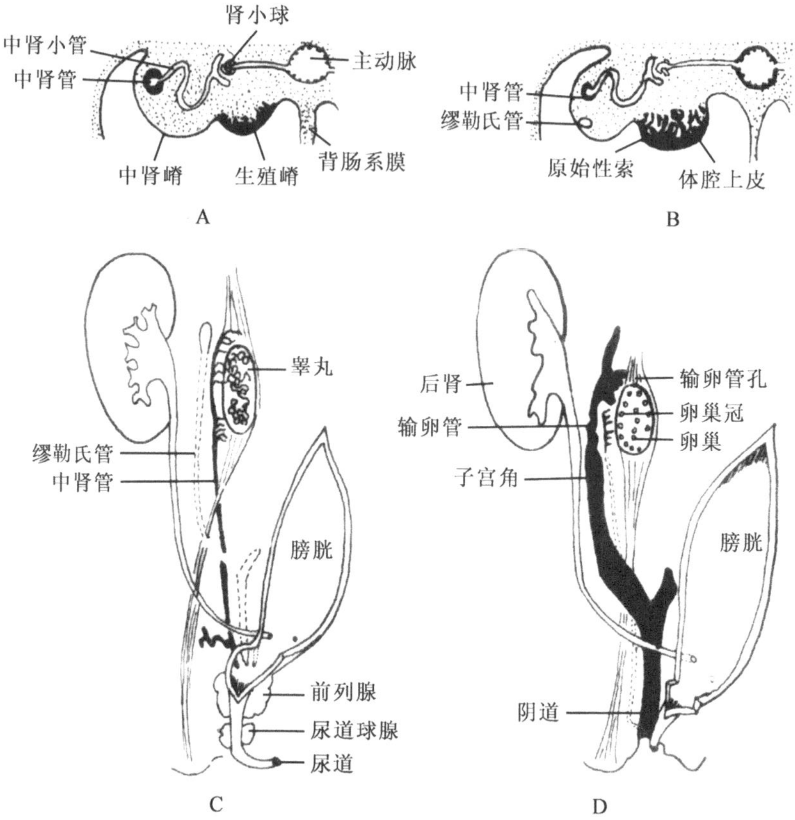

图 20-18 哺乳动物生殖器官的胚胎发育

摘自沈霞芬主编《家畜组织学与胚胎学》

A、B. 生殖嵴的发生（性别未分化期，左半侧横切） C. 雄性生殖器官（右半侧腹面观）

D. 雌性生殖器官（右半侧腹面观）

生殖系统中，生殖管的发育是和泌尿器官的发育密切相关的，性别未分化时期的胚胎，中肾管的外侧由脏壁中胚层内凹形成两条**缪勒氏管（Müller's duct）**，向后延伸与泄殖腔相通。随着后肾的发育，输尿管的末端与中肾管分开，并开口在尿囊末端膨大的膀胱上；而中肾管与缪勒氏管则开口于泄殖腔（图 20-18）。伴随性别的分化，后两套管道则相应地退化或发育。当胚胎发育为雄性个体时，一部分中肾小管与睾丸相连成为附睾，一部分中肾管转变为输精管，开口于骨盆部尿道，缪勒氏管退化，在成体留有遗迹器官称为雄性子宫。当胚胎发育成雌性个体时，中肾管退化，一部分中肾小管退化形成卵巢冠和卵巢旁体，缪勒氏管发育成输卵管、子宫和阴道。

六、胎膜和胎盘

胎膜（fetal membrane）是胚胎发育过程中形成的附属结构，它虽然不直接参与构成胚体，但对胚胎起着保护、营养、呼吸和排泄等作用。胎膜包括卵黄囊、羊膜、浆膜或绒毛膜及尿囊 4 种。在哺乳类，胎膜还要与子宫内膜共同形成胎盘，以保证胚胎与母体之间顺利进行物质交换。禽类胎膜在幼雏出壳时留在蛋壳内（卵黄囊除外），而高等哺乳动物的胎膜和胎盘在胎儿娩出后排出。

（一）禽类的胎膜

禽类的胎膜包括卵黄囊、羊膜、浆膜和尿囊。其中卵黄囊形成最早，尿囊形成最晚（图 20-19）。

1. 卵黄囊　卵黄囊（yolk sac）与消化道同源，都是由内胚层和脏壁中胚层形成，只是前者位于胚外，后者位于胚内。

当胚体自胚盘逐渐隆起，由内胚层和脏壁中胚层共同参与构成的原肠，被分隔成胚内和胚外两部分，胚内部分仍为原肠，胚外部分则形成卵黄囊。卵黄囊形成后沿卵黄扩展，当孵育第 5 天时，卵黄囊几乎将整个卵黄完全包围起来，卵黄囊与中肠以细窄的卵黄柄相连。卵黄囊囊壁中胚层分化形成间充质，间充质经血岛阶段形成血细胞和原始血管网，有些血管演变为卵黄动脉和卵黄静脉，经过卵黄柄与胚体内已跳动的心脏相连接，由此建立起从卵黄吸收营养物质的卵黄囊循环。卵黄囊囊壁内胚层可产生消化酶，将卵黄分解成液体状可扩散的物质，通过囊壁被吸收，经卵黄静脉输送到胚体。

在整个发育过程中，卵黄囊逐渐缩小，到孵出前 3 天，部分卵黄进入胚胎肠道中，特别是在直肠部分，呈黄绿色，当成雏后，排出体外，这些便是胎粪。孵出的前一天，卵黄利用最快，同时未被利用的卵黄从脐部吸收入体内。破壳的雏鸡，卵黄囊尚能在体内保留 5～7 天，卵黄全部吸收完毕后，进入胚体的卵黄囊则逐渐退化。

2. 羊膜和浆膜　两者起源相同，均由胚外的体壁中胚层和外胚层形成，但两层的配置恰好相反。

羊膜（amnion）和**浆膜（serosa）**同时发生。鸡胚孵育 33 h 后，胚外部分的体壁中胚层和外胚层（合称胚体壁）分别在胚体的头部、两侧和尾部向上举起，形成羊膜头褶、羊膜侧褶和羊膜尾褶。约孵育第 3 天时，这些羊膜褶在胚胎的背部相遇，将胚胎完全包围起来，形成羊膜。羊膜所围成的腔称为羊膜腔。在形成羊膜的同时，胚体壁迅速向四周生长，并将羊膜、卵黄囊等包围起来，而成为浆膜。

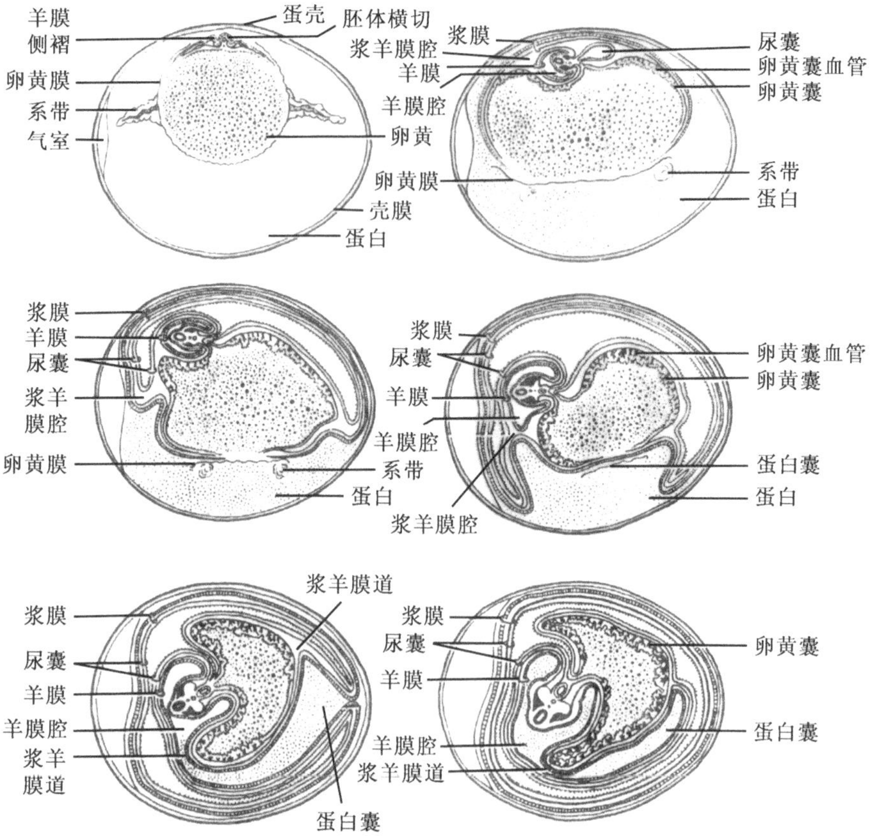

图 20-19　鸡胚胎膜形成

摘自王树迎，王政富主编《动物组织学与胚胎学》

浆膜与羊膜连接处称为浆羊膜缝，将来是蛋白进入羊膜腔的通道。浆膜与羊膜之间的腔称为胚外体腔（浆羊膜腔），将来被尿囊所充满。

羊膜形成后，羊膜腔内便开始积聚羊膜液（羊水），使胚胎悬浮于羊水中。一般认为，羊水来源于羊膜上皮的分泌或由血管渗出。这种水生环境对胚胎发育极为有利，胚胎可在其中自由活动，羊水还能平衡外界压力，对胚胎起保护作用，另外，羊膜中胚层所形成的肌纤维，收缩时对胚胎有轻微的震动，可防止胚胎与胎膜粘连和胚胎血管中血液停滞，促进胚胎的血液循环。

构成浆膜的外胚层细胞，分化为与肺泡上皮相类似的呼吸上皮，以利气体交换；体壁中胚层则在以后发育中，与尿囊的脏壁中胚层相贴，形成血管网，共同执行呼吸功能。

3. 尿囊　尿囊（**allantois**）是由后肠向腹面突出的一个盲囊，末端逐渐膨大，囊壁是由胚外内胚层和胚外脏壁中胚层组成的（图 20-19）。孵化第 3 天，盲囊开始出现。第 4 天伸入胚外体腔，以尿囊柄和胚胎的后肠相连。孵化第 9 天，尿囊已膨大很多，几乎包住羊膜。第 11、12 天最发达，几乎将胚外体腔完全填满，尿囊的外壁和浆膜靠拢，尿囊的脏壁中胚层和浆膜的体壁中胚层贴近，很难区分。在接近羊膜处，尿囊的脏壁中胚层和羊膜的体壁中胚层相贴，也很难区分。

尿囊血管和卵黄囊的情况相似，也比较发达，主要有尿囊动脉和尿囊静脉以及其间的微血管网。尿囊是禽类胚胎的呼吸器官，由于尿囊外壁同浆膜紧贴，所以该处微血管可进行气体交换。尿囊同时还是排泄器官，胚胎排泄的废物集聚在尿囊中，尿囊是胚胎时期排泄物的收容处。当雏鸡出壳时，脐带和胚体断开，尿囊附在壳膜上，连同蛋壳一起丢弃。

随着尿囊在胚外体腔中扩展，覆盖羊膜及卵黄囊，它不断推动浆膜一起向鸡蛋的锐端扩展，包围蛋白，形成蛋白囊。蛋白囊的内层为浆膜，外层为尿囊。当尿囊的扩展受到浆羊膜缝的阻挡时，它只能沿其两侧向蛋的锐端前进。于是，就有一部分蛋白滞留在浆羊膜缝附近。后来，浆羊膜缝上出现孔洞，形成浆羊膜道。蛋白囊内的蛋白通过浆羊膜道进入羊膜腔内，被胚胎吞食，胚胎开始胃肠消化过程。

（二）哺乳类的胎膜

哺乳类的胎膜有卵黄囊、羊膜、绒毛膜和尿囊 4 种（图 20-20）。

1. 卵黄囊　尽管哺乳类卵子卵黄含量很少，但在胚胎发育过程中，仍有卵黄囊形成。早在原肠胚时期，由于体褶的发生，扁平状的胚盘逐渐变为圆柱状的胚体，此时原肠缢缩成两部分，进入胚体内的仍称原肠，留在胚体外的就是卵黄囊。牛、羊、猪的卵黄囊在胚胎早期体积很大，几乎到达胚泡的两端，囊壁上有稠密的血管网，通往原始心脏，囊壁和子宫内膜之间只隔着一层滋养层，易于吸收子宫乳中的营养和排出废物，所以哺乳类卵黄囊在胚胎发育初期起着原始胎盘的作用。尿囊发生后，卵黄囊便逐渐退化。如猪的卵黄囊在第 13 天左右形成，第 17 天就开始退化，到一个月全部消失。因此，哺乳类卵黄囊在胚胎发育中所起的作用与禽类有差异，它的主要作用可能是向胚体提供造血干细胞和原始生殖细胞。

2. 羊膜和绒毛膜　除鼠和灵长类外，一般哺乳类的羊膜形成与禽类相似，由胚盘边缘胚外外胚层与胚外体壁中胚层形成羊膜褶（参见图 20-16），向胚体背部伸展而将胚体包于其中，贴近胚体的为羊膜，羊膜外面为**绒毛膜（chorion）**，二者之间的腔称为胚外体腔。

哺乳类羊膜的功能，除与禽类相似外，妊娠期羊水变成黏稠状，在胎儿产出时，起到扩张子宫颈和润滑产道的作用。

绒毛膜是唯一能与子宫壁直接接触的胎膜，羊膜形成后，与绒毛膜紧密相贴，共同发育成羊膜绒毛膜（马除外），其表面生长出绒毛。绒毛是在羊膜增大、其外层（体壁中胚层）和绒毛膜融合时生成的，将来与子宫内膜共同构成胎盘。

3. 尿囊　与禽类一样，哺乳类尿囊也是由后肠向腹面突出而成。马的尿囊完全包围羊膜，牛、羊和猪的则未完全包围羊膜。尿囊形成后，与绒毛膜紧密相贴，共同发育成尿囊绒毛膜，其表面生长出绒毛，将来也与子宫内膜共同构成胎盘。尿囊近端与尿生殖窦的前端膨大部共同形成膀胱，故尿囊又可看作是胚胎的体外膀胱，暂时贮存代谢产物。

（三）脐带

脐带（umbilical cord）是连于胚胎脐部与胎盘间的索状结构，它的外表面是单层羊膜上皮，内部是黏液性结缔组织及埋藏于其中的尿囊柄、卵黄柄及脐动脉、脐静脉。脐血管的一端与胚胎血管相连，另一端与胎盘绒毛血管相连，因此脐带实际上是胚体与胎盘之间的通路。

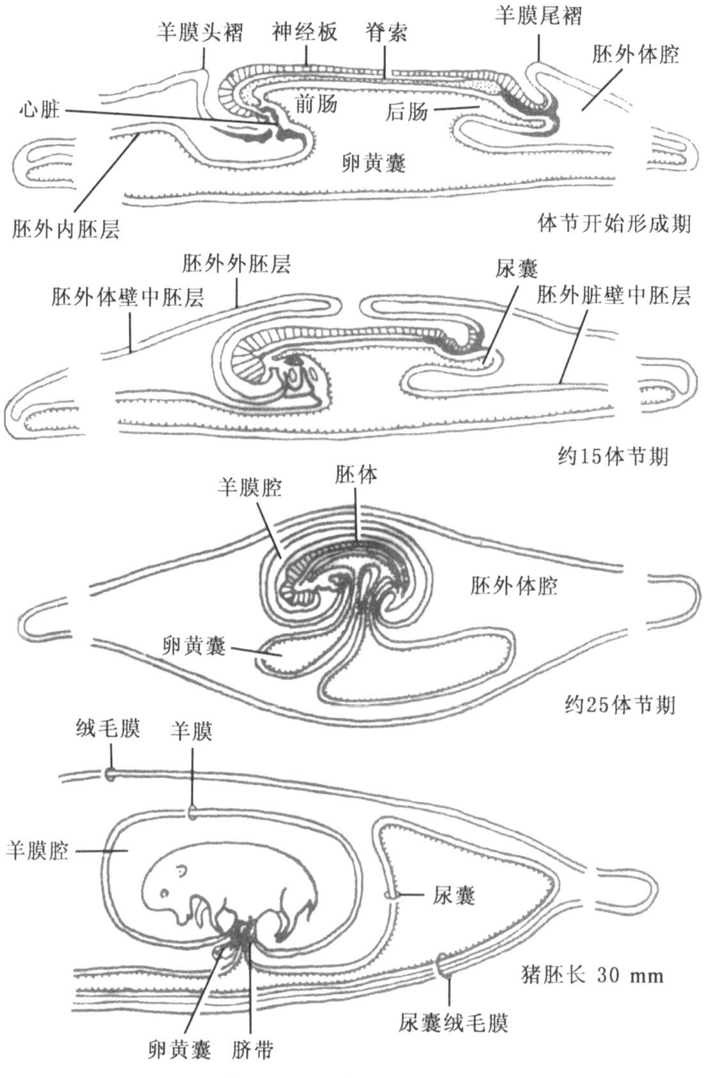

图 20-20　猪胚胎膜形成

摘自王树迎，王政富主编《动物组织学与胚胎学》

（四）胎盘

胎盘（placenta）是胎儿与母体选择性进行物质交换的结构，由胎儿胎盘（尿囊绒毛膜和羊膜绒毛膜）和母体胎盘（子宫内膜）共同组成。胚胎在母体子宫内发育，依靠胎盘从母体获得营养。胎盘的胎儿部分有 3 层组织：血管内皮、间充质和绒毛膜上皮。胎盘的母体部分也由 3 层组织构成，但排列方向相反：子宫内膜上皮、结缔组织和血管内皮。胎儿血液与母体血液之间的物质交换，必须通过这些组织所形成的**胎盘屏障（placental barrier）**。各种胎盘中，胎儿部分 3 层组织变化不大，但母体部分有很大不同。

1. 胎盘的种类　根据胎儿胎盘与母体胎盘结合时形态结构的不同，高等哺乳动物的胎盘可以分为 4 类（图 20-21）。

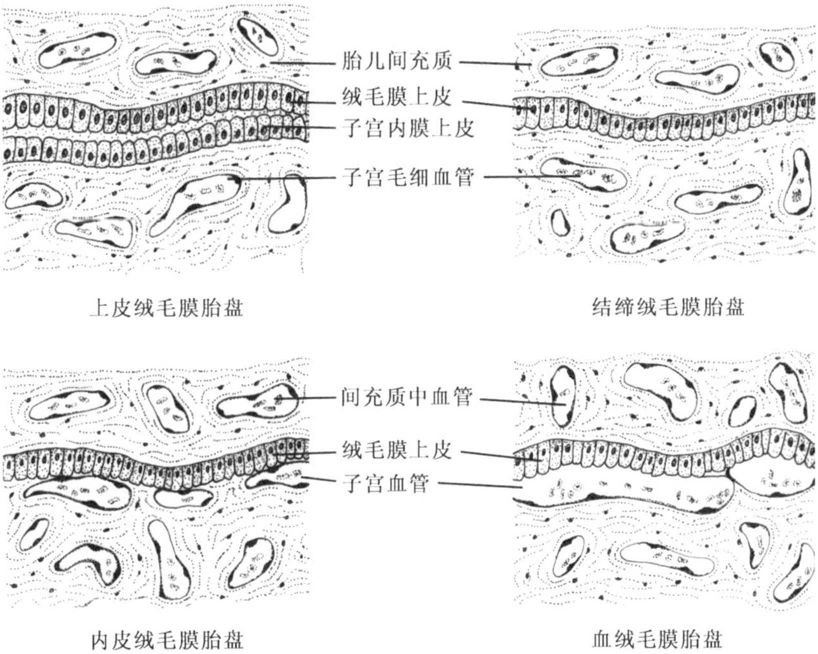

图 20-21　各类型胎盘屏障模式图

（1）上皮绒毛膜胎盘　**上皮绒毛膜胎盘（epitheliochorial placenta）**又称**弥散型胎盘（diffuse placenta）**，除两端外，绒毛比较均匀地分布于整个绒毛膜上。子宫内膜凹陷形成腺窝。绒毛膜上皮和子宫上皮平行紧靠，绒毛嵌合于腺窝中。这种类型的胎盘，在母体血液和胎儿血液间进行物质交换时，要经过 6 道屏障：①母体血管内皮；②子宫内膜结缔组织；③子宫内膜上皮；④绒毛膜上皮；⑤绒毛膜间充质；⑥胎儿绒毛膜血管内皮。猪、马胎盘属于这一类型。

（2）结缔绒毛膜胎盘　**结缔绒毛膜胎盘（syndesmochorial placenta）**又称**子叶型胎盘（cotyledonary placenta）**，绒毛膜上的绒毛集合成群，称为绒毛叶或**子叶（cotyledon）**。母体子宫内膜形成的子宫肉阜（亦称母体子叶）与绒毛叶相对应，子宫肉阜处上皮被侵蚀，使绒毛叶上皮直接与子宫内膜的结缔组织接触，共同形成胎盘突，因此母体血液中的营养物质进入胚胎血液只要通过 5 道屏障：①母体血管内皮；②子宫内膜结缔组织；③绒毛膜上皮；④绒毛膜间充质；⑤胎儿绒毛膜血管内皮。牛、羊胎盘属于这一类型。

（3）内皮绒毛膜胎盘　**内皮绒毛膜胎盘（endotheliochorial placenta）**又称**带状胎盘（zonary placenta）**，绒毛膜上的绒毛，集中成环状带环绕在绒毛膜中部，绒毛膜的其余部分与子宫壁并不形成密切接触。母体子宫内膜上皮和结缔组织均被侵蚀，绒毛的上皮细胞直接与子宫固有层中的血管内皮相接触，因此母体血液中的营养物质进入胚胎血液只要通过 4 道屏障：①母体血管内皮；②绒毛膜上皮；③绒毛膜间充质；④胎儿绒毛膜血管内皮。猫、狗胎盘属于这一类型。

（4）血绒毛膜胎盘　**血绒毛膜胎盘（hemochorial placenta）**又称**盘状胎盘（discoid placenta）**，绒毛膜上的绒毛集中于一圆盘形区域，在该区域内绒毛伸入子宫壁深层，直接浸于血窦中，因此母体血液中的营养物质进入胚胎血液只要通过3道屏障：①绒毛膜上皮；②绒毛膜间充质；③胎儿绒毛膜血管内皮。灵长类和鼠类的胎盘属于这一类型。

根据分娩时子宫组织的损伤程度，又可把胎盘分为两大类：

（1）蜕膜胎盘　**蜕膜胎盘（decidual placenta）**或称结合型胎盘，又叫真胎盘，主要见于啮齿类和灵长类。绒毛膜与子宫组织结合牢固，子宫内膜基质发生肥大，形成**蜕膜（decidua）**。分娩时，蜕膜脱落，子宫组织损伤很大，血管破裂出血。带状和盘状胎盘都属于蜕膜胎盘。

（2）非蜕膜胎盘　**非蜕膜胎盘（nondecidual placenta）**或称并列型胎盘，又叫半胎盘。绒毛膜与相对完好的子宫组织相结合，分娩时胎盘脱落对子宫内膜组织不造成大的损伤，也无出血。弥散型和子叶型胎盘属于非蜕膜胎盘。

2. 胎盘的生理功能　胎盘执行许多机能，对于胎儿它起着成体胃肠道、肺、肾、肝和内分泌腺的作用。此外，胎盘还把母体与胎儿分隔开来，确保胎儿发育的独立性。

（1）物质交换和防御屏障　胎儿与母体的血液从不直接混合，但这两套血液循环在绒毛膜和子宫内膜结合处紧密接触。母血在绒毛间缓慢流动，与绒毛内胎儿血进行物质交换，输送养分和排除废物，但这种交换是有选择性的，这就防止了胎儿受异物分子的侵害。一般认为，气体、水和电解质的交换是通过简单扩散的方式进行的；葡萄糖通过胎盘的方式为易化扩散；蛋白质的运输则以胞吐和胞饮的方式完成；游离脂肪酸可自由通过胎盘并参与胎儿的脂肪合成；其他脂类物质通常与蛋白质分子结合，以脂蛋白的形式存在，它们通过胎盘的情况受其分子量大小的制约。

多数细菌和其他致病微生物不能通过胎盘，胎盘对胚胎起防御作用。胎盘对分子量较大的药物起屏障作用，临床上常用药物分子量均较小，所以大多数药物可以通过屏障，但是多不影响胎儿发育，也有少数药物会影响胎儿发育，甚至导致畸形。

（2）内分泌作用　胎盘也是一个很重要的暂时性内分泌器官，类似于黄体。它能分泌雌激素、孕酮、催乳素及其他类固醇激素，马的胎盘还能分泌马绒毛膜促性腺激素。这些激素释放到胎儿和母体体内，为胚胎的附植及继续发育提供一个平衡的内分泌微环境。

（3）母体与胎儿的免疫学关系　胎儿体内半数染色体来自父方，可表达与母体不同的抗原（如各种血型抗原、组织相容性抗原等），故胎儿和胎盘对于母体来说，是一种同种异体移植物。因此从理论上讲，母、胎之间可能发生免疫应答，即母体可能将胎儿视为同种异体移植物，从而对其发动免疫攻击。但实际上，在动物的正常妊娠过程中，并未发生过这种排斥反应。其原因可能有以下几方面：一是在母体和胎儿之间，存在着物理性屏障，异体抗原被掩盖，故不会引起免疫排斥反应；二是异体抗原是在胚胎的发育过程中逐渐形成的，妊娠早期胚胎抗原性很弱，不会发生免疫排斥，至胎儿足月，其抗原性已基本成熟，随即发生强烈的排斥反应，即分娩；三是子宫内膜缺少有效的免疫成分，因而形成一非免疫特区，使植入该区的移植物不受排斥；四是胎盘产生的激素能够抑制排斥；五是滋养层或胎儿细胞上的抗原可使母体免疫系统致敏，产生抗体和致敏淋巴细胞，进一步产生免疫耐受，因而不会发生免疫排斥现象。

中英文名词对照表

Comparison Table for Chinese and English Nouns

绪论

暗视野显微镜 dark-field microscope
标记抗生物素-生物素法 labelled avidin-biotin method，LAB
超微结构 ultrastructure
传代培养 subculture
倒置显微镜 inverted microscope
电子显微镜 electron microscope
动物胚胎学 animal embryology
动物组织学 animal histology
放射自显影 autoradiography
福尔根反应 Feulgen reaction
共聚焦激光扫描显微镜 confocal laser scanning microscope, CLSM
光学显微镜 light microscope
过碘酸希夫反应 periodic acid Schiff reaction，PAS
过氧化物酶-抗过氧化物酶复合物法 peroxidase-antiperoxidase complex method，PAP
合成培养基 synthetic medium
抗生物素 avidin
抗生物素-生物素-过氧化物酶复合物法 avidin-biotin-peroxidase complex method, ABC
克隆 clone
辣根过氧化物酶 horseradish peroxidase，HRP
冷冻蚀刻复型术 freeze etch replica
免疫金银技术 immnogold-silver technique
免疫酶技术 immunoenzyme technique
免疫细胞化学 immunocytochemistry
免疫荧光技术 immunofluorescence technique
免疫组织化学 immunohistochemistry
胚胎移植 embryo transplantation，ET
偏光显微镜 polarizing microscope
器官 organ
器官培养 organ culture
桥连抗生物素-生物素法 bridged avidin-biotin method，BAB
亲和组织化学技术 affinity histochemistry
亲银性 argentaffin
扫描电镜 scanning electron microscope，SEM
生物素 biotin
嗜碱性 basophilia
嗜酸性 acidophilia
嗜银性 argyrophilia
苏木精-伊红染色法 hematoxylin-eosin staining method
体视学 stereology
体外实验 *in vitro*
天然培养基 natural medium
透射电镜 transmission electron microscope，TEM
系统 system
细胞 cell
细胞化学 cytochemistry
细胞克隆 cell clone
细胞培养 cell culture
细胞系 cell line
细胞学 cytology
细胞株 cell strain
相差显微镜 phase contrast microscope
形态计量技术 morphometry
异染性 metachromasia

荧光显微镜 fluorescence microscope
原代培养 primary culture
原位杂交 *in situ* hybridization
组织 tissue
组织化学 histochemistry
组织培养 tissue culture

第一章　细胞学

胞吐作用 exocytosis
胞吞作用 endocytosis
胞质环 cytoplasmic ring
被动运输 passive transport
扁平囊泡 saccule
表在蛋白 extrinsic protein
捕鱼笼 fish trap
残余体 residual body
常染色质 euchromatin
初级溶酶体 primary lysosome
次级溶酶体 secondary lysosome
次缢痕 secondary constriction
粗面内质网 rough endoplasmic reticulum，RER
大泡 vacuole
单能性干细胞 monopotential cell
单位膜 unit membrane
凋亡小体 apoptotic body
动力蛋白 dynein
动力蛋白臂 dynein arms
多核糖体 poly ribosome
多级螺旋模型 multiple coiling model
多能性细胞 pluripotential cell
辐 spoke
附着核糖体 attached ribosome
高尔基复合体 Golgi complex
过氧化物酶体 peroxisome
核骨架 nuclear skeleton
核基质 nuclear matrix
核孔 nuclear pore
核孔复合体 nuclear pore complex
核篮 nuclear basket
核膜 nuclear membrane
核仁 nucleolus
核糖体 ribosome
核纤层 nuclear lamina
核小体 nucleosome
核型 karyotype
核样体 nucleoid
核周隙 perinuclear space
黑素小体 melanosome
滑面内质网 smooth endoplasmic reticulum，SER
混合性溶酶体 ambilysosome
基粒 elementary particle
基因组 genome
基质 matrix
嵴 cristae
减数分裂 meiosis
类晶体 crystalloid
膜间隙 intermembrane space
膜抗原 membrane antigen
内含物 inclusion
内膜系统 endomembrane system
内在蛋白 intrinsic protein
内质网 endoplasmic reticulum，ER
袢环模型 loop model
嵌入蛋白 mosaic protein
染色质 chromatin
溶酶体 lysosome
生物膜 biomembrane
受体 receptor
受体介导内吞作用 receptor mediated endocytosis
随体 satellite
天冬氨酸蛋白水解酶 caspase
吞噬作用 phagocytosis
吞饮作用 pinocytosis

外周蛋白 peripheral protein
微带 miniband
微管 microtubule
微管蛋白 tubulin
微管组织中心 microtubule organizing centers
微丝 microfilament
微体 microbody
卫星 DNA satellite DNA
无丝分裂 amitosis
细胞 cell
细胞程序性死亡 programmed cell death
细胞的全能性 cell totipotency
细胞凋亡 apoptosis
细胞分化 cell differentiation
细胞骨架 cytoskeleton
细胞核 nucleus
细胞坏死 necrosis
细胞焦亡 pyroptosis
细胞膜 cell membrane
细胞器 organelle
细胞识别 cell recognition
细胞衰老 cell senescence or cellular aging
细胞死亡 cell death
细胞衣 cell coat
细胞增殖 cell proliferation
细胞增殖周期 cell reproductive cycle
细胞质 cytoplasm
细胞周期 cell cycle
线粒体 mitochondrion
小泡 vesicle
液态镶嵌模型 fluid mosaic model
异染色质 heterochromatin
异噬溶酶体 heterolysosome
游离核糖体 free ribosome
有丝分裂 mitosis
原核细胞 prokaryotic cell
真核细胞 eukaryotic cell
脂褐素 lipofuscin
质膜 plasma membrane
中等纤维 intermediate filament
中心粒 centriole
中心栓 central plug
中心体 centrosome
终端分化细胞 terminal differential cell
终末网 terminal web
主动运输 active transport
主缢痕 primary constriction
转运器 transporter
着丝点 kinetochore
自噬溶酶体 autolysosome

第二章　上皮组织

半桥粒 hemidesmosome
杯状细胞 goblet cell
被覆上皮 covering epithelium
闭锁小带 zonula occludens
鞭毛 flagellum
变移上皮 transitional epithelium
层粘连蛋白 laminin
单层扁平上皮 simple squamous epithelium
单层立方上皮 simple cuboidal epithelium
单层鳞状上皮 simple scaled epithelium
单层上皮 simple epithelium
单层纤毛柱状上皮 simple ciliated columnar epithelium
单层柱状上皮 simple columnar epithelium
单管状腺 simple tubular gland
单泡状腺 simple acinar gland
单细胞腺 unicellular gland
蛋白质分泌细胞 protein secretory cell
导管 duct
顶质分泌 apocrine
动力蛋白 dynein

多细胞腺 multicellular gland
二联微管 microtubule doublet
分泌部 secretory portion
封闭索 sealing strand
缝隙连接 gap junction
附着板 attachment plaque
复层扁平上皮 stratified squamous epithelium
复层立方上皮 stratified cuboidal epithelium
复层鳞状上皮 stratified scaled epithelium
复层上皮 stratified epithelium
复层柱状上皮 stratified columnar epithelium
复管泡状腺 compound tubuloacinar gland
复管状腺 compound tubular gland
复泡状腺 compound acinar gland
钙粘连蛋白 cadherin
盖细胞 facet cell
感觉上皮 sensory epithelium
混合腺 mixed gland
混合性腺泡 mixed acinus
肌上皮 myoepithelium
基板 basal lamina
基底颗粒细胞 basal granular cell
基底细胞 basal cell
基底纵纹 basal striation
基膜 basement membrane
基体 basal body
极性 polarity
假复层纤毛柱状上皮 pseudostratified ciliated columnar epithelium
间皮 mesothelium
浆半月 serous demilune
浆液腺 serous gland
紧密连接 tight junction
静纤毛 stereocilium
局质分泌 merocrine
类固醇分泌细胞 steroid secretory cell
连接复合体 junctional complex
连接素 connexin
连接小体 connexon
酶原颗粒 zymogen granule
内分泌腺 endocrine gland
内皮 endothelium
黏合斑 macula adherens
黏合小带 zonula adherens
黏液 mucus
黏液腺 mucous gland
黏原颗粒 mucinogen granule
桥粒 desmosome
全质分泌 holocrine
融合膜 nexus
上皮 epithelium
上皮组织 epithelial tissue
生殖上皮 germinal epithelium
刷状缘 brush border
肽分泌细胞 peptide secretory cell
糖蛋白分泌细胞 glycoprotein secretory cell
特殊上皮 spccial cpithelium
透出分泌 diacrine
透明板 lamina lucida
外分泌腺 exocrine gland
网板 reticular lamina
微绒毛 microvillus
纹状缘 striated border
细胞连接 cell junction
细胞衣 cell coat
纤毛 cilia
腺 gland
腺泡 alveoli
腺上皮 glandular epithelium
镶嵌连接 interdigitation
脂类分泌细胞 lipid secretory cell
质膜内褶 plasma membrane infolding
中间连接 intermediate junction
中央小管 central canaliculus
终末网 terminal web

第三章　固有结缔组织

白三烯 leukotriene
不规则致密结缔组织 dense irregular connective tissue
成纤维细胞 fibroblast
蛋白多糖 proteoglycan
肥大细胞 mast cell
蜂窝组织 areolar tissue
肝素 heparin
骨组织 bone
固有结缔组织 connective tissue proper
规则致密结缔组织 dense regular connective tissue
基质 ground substance
浆细胞 plasma cell
胶原纤维 collagenous fiber
胶原性疾病 collagenosis
胶原原纤维 collagenous fibril
巨噬细胞 macrophage
均质弹性蛋白 elastin
抗体 antibody
硫酸肝素 heparin sulfate
硫酸角质素 keratin sulfate
硫酸软骨素 A、C chondroitin sulfate A、C
免疫球蛋白 immunoglobulin，Ig
软骨组织 cartilage
嗜酸性粒细胞趋化因子 eosinophil chemotactic factor of anaphylaxis
嗜银纤维 argyrophilic fiber
疏松结缔组织 loose connective tissue
弹性蛋白 elastin
弹性纤维 elastic fiber
弹性组织 elastic tissue
糖胺多糖 glycosaminoglycan
透明质酸 hyaluronic acid
网状细胞 reticular cell
网状纤维 reticular fiber
网状组织 reticular tissue
微原纤维 microfibril
纤维细胞 fibrocyte
血液 blood
脂肪细胞 fat cell
脂肪组织 adipose tissue
致密结缔组织 dense connective tissue
组胺 histamine
组织细胞 histocyte
组织液 tissue fluid

第四章　软骨与骨

成骨区 zone of ossification
成骨细胞 osteoblast
初级骨化中心 primary ossification center
穿通纤维 perforating fiber
次级骨化中心 secondary ossification center
骨 bone
骨板 bone lamella
骨单位 osteon
骨化中心 ossification center
骨间质 bone matrix
骨领 bone collar
骨膜 periost
骨内膜 endosteum
骨髓 bone marrow
骨外膜 periosteum
骨细胞 osteocyte
骨陷窝 bone lacuna
骨小管 bone canaliculi
骨原细胞 osteogenic cell
骨组织 osseous tissue
哈佛氏系统 Haversian system
红骨髓 red bone marrow

骺板 epiphyseal plate
环骨板 circumferential lamella
黄骨髓 yellow bone marrow
基质 matrix
间骨板 interstitial lamella
类骨质 osteoid
密质骨 compact bone
膜内成骨 intramembranous ossification
破骨细胞 osteoclast
软骨 cartilage
软骨雏形 cartilage model
软骨钙化区 zone of calcifying cartilage
软骨静止区 zone of resting cartilage
软骨膜 perichondrium
软骨囊 cartilage capsule
软骨内成骨 endochondral ossification
软骨细胞 chondrocyte
软骨陷窝 cartilage lacuna
软骨增生区 zone of proliferating cartilage
松质骨 spongy bone
弹性软骨 elastic cartilage
透明软骨 hyaline cartilage
纤维 fiber
纤维软骨 fibrous cartilage

第五章　血液

白细胞 leukocytes, white blood cell, WBC
白血病 leukemia
单核细胞 monocyte
骨髓 bone marrow
骨髓巨核细胞 megakaryocyte
骨髓依赖淋巴细胞 bone marrow dependent lymphocyte
红细胞 erythrocyte, red blood cell, RBC
颗粒区 granulomere
淋巴细胞 lymphocyte
囊依赖淋巴细胞 bursa dependent lymphocyte
贫血 anemia
溶血 hemolysis
杀伤细胞 killer cell
嗜碱性粒细胞 basophilic granulocyte, basophil
嗜酸性粒细胞 eosinophilic granulocyte, eosinophil
透明区 hyalomere
网织红细胞 reticulocytes
胸腺依赖淋巴细胞 thymus dependent lymphocyte
血红蛋白 hemoglobin, Hb
血清 serum
血栓细胞 thrombocyte
血小板 blood platelet
血液 blood
血影 ghost
造血干细胞 hematopoietic stem cell, HSC
中性粒细胞 neutrophilic granulocyte, neutrophil
自然杀伤淋巴细胞 natural killer cell

第六章　肌肉组织

Z 膜 Z membrane
Z 线 Z line
粗肌丝 thick myofilament
二联体 diad
钙泵 calcium pump
骨骼肌 skeletal muscle
横桥 cross bridge
横纹肌 striated muscle
横小管 transverse tubule
肌动蛋白 actin
肌钙蛋白 troponin
肌红蛋白 myoglobin
肌节 sarcomere
肌膜 sarcolemma
肌肉组织 muscle tissue
肌纤维 myofiber

肌原纤维 myofibril
肌质 sarcoplasm
肌质网 sarcoplasmic reticulum
密区 dense area
密体 dense body
平滑肌 smooth muscle
闰盘 intercalated disk
三联体 triad
细肌丝 thin myofilament
心房利钠尿多肽 atrium natriuretic polypeptide
心肌 cardiac muscle
心钠素 cardionatrin
兴奋收缩偶联 excitation-contraction coupling
隐钙素 calsequestrin
原肌球蛋白 tropomyosin
终池 terminal cisternae
纵小管 longitudinal tubule

第七章　神经组织

氨基酸能神经元 amino acidic neuron
胺能神经元 aminergic neuron
胞体 soma
触觉小体 tactile corpuscle
传出神经元 efferent neuron
传入神经元 afferent neuron
串珠样膨体 varicosity
胆碱能神经元 cholinergic neuron
电突触 electrical synapse
多极神经元 multipolar neuron
分泌神经元 secretory neuron
感觉神经末梢 sensory nerve ending
感觉神经元 sensory neuron
核周质 perikaryon
化学突触 chemical synapse
环层小体 lamellar corpuscle
肌梭 muscle spindle
棘器 spine apparatus
假单极神经元 pseudounipolar neuron
胶质丝 glial filament
脚板 end feet
结间体 internode
可兴奋膜 excitable membrane
尼氏体 Nissl bodies
少突胶质细胞 oligodendrocyte
神经递质 neurotransmitter
神经肌连接 neuromuscular junction
神经胶质细胞 neuroglial cell
神经膜细胞 neurilemma cell
神经末梢 nerve ending
神经丝 neurofilament
神经调质 neuromodulator
神经纤维 nerve fiber
神经元 neuron
神经原纤维 neurofibril
施 - 兰切迹 Schmidt-Lantermann incisure
施万细胞 Schwann's cell
室管膜 ependyma
室管膜细胞 ependymal cell
树突 dendrite
树突棘 dendritic spine
双极神经元 bipolar neuron
髓鞘 myelin sheath
髓鞘切迹 myelin incisure
梭内肌纤维 intrafusal muscle fiber
肽能神经元 peptidergic neuron
突触 synapse
　树 - 树 dendrodendritic
　轴 - 棘 axo-spinous
　轴 - 树 axodendritic
　轴 - 体 axosomatic
　轴 - 轴 axoaxonal
突触后成分 postsynaptic element
突触后膜 postsynaptic membrane
突触间隙 synaptic cleft

突触前成分 presynaptic element
突触前膜 presynaptic membrane
突触小泡 synapse vesicle
突起 neurite
卫星细胞 satellite cell
无髓神经纤维 unmyelinated nerve fiber
纤维性星形胶质细胞 fibrous astrocyte
小胶质细胞 microglia
兴奋性突触 excitatory synapse
星形胶质细胞 astrocyte
抑制性突触 inhibitory synapse
有髓神经纤维 myelinated nerve fiber
原浆性星形胶质细胞 protoplasmic astrocyte
运动神经末梢 motor nerve ending
运动神经元 motor neuron
运动终板 motor end plate
脂褐素 lipofuscin
致密突起 dense projection
中间神经元 interneuron
中枢突 central process
周围突 peripheral process
轴膜 axolemma
轴丘 axon hillock
轴突 axon
轴突输送 axonal transport
轴突系膜 mesaxon
轴质 axoplasm

第八章　神经系统

Baillarger 内线 inner line of Baillarger
Baillarger 外线 outer line of Baillarger
阿尔茨海默病 Alzheimer's disease
暗细胞 dark cell
白连合 white commissure
白质 white matter
背角 dorsal horn
背索 dorsal funiculus
背正中隔 dorsal median septum
垂直柱 vertical column
丛状层 plexiform layer
大脑 cerebrum
大脑皮质 cerebral cortex
大脑髓质 cerebral medulla
顶树突 apical dendrite
多形细胞层 polymorphic layer
分子层 molecular layer
副交感神经节 parasympathetic ganglion
腹角 ventral horn
腹索 ventral funiculus
腹正中裂 ventral median fissure
高尔基细胞 Golgi cell
固有束 proper bundle
灰连合 gray commissure
灰质 gray matter
基树突 basal dendritc
脊神经节 spinal ganglion
脊髓 spinal cord
脊髓中央管 central canal
交感神经节 sympathetic ganglion
节细胞层 ganglionic layer
颗粒层 granular layer
颗粒细胞 granular cell
篮状细胞 basket cell
连合纤维 commissural fiber
联络纤维 associative fiber
马丁诺提细胞 Martinotti cell
脉络丛 choroid plexus
明细胞 light cell
脑脊神经节 cerebrospinal ganglion
脑脊液 cerebrospinal fluid
脑神经节 cerebral ganglion
内颗粒层 internal granular layer
内锥体层 internal pyramidal layer
攀登纤维 climbing fiber

平行纤维 parallel fiber
蒲肯野细胞 Purkinje cell
蒲肯野细胞层 Purkinje cell layer
去甲肾上腺素能纤维 noradrenergic nerve fiber
任绍细胞 Renshaw cell
软膜 pia mater
上行轴突细胞 ascending axonic cell
神经核团 nuclei
神经节 ganglion
神经节细胞 ganglion cell
神经系统 nervous system
束细胞 tract cell
树突棘 dendritic spine
水平细胞 horizontal cell
梭形细胞 fusiform cell
台盼蓝 trypan blue
苔藓纤维 mossy fiber
投射纤维 projective fiber
外侧角 lateral horn
外侧索 lateral funiculus
外颗粒层 external granular layer
外锥体层 external pyramidal layer
小脑 cerebellum
小脑岛 cerebellar island
小脑皮质 cerebellar cortex
小脑髓质 cerebellar medulla
小脑小球 cerebellar glomerulus
小强荧光细胞 small intensely fluorescence cell
新皮质 neocortex
星形细胞 stellate cell
血管周隙 perivascular space
血脑脊液屏障 blood-cerebrospinal fluid barrier
血脑屏障 blood-brain barrier
硬膜 dura mater
硬膜外腔 epidural space
硬膜下腔 subdural space
原始皮质 archicortex
植物性神经节 vegetative ganglion
中间带 intermediate zone
中枢神经系统 central nervous system
周围神经系统 peripheral nervous system
蛛网膜 arachnoid
蛛网膜颗粒 arachnoid granule
蛛网膜绒毛 arachnoid villi
蛛网膜下腔 subarachnoid space
主节细胞 principal ganglion cell
主树突 main dendrite
锥体细胞 pyramidal cell
自主神经节 autonomic ganglion

第九章　循环系统

P 细胞 pacemaker cell
W-P 小体 Weibel-Palade body
不连续毛细血管 discontinuous capillary
穿内皮性小管 transendothelial channel
大动脉 large artery
大静脉 large vein
第Ⅷ因子相关抗原 factor Ⅷ related antigen，FⅧ
动静脉吻合 arteriovenous anastomosis
动脉 artery
窦状毛细血管 sinusoid capillary
肌内皮连接 myoendothelial junction
肌性动脉 muscular artery
降钙素基因相关肽 calcitonin gene related peptide，CGRP
颈动脉体 carotid body
静脉 vein
静脉瓣 vein valve
抗心律失常肽 antiarrhythmic peptide
连续毛细血管 continuous capillary
淋巴 lymph
淋巴导管 lymphatic duct
淋巴管 lymphatic vessel
淋巴管系统 lymphatic vascular systems

毛细淋巴管 lymphatic capillary
毛细血管 capillary
毛细血管后微静脉 postcapillary venule
毛细血管前括约肌 precapillary sphincter
毛细血管前微动脉 precapillary arteriole
内膜 tunica intima
内皮素 endothelin
内皮下层 subendothelial layer
内弹性膜 internal elastic membrane
内源性类洋地黄素 endogenous digitalis-like factor
蒲肯野纤维 Purkinje fiber
起搏细胞 pacemaker cell
神经肽 Y neuropeptide Y，NPY
肾素 renin
束细胞 bundle cell
弹性动脉 elastic artery
外膜 tunica adventitia
外弹性膜 external elastic membrane
微动脉 arteriole
微静脉 venule
微循环 microcirculation
细管小体 tubular body
小动脉 small artery
小静脉 small vein
心瓣膜 cardiac valve
心房利钠尿多肽 atrial natriuretic polypeptide
心房特殊颗粒 specific atrial granule
心骨骼 cardiac skeleton
心肌膜 myocardium
心钠素 cardionatrin
心内膜 endocardium
心内膜下层 subendocardial layer
心内皮 cardiac endothelium
心外膜 epicardium
心血管系统 cardiovascular systems
心脏 heart
心脏传导系统 conducting system of the heart
血窦 sinusoid
血管活性肠肽 vasoactive intestinal peptide，VIP
血管紧张素 angiotensin
血管内皮 vascular endothelium
血管内皮细胞 vascular endothelial cell
循环系统 circulatory system
移行细胞 transitional cell
营养血管 vasa vasorum
有孔毛细血管 fenestrated capillary
真毛细血管 true capillary
直捷通路 thoroughfare channel
中动脉 medium-sized artery
中间微动脉（后微动脉）metarteriole
中静脉 medium-sized vein
中膜 tunica media
周细胞 pericyte

第十章　免疫系统

Tc 细胞（细胞毒性 T 细胞）cytotoxic T cell
Th 细胞（辅助性 T 细胞）helper T cell
Ts 细胞（抑制性 T 细胞）suppressor T cell
白髓 white pulp
边缘窦 marginal sinus
边缘区 marginal zone
动脉周围淋巴鞘 periarterial lymphatic sheath
非滤过区 nonfiltering area
副皮质区 paracortex zone
骨髓依赖淋巴细胞 bone marrow dependent lymphocyte
黑色素巨噬细胞中心 melanomacrophage accumulations
红髓 red pulp
交错突细胞 interdigitating cell
抗原呈递细胞 antigen presenting cell
淋巴结 lymph node
淋巴器官 lymphoid organ
淋巴上皮小结 lymphoepithelial follicle

淋巴索 lymphoid cord
淋巴细胞再循环 recirculation of lymphocyte
淋巴小结 lymphoid nodule
淋巴组织 lymphoid tissue
滤过区 filtering area
滤泡树突细胞 follicular dendritic cell
弥散淋巴组织 diffuse lymphoid tissue
免疫系统 immune system
皮质淋巴窦 cortical sinus
脾 spleen
脾窦 splenic sinusoid
脾索 splenic cord
脾小结 splenic nodule
浅层皮质 superficial cortex
腔上囊 cloacal bursa
腔上囊依赖淋巴细胞 bursa dependent lymphocyte
杀伤性淋巴细胞 killer lymphocyte
上皮性网状细胞 epithelial reticular cell
深层皮质 deep cortex
髓窦 medullar sinus
髓索 medullary cord
椭圆体 ellipsoids
微皱褶细胞 microfold cell
胸腺 thymus
胸腺细胞 thymocyte
胸腺小体 thymic corpuscle
胸腺小叶 thymic lobule
胸腺依赖淋巴细胞 thymus dependent lymphocyte
血结 hemal node
血淋巴结 hemolymph node
血 - 胸腺屏障 blood-thymus barrier
中间窦 intermediate sinus
中枢淋巴器官 central lymphoid organ
中央动脉 central artery
周围淋巴器官 peripheral lymphoid organ
自然杀伤淋巴细胞 nature killer lymphocyte

第十一章　内分泌系统

ADH 抗利尿激素 antidiuretic hormone
APUD 细胞（摄取胺前体脱羧细胞）amine precursor uptake and decarboxylation cell
TRH 促甲状腺激素释放激素 thyrotropin releasing hormone
靶器官 target organ
靶细胞 target cell
初级毛细血管网 primary capillary plexus
垂体门脉系统 hypophyseal portal system
垂体门微静脉 hypophyseal portal vein
垂体细胞 pituicyte
次级毛细血管网 secondary capillary plexus
促甲状腺激素 thyroid stimulating hormone, TSH
促甲状腺激素细胞 thyrotroph
促肾上腺皮质激素 adrenocorticotropic hormone, ACTH
促肾上腺皮质激素释放激素 corticotropin releasing hormone, CRH
促肾上腺皮质激素细胞 corticotroph
促性腺激素释放激素 gonadotropin releasing hormone, GnRH
促性腺激素细胞 gonadotroph
促脂激素 lipotropic hormone, LPH
催产素 oxytocin
催乳激素 prolactin, PRL or lactotropic hormone, LTH
催乳激素释放激素 prolactin releasing hormone, PRH
催乳激素释放抑制激素 prolactin release-inhibiting hormone, PIH
催乳激素细胞 mammotroph
碘化的甲状腺球蛋白 iodinated thyroglobulin
多形带 zona multiformis
儿茶酚胺类 catecholamine
弓状核 arcuate nuclei
赫令体 Herring body

黑素细胞刺激素 melanocyte stimulating hormone, MSH
黑素细胞刺激素释放激素 melanocyte stimulating hormone releasing hormone, MSRH
黑素细胞刺激素释放抑制激素 melanocyte stimulating hormone release-inhibiting hormone, MSIH
后腺垂体 metaadenohypophysis
后叶 posterior lobe
黄体生成素 luteinizing hormone, LH
激素 hormone
加压素 vasopressin
甲状旁腺 parathyroid gland
甲状旁腺素 parathyroid hormone,PTH
甲状腺 thyroid gland
甲状腺激素 thyroid hormone
甲状腺滤泡 thyroid follicle
甲状腺素 thyroxine
间质细胞刺激素 interstitial cell stimulating hormone, ICSH
降钙素 calcitonin
降钙素基因相关肽 calcitonin gene related peptide, CGRP
胶质 colloid
结节部 pars tuberalis
漏斗 infundibulum
滤泡 follicle
滤泡旁细胞 parafollicular cell
滤泡上皮细胞 follicular epithelial cell
卵泡刺激素 follicle stimulating hormone, FSH
弥散神经内分泌系统 diffuse neuroendocrine system, DNES
脑垂体 hypophysis
脑砂 brain sand
内分泌系统 endocrine system
内分泌细胞 endocrine cell
旁分泌 paracrine
皮质醇 cortisol
前腺垂体 proadenohypophysis
前叶 anterior lobe
去甲肾上腺素 norepinephrine
去甲肾上腺素细胞 norepinephrine-secreting cell
醛固酮 aldosterone
腮后腺 ultimobranchial gland
三碘甲状腺原氨酸 triiodothyronine, T3
神经部 pars nervosa
神经垂体 neurohypophysis
神经垂体芽 neurohypophyseal bud
神经 - 内分泌 - 免疫调节网络 neuroendocrine-immunoregulatory network
神经内分泌转换器 neuroendocrine transducer
肾上腺 adrenal gland
肾上腺素 epinephrine
肾上腺素细胞 epinephrine-secreting cell
肾素 - 血管紧张素系统 renin-angiotensinogen system
生长激素 growth hormone, GH
生长激素释放激素 growth hormone releasing hormone, GRH
生长激素细胞 somatotroph
生长抑素 somatostatin, SOM
视上核 supraoptic nucleus
室旁核 paraventricular nucleus
释放激素 releasing hormone, RH
释放抑制激素 release-inhibiting hormone, RIH
嗜铬颗粒 chromaffin granules
嗜铬细胞 chromaffin cell
嗜碱性细胞 basophil
嗜色细胞 chromophil cell
嗜酸性细胞 acidophil
嗜酸性细胞 oxyphil cell
束状带 zona fasciculata
斯坦尼斯小球 corpuscle of Stannius
四碘甲状腺原氨酸 tetraiodothyronine, T4
松果体 pineal body
松果体细胞 pinealocyte
松果腺 pineal gland
糖皮质激素 glucocorticoid

突触带 synaptic ribbon，SR
褪黑激素 melatonin
网状带 zona reticularis
尾垂体 urohypophysis
峡部 isthmus
下丘脑垂体束 hypothalamo-hypophyseal tract
嫌色细胞 chromophobe
腺垂体 adenohypophysis
雄激素结合蛋白 androgen binding protein
雄性激素 androgen
盐皮质激素 mineralocorticoid
乙酰胆碱 acetylcholine
远侧部 pars distalis
脂褐素 lipofuscin pigment
中间部 pars intermedia
中腺垂体 mesoadenohypophysis
主细胞 chief cell

第十二章　消化管

瓣胃 omasum
贲门腺 cardiac gland
壁细胞 parietal cell
肠防御素 enteric defensins
肠绒毛 intestinal villus
肠相关淋巴组织 gut-associated lymphoid tissue，GALT
肠隐窝 intestinal crypt
大肠 large intestine
蜂窝胃 honeycomb
固有层 lamina propria
环行皱襞 policae cirulane
肌层 muscularis
肌间神经丛 myenteric nerve plexus
肌胃 muscularis ventriculi
基底颗粒细胞 basal granular cell
浆膜 serosa
浆黏液细胞 seromucous cell
结实层 stratum compactum
颈黏液细胞 neck mucous cell
菌状乳头 fungiform papillae
口腔黏膜 oral mucosa
类角质膜 koilin
瘤胃 rumen
轮廓乳头 circumvallate papillae
泌酸细胞 oxyntic cell
黏膜 mucous membrane
黏膜肌层 muscularis mucosa
黏膜下层 submucosa
黏膜下神经丛 submucosal nerve plexus
黏膜下腺 submucosal gland
潘氏细胞 Paneth cell
旁分泌 paracrine
前胃 forestomach
腔分泌 luminal secretion
舌乳头 lingual papillae
十二指肠腺 duodenal gland
食管沟 esophageal sulcus
丝状乳头 filiform papillae
嗉囊 ingluvies
外膜 adventitia
网胃 reticulum
微管泡系统 tubulovesicular system
微皱褶细胞 microfold cell
未分化细胞 undifferentiated cell
味蕾 taste bud
胃肠激素 gut hormone
胃底腺 fundic gland
胃酶细胞 zymogenic cell
胃小凹 gastric pit
纹状缘 striated border
吸收细胞 absorptive cell
细胞内分泌小管 intracellular secretory canaliculi
纤维膜 fibrosa
腺胃 glandularis ventriculi
消化管 digestive tract

小肠 small intestine
小肠腺 small intestinal gland
泄殖腔 cloaca
叶状乳头 foliate papillae
幽门腺 pyloric gland
中央乳糜管 central lacteal
皱襞 plica
皱胃 abomasum
主细胞 chief cell

第十三章　消化腺

胆囊 gall bladder
胆小管 bile canaliculi
导管 duct
狄氏隙 Disse's space
窦周隙 perisinusoidal space
分泌管 secretory duct
肝板 hepatic plate
肝细胞 hepatocyte
肝腺泡 hepatic acinus
肝小叶 hepatic lobule
肝血窦 hepatic sinusoid
颌下腺 submandibular gland
赫令氏管 Herring's canal
混合性腺泡 mixed alveoli
浆液性腺泡 serous alveoli
界板 limiting plate
枯否氏细胞 Kupffer's cell
门管区 portal area
门管小叶 portal lobule
内分泌部 endocrine portion
黏液性腺泡 mucous alveoli
排泄管 excretory duct
泡心细胞 centroacinar cell
闰管 intercalated duct
腮腺 parotid gland
舌下腺 sublingual gland
生长抑素 somatostatin
外分泌部 exocrine portion
腺泡 alveoli
消化腺 digestive gland
小叶间胆管 interlobular bile duct
小叶间动脉 interlobular arteries
小叶间静脉 interlobular veins
胰 pancreas
胰岛 pancreas islet
胰岛素 insulin
胰多肽 pancreatic polypeptide
胰高血糖素 glucagons
中央静脉 central vein
贮脂细胞 fat-storing cell

第十四章　呼吸系统

Ⅰ型肺泡细胞 type Ⅰ alveolar cell
Ⅱ型肺泡细胞 type Ⅱ alveolar cell
杯状细胞 goblet cell
鼻腔 nasal cavity
表面活性物质 surfactant
鳔 swim bladder
尘细胞 dust cell
初级支气管 primary bronchus
次级支气管 secondary bronchus
肺 lung
肺房 atrium
肺巨噬细胞 pulmonary macrophage
肺泡 alveoli
肺泡隔 alveolar septum
肺泡管 alveolar duct
肺泡巨噬细胞 alveolar macrophage
肺泡孔 alveolar pore
肺泡囊 alveolar sac
肺小叶 pulmonary lobule

副支气管 parabronchus
喉 larynx
呼吸部 respiratory region
呼吸毛细管 respiratory capillary
呼吸膜 respiratory membrane
呼吸系统 respiratory system
呼吸性细支气管 respiratory bronchiole
基细胞 basal cell
克拉勒细胞 Clara cell
气管 trachea
前庭部 vestibular region
鳃弓 gill arch
鳃丝 gill filament
鳃小片 branch leaf
三级支气管 tertiary bronchus
嗜锇性板层小体 osmiophilic lamellar body
刷细胞 brush cell
细支气管 bronchiole
纤毛细胞 ciliated cell
小颗粒细胞 small granule cell
心力衰竭细胞 heart failure cell
嗅部 olfactory region
嗅毛 olfactory cilia
嗅泡 olfactory vesicle
嗅细胞 olfactory cell
血气屏障 blood air barrier
支持细胞 sustentacular cell
支气管 bronchus
支气管树 bronchial tree
终末细支气管 terminal bronchiole

第十五章　泌尿系统

鲍曼氏囊 Bowman's capsule
出球微动脉 efferent arteriole
弓形动脉 arcuate arteries
亨利氏袢 Henle's loop
极垫细胞 polar cushion cell
集合小管系 collecting tubule system
近端小管 proximal tubule
近端小管曲部 proximal convoluted tubule
近血管球复合体 juxtaglomerular complex
近血管球细胞 juxtaglomerular cell
裂孔 slit pore
裂孔隔膜 slit diaphragm
滤过膜 filtration membrane
滤过屏障 filtration barrier
泌尿系统 urinary system
泌尿小管 uriniferous tubule
尿极 urinary pole
膀胱 urinary bladder
皮质 renal cortex
皮质迷路 cortical labyrinth
皮质肾小叶 cortical lobule
皮质型肾单位 cortical nephron
前肾 pronephros
浅表肾单位 superficial nephron
球内系膜细胞 intraglomerular mesangial cell
球外系膜细胞 extraglomerular mesangial cell
入球微动脉 afferent arteriole
肾 kidney
肾单位 nephron
肾单位袢 nephron loop
肾乳头 renal papilla
肾素 rennin
肾小囊 renal capsule
肾小囊腔 capsular space
肾小球旁器 juxtaglomerular apparatus
肾小体 renal corpuscle
肾小叶 renal lobule
肾叶 renal lobe
肾盂 pelvis renalis
肾盏 calyces renalis
肾柱 renal column
肾锥体 renal pyramid

输尿管 ureter
髓放线 medullary ray
髓袢 medullary loop
髓袢降支 descending limb
髓袢升支 ascending limb
髓旁肾单位 juxtamedullary nephron
髓质 renal medulla
髓质肾小叶 medullary lobule
髓质型肾单位 medullary nephron
系膜细胞 mesangial cell
细段 thin segment
小叶间动脉 interlobular arteries
星形静脉 stellate vein
血管极 vascular pole
血管球 renal glomerulus
血管系膜 mesangium
叶间动脉 interlobar arteries
远端小管 distal tubule
远端小管曲部 distal convoluted tubule
远端小管直部 distal straight tubule
载脂间质细胞 lipid-laden interstitial cell
直小动脉 arteriolae rectae
致密斑 macula densa
中肾 mesonephros
足突 foot process
足细胞 podocyte

第十六章　雄性生殖系统

ABP 雄激素结合蛋白 androgen binding protein
白膜 tunica albuginea
胞质桥 intercellular cytoplasmic bridge
初级精母细胞 primary spermatocyte
次级精母细胞 secondary spermatocyte
附睾 epididymis
附睾管 epididymal duct
睾丸 testis
睾丸间质 testicular interstitium
睾丸间质细胞 testicular interstitial cell
睾丸旁导管系统 juxtatesticular duct system
睾丸网 rete testis
睾丸小隔 septula testis
睾丸小叶 lobuli testis
睾丸纵隔 mediastinum testis
基底室 basal compartment
减数分裂 meiosis
近腔室 abluminal compartment
精囊腺 vesicular gland
精原细胞 spermatogonium
精子 spermatozoon
精子发生 spermatogenesis
精子细胞 spermatid
精子形成 spermiogenesis
静纤毛 stereocilium
尿道球腺 bulbourethral gland
前列腺 prostatc gland
生精上皮 spermatogenic epithelium
生精细胞 spermatogenic cell
生精小管 seminiferous tubule
输出小管 efferent duct
输精管 ductus deferens
雄激素 androgen
雄性生殖系统 male reproductive system
血睾屏障 blood-testis barrier
阴茎 penis
支持细胞 sustentacular cell
直精小管 tubulus rectus

第十七章　雌性生殖系统

白体 corpus albicans
闭锁卵泡 atretic follicle
表面上皮 surface epithelium
成熟卵泡 mature follicle

初级卵母细胞 primary oocyte
初级卵泡 primary follicle
雌性生殖系统 female reproductive system
次级卵母细胞 secondary oocyte
次级卵泡 secondary follicle
第二极体 secondary polar body
第一极体 first polar body
放射带 zone radiate
放射冠 corona radiata
黄体 corpus luteum
基质细胞 stroma cell
假黄体 corpus luteum spurium
间质腺 interstitial gland
颗粒层 stratum granulosum
颗粒黄体细胞 granular lutein cell
颗粒细胞 granulosa cell
壳腺部 shell gland
漏斗部 infundibulum
卵巢 ovary
卵黄膜 vitelline membrane
卵黄周膜 perivitelline membrane
卵泡 ovarian follicle
卵泡带 stigma
卵泡膜 follicular theca
卵泡腔 follicular antrum
卵泡细胞 follicular cell
卵泡小斑 follicular stigma
卵泡液 follicular fluid
卵丘 cumulus oophorus
卵原细胞 oogonium
卵子 ovum
门细胞 hilus cell
膜黄体细胞 theca lutein cell
膜细胞 theca cell
囊状卵泡 vesicular follicle
排卵 ovulation
膨大部 magnum
妊娠黄体 corpus luteum of pregnancy
生长卵泡 growing follicle
输卵管 oviduct
透明带 zona pellucida
峡部 isthmus
血体 corpus hemorrhagicum
阴道部 vagina
原始卵泡 primordial follicle
真黄体 corpus luteum verum
子宫 uterus
子宫肉阜 caruncle
子宫腺 uterine gland

第十八章　被皮系统

板层颗粒 lamellated granule
棒状细胞 club cell
被皮系统 integumentary system
表皮 epidermis
伯贝克颗粒 Birbeck granule
窦毛 sinus hair
毒腺 poison gland
非角质形成细胞 nonkeratinocyte
孵斑 broody patch
孵区 broody area
骨鳞 bony scale
冠 comb
汗腺 sweat gland
赫氏层 Huxley layer
黑色素 melanin
黑素颗粒 melanin granule
黑素细胞 melanocyte
黑素小体 melanosome
亨氏层 Henle layer
肌上皮细胞 myoepithelial cell
基底层 stratum basale
棘层 stratum spinosum
棘细胞 prickle cell

角蛋白 keratin
角蛋白丝 keratin filament
角质层 stratum corneum
角质细胞 horny cell
角质形成细胞 keratinocyte
巨大细胞 giant cell
颗粒层 stratum granulosum
郎格汉斯细胞 Langerhans cell
立毛肌 arrector pili muscle
鳞片 scale
裸区 apterylae
毛 hair
毛干 hair shaft
毛根 hair root
毛母质 hair matrix
毛母质细胞 hair matrix cell
毛囊 hair follicle
毛球 hair bulb
毛乳头 hair papilla
毛小皮 cuticle of hair
梅克尔细胞 Merkel's cell
内鞘小皮 cuticle of inner root sheath
皮肤 skin
皮下组织 hypodermis
皮脂 sebum
皮脂腺 sebaceous gland
乳头层 papillary layer
乳腺 mammary gland
透明层 stratum lucidum
透明角质颗粒 keratohyalin granule
网状层 reticular layer
尾脂腺 uropygial gland
移行层 transitional layer
羽区 pterylae
张力丝 tonofilament
张力原纤维 tonofibril
真皮 dermis
真皮乳头 dermal papilla
脂肪体 corpus adiposum
追星或珠星 pearl organ

第十九章　感觉系统

玻璃体 vitreous body
锤骨 malleus
镫骨 stapes
耵聍腺 ceruminous gland
耳 ear
耳廓 pinna
耳蜗 cochlea
房水 aqueous humor
放射状胶质细胞 radial gliocyte
感光细胞 photoreceptor cell
巩膜 sclera
巩膜固有层 sclera lamina propria
巩膜上层 episclera
骨半规管 osseous semicircular duct
骨螺旋板 osseous spiral lamina
骨迷路 osseous labyrinth
鼓膜 tympanic membrane
鼓室 tympanic cavity
哈德氏腺 Harderian glands
虹膜 iris
虹膜粒 granula iridis
壶腹嵴 crista ampullaris
黄斑 macula lutea
睑板 tarsus
睑板腺 tarsal glands
角膜 cornea
节细胞 ganglion cell
节细胞层 ganglion cell layer
睫状肌 ciliary muscle
睫状基质 ciliary stroma
睫状体 ciliary body
睫状突 ciliary processes

睫状小带 zonula ciliaris
晶状体 lens crystallina
晶状体上皮 lens epithelium
晶状体纤维 lens fibers
眶骨膜 periorbita
泪道 lacrimal tract
泪器 lacrimal apparatus
泪腺 lacrimal gland
螺旋缘 spiral limbus
脉络膜 choroid
迷路 labyrinth
膜半规管 membranous semicircular duct
膜前庭 membranous vestibule
膜蜗管 membranous cochlea
内耳 internal ear
内核层 inner nuclear layer
内界膜 inner limiting membrane
内网状层 inner plexiform layer
前上皮 anterior epithelium
前庭 vestibule
色素上皮层 pigment epithelium layer
色素上皮细胞 pigment epithelial cell
神经纤维层 nerve fiber layer
视杆细胞和视锥细胞层 layer of rods and cones
视乳头 optic nerve head
视网膜 retina
视网膜虹膜部 pars iridica retinae
视网膜睫状体部 pars ciliaris retinae
视网膜中心 area centralis retinae
视细胞 visual cell
双极细胞 bipolar cell
听骨 ossicle
瞳孔 pupil
瞳孔括约肌 sphincter muscle
外耳 external ear
外耳道 external auditory meatus
外核层 outer nuclear layer
外界膜 outer limiting membrane
外网状层 outer plexiform layer
蜗轴 modiolus
细胞性照膜 cellular tapetum lucidum
纤维膜 fibrous tunic
纤维照膜 fibrous tapetum lucidum
血管膜 vascular tunic
咽鼓管 pharyngotympanic tube
眼 eye
眼房 camera oculi
眼睑 eyelids
眼球壁 eyeball wall
眼球内容物 content of eyeball
照膜 tapetum lucidum
砧骨 incus
指细胞 phalangeal cell
中耳 middle ear
柱细胞 pillar cell
棕黑层 lamina fusca

第二十章　动物胚胎学

背唇 dorsal lip
表面囊胚 superficial blastula
不完全卵裂 meroblastic cleavage
侧中胚层 lateral mesoderm
带状胎盘 zonary placenta
顶体 acrosome
顶体反应 acrosomal reaction
顶体丝 acrosomal filament
动物极 animal pole
动物胚胎学 animal embryology
非蜕膜胎盘 nondecidual placenta
非中央着床 eccentric implantation
分层 delamination
孵化 hatching
腹唇 ventral lip
个体发生 ontogenesis

合子 zygote
获能 capacitation
基粒 basal granule
脊索 notochord
间介中胚层 intermediate mesoderm
浆膜 serosa
结缔绒毛膜胎盘 syndesmochorial placenta
精子发生 spermatogenesis
抗生物素蛋白 avidin
卵黄多核体 yolk syncytium
卵黄膜反应 vitelline reaction
卵黄囊 yolk sac
卵黄栓 yolk plug
卵黄心 latebra
卵裂 cleavage
卵膜孔 micropyle
卵生 oviparity
卵胎生 ovoviviparity
卵原细胞 oogonium
卵子发生 oogenesis
弥散型胎盘 diffuse placenta
囊胚 blastula
囊胚腔 blastocoele
内卷 involution
内胚层 endoderm
内皮绒毛膜胎盘 endotheliochorial placenta
内细胞群 inner cell mass，ICM
内陷 invagination
尿囊 allantois
潘氏核 nucleus of Pander
盘状囊胚 discoblastula
盘状胎盘 discoid placenta
泡状囊胚 vesicular blastocyst
胚盾 embryonic shield
胚环 germ ring
胚结 embryonic knob
胚孔 embryonic pore
胚盘 embryonic disc
胚泡 blastocyst
胚珠 germinal vesicle
皮层反应 cortical reaction
皮质颗粒 cortical granule
脐带 umbilical cord
绒毛膜 chorion
桑葚胚 morula
上皮绒毛膜胎盘 epitheliochorial placenta
神经沟 neural groove
神经嵴 neural crest
生殖细胞 germ cell
实心囊胚 stereoblastula
受精 fertilization
胎膜 fetal membrane
胎盘 placenta
胎盘屏障 placental barrier
胎生 viviparity
体壁中胚层 parietal mesoderm
体节 somite
体腔 coelome
头突 head process
透明带反应 zona reaction
蜕膜 decidua
蜕膜胎盘 decidual placenta
外包 epiboly
外胚层 ectoderm
完全卵裂 holoblastic cleavage
完全侵入着床 complete interstitial implantation
系带 chalaza
线粒体鞘 mitochondrial sheath
血绒毛膜胎盘 hemochorial placenta
羊膜 amnion
移入 ingression
原肠胚 gastrula
原肠腔 gastrocoele
原肠形成 gastrulation
原沟 primitive groove
原结 primitive or Hensen’s node

原条 primitive streak
原窝 primitive pit
原褶 primitive fold
有腔囊胚 coeloblastula
脏壁中胚层 visceral mesoderm
植入 implantation
植物极 vegetal pole
中胚层 mesoderm
中央或表面着床 central or superficial implantation
终环 annulus
轴旁中胚层 paraxial mesoderm
轴丝 axial filament
着床 imbed
滋养层 trophoblast
子叶 cotyledon
了叶型胎盘 cotyledonary placenta

参考文献

References

[1] Bobryshevs I V, Kashchenko S A.Histology Cytology Embryology. "Knowledge", 2011 (2011. BBC 28.05. H73B72)

[2] Eurell J A. Dellmann's textbook of veterinary histology. 6th ed. Blackwell, 2006.

[3] Wheater P R, Young B, Lowe J S, et al. Wheater's functional histology:A text and color atlas.

[4] Finn Geneser. Textbook of Histology. Munksgaard, 1985.

[5] Getty R. Sission and Grossman's the anatomy of the domestic animals (5th ed). W.B. Saunders Company, 1975.

[6] Moore L. The developing human clinically oriented embryology. W.B. SAUNDERS COMPANY,1982.

[7] Junqueira L C, Carneiro J, Kelley R O. Basic histology (7th ed). Appleton & Lange, East Norwalk, 1992.

[8] Eurell J A. Veterinary Histology. Teton New Media.

[9] König H E, Liebich H-G. Veterinary anatomy of domestic mammals textbook and colour atlas. New York: Schattauer Stuttgart, 2004.

[10] Gartner L P, Hiatt J L. Color atlas of histology. USA

[11] Junqueira L C, Carneiro J. Basic histology: text and atlas. 11th ed. Academic Internet Publishers, 2007.

[12] Lodish H, et al. Molecular cell biology. 4th ed. Media connected.W.H. Freeman and Company, 2000.

[13] Dieter H, et al. Dellmann's textbook of veterinary histology. 4th ed. Philadelphia: LEA&FEBIGER, 1993.

[14] Gilbert S F. Developmental biology. Sinauer Associates, Inc. Publishers, 1985.

[15] McGeady T A, Quinn P J, FitzPatrick E S, et al. Veterinary Embryology. Blackwell Publishing Ltd., 2006.

[16] Bacha W J, Bacha Jr. L M. Color atlas of veterinary histology. 2nd ed. 陈耀星，译. 兽医组织学彩色图谱. 2 版. 北京：中国农业大学出版社，2007.

[17] 成令忠，钟翠平，蔡文琴. 现代组织学 . 上海：上海科学技术文献出版社，2003.

[18] 高英茂. 组织学与胚胎学（双语版）. 北京：科学出版社，2005.

[19] 高英茂，徐昌芬. 组织学与胚胎学. 北京：人民卫生出版社，2001.

[20] 沈霞芬. 家畜组织学与胚胎学. 3 版. 北京：中国农业出版社，2001.

[21] 楼允东，郑德崇．组织学与胚胎学．北京：中国农业出版社，1996．
[22] 罗克．家禽解剖学与组织学．福州：福建科学技术出版社，1983．
[23] 李霞．水产动物组织胚胎学．北京：中国农业出版社，2006．
[24] 李德雪，栾维民，岳占碰．动物组织学与胚胎学．长春：吉林人民出版社，2003．
[25] 彭克美，张登荣．组织学与胚胎学．北京：中国农业出版社，2002．
[26] 王树迎，王政富．动物组织学与胚胎学．北京：中国农业科学技术出版社，2000．
[27] 李德雪，尹昕．动物组织学彩色图谱．长春：吉林科学技术出版社，1995．
[28] 成令忠．组织学与胚胎学．4 版．北京：人民卫生出版社，1996．
[29] 邹仲之．组织学与胚胎学．5 版．北京：人民卫生出版社，2001．
[30] 李子义，栾维民，岳占碰．2 版．动物组织学与胚胎学．北京：科学出版社，2014．